통계 – 엑셀 2010

초보부터 도사까지

문창권 저

CD-ROM Inside

JINSAEM
진샘미디어

Preface

이 책은 통계학의 기초 지식에 대한 이해를 바탕으로 실제 사례에 효과적으로 적용하는 방법을 익히는 것을 목표로 마련했다. 통계학의 기본개념이나 수리모형에 대한 사전지식이 없더라도, 각 단원의 개념과 예제의 단계별 해설 및 풀이 절차를 거치면서 자연히 이해할 수 있도록 작성하였다. 각종 개념의 효과적 적용을 위해 예제를 제시하고, Excel 2010을 사용하여 풀이하는 단계별 절차를 간단하면서도 상세하게 제공하였다.

통계학을 엑셀로 풀이한 책들이 최근에 많이 출간되고 있다. 그러나 이러한 서적들의 공통된 특징은 별도의 통계패키지가 없으면 이해하기가 쉽지 않다는데 있다. 별도의 통계패키지를 구하여 사용하기 위해서는 통계학 자체의 학습에 들이가는 것보다 더 많은 비용, 시간, 노력을 필요로 하는 경우가 많다.

이 책은 통계학을 처음 접하는 학부학생뿐만 아니라, 그 동안 통계학의 학습과정에서 가졌던 상실감을 자신감과 희망으로 바꿀 수 있도록 하였다. 그냥 따라서 하면 각종 문제를 쉽게 풀 수 있도록 계획하여 마련한 것이다.

Excel 2010은 통계함수들을 Excel 2007에 비해 보다 세분화시켜, 상세하게 제공하고 있다. 또한 Excel 2007보다 간편하게 더 많은 기능들을 도구상자로 제공하고 있어, 사용하기가 아주 쉽다.

이 책 역시 여타 책들과 마찬가지로 통계학의 기초개념과 Excel의 기본 구성요소, 기술통계학, 추론통계학의 3부로 구성하였다. 그렇지만 중요성이 보다 증가하고 있는 통계학에 대한 이해를 굳건히 하고, 적용방법을 숙달시켜 각종 분야에서 만나게 되는 제반 의사결정의 성과를 최대로 달성할 수 있도록 다음과 같은 방침에 따라 작성을 한 것이다.

첫째, 통계적 과제 해결을 위한 초급부터 고급 단계의 처리능력을 확보할 수 있도록, 통계학에 대한 기초 논리와 개념 및 구조에 대한 설명을 제시하였다. 특히 Excel에 대해 사전 지식이 없는 분들을 위해 풀이 과정과 함께 컴퓨터 자판을 이용한 입력과정까지 상세한 설명을 제공하도록 노력했다. 그리고 Excel의 사용에서 다루는 각종 함수의 인수들과 그 원리를 압축적이면서도 세부적으로 설명하였다.

둘째, 예제의 풀이과정에 대해 원리를 제시하고, Excel의 적용절차를 간단하면서도 오류를 회피하도록 총괄계산 방식을 통해 단계별로 제시하였다. 이러한 단계적 학습을 통해 다각도의 문제 해결능력을 갖출 수 있을 것이다.

셋째, 원리에 대한 체계적 해설과 함께, 도출과정과 도출결과의 적용분야를 제시하여 학습 내용의 본질을 쉽게 파악할 수 있도록 하였다.

넷째, 강의용 PPT파일을 부록으로 제공하여, 각 장의 내용에 관련된 요약 설명은 압축적인 학습이 필요한 수험생에게 도움이 될 것이다.

다섯째, 이 책에서 설명된 내용들을 기초로 심화된 분석을 위해 필요한 추가도구들을 PPT파일을 사용하여 설명하였다.

끝으로 이 책을 만드는데 많은 분들로부터 도움과 격려를 받았다. 이러한 도움과 격려가 헛되지 않게, 이 책이 통계학을 배우려는 분, 통계학에 대해 막연한 두려움을 갖는 분, 우연히 통계학이 필요하게 된 분 등 모든 분들에게 새로운 흥미와 역량을 갖추게 하는 길잡이가 되길 바란다.

저자

Contents

CHAPTER 1

통계학 개념과 Excel 활용의 기초

제 1 절 통계학의 개념과 자료의 구분

I 통계학의 개념과 구분

1. 통계학의 개념과 용도

통계학(statistics)은 분석하려는 집단의 자료(data) 및 숫자로 표시된 사실을 수집 · 요약 · 정리하여 정보를 구성하고, 그 정보를 분석 · 해석하는데 필요한 일체의 방법과 규칙을 연구하는 학문이다. 즉 통계학은 자료에 대한 연구이다.

통계적 기법은 연구 수행을 계획하는 설계(design), 자료의 요약방법에 대한 기술(description), 표본 관찰치를 기초로 모집단에 대한 예측과 일반화를 수행하는 추론(inference)으로 구분한다.

통계학의 용도(목적)는 다음과 같다.

- 자료의 수집 · 정리 · 요약을 통한 정보 획득
- 현상의 정확한 표현을 통한 관계(relationship) 규명
- 현상의 적합한 설명을 통한 인과관계(causality) 분석
- 미래상황의 예측(prediction)과 의사결정(decision making) 수행

2. 통계학의 분류

통계학은 연역적 분석(deductive analysis)을 수행하는 기술통계학(descriptive statistics)과 귀납적 추론(inductive reasoning)을 수행하는 분석통계학(analytical statistics)으로 구분한다.

기술통계학	자료의 특성을 파악, 요약하여 설명하는 것을 목적으로 • 자료 수집 • 수집 자료의 정리 및 조직화 • 자료의 요약 • 숫자 표시 또는 차트로 처리한 자료의 제시
추론통계학 (분석통계학)	의사결정자가 최대한 정보를 효과적으로 활용하여 합리적 의사결정을 수행하고, 보다 일반적 상황에 적용할 수 있는 분석결과를 제공하는 것을 목적으로 • 표본자료를 분석하여 모집단에 대한 결론을 도출(자료 기반 추론) • 가설 검정 • 관계의 결정 • 예측의 수행

TIP

- **명제(命題, proposition)** : 어떤 문제에 대한 하나의 논리적 판단 내용과 주장을 언어 또는 기호로 표시한 것이며, 참과 거짓을 판단할 수 있도록 제시되는 내용
- **연역(演繹, deduction)** : 어떤 명제로부터 추론규칙에 따라 결론을 도출하는 행위 또는 그러한 과정
- **귀납(歸納, induction)** : 개별적인 특수한 사실이나 원리로부터 일반적이고 보편적인 명제 및 법칙을 유도해 내는 일
- **가설(假說, hypothesis)** : 어떤 사실을 설명하거나 어떤 이론체계 연역을 위하여 설정한 가정, 두 개의 변인이나 그 이상의 변인들 사이의 관계에 대한 추정적 또는 가정적 서술문 형식으로 구성
- **변수(변인, variable)** : 어떤 관계나 범위 안에서 여러 가지 값으로 변할 수 있는 수

Ⅱ 모집단과 자료

1. 모집단과 표본

모집단(population)은 관찰하려는 대상의 전체 값들로 구성된 숫자표시가 가능한 자료 집합(set of quantifiable data)인 전체집단(universe)이다.

- **(모집단)모수(parameter)** : 모집단을 요약하여 하나의 값으로 표시한 척도인 모집단의 숫자표시 특성(numerical characteristics)
- 통계학은 연구하려는 대상의 전체 집단을 모집단(population)으로 규정

표본(sample)은 관찰 대상의 측정과 평가를 위해 가려 뽑은(추출한) 그 대상의 일부이며, 모집단의 부분집합이다.

- 전체집단을 관찰하는 것은 아주 곤란하므로, 모집단 분석을 위해 표본을 사용
- 명제의 진위 확인을 위해 모집단에 대한 가설을 검정하는데 표본정보를 사용하는 가설검정(hypothesis testing)을 수행
- **(표본)통계량(statistic)** : 가설검정을 수행하도록 표본을 요약하여 하나의(단일한) 값으로 표시한 척도인 표본의 숫자표시특성

2. 자료수집과 오차

자료(data)는 관찰의 결과물로 알려진 사실이나 아이디어의 집합이다. 자료는 수집원천에 따라 1차 자료(primary data)와 2차 자료(secondary data)로 구분한다.

1차 자료	개인면담이나 설문지 등을 통해 조사대상에 대해 특수하게 수집된 자료
2차 자료	해당 조사가 아니라 다른 연구목적을 위해 수집된 자료이며, 보고서, 출판물, 인터넷 등을 통해 획득할 수 있는 자료

자료의 사용에서 확률오차(random error) 또는 체계적 오차(systematic error)가 발생할 수 있다.

- **확률오차** : 모집단 모수와 표본 통계량의 격차로 나타나는 오차이며, 표본추출(표집)오차(sampling error)라고 부름.
  - 모든 표본이 동일한 통계량을 제공하지 못하기 때문에, 표본 통계량은 표본에 따라 변동
  - 표본크기가 작을수록 표본 통계량의 모집단 모수에 대한 격차인 확률오차는 확대될 수 있음
  - 표본 통계량의 변동은 그 표본 통계량의 모집단 또는 표본 표준편차를 표본크기의 자승근으로 나누어 구한 표준오차(standard error)로 측정

- **체계적 오차** : 조사된 모집단에서 척도문제로 인해 관찰되는 오차이며, 비표본추출(비표집)오차(nonsampling error)라고 부름.

표본조사 수행에서 모집단의 모든 원소나 관찰 단위의 일람표(listing)를 프레임(frame)이라고 한다. 프레임의 모든 원소나 관찰 단위를 포함하려는 조사를 전수조사(全數調査, complete enumeration)라고 하며, 여기에는 인구조사(국세조사, census), 사업소조사, 신체검사 등이 있다.

3. 모집단의 구분

모집단은 유한한 원소로 구성된 유한 모집단(finite population)이나 무한히 많은 원소로 구성된 무한 모집단(infinite population)으로 발생할 수 있다. 모집단은 변수(variable)를 사용하여 표시할 수 있다.

- **변수** : 공통적이며 수량화될 수 있는 특성을 갖는 통계단위(집단을 구성하는 개체, 원소)이며, 여러 개의 값(value)과 범주(category)로써 조사연구대상의 경험적 속성을 표현
- 변수는 대문자 X, Y, Z 등으로 표시하며, 개체인 변수 X가 갖는 특성치인 측정치(관찰치)를 $x_1 ,.., x_n$ 등으로 표시

(1) 척도에 따른 변수 종류

척도(尺度, scale)는 어떤 가설에 의거하여 질적인 내용을 지닌 여러 속성을 수량적인 변수로 바꾸어 놓은 표지(식별할 수 있도록 사용하는 표시나 특징)이다.

- **범주형 변수(categorical variable)** : 특성에 따른 구분을 위해 수치를 부여한 비계량적 변수(nonmetric variable) 또는 질적 변수(qualitative variable)
- **양적 변수(quantitative variable)** : 크기나 양을 나타내는 숫자로 표현된 계량변수(metric variable)이며, 연속변수와 이산변수로 구분

구분			특성	사례
질적 (범주) 변수		명목변수	대립되는 범주를 구분	농촌형과 도시형, 남과 여
		서열변수	순위에 따라 서열로 배열	아주 친절, 약간 친절, 보통, 약간 불친절, 아주 불친절
양적 (계량) 변수	연속 변수	간격변수	수량 비교로 차이 측정	크기, 높이, 부피, 무게 등의 측정 단위
		비율변수	간격척도에 기준점을 고정시켜 설정한 비율	물가지수, 표준화변수
	이산변수		셀 수 있는 숫자 값을 보유	생산량, 매출액, 사고건수 등

TIP

- **명목변수(nominal variable)** : 측정 대상을 고유 특성에 따라 분류 또는 구분할 목적으로 동일 특성을 갖는 대상들이 동일 수치를 갖도록 한 변수인 명명변수, 크기 또는 양 이외의 다른 특성을 (성별, 혈액형, 전화번호 등과 같이) 숫자, 기호, 문자 등으로 표현
- **순서(서열)변수(ordinal variable)** : 석차, (편리한 검색을 위해 부여한) 색상번호 등 과 같이 측정 대상들의 비교를 위해, 많고 적음이나 크고 작음의 서열에 따라 측정대상에 수치를 부여한 변수
- **연속변수(continuous variable)** : 어떤 실수(real number) 구간 내부의 임의의 값으로 나타낸 변수이며, 등간변수와 비율변수로 구분
- **등간변수(interval variable)** : 연령, 키, 중량, 시간, 온도 등과 같이 측정 대상이 갖는 속성의 양적(量的) 정도의 차이에 따라 등간격으로 수치를 부여하여 비교할 수 있도록 표지를 수량화시킨 간격변수
- **비율변수(ratio variable)** : 등간변수의 특성을 가진 것 이외에도 절대적 원점(기준점)이 존재하고 비율 계산이 가능한 변수, 이는 측정 척도의 간격이 일정하고, 측정 척도 자체에 비율의 의미가 내재된 척도이며 법칙을 수식화하고 완전한 수학적 조작을 하는데 유리한 특성을 보유
- **이산변수(discrete variable)** : 생산량, 매출액, 사고건수, 인구, 방문횟수 등과 같이 셀 수 있는 숫자 값을 갖는 변수

(2) 인과관계에 따른 변수의 종류

인과관계(因果關係, causality)는 한 사물 현상이 다른 사물 현상의 원인이 되고, 그 다른 사물 현상은 먼저 사물 현상의 결과가 되는 관계이다.

- **독립변수(independent variable)** : 설명변수(explanatory variable)라고도 하며, 다른 변수에 영향을 주는 변수
- **종속변수(dependent variable)** : 반응변수(reaction variable)라고도 하며, 다른 변수의 영향을 받아 값이 결정되는 변수

(3) 코딩형식에 따른 변수의 종류

코딩(coding)은 계산을 하기 전에 자료 값들 또는 계급값(class marks)을 조정하여 계산을 할 수 있도록 동일한 상수로 각 값을 곱하거나 나누거나 또는 더하거나 빼는 과정이다.

- **숫자변수** : 숫자로 코딩된 변수
- **문자변수** : 문자열로 코딩된 변수
- **날짜변수** : 날짜 표기형식으로 코딩된 변수

제 2 절 Excel 활용의 기초

I Excel 워크시트의 화면구조

1. Excel 2010의 워크시트

Excel 2010의 워크시트는 〈그림 1-1〉과 같은 구성요소들을 갖고 있다.

① **제목 표시줄** : 현재 작업 중인 통합문서의 제목과 파일명을 표시
② **메뉴 탭** : 기본 탭이라고도 하며, 일반적으로 사용하는 주요 메뉴를 표시
③ **리본메뉴** : 각 주요메뉴에 관련된 하위 작업과 여러 명령단추를 기능별로 제공
④ **빠른 실행 도구모음** : 자주 사용하는 기능을 간편하게 사용하도록 모아 둔 것
⑤ **Excel 창 조절 버튼** : 엑셀 프로그램 자체의 창에 대한 조절을 하는 단추
⑥ **문서 창 조절 버튼** : 작업 중인 워크시트에 대한 창을 조정하는 단추
⑦ **이름상자** : 선택한 셀의 주소, 지정한 셀 또는 그룹의 이름, 입력 함수를 표시

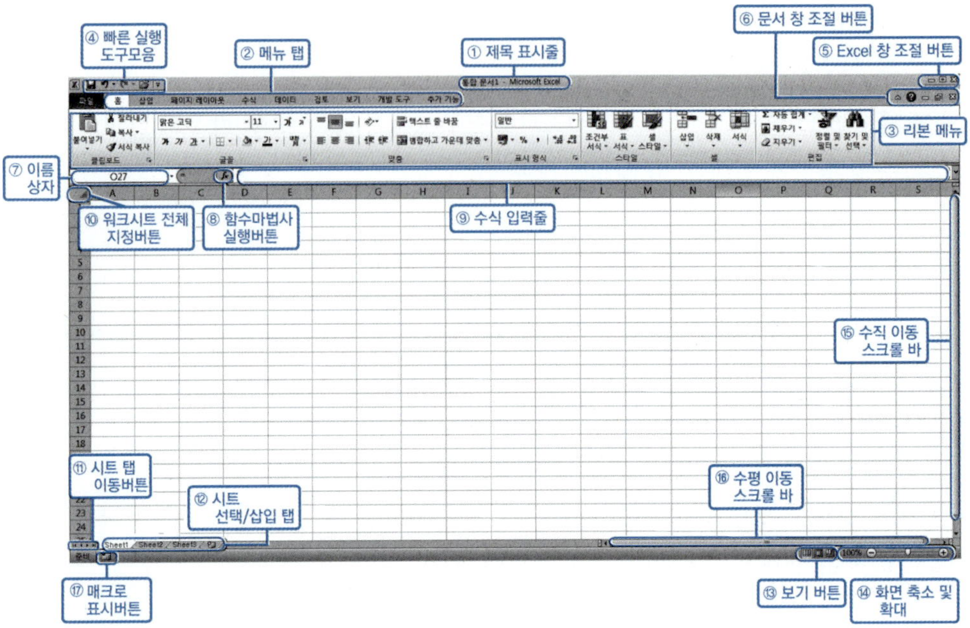

〈그림 1-1〉 엑셀 2010의 화면 구성

⑧ **함수 마법사 실행 버튼** : 함수 마법사를 실행하도록 하는 단추

⑨ **수식 입력줄** : 어떤 셀이나 범위를 지정한 후에 자료나 수식을 입력하는 장소[셀에 직접 입력하면 옆의 셀에 값이 있는 경우에는 입력이 곤란하거나 불가능하므로 수식 입력줄에 함수를 입력하는 습관을 기르는 것이 중요함]

⑩ **워크시트 전체 지정 버튼** : 작업 중인 워크시트 전체를 지정하는 경우에 사용하는 단추, 서식 등의 지정에 편리 → A, B, C, D, E 등으로 표시되는 열 머리글을 마우스 왼쪽 단추로 클릭하면 해당 열 전부를 지정할 수 있다. 그리고 1, 2, 3, 4, 5, 6 등으로 표시되는 행 머리글을 마우스 왼쪽 단추로 클릭하면 해당 행 전부를 지정할 수 있다.

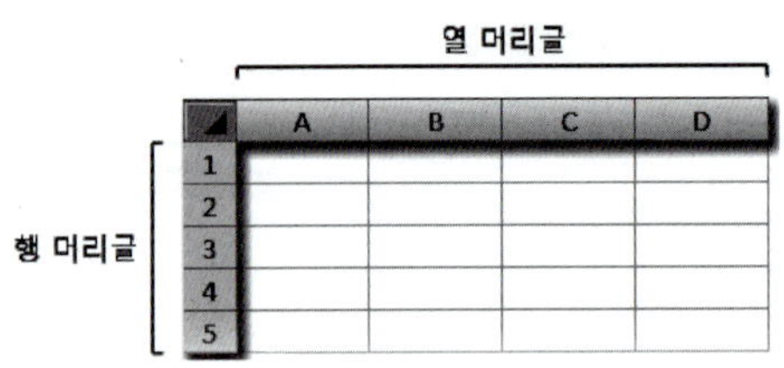

⑪ **시트 탭 이동 버튼** : 하나의 통합문서에 많은 워크시트가 포함되는 경우에 가려져 보이지 않은 시트를 볼 수 있도록 시트 탭 화면을 이동시키는 단추

⑫ **시트 선택/삽입 탭** : 워크시트를 선택 또는 삽입(가장 우측 탭 :)하는 경우에 사용하는 탭

⑬ **보기 버튼** : 왼쪽에서 오른쪽으로 순서대로 "기본", "페이지 레이아웃", "페이지 나누기 미리보기"의 3개 단추로 구성, 기본은 처음 시작하는 때에 나타나는 화면을, 페이지 레이아웃은 인쇄할 페이지의 형태를, 페이지 나누기 미리보기는 나눠질 페이지 형태를 보여주는 단추

⑭ **화면 축소 및 확대** : 작업 중인 워크시트의 셀 및 글씨 크기를 확대 또는 축소하는데 사용, "-"를 누를 때마다 10%씩 축소되고, "+"를 누를 때마다 10%씩 확대되는 기능 수행

⑮~⑯ **수직/수평 이동 스크롤 바** : 화면을 아래위로, 그리고 좌우로 빠르게 이동하고, 화면에 나타나지 않은 부분을 확인하는데 사용하는 막대

⑰ **매크로 표시 버튼** : 매크로 함수의 내장 여부 및 내역을 표시하는 단추, 옆의 준비라는 표시와 함께 "상태 표시 영역"을 구성

2. 단축키의 활용방법

알아두면 편리한 기타 단축키들은 다음과 같다.

- Ctrl + Page Up : 앞의 시트로 이동
- Ctrl + Page Down : 다음 시트로 이동
- Alt + Page Up : 시트 내부 화면에서 왼쪽으로 이동
- Alt + Page Down : 시트 내부 화면에서 오른쪽으로 이동
- Home : 해당 셀이 위치한 행의 A열(제일 왼쪽) 셀로 이동
- Ctrl + Home : 활성 시트(현재 작업 중인 시트)의 A1셀로 이동
- Ctrl + End : 활성 시트(현재 작업 중인 시트) 작업영역의 우측 하단 셀로 이동
- Ctrl + ↑ : 활성시트의 제일 위(1행)의 셀로 이동
- Ctrl + ↓ : 활성시트의 제일 아래(1048576행)의 셀로 이동
- Ctrl + ← : 활성시트의 제일 왼쪽(A열)의 셀로 이동
- Ctrl + → : 활성시트의 제일 오른쪽(XFD열)의 셀로 이동
- F6 : 창 나누기를 한 후에 칸막이들을 이동하는데 사용

- Shift + F6 : 창 나누기를 한 후에 칸막이에서 다른 칸막이로 F6과는 반대 방향으로 이동하는데 사용
- F2 : 워크시트에서 어떤 셀의 내용들을 추가 편집하는데 사용
- F9 : 계산을 다시 수행

Ⅱ 수식입력과 연산

1. 계산을 위한 수식 입력

엑셀에서 계산을 하려면 반드시 "="을 먼저 사용(표시)하고, 관련 연산의 수식이나 함수를 작성한다.

- **연산** : 필요한 해답을 구하려고 정해진 방식에 따라 수행하는 계산
- 수행 중인 연산을 완료하려면, 커서 이동키를 누르거나, 마우스로 다른 셀로 커서를 이동시키거나, 또는 "Enter↵"를 클릭하면 된다.
- 자동계산이나 수식입력항목의 추적을 쉽게 하기 위해서는 숫자를 직접 입력하는 대신에, 입력할 숫자들을 다른 셀들에 입력하고 해당 셀들을 이용하여 수식을 입력하는 것이 효과적이다. 이는 수식에 입력할 숫자가 많은 경우에 오타가 발생할 가능성이 크고, 같은 수식을 반복적으로 다시 적용할 경우에 일부 수식의 복사 또는 활용이 곤란하기 때문이다.

2. 엑셀의 기본연산자

연산자(operator)는 연산을 수행하는 기호 또는 표시를 말하며, 엑셀의 기본연산자는 다음과 같이 3가지로 구분된다.

- **산술연산자** : 더하기, 빼기, 곱하기, 나누기 등의 기본적인 수학 연산의 수행에 사용하는 기호

용 도	산술연산자	적용 예제	
		입력 식	결과
더하기	+(더하기)	=2+4	6
빼기	-(빼기)	=2-4	-2
곱하기	*(별표)	=2*4	8
나누기	/(슬래시)	=2/4	0.5
% 비율	%(백분률)	=50%*8	4
지수	^(캐럿)	=2^4	16

- **비교연산자** : 두 개의 값을 비교하여, 조건의 진위 검정에 사용하는 기호, 조건표시에서 검정(비교)할 내상은 좌측에, 검정기준은 우측에 표시

비교연산자	의미	비교연산자	의미
=	같음(일치, 一致)	>=	크거나 같음(이상, 以上)
>	보다 큼(초과, 超過)	<=	작거나 같음(이하, 以下)
<	보다 작음(미만, 未滿)	<>	같지 않음(相異)

- **텍스트 연결 및 참조 연산자** : "TEXT"함수를 사용할 경우, 텍스트 문자열을 연결하여 하나의 텍스트로 만들기 위해 "&"(앰퍼샌드)를 사용하고, 계산에 필요한 셀 범위를 지정하고 조합으로 결합하기 위해 참조연산자를 사용

참조연산자	의미	예제
:(콜론)	두 개의 참조 셀을 포함하고, 그 셀들 사이의 모든 셀을 하나의 참조로 만드는 범위 연산자	=SUM(A5:A25)
,(쉼표)	여러 참조를 하나의 참조로 결합하는 통합연산자	=SUM(A5:A25,B5:B15)
(공백)	두 참조에 공통되는 셀에 대한 참조를 만드는 논리곱 연산자[입력 후 "Ctrl+Shift+Enter↵" 클릭]	=A5:A12 B6:B13

3. 엑셀 함수의 특징

엑셀함수들은 재무, 수학 및 삼각, 통계, 논리, 텍스트, 날짜 및 시간, 찾기 및 참조 영역, 데이터베이스, 공학, 큐브, 정보, 호환성, 사용자정의함수로 구분하여 제공되고 있다. 엑셀 함수는 크기와 형태가 다양하지만, 다음과 같이 투입물 개수에 따라 3가지로 구분할 수 있다.1)

어떤 투입자료도 사용하지 않는 함수들	=Rand(), =Today, True(), =Row(), =Column()
하나의 값을 투입물로 사용하는 함수들	=TRIM("나와 유"), =INT(15.56), =Row(A35), =Column(K35), =DAY(DATE(2011,1,15)), =DAY("2011/1/15")
2개 이상의 값들을 투입물로 사용하는 함수들	=Sumproduct(A1:A5,C1:C5), =Offset(A1,3,2) =Mid("나와유 I&You",1,3)

4. 수행연산에 대한 오류 표시

엑셀에서 "="를 이용하여 연산을 수행하는 경우에 입력수식에서 잘못이 있으면, 답이 나타나는 대신에 다음과 같은 오류 표시가 나타난다.

- **#REF!** : 원래 공식에서 사용된 셀이나 구간이 삭제된 경우에 발생하는 표시
- **#NAME?** : 공식에 함수가 아닌 문자나 기호를 사용하는 경우에 발생하는 표시
- **#DIV/0!** : 모형에서 자료가 없거나 사용공식을 자료에 입력한 경우 발생하는 표시
- **#NUM!** : 반복계산 등의 경우에 수행 실패로 발생하는 표시
- **#N/A** : VLOOKUP, HLOOKUP, MATCH 형태 함수에서 대응 셀을 못 찾는 경우에 수행 실패를 나타내는 표시

1) 각 식을 "Ctrl + C"로 복사하여 엑셀 워크시트에 "Ctrl + V"로 붙여 넣으면 용도를 알 수 있음.

학 습 문 제

※ 맞으면 "○", 틀리면 "×"를 표시하시오.

01. 통계량은 모집단의 특성치이다. ( )

02. 모수는 모집단의 특성치이다. ( )

03. 통계학은 숫자표시 자료의 수집, 분류, 제시, 해석에 대한 학문(science)이다. ( )

04. 통계학의 논제는 기술통계학과 추론통계학의 2개 분야로 대별될 수 있다. ( )

05. 표본은 어떤 실험대상에서 획득 가능한 모든 자료 값들의 집합이다. ( )

06. 기술통계학은 연구 대상의 어떤 모집단이나 표본에 관련된 모든 자료들의 수집, 구성, 분석을 포함한다. ( )

07. 통계학은 자료의 수집, 구성, 제시, 분석에 대해서만 연구하는 학문이다. ( )

08. 모집단은 어떤 주어진 실험대상에 대해 가능한 모든 값들의 집합이다. ( )

09. 추론통계학은 값들의 어떤 모집단을 이용하여 수행하는 어떤 표본에 대한 예측이나 의사결정을 포함한다. ( )

10. 모집단은 표본의 일부이다. ( )

11. 인구조사는 전체 모집단의 표본이다. ( )

12. 계량변수는 질적 변수 또는 범주형 변수라고 한다. ( )

13. 종속변수는 결과변수 또는 반응변수라고 하며, 다른 변수에 의해 영향을 받아 값이 결정된다. ( )

정답 1. × 2. ○ 3. ○ 4. ○ 5. × 6. ○ 7. × 8. ○ 9. × 10. × 11. ○ 12. × 13. ○

CHAPTER 2

기술통계량과 중심경향 측정치

제 1 절 기술통계량

I 기술통계량 개념과 도수분포표

1. 기술통계량의 개념

기술통계량(descriptive statistics)은 자료의 설명을 위해 자료 특성을 파악할 수 있도록 도수분포 또는 상대도수분포의 특성을 설명 또는 요약하는 숫자 표시의 지수(numerical index)이다.

- **분포(distribution)** : 어떤 변수의 크기 순서에 따라 정렬된 관찰된 값들에 의해 나타나는 패턴, 이론적 분포는 관찰된 값들로부터 수집한 분포 대신에 연역 추론된(deduced) 분포로 규정
- 기술통계량은 자료 값들을 표 또는 차트 형식으로 표시한 도수분포를 구성하는 숫자들의 어떤 집합에 대한 특성을 배열, 요약 또는 전달하는 것을 목적으로 처리한 숫자 값
- 기술통계학은 분석 대상이 되는 집단을 보다 쉽게 해석할 수 있도록, 그 집단에 관한 숫자 표시 자료를 요약하고 설명하는데 사용되는 방법론
- 통계자료의 특성을 나타내도록 요약하는 기술통계량은 평균(average)과 산포측정치(measures of dispersion or spread)의 2가지 공통된 특성으로 대별
- 평균은 자료집합의 중심이나 중간을 나타내는 중심경향 측정치(measures of central tendency)와 자료의 위치를 숫자 크기로 표시하는 위치측정치(measures of location)로 병행 사용
- 기술통계량은 "자료수집→정보추출(자료정리)→정보해석 및 요약"의 과정으로 획득
- 기술통계량 기법들은 대량의 정량정보를 아주 분명하게 적용시키는 방법을 설명해주며, 사회과학 및 행동과학에 대한 분석기준을 제공

2. 도수분포표의 개념

도수분포표(frequency distribution)는 사전에 자료가 위치하는 범위를 몇 개의 구간으로 나누어, 각 구간 범위인 그룹에 속하는 자료 값들의 수를 표시하는 그룹화 자료에 대한 표(tabular representation of grouped data)이다.
도수분포표로 작성하여 구성된 정성(범주형)변수나 정량(연속형)변수의 자료를 그룹화 자료(grouped data)라고 한다.

3. 도수분포표의 구성요소

도수분포표는 계급구간(class interval), 완전(진정)계급한계[exact (true) class limits or class boundaries], 완전계급하한(lower exact class limit), 완전계급상한(upper exact class limit), 계급 중점(class midpoint), 도수(frequency)로 구성된다.

- **계급(class)** : 조사할 내용을 수량화시킨 변량이 갖는 값들을 구분한 구간
- **계급구간(class interval)** : 자료가 속하는 계급의 범위 또는 범주이며, 그 크기(폭)는 해당 계급의 완전계급상한에서 완전계급하한을 차감하여 계산

(2.1) 계급구간 (크기, 폭) = 완전계급상한 – 완전계급하한

완전계급한계는 연속변수들에 대한 측정치 척도에 따라 인접하는 계급들을 분리하기 위해 설정하는 (정의에 따라 얻어진 수인) 정확수(exact number)로 결정되는 특정한 값이다. 완전계급한계는 인접 계급들(adjoining classes)의 상한과 하한 사이의 절반인 섬늘을 계산하여 결정한다.

- **완전계급하한** : 해당 계급하한과 인접 계급상한의 1/2
- **완전계급상한** : 해당 계급상한과 인접 계급하한의 1/2
- **계급 중점 또는 계급값(class mark)** : 계급구간에서 중간(중앙)이 되는 값이며, 계급구간의 절반(1/2)을 완전계급하한에 더하거나 또는 완전계급하한과 완전계급상한의 합을 2로 나누어 계산
- **도수** : 계급구간 내부에 속하는 값들의 수

- 주어진 도수분포에서 모든 계급구간들을 균등하게 하는 것이 편리하며, 사용할 계급구간 근사치(approximate class interval)는 다음 공식으로 계산

$$\text{구간 근사치} = \frac{\text{비그룹화 자료의 최대치} - \text{비그룹화 자료의 최소치}}{\text{원하는 계급들의 수}} \quad (2.2)$$

예제 2-1 A1:C9 구간으로 주어진 도수분포표에 대한 완전계급한계들과 계급값들을 다음과 같이 구할 수 있다.

	A	B	C	D	E	F
1	계급한계		도수	완전	완전	계급중점
2	하한	상한		계급하한	계급상한	(계급값)
3	240	259	9	239.5	259.5	249.5
4	260	279	18	259.5	279.5	269.5
5	280	299	32	279.5	299.5	289.5
6	300	319	26	299.5	319.5	309.5
7	320	339	8	319.5	339.5	329.5
8	340	359	7	339.5	359.5	349.5
9	합계		100			

① 완전계급하한[=해당 계급의 하한-1/2]의 동시 계산

- **제1단계** : D3:D8구간을 지정
- **제2단계** : 수식입력줄에 "=A3-1/2"을 입력
- **제3단계** : "Ctrl + Enter↵"를 동시에 클릭

② 완전계급상한[=해당 계급의 상한+1/2]의 동시 계산

- **제1단계** : E3:E8구간을 지정
- **제2단계** : 수식입력줄에 "=B3+1/2"을 입력
- **제3단계** : "Ctrl + Enter↵"를 동시에 클릭

③ 계급중점[=(완전계급하한+완전계급상한)/2]의 동시 계산

- **제1단계** : F3:F8구간을 지정
- **제2단계** : 수식입력줄에 "=(D3+E3)/2"를 입력
- **제3단계** : "Ctrl + Enter↵"를 동시에 클릭

예제 2-2 [예제 2-1]의 그룹화자료에 대한 원래의 미그룹화자료에서 최대값이 358이고, 최소값이 242라고 하자. 이러한 경우에 6개의 계급을 갖는 도수분포표를 작성하기 위해 사용할 수 있는 편리한 계급크기는 (2.2)식에 따라 다음과 같이 20으로 계산할 수 있다.

	A	B	C	D	E	F	G
1	최대치	최소치	계급 수	구간 근사치	19.3333	=(A2-B2)/C2	
2	358	242	6	계급 크기	20	=ROUNDUP(E1,0)	

① 구간근사치[=(최대치-최소치)/계급 수] 계산

- **제1단계** : E1셀을 지정
- **제2단계** : 수식입력줄에 "=(A2-B2)/C2"를 입력
- **제3단계** : "Enter↵"를 클릭

② (끊어 올리기로) 계급크기 계산

- **제1단계** : E2셀을 지정
- **제2단계** : 수식입력줄에 "=ROUNDUP(E1,0)"을 입력
- **제3단계** : "Enter↵"를 클릭

TIP 반올림 관련 Excel함수

- **ROUND(숫자, 반올림할 소수점 자릿수)** : 소수점 자릿수가 2이면 소수점 2자리, 0이면 정수, -1이면 10단위(소수점 위 1자리), -2이면 100단위(소수점 위 2자리) 등으로 반올림
- **ROUNDDOWN(숫자, 소수점 자릿수)** : 설정한 자릿수로 숫자를 끊어 내리는 함수
- **ROUNDUP(숫자, 소수점 자릿수)** : 설정한 자릿수로 숫자를 끊어 올리는 함수

Ⅱ 도수분포표와 도수분포도 작성

1. Excel 함수를 이용한 도수분포표 작성

(1) 도수분포표의 구성요소 계산

도수분포표 작성을 위해서는 자료의 최대값 및 최소값을 구하여, 범위를 계산하고, 자료의 수를 측정하여 계급의 수를 관습에 따라 적용하거나 계산을 해야 한다. 그리고 자료의

범위와 계급의 수를 사용하여 계급간격을 구한다.

① 자료의 범위 계산

- 자료의 최대값을 "=MAX(자료구간)"으로 계산
- 자료의 최소값을 "=MIN(자료구간)"으로 계산
- 자료의 범위(range)를 "=MAX(자료구간)-MIN(자료구간)"으로 계산

(2.3) 자료 범위 = 자료의 최대값 – 자료의 최소값

② 자료의 수(표본크기) N의 측정

- 자료의 수 N을 "=COUNT(자료구간)"으로 계산

③ 계급의 수 k와 간격 근사치와 계급간격의 계산

- 자료 성격에 따른 관행을 기초로 점수는 등급(계급)을 $A^+, A^0, \ldots, D^+, F$와 같이 9단계 또는 A, B, .., F와 같이 5단계로 결정
- 관행이 없는 경우 H.A. Sturges 공식 사용[표본크기 30개 이상인 경우에 양호]

(2.4) $k = \lceil 1+3.322\log_{10}N \rceil$ 또는 $k = \lceil \log_2 N + 1 \rceil$

- (2.4)식에서 ⌈ ⌉는 계산된 값을 초과하는 최근접 정수(closest integer)의 값을 갖는 상한연산기호(ceiling operator)를 표시
- 간격 근사치를 범위/계급의 수로 계산
- 계급간격을 간격 근사치의 판별이 편리한 정수 자릿수 단위로 계산

예제 2-3 A1:A13구간의 자료를 기초로, 평점의 표시와 도수분포표의 구성요소들을 계산할 수 있다.

	A	B	C	D	E	F	G
1	점수	평점	최대값	97	=MAX(AB)		
2	79	C	최소값	45	=MIN(AB)		
3	85	B	범위	52	=D1-D2		
4	78	C	자료크기(N)	12	=COUNT(AB)		
5	85	B	계급 수(k)	5	=ROUNDUP(1+3.322*LOG(D4,10),0)		
6	50	F	계급 수(k)	5	=ROUNDUP(LOG(D4,2)+1,0)		
7	81	B	계급 간격	10	=ROUND(D3/D5,0)		
8	95	A					
9	88	B					
10	97	A					
11	68	D					
12	45	F					
13	71	C					

① 자료구간의 이름지정

- A2:A13구간을 지정, 열 머리 좌측 위의 이름상자에서 "A2"에 마우스 커서를 두고 왼쪽 단추를 눌러 셀 표시가 검게 변하면 "AB"로 구간 이름을 지정

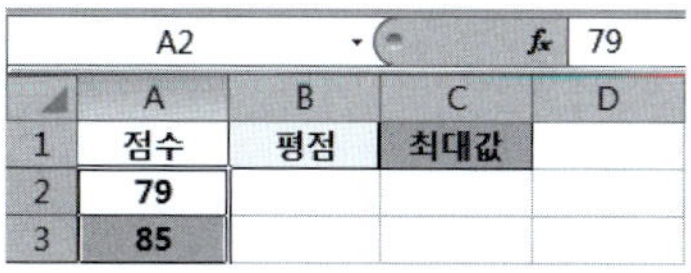
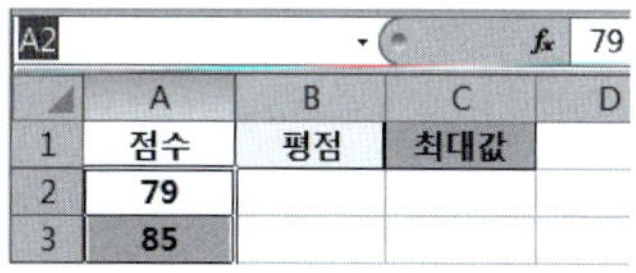
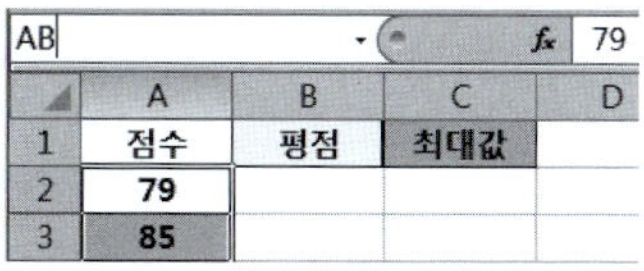

② 범위와 자료크기 계산

- D1셀에 "=MAX(AB)", D2셀에 "=MIN(AB)"를 입력, 최대값과 최소값을 계산
- D3셀에 "=D1-D2"를 입력하여 자료의 범위를 계산
- D4셀에 "=COUNT(AB)"를 입력하여 자료크기 N을 12로 계산

③ 계급의 수 k와 계급간격의 계산

- (2.4)식에 따라 D5셀에 "=ROUNDUP(1+3.322*LOG(D4,10),0)"을 입력하여 계급의 수 k를 5로 계산
- (2.4)식에 따라 D6셀에 "=ROUNDUP(LOG(D4,2)+1,0)"을 입력하여 계급의 수 k를 5로 계산
- (2.2)식과 (2.3)식에 따라 D7셀에 "=ROUND(D3/D5,0)"을 입력, 계급간격을 계산

④ 평점 등급의 표시

- 등급을 "F : 59점 이하, D : 60~69점, C : 70~79, B : 80~89점, A : 90~100점"으로 결정
- 각 평점을 B열에서 표시하기 위해 B1셀에 "평점"을 입력
- B2:B13구간을 지정, 다음 식을 입력 후 "Ctrl + Enter"를 클릭

```
=IF(A2>=90,"A",IF(A2>=80,"B",IF(A2>=70,"C",IF(A2>=60,"D","F"))))
```

TIP

=IF(logical_test,value_if_true,value_if_false) : 함수의 구성요소

- **logical_test** : 설정조건
- **value_if_true** : 조건이 충족되는 경우에 발생할 값이나 기호
- **value_if_false** : 조건 충족이 되지 않는 경우에 발생할 값이나 기호

[간단 예제] A2셀의 값이 100보다 크면 "가"를, 100 이하이면 "1"을 B2셀에 표시하려는 경우 B2셀을 지정 후 수식입력줄에 "=IF(A2>100,"가",1)"을 입력

(2) 도수분포표의 작성

엑셀의 Frequency함수를 기초로 도수분포표를 작성하기 위해서는 계급 상한들을 입력하고, 관련 계급들의 도수들을 구해야 한다.

① 계급과 계급상한의 입력

② 계급별 도수의 계산과 도수분포표 완성

- FREQUENCY(data_array,bins_array) 함수를 이용한 계급별 도수 계산
  - data-array에는 입력한 자료를 지정
  - bins-array에는 계급구분에 사용할 참조 값들인 계급상한들을 지정
- 도수 표시 구간의 첫 셀에 "=FREQUENCY(자료구간,계급상한구간)"을 입력 후 "Ctrl+Shift+Enter↵"를 동시에 눌러 도수들을 획득

(3) 도수분포도의 종류

도수분포표를 표시한 그림을 도수분포곡선 또는 도수분포도라고 하며, 다음과 같은 차트와 그래프를 통해 제시할 수 있다.

- **막대그래프(bar charts)** : 개별 범주에 대한 측정치(측정값)를 보여주며, 각 범주의 막대(bar)가 서로 떨어져 있음
- **히스토그램(Histograms)** : 막대그래프와 유사하지만, 각 막대(bar)가 서로 붙어있고, 각 막대의 면적이 해당 계급에서 관측치들의 수에 비례

- **원그래프**(pie charts) : 전체를 구성하는 각 구성요소의 비율을 보여주는데 사용
- **도수꺾은선 또는 도수다각형**(run chart or frequency polygon) : 원점(0)에서부터 계급 중앙값들을 연결한 직선들로 구성한 그림, 관찰치들의 집합을 평활(smooth) 시키는 역할을 수행
- **점 그래프**(point graph) : 각 자료 값 또는 계급값의 도수를 좌표평면의 점들로 표시한 그래프
- **선 그래프**(line graph) : 각 자료 값 또는 계급값의 도수를 좌표평면의 점에서 내린 수직선들로 표시한 그래프
- **누적(상대)도수분포곡선**(ogive) : 각 계급의 하한(계급이 시작하는 값)과 그 계급까지의 누적(상대)도수의 쌍으로 된 조합들을 연결한 직선
- **줄기-잎 도표**(stem-and-leaf diagram) : 순위 배열된 막대그래프 체제의 측정치들을 체계적으로 표현하는 단순한 방식이며, 패턴 및 관계에 관한 통찰력을 획득하기 위한 자료의 예비분석에 관련된 탐색적 자료분석(exploratory data analysis)에서 가장 많이 사용되는 기법
- **파레토 차트**(Pareto charts) : 히스토그램과는 달리 계급들로 구분되는 정량자료보다는 정성변수에 대한 도수 막대그래프(frequency bar charts), 각 막대는 좌측에서 우측으로 내림차순(descending order)으로 배열된 도수 또는 상대도수를 표시

TIP

- **상대도수(relative frequency)** : 해당 계급 관찰치의 도수를 도수합계(총도수)로 나눈 값
- **누적도수(cumulative frequency)** : 이전 계급들부터 해당 계급까지의 도수를 더한 값

2. 도수분포도의 작성

엑셀의 메뉴 탭에서 "삽입 | 차트"를 지정하면, 〈그림 2-1〉과 같은 여러 형태의 차트에서 선택을 할 수 있다.

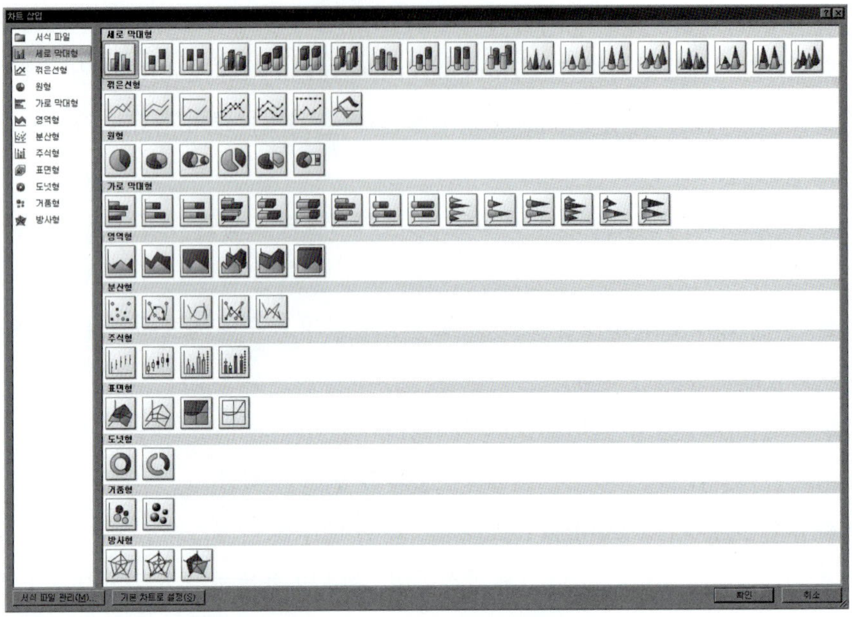

〈그림 2-1〉 엑셀 2010의 기본 차트

예제 2-4 [예제 2-3]의 자료를 기초로 도수분포표와 히스토그램을 다음과 같이 작성할 수 있다.

	A	B	C	D	E
1	점수	평점	최대값	97	=MAX(AB)
2	79	C	최소값	45	=MIN(AB)
11	68	D			
12	45	F			
13	71	C			
14	도수합계	12	=COUNT(A2:A13)		
15	계급	계급상한	도수		
16	A	100	2		
17	B	89	4		
18	C	79	3		
19	D	69	1		
20	F	59	2		
21	합계		12	=SUM(C16:C20)	

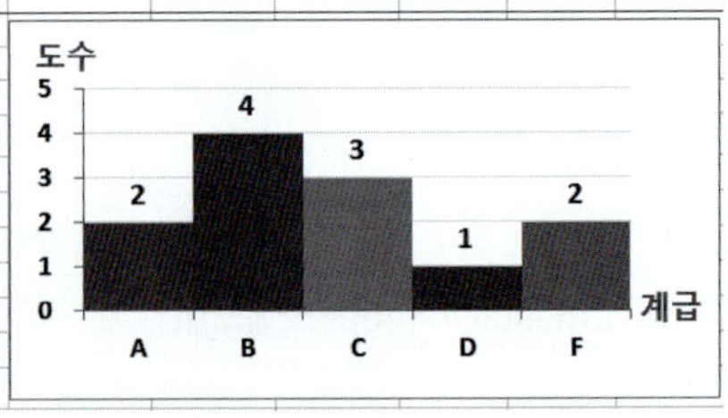

① 평점 등급과 계급구간 상한의 입력

- A15:A20구간에 평점, A, B, C, D, F를 각각 입력
- B15셀에 계급상한, B16:B20구간에 100, 89, 79, 69, 59를 각각 입력

② 도수분포표 작성

- C16셀:C20구간을 지정, 수식입력줄에 다음 식을 입력, "Ctrl+Shift+Enter↵"를 클릭

=FREQUENCY(AB,B16:B20)

- C21셀에 "=SUM(C16:C20)"을 입력하여 절대도수의 합계를 계산

③ 히스토그램을 이용한 도수분포도 작성

- A15:A20구간과 C15:C20구간을 동시에 지정
- 메뉴 탭에서 "삽입 | 차트 | 세로막대형 | 2차원 세로 막대형 | 묶은 세로 막대형"을 지정하여 다음 차트를 도출

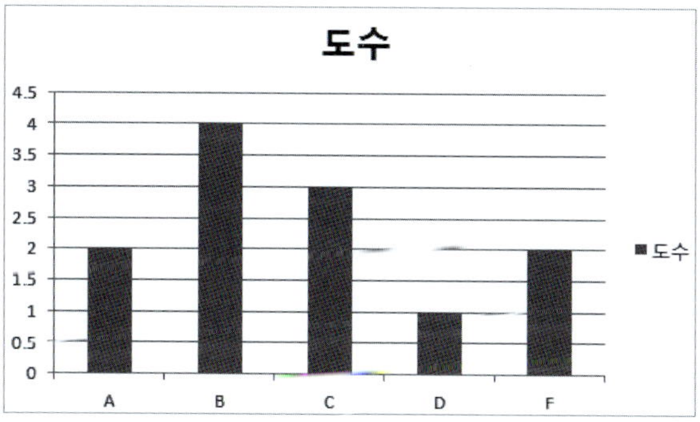

- 차트이름과 범례를 삭제하고, 차트의 막대를 지정하여 막대 간격을 제거하고, "채우기 : 요소마다 다른 색 사용"을 지정
- 메뉴 탭의 "차트도구 | 레이아웃 | 축 제목"을 지정하여 가로 축과 세로 축에 각각 "계급"과 "도수"를 입력하여 시트와 같은 히스토그램을 완성

3. 추가기능(히스토그램)을 이용한 도수분포표와 도수분포도의 작성

엑셀의 메뉴 탭에서 "파일 | 옵션"을 지정하면, "Excel옵션" 대화상자가 생성된다. "Excel옵션" 대화상자에서 추가기능을 지정하고, 하단의 "이동(G)"단추를 눌러서 생성된 추가기능 대화상자에서 다시 "분석도구"와 "해 찾기 추가 기능"을 지정하고 "확인"을 클릭한다. 그리고 메뉴 탭에서 "데이터 분석"과 "해 찾기"가 생성되는 것을 확인한다.

- 메뉴 탭에서 "데이터 | 데이터분석"을 지정
- 생성된 통계 데이터 분석 대화상자에서 히스토그램을 지정
- 생성된 히스토그램 대화상자에서 입력범위에는 자료구간을, 계급 구간에는 계급상한구간을, 출력 옵션에서 출력범위에 특정 셀을 지정하고, "파레토, 누적 백분율, 차트출력"을 지정

- "확인" 단추를 클릭

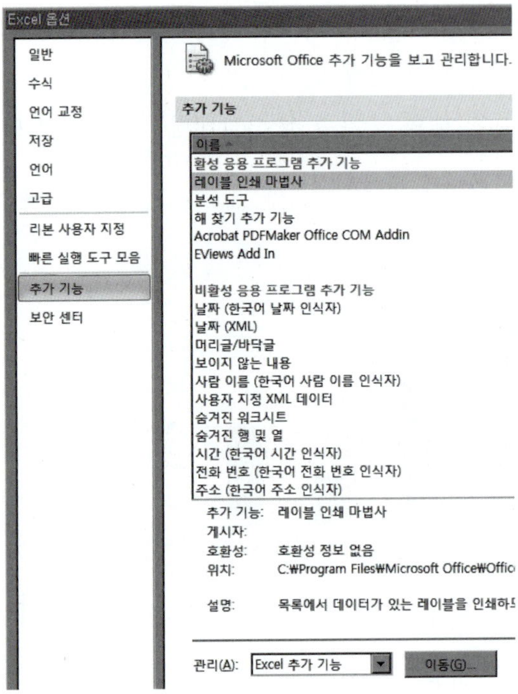

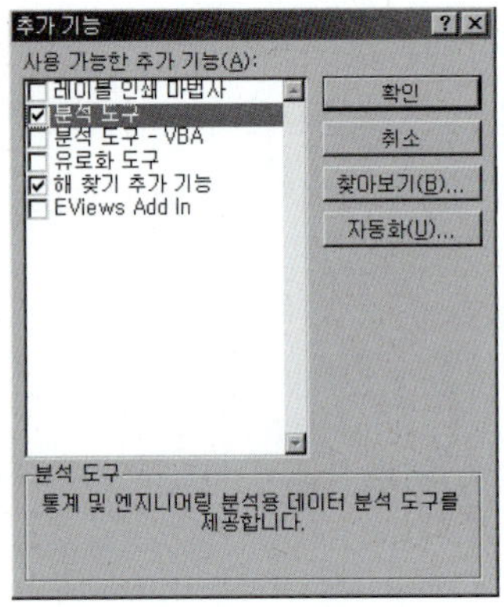

예제 2-5 [예제 2-3]의 점수와 [예제 2-4]의 계급상한을 이용하여 도수분포표와 히스토그램을 다음과 같이 자동으로 도출할 수 있다.

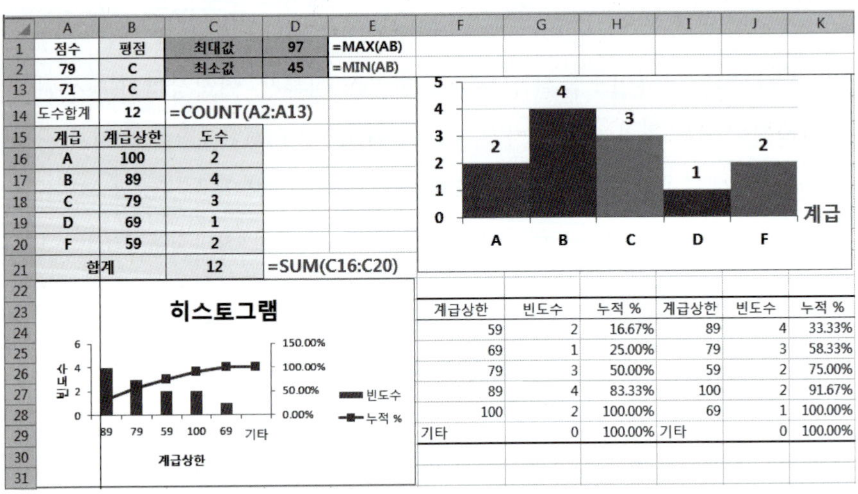

① 메뉴 탭에서 "데이터 | 분석 | 데이터분석"을 지정

② 생성된 통계데이터 분석 대화상자에서 "히스토그램"을 지정

③ 생성된 히스토그램 대화상자의 지정을 통해 히스토그램과 도수분포표 획득

- 입력범위에 "A1:A13"을, 계급 구간에 "B15:B20"을 지정하고, 이름표를 체크
- 출력옵션에서 출력범위를 지정하고, "파레토, 누적 백분율, 차트 출력"을 지정한 후에 "확인"을 클릭하여 시트와 같은 결과를 획득

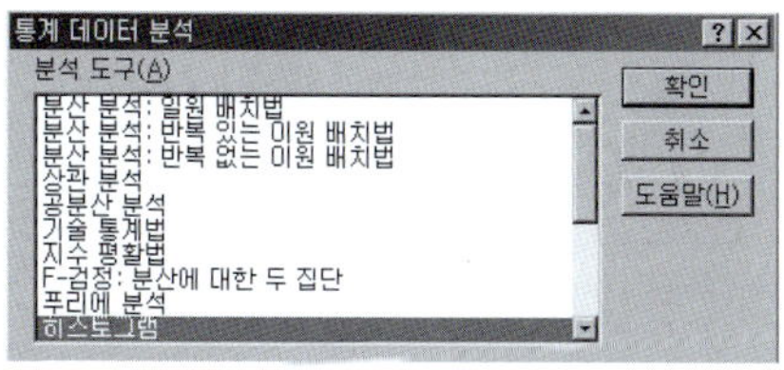

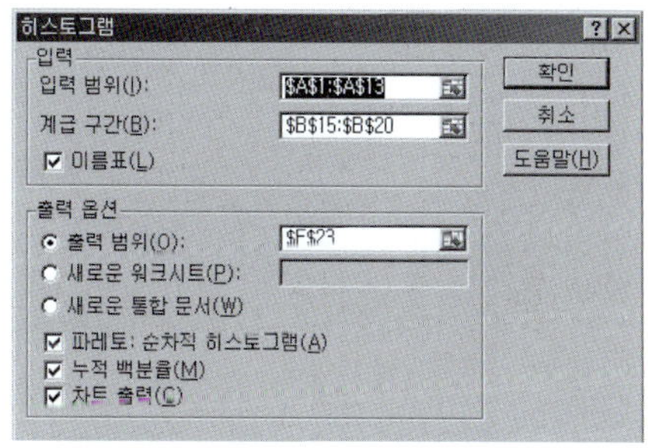

4. 정성변수의 도수분포표 작성

정성변수(범주형변수, 비계량변수)의 도수분포표는 피벗차트 또는 COUNTIF함수를 사용하여 작성할 수 있다.

엑셀의 메뉴 탭에서 "삽입 | 표 | 피벗테이블 | 피벗차트"를 지정하고, 생성된 "피벗 테이블 및 피벗 차트 만들기" 대화상자에서 자료구간을 지정하고, 출력할 테이블 및 차트의 위치를 지정 후 "확인"을 클릭한다. 새롭게 생성된 "피벗 테이블 필드 목록"에서 생성된 자료의 제목을 다음과 같이 해당 영역으로 끌어 당겨 도수분포표와 히스토그램을 작성할 수 있다.

- "보고서에 추가할 필드 선택"의 항에 나타난 자료 제목을 마우스 커서로 지정하여 아래의 "축 필드(항목)"으로 당기기
- 다시 "보고서에 추가할 필드 선택"의 항에 나타난 자료 제목을 마우스 커서로 지정하여 아래의 "Σ 값" 영역으로 당기기

예제 2-6 어떤 무역회사는 주로 미국(U), 중국(C), 일본(J), 프랑스(F), 독일(G), 태국(T), 인도(I)의 수입상들로부터 제시된 제품 조회에 대한 상담을 한다고 하자.
어떤 일자에 조회를 한 수입상들의 국적이 다음의 A2:A16구간과 같다고 하자. 조회국의 빈도와 히스토그램을 피벗차트를 사용하여 구하면 다음과 같다.

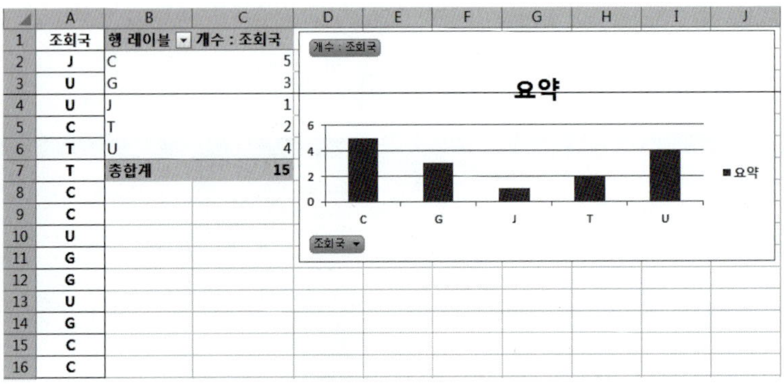

① 메뉴 탭에서 "삽입 | 표 | 피벗테이블 | 피벗차트"를 지정하고, 생성된 "피벗 테이블 및 피벗 차트 만들기" 대화상자에서 자료구간을 지정하고, 출력할 테이블 및 차트의 위치를 지정 후 "확인"을 클릭

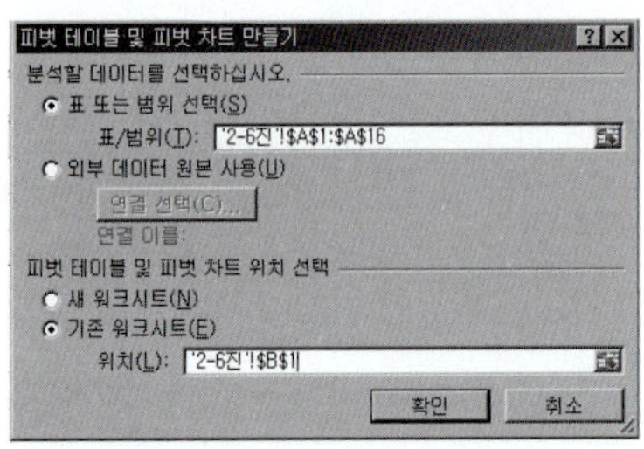

② 워크시트에서 아래와 같이 "피벗 테이블 필드 목록"이 생성되는 것을 확인

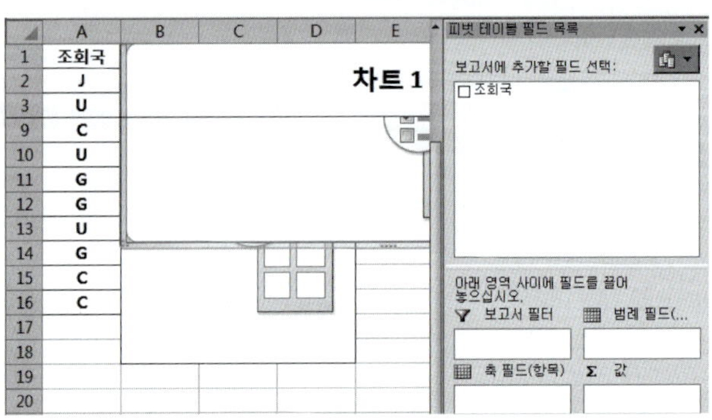

③ "피벗 테이블 필드 목록"에서 "조회국" 단추를 각각 "축 필드(항목)"과 "Σ 값" 영역으로 당기기

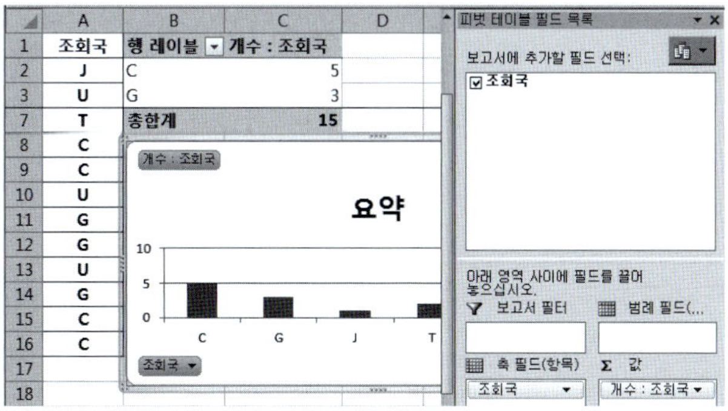

④ 생성된 차트와 표를 보기 쉽게 정렬

예제 2-7 [예제 2-6]의 자료를 행으로 선지시켜 "Countif" 함수를 이용하여 도수분포표를 다음과 같이 구할 수 있다.

	A	B	C	D	E	F	G	H	I	J	K	L	M	N	O	P
1	조회국	J	U	U	C	T	T	C	C	U	G	G	U	G	C	C
2	조회국	C	G	J	T	U	계									
3	도수	5	3	1	2	4	15	=SUM(B3:F3)								

① 예제 2-6의 A1:A16구간을 지정 후 복사하여, 새로운 시트의 A1셀에 "선택하여 붙여 넣기 | 행/열 바꿈"을 지정 후 "확인"을 클릭

② Countif함수와 SUM함수를 사용하여 도수 계산

- B3:F3구간 지정, 수식입력줄에 "=COUNTIF($B$1:$P$1,B2)"를 입력 후, "Ctrl+Enter"를 클릭
- G3셀에 "=SUM(B3:F3)"을 입력하여 도수 합계를 계산

TIP COUNTIF(range, criteria)함수

- range는 조건을 검사할 셀 범위를 표시
- criteria는 숫자 · 수식 · 텍스트 형식으로 입력하는 기준조건을 표시
- 기준조건은 32, "32", ">32", "사과", 셀 주소 등으로 표시 가능

제 2 절 위치 측정치

I 중심경향 측정치와 적률의 개념

1. 중심경향 측정치의 개념과 도수분포의 특성

중심경향성 측정치(measures of central tendency)는 위치측정치(measures of location)라고 하며, 자료 값들 분포의 중심 또는 가장 전형적인 자료 값을 결정하는 수치이다. 가장 널리 사용되는 중심경향성 측정치는 평균이며, 그 다음으로 중위수와 최빈치의 순으로 많이 사용된다.

- 도수분포의 특성은 여러 방식으로 설명될 수 있지만, 가장 널리 사용되는 방식은 적률을 이용한 그 도수분포의 위치 통계량(location statistics)
- 자료 값들에 대한 4분위수, 10분위수, 100분위수, z값 등으로 구성된 위치 통계량 역시 관찰치 분포의 중심경향성을 설명하도록 계산한 값

2. 적률의 개념과 구분

(1) 적률의 개념

적률(모멘트, moments)은 어떤 분포의 중심경향성, 산포정도(degree of dispersion), 비대칭성(asymmetry), 뾰족함(peakedness) 등을 나타내기 위한 측정치들의 집합이다.

- k가 어떤 자연수(natural number)이고, X가 어떤 확률변수(random variable)라면, X의 k차 적률(moment)은 X^k의 기대치로 정의
- X가 이산변수와 연속변수의 경우에 따른 기대치

(2.5.1) $$E(X^k) = \sum_x x^k p_X(x)$$: X가 이산변수인 경우

(2.5.2) $$E(X^k) = \int_{-\infty}^{\infty} x^k p_X(x)\,dx$$: X가 연속변수인 경우

- 일반적으로 적률은 X의 분포에만 의존
- 원점 0에 대한 i차 적률은 $E(X^i)(=E[(X-0)^i])$로 정의되며, 원점에 대한 1차 적률인 평균은 $E(X)=\mu$

(2) 중심적률의 개념과 구분

확률변수 X의 2차 이상의 적률은 주로 그 평균에 대한 적률들을 사용한다. k차 중심적률(kth central moment of X)은 (X-E(X))의 k차 적률이며, 다음과 같이 표시한다.

(2.5.3) $$\mu_k = E[(X-E(X))^k]$$

- 2차 중심적률을 X의 분산(variance)이라 하고, Var(X)로 표시
- Var(X)이 비음의 제곱근(nonnegative square root)을 X의 표준편차(standard deviation)라 하며, X가 그 기대치에 대해 갖는 분포의 간격(spread)을 측정
- 표준편차는 척도측정치(measure of scale)라고도 하며, 이와 동일한 형태의 측정치는 평균편차(mean deviation)라고 하는 $E(|X-E(X)|)$
- 3차 중심적률은 왜도계수(coefficient of skewness) γ_1, 4차 중심적률은 첨도계수 γ_2이며 다음과 같이 정의됨

(2.5.4) $$\gamma_1 = \frac{\mu_3}{\sigma^3}$$

(2.5.5) $$\gamma_2 = \frac{\mu_4}{\sigma^4} - 3$$

- $E(X_1^i X_2^j)$은 계수 (i, j)의 X_1 및 X_2의 곱적률(product moment)
- $E[(X_1-E(X_1))^i(X_2-E(X_2))^j)]$는 계수 (i, j)의 X_1 및 X_2의 중심곱적률(central product moment)
- (1,1)계의 중심곱적률[central product moment of order (1,1)]은 X_1과 X_2의 공분산 $Cov(X_1, X_2)$

3. 최빈치와 중위수

(1) 최빈치

최빈치(mode) Mo는 자료집합에서 출현빈도인 도수(popularity or frequency)가 가장 큰 값이다.

- 미그룹화자료(ungrouped data)의 최빈치는 가장 큰 도수를 갖는 값, 엑셀의 "Mode함수"를 사용하여 미그룹화 자료의 최빈치를 계산
- 그룹화자료(grouped data)의 최빈치는 다음과 같이 계산한다.

(2.6) $$M_o = B_L + \frac{d_1}{d_1 + d_2} i$$: 그룹화자료 최빈치

B_L : 최빈계급(modal class)의 하한(lower limit)

d_1 : 최빈계급의 도수 - 직전 계급 도수

d_2 : 최빈계급의 도수 - 직후 계급 도수

i : 계급간격 = 계급구간(class interval)의 폭

- 2개의 최빈치들을 갖는 자료 집합은 양봉(쌍봉, 二頂, bimodal) 자료, 3개 및 4개의 최빈치들을 갖는다면 각각 삼봉(tri-modal) 및 사봉(quad-modal) 자료라고 함

(2) 중위수

중위수(Median) Me는 값들의 오름차순 또는 내림차순으로 배열된 관찰치 분포의 중간에 있는 값이며, 최빈치보다 더 많이 사용되는 통계량이다.

- 미그룹화자료의 중위수(중앙값, Median) $\tilde{x}$: 관찰치의 수 N에 대해

(2.7) $$\tilde{X} = \begin{cases} \frac{N+1}{2} \text{ 번째 관찰치} & \text{for } N\text{이 홀수} \\ \frac{N}{2} \text{ 와 } \frac{N}{2}+1 \text{ 번째 관찰치들의 평균} & \text{for } N\text{이 짝수} \end{cases}$$

- 엑셀의 "MEDIAN함수"를 사용하면 미그룹화자료에서 관찰치 수의 짝수 여부와는 무관하게 중위수의 계산이 가능

- 그룹화자료의 중위수 : $\tilde{x}$= 누적상대도수가 0.50이 되는 값

$$\tilde{x} = x_L + \frac{0.5N - f_L}{f_M}(x_U - x_L) \tag{2.8}$$

x_L : 중위수 계급구간의 하한,

x_U : 중위수 계급구간의 상한

f_L : 중위수 계급구간보다 낮은 값까지 발생한 누적 도수

$f_M = f_U - f_L$: 중위수 계급구간의 도수,

f_U : 중위수 계급구간까지의 누적도수

- 중위수의 누적도수를 $Cf_{\tilde{X}}$라고 하면, $\frac{Cf_{\tilde{X}}}{N} = 0.50$ 이 성립

예제 2-8 미그룹화자료의 경우에 대해 Excel의 Mode함수를 사용하여 쉽게 최빈치를 구하고, MEDIAN함수를 사용하여 관찰치 수 N의 홀수 여부와는 무관하게 중위수를 A2:M2구간과 A6:N6구간의 값들에 대해 구할 수 있다.

	A	B	C	D	E	F	G	H	I	J	K	L	M	N	O	P
1	미그룹자료(N이 홀수)															
2	1	1	1	3	4	4	5	6	8	10	14	15	17			
3	최빈치	1	=MODE(A2:M2)		N	13	=COUNT(A2:M2)				중위수 위치		7			
4	중위수	5	=MEDIAN(A2:M2)		중위수	5	=SMALL(A2:M2,M3)							=(F3+1)/2		
5	미그룹자료(N이 짝수)															
6	1	1	1	2	3	4	4	5	6	8	10	14	15	17		
7	최빈치	1	=MODE(A6:N6)		N	14	=COUNT(A6:N6)			N/2 관측치	4	=SMALL($A$6:$N$6,$F$7/2)				
8	중위수	4.5	=MEDIAN(A6:N6)		중위수	4.5	=AVERAGE(K7:K8)			(N/2)+1 관측치	5	=SMALL($A$6:$N$6,$F$7/2+1)				

① 최빈치 계산

- B3셀에 "=MODE(A2:M2)"를 입력하여 최빈치를 1로 계산
- B7셀에 "=MODE(A6:N6)"을 입력하여 최빈치를 1로 계산

② 중위수 계산

- B4셀에 "=MEDIAN(A2:M2)"를 입력하여 중위수를 5로 계산
- B8셀에 "=MEDIAN(A6:N6)"을 입력하여 중위수를 4.5로 계산

③ 관찰치 수 N이 홀수인 경우의 (2.7)식을 이용한 중위수 계산[참고]

- F3셀에 "=COUNT(A2:M2)"를 입력하여 관측치 수를 계산

- 관찰치 수 N이 13이어서 홀수이므로, M3셀에 "=(F3+1)/2"를 입력하여 중위수의 위치를 7번째로 숫자로 계산
- (2.7)식에 따라 F4셀에 "=SMALL(A2:M2,M3)"을 입력하여 중위수를 5로 계산, B4셀의 값과 일치 여부를 확인

④ 관찰치 수 N이 짝수인 경우의 (2.7)식을 이용한 중위수 계산[참고]

- F7셀에 "=COUNT(A6:N6)"을 입력하여 관찰치 수를 계산
- 관찰치 수 N이 14이어서 짝수이므로, K7셀에 "=SMALL($A$6:$N$6,$F$7/2)"와 K8셀에 "=SMALL($A$6:$N$6,$F$7/2+1)" 입력하여 N/2번째와 (N/2)+1번째에 위치한 두 값을 계산
- (2.7)식에 따라 F8셀에 "=AVERAGE(K7:K8)"을 입력하여 중위수를 4.5로 계산, B8셀의 값과 일치 여부를 확인

예제 2-9 관찰치 수 N이 21인 가계 연간소득(USD1,000 단위 표시)에 대한 그룹화자료에 대해 계급 상한 및 하한, 누적도수, 상대도수, 누적상대도수, 그리고 최빈치와 중위수를 (2.6)식과 (2.8)식에 따라 다음과 같이 구할 수 있다.

	A	B	C	D	E	F
1	그룹화자료					
2	소득(x)	4.5 이하	4.5-9.5	9.5-14.5	14.5-19.5	19.5 이상
3	도수(f)	3	1	8	7	2
4	계급하한 x_L	0	4.5	9.5	14.5	19.5
5	계급상한 x_U	4.5	9.5	14.5	19.5	
6	누적도수(Cf)	3	4	12	19	21
7	f/N	0.143	0.048	0.381	0.333	0.095
8	누적 f/N	0.143	0.190	0.571	0.905	1.000
9	중위수	13.563	=D4+((0.5*F6-C6)/D3)*(D5-D4)			
10	최빈치	13.875	=D4+((D3-C3)/((D3-C3)+(D3-E3)))*(D5-D4)			

① 계급의 상하한 입력

- B4:F4구간에 각 계급하한을 입력
- B5:E5구간을 지정, 수식입력줄에 "=C4"를 입력 후 "Ctrl+Enter↵"를 클릭하여 각 계급상한을 동시 입력

② 누적도수와 누적상대도수의 계산

- B6:F6구간 지정, 수식입력줄에 "=SUM($B$3:B3)"을 입력 후 "Ctrl+Enter↵"를 클릭하여 각 계급의 누적도수 Cf를 동시 계산

- B7:F7구간을 지정, 수식입력줄에 "=B3/$F$6"을 입력하고 "Ctrl+Enter↵"를 클릭하여 상대도수 f/N을 동시 계산
- B8:F8구간 지정, 수식입력줄에 "=SUM($B$7:B7)"을 입력 후 "Ctrl+Enter↵"를 클릭하여 각 계급의 누적상대도수를 동시 계산

③ 중위수 및 최빈치 계산

- 0.50의 누적상대도수를 포함하는 계급의 하한과 상한이 각각 D4셀과 D5셀에 위치하므로, (2.8)식에 따라 B9셀에 "=D4+((0.5*F6-C6)/D3)*(D5-D4)"를 입력하여 중위수를 13.563으로 계산
- 도수가 가장 큰 최빈계급의 하한 및 도수는 각각 D4셀과 D3셀에, 직전 및 직후 계급의 도수는 각각 C3셀과 E3셀에 위치, (2.6)식에 따라 그룹별 자료의 최빈치 계산을 위해 B10셀에 "=D4+((D3-C3)/((D3-C3)+(D3-E3)))*(D5-D4)"를 입력하여 최빈치를 13.875로 계산

Ⅱ 평균

1. 미그룹화자료의 평균

① **산술평균**(arithmetic mean) : 관찰치들의 합을 관찰치 수로 나눈 값이며, 모집단 전체의 N개 관측치들에 대한 산술평균 μ는 다음 공식으으로 계산

(2.9) $$\mu = \frac{\sum^{N} x}{N}$$

- Excel에서는 "=AVERAGE(구간)"으로 계산

② **기하평균**(geometric mean) : N개 관찰치들 곱의 (1/N)승근(Nth root)으로 계산

- 평균 변화율, 지수, 상대가격 등의 계산에 주로 사용

(2.10) $$G.M. = \sqrt[N]{X_1 \cdot X_2 \cdots X_N} = \sqrt[N]{\Pi_i^N X_i}$$

- Excel에서는 "=GEOMEAN(구간)"으로 계산
- 음(negative)의 수익률도 발생하므로, 다음 공식으로 평균수익률을 계산

$$(2.11)\qquad R_G = \left[\Pi_{t=1}^{N}(1+R_i)\right]^{1/N} - 1 = \sqrt[N]{\Pi_{t=1}^{N}(1+R_i)} - 1$$

③ **조화평균(harmonic mean)** : N개 관찰치들 역수의 산술평균을 구하고, 다시 그 산술평균의 역수로 계산

- 시간의 변화에 따라 값이 변하는 속도, 상품 가격 등의 평균을 계산하는데 사용

$$(2.12)\qquad H.M. = \frac{1}{\frac{1}{N}\left(\frac{1}{x_1} + \frac{1}{x_2} + \cdots + \frac{1}{x_N}\right)} = \frac{N}{\sum_{i}^{N} \frac{1}{x_i}}$$

- Excel에서는 "=HARMEAN(구간)"으로 계산

④ **가중평균(weighted mean)** : 각 관측치가 전체 자료(표본)에 대해 갖는 가중치를 고려하여 구한 가중된 산술평균(weighted arithmetic mean)

$$(2.13)\qquad \mu_w = \frac{\sum_{i=1}^{N}(w_i x_i)}{\sum_{i=1}^{N} w_i} = \sum_{i=1}^{N} w_i x_i,\ w_i$$: i 번째 관찰치 x_i 에 대한 가중치

예제 2-10 다음 A1:J2구간에 제시된 수익률자료에서 월별 평균수익률을 각각 (2.9)식과 (2.11)식을 이용하여 산술평균과 기하평균으로 구할 수 있다.

	A	B	C	D	E	F	G	H	I	J
1	월	1	2	3	4	5	6	7	8	9
2	수익률(R)	5.4%	2.3%	-1.8%	-2.5%	3.6%	1.4%	2.1%	-4.8%	2.7%
3	산술평균	0.93%	=AVERAGE(B2:J2)							
4	산술평균	0.93%	=SUM(B2:J2)/COUNT(B2:J2)							
5	1+R	105.4%	102.3%	98.2%	97.5%	103.6%	101.4%	102.1%	95.2%	102.7%
6	기하평균	0.89%	=GEOMEAN(B5:J5)-1							
7	기하평균	0.89%	=(PRODUCT(B5:J5))^(1/COUNT(B2:J2))-1							

① 산술평균의 계산

- B3셀에 "=AVERAGE(B2:J2)"를 입력하여 산술평균을 0.93%로 계산
- (2.9)식의 산술평균 공식에 따라 B4셀에 "=SUM(B2:J2)/COUNT(B2:J2))"를 입력하여 산술평균을 0.93%로 계산

② 기하평균의 계산

- 기하평균을 구하도록 음의 값을 제거하기 위해 B5:J5구간을 지정 후, 수식입력줄에 "=1+B2"를 입력하고 "Ctrl+Enter↵"를 클릭하여, "1+수익률" 자료 생성
- B6셀에 "=GEOMEAN(B5:J5)-1"을 입력하여 수익률의 기하평균을 계산
- (2.11)식에 따라 B7셀에 "=(PRODUCT(B5:J5))^(1/COUNT(B2:J2))-1"을 입력하여 기하평균값을 0.89%로 계산

예제 2-11 어떤 거리를 8개 구간으로 구분하여, B2:I2와 같이 자동차로 각 구간을 통과하는데 걸린 시간들의 평균을 다음과 같이 구할 수 있다.

	A	B	C	D	E	F	G	H	I	J	K	L	M	N
1	구간 번호	1	2	3	4	5	6	7	8	산술평균	15.25	=AVERAGE(B2:I2)		
2	주행시간(분)	15	13	21	17	19	11	14	12	기하평균	14.91	=GEOMEAN(B2:I2)		
3										조화평균	14.59	=HARMEAN(B2:I2)		
4	1/주행시간	0.067	0.077	0.048	0.059	0.053	0.091	0.071	0.083	조화평균	14.59	=1/(SUM(B4:I4)/COUNT(B4:I4))		

① 산술평균, 기하평균, 조화평균을 Excel 내장함수로 계산

- K1셀에 "=AVERAGE(B2:I2)"를 입력하여 산술평균을 계산
- K2셀에 "=GEOMEAN(B2:I2)"를 입력하여 기하평균을 계산
- K3셀에 "=HARMEAN(B2:I2)"를 입력하여 조화평균을 계산

② (2.12)식을 통한 조화평균 계산

- B4:I4구간을 지정, 수식입력줄에 "=1/B2"를 입력한 후에 "Ctrl+Enter↵"를 클릭
- K4셀에 "=1/(SUM(B4:I4)/COUNT(B4:I4))"를 입력하여 K3셀과 동일한 값의 조화평균 계산
- 동일한 관찰치들의 평균을 계산할 경우에 "산술평균> 기하평균> 조화평균"의 형태로 크기가 다르게 결정되는 것을 K3:K5구간의 각 평균에서 확인

예제 2-12 어떤 학생이 계절학기에 모두 10학점을 신청하여 6학점인 통계학에서 A, 4학점인 수학에서 B를 받았다고 가정하자.
A학점의 점수는 4점, B학점의 점수는 3점이다. 그 때 학생의 계절학기 평점은 다음과 같이 3.6으로 계산할 수 있다.

	A	B	C	D	E	F	G	H	I
1	과목	학점	평점(x)	가중치(w)	w*x	가중평균			
2	통계학	6	4	0.6	2.4	3.6	=SUMPRODUCT(D2:D3,C2:C3)		
3	수학	4	3	0.4	1.2				
4	계	10		1.0	3.6				

① 학점의 합계

- B4셀을 지정, "=SUM(B2:B3)"을 입력하여 학점들을 합계
- D4:E4구간을 지정, 수식입력줄에 "=SUM(D2:D3)"을 입력하고 "Ctrl+Enter↵"를 클릭하여 가중치와 학점 및 가중치 곱들의 합계를 계산

② 각 학점의 가중치 계산

- D2:D3구간을 지정, 수식입력줄에 "=B2/$B$4"를 입력 후 "Ctrl+Enter↵"를 클릭하여 가중치들을 동시 계산

③ 학점 및 가중치의 곱과 그 합계로 가중평균 계산

- E2:E3구간을 지정, 수식입력줄에 "=D2*C2"를 입력 후 "Ctrl+Enter↵"를 클릭하여 학점 및 가중치의 곱들을 동시 계산
- E4셀에서 학점 및 가중치 곱들의 합계로 가중평균을 3.6으로 계산
- F2셀에 "=SUMPRODUCT(D2:D3,C2:C3)"을 입력하여 3.6의 가중평균을 계산

2. 그룹화자료의 산술평균

그룹화자료의 산술평균 μ는 계급값 x_{Mi}, 계급치의 발생 도수 f_i, 계급의 수 n, 총도수(관찰치 총합) N에 대해 다음과 같이 계산한다.

(2.14)
$$\mu = \frac{\sum_{i=1}^{n} x_{Mi} f_i}{N}$$

- 계급 중점(계급값) x_M은 계급의 완전하한과 완전상한이 각각 x_{eL}과 x_{eU}로 주어진 경우에 다음으로 계산

(2.15)
$$x_M = \frac{x_{eL} + x_{eU}}{2}$$

- 그룹화자료 산술평균은 "계급값 및 해당계급 도수의 곱 계산 → 곱의 합계 → 곱의 합계를 관찰치 수로 나누기"의 절차로 계산

예제 2-13 [예제 2-9] A2:F3구간의 그룹화자료의 평균을 구하려면 각 계급구간의 계급치를 먼저 구하고, 계급치와 도수 곱의 합을 관찰치의 수로 나누어 계산한다.

	A	B	C	D	E	F
2	소득(x)	4.5 이하	4.5-9.5	9.5-14.5	14.5-19.5	19.5 이상
3	도수(f)	3	1	8	7	2
4	계급하한 x_L	0	4.5	9.5	14.5	19.5
5	계급상한 x_U	4.5	9.5	14.5	19.5	
11	완전계급하한 x_{CL}	-0.5	4.5	9.5	14.5	19.5
12	완전계급상한 x_{CU}	4.5	9.5	14.5	19.5	24.5
13	계급값 x_M	2	7	12	17	22
14	fx_M	6	7	96	119	44
15	평균					12.95

① 완전계급하한 계산

- 처음 계급의 하한은 0이지만, 직전 계급은 없기 때문에 중복되지 않아 가상적인 직전 계급의 상한을 -1로 간주하여 B11셀에 "=(B4-1)/2"를 입력
- C4:E5구간에서 어떤 계급의 상한은 다음 계급하한과 일치하므로, 중복되는 상하한을 완전계급하한으로 적용하도록, C11:F11구간을 지정, 수식입력줄에 "=B5"를 입력 후 "Ctrl+Enter↵"를 클릭하여 완전계급하한의 계산을 완료
- B12:F12구간을 지정, (2.1)식에 따라 수식입력줄에 "=B11+($C$11-$B$11)"을 입력 후 "Ctrl+Enter↵"를 클릭 ← (2.1)식에서 "완전계급상한=완전계급하한+계급구간"이며, "계급구간=다음 계급 완전계급하한-해당 계급의 완전계급하한"의 관계를 적용

② 계급치와 그룹화자료 산술평균 계산

- B13:F13구간 지정, 수식입력줄에 "=(B11+B12)/2"를 입력 후 "Ctrl+Enter↵"를 클릭하여 (2.15)식에 따라 계급치를 각 계급에 대해 동시 계산
- B14:F14구간 지정, 수식입력줄에 "=B3*B13"을 입력 후 "Ctrl+Enter↵"를 클릭
- F15셀에 "=SUM(B14:F14)/SUM(B3:F3)"을 입력하여 (2.14)식에 따라 그룹화자료 산술평균을 12.95로 계산

Ⅲ 분위수

표본 중위수(sample median)는 표본 자료의 중간 값(middle value)이어서 자료를 2개 부분으로 구분한다.

- 분위수들(변위치들, quantiles) 역시 자료집합을 여러 개로 동일한 간격으로 구분(등분)하는 측정치들
- 중위수, 분위수들은 모두 분포에 있는 관찰치들의 순서를 사용하여 결정하는 순서 통계량들(order statistics)임

1. 사분위수

사분위수(quartiles)는 주어진 자료집합(분포)을 크기에 따라 오름차순(ascending order)이나 내림차순(descending order)으로 배열한 상황에서 그 자료들을 4등분하는 수이다.

- **제1사분위수(first quartile)** Q_1 : 자료 관측치들의 25%가 아래에 위치하는 수이며, N개 값들에 대해 N/4번째와 (N/4)+1번째 관측치들 사이인 (N/4)+(1/2)번째 관측치에 해당
- **제2사분위수(second quartile)** Q_2 : 자료 관측치들의 50%가 아래에 위치하는 수이며, N개 값들에 대해 (2N/4)+(1/2)번째 관측치에 해당하는 중위수(median)
- **제3사분위수(second quartile)** Q_3 : 자료 관측치들의 75%가 아래에 위치하는 수이며, N개 값들에 대해 (3N/4)+(1/4)번째 관측치에 해당
- 계산 결과가 정수(whole number) 또는 1/2을 갖지 않는다면, 반올림을 수행 → 정렬 후 어떤 사분위수의 순서가 2.75이면 3번째 값으로, 사분위수의 순서가 9.3이면 9번째 값으로, 7.5이면 7번째와 8번째 값들의 평균(합의 절반)으로 적용
- 미그룹화자료에 대한 사분위수는 Excel에서 "Quartile.inc(구간, 순서)"함수를 입력하여 계산하며, 순서는 0부터 4까지 사용 가능
- 그룹화자료의 경우에 k사분위수(k=0, 1, 2, 3, 4)는 k사분위 계급(kth quartile class)에 대해 다음의 공식으로 계산

(2.16)
$$Q_k = L_k + \frac{\frac{kN}{4} - CF_k}{f_k} i_k$$

L_k : k사분위수를 포함하는 계급의 하한

N : 관찰치의 총수(각 계급 도수의 총합계)

CF_k : k사분위수가 포함된 계급의 직전 계급까지의 누적도수

f_k : k사분위수가 포함된 계급의 도수

i_k : k사분위수가 포함된 계급의 계급구간

2. 백분위수

백분위수(percentiles)는 3개의 사분위수가 분포를 4개 구간으로 분할하듯이, 99개 백분위수를 통해 분포를 100개 구간으로 분할하여 산포를 측정하는 값이다.

- 백분위수는 자료를 오름차순으로 정리한 후에 각 블록이 자료 값들의 1/100을 포함하도록 자료 값들을 구분한 100개의 블록(구획, block)으로 구성
- 최초 블록은 가장 작은 자료 값들을 포함하며, 마지막 블록은 가장 큰 자료 값들(data values)을 포함
- a 번째 백분위수(a^{th} percentile)에 해당하는 숫자 값 아래에는 자료의 a%의 값들이 있고, a 번째 백분위수 위에는 $(100-a)\%$ 의 값들이 위치
- 원래 값들(raw scores)은 누적 도수를 사용하여 백분위수들로 전환 가능 → 만약 50의 원래 값이 90의 백분위수라고 한다면, 이는 점수들의 90을 표시하며 50 이하의 값들이 점수들의 90%를 차지하는 것을 의미하는 것으로 해석
- 미그룹화자료의 백분위수는 다음 순서로 계산
  - **제1단계** : 오름차순 정렬
  - **제2단계** : 원하는 백분위 p와 자료크기 n으로 백분위수 위치 값 c를 (pn/100)으로 설정
  - **제3단계** : c가 정수이면 c 및 c+1번째 수들의 평균을, c가 정수가 아니면 c+1번째 수를 p백분위수로 결정

- n개 점수들을 도수 f_i 로 순서에 따라 배열된다면, 어떤 점수 x_i 의 백분위수 P_k 는 사분위수와 마찬가지로 표본크기 n에 대해 다음 식으로 계산

$$P_k = L_k + \frac{\frac{kn}{100} - CF_k}{f_k} i_k \quad (2.17)$$

- Excel에서 미그룹화자료에 대한 k백분위수는 k를 100으로 나누어 소수(decimal)인 "k/100"으로 전환시킨 후에 "=percentile.inc(구간,k/100)"을 입력하여 계산

3. 십분위수

십분위수(deciles)는 자료를 오름차순으로 정리한 후에 10개의 블록(구획, block)으로 구분하여, 자료값들의 1/10을 나타내는 각 블록 임계값이다.

- 10분위수의 최초 블록은 가장 작은 자료 값들을 포함하며, 마지막 블록은 가장 큰 자료 값들(data values)을 포함
- 1십분위수는 10백분위수와 동일하게 계산

예제 2-14 어느 기업이 갖는 15개 점포의 매출액을 오름차순으로 정리한 결과가 다음 A1:P2구간과 같다고 하자. 이러한 미그룹화자료의 경우에 매출액의 70분위수, 2사분위수(중위수), 2십분위수를 PERCENTILE함수와 QUARTILE함수를 사용하여 구하고, 이러한 분위수들의 해당 오름차순을 G4:L6구간과 같이 확인할 수 있다.

	A	B	C	D	E	F	G	H	I	J	K	L	M	N	O	P
1	점포번호	1	2	3	4	5	6	7	8	9	10	11	12	13	14	15
2	매출액(x_i)	0.1	0.1	0.25	0.25	0.25	0.35	0.4	0.53	0.9	1.25	1.35	2.45	2.71	3.09	4.1
3	분위수						순서(i)				값					
4	P_{70}	1.33	=PERCENTILE.INC(BC,0.7)				(70N/100)+(1/2)			11.0	1.35		=HLOOKUP(J4,$B$1:$P$2,2)			
5	Q_2	0.53	=QUARTILE.INC(BC,2)				(2N/4)+(1/2)			8.0	0.53					
6	D_2	0.25	=PERCENTILE.INC(BC,0.2)				(2N/10)+(1/2)			3.5	0.25					
7	중위수	0.53	=MEDIAN(BC)													

① 구간 이름 설정과 분위수 계산

- B2:P2구간을 지정, 이름상자에 마우스 커서를 두고 왼쪽 단추를 눌러 셀주소가 왼쪽으로 이동하면 "BC"로 이름을 변경하여 설정
- B4셀에 "=PERCENTILE(BC,0.7)"을 입력, 70백분위수를 1.33으로 계산

- B5셀에 "=QUARTILE.INC(BC,2)"를 입력, 2사분위수를 0.53으로 계산
- 2십분위수는 20백분위수와 동일하므로 B6셀에 "=PERCENTILE.INC(BC,0.2)"를 입력, 2십분위수를 0.25로 계산

② 각 분위수에 대한 오름차순과 해당 자료 값의 확인

- J4셀에 "=70*COUNT(BC)/100+1/2"를 입력, 70백분위수가 11번째 값임을 확인
- J5셀에 "=2*COUNT(BC)/4+1/2"를 입력, 2사분위수가 8번째 낮은 값을 확인
- J6셀에 "=2*COUNT(BC)/10+1/2"를 입력, 2십분위수가 3.5번째 낮은 값 확인
- K4:K6구간을 지정, 수식입력줄에 "=HLOOKUP(J4,$B$1:$P$2,2)"를 입력 후 "Ctrl+Enter↵"를 클릭하여 해당 자료 값들의 동시 확인 수행

TIP HLOOKUP(기준 값, 자료구간, 기준 값의 행부터 찾는 값의 행까지 행의 개수, 찾을 조건)

- 찾을 조건(Range_lookup)은 HLOOKUP이 정확하게 일치하는 값을 찾을 것인지 근사치를 찾을 것인지를 지정하는 논리
- 찾을 조건에, TRUE를 입력하거나 생략하면 근사값을 찾음, FALSE를 입력할 경우에 HLOOKUP은 정확하게 일치하는 값을 찾으며 만일 찾지 못하면 #N/A 오류값 반환

예제 2-15 50명의 표본 집단에서 인치로 표시한 신장(키)이 다음 표의 B1:J2구간과 같은 경우에 48인치 신장의 백분위 순위를 구하고, 0·1·2·3·4사분위수, 25·75·50백분위수, 2십·6십분위수에 해당하는 신장을 다음과 같이 구할 수 있다.

	A	B	C	D	E	F	G	H	I	J
1	신장(x_i)	45	46	47	48	49	50	51	52	53
2	f_i	2	0	5	7	13	12	6	3	2
3	cf_i	2	2	7	14	27	39	45	48	50
4	L_k	44.5	45.5	46.5	47.5	48.5	49.5	50.5	51.5	52.5
5	U_k	45.5	46.5	47.5	48.5	49.5	50.5	51.5	52.5	53.5
6	P순위 (누적상대도수)	4.0%	4.0%	14.0%	28.0%	54.0%	78.0%	90.0%	96.0%	100.0%
7	48의 백분위 계수		28.0%	=HLOOKUP(E1,B1:J6,6)						
8	Q_0	44.5	=B4+((0*J3/4-0)/B2)*1			P_{25}	48.3	=E4+((25*J3/100-D3)/E2)*1		
9	Q_1	48.3	=E4+((1*J3/4-D3)/E2)*1			P_{75}	50.4	=G4+((75*J3/100-F3)/G2)*1		
10	Q_2	49.3	=F4+((2*J3/4-E3)/F2)*1			P_{50}	49.3	=F4+((50*J3/100-E3)/F2)*1		
11	Q_3	50.4	=G4+((3*J3/4-F3)/G2)*1			D_2	47.8	=E4+((2*J3/10-D3)/E2)*1		
12	Q_4	53.5	=J4+((4*J3/4-I3)/J2)*1			D_6	49.8	=G4+((6*J3/10-F3)/G2)*1		

① 누적도수, 계급 상하한 및 누적상대도수 계산

- B3:J3구간을 지정, 수식입력줄에 "=SUM($B$2:B2)"를 입력 후 "Ctrl+Enter↵"를 클릭하여 누적도수를 동시 계산

- B4:J4구간을 지정, 수식입력줄에 "=B1-1/2"를 입력하고 "Ctrl+Enter↵"를 클릭하여 계급치에서 계급간격인 1의 절반을 차감한 값으로 완전계급하한을 각 계급들에 대해 동시 계산
- B5:J5구간을 지정, 수식입력줄에 "=B1+1/2"를 입력하고 "Ctrl+Enter↵"를 클릭하여 계급치에서 계급간격인 1의 절반을 더한 값으로 완전계급상한을 각 계급들에 대해 동시 계산
- B6:J6구간을 지정, 수식입력줄에 "=B3/$J$3"을 입력 후 "Ctrl+Enter↵"를 클릭하여 각 계급들에 대한 누적상대도수인 P(백분비) 순위를 동시계산

② 48인치 신장의 백분위수

- C7셀에 "=HLOOKUP(E1,B1:J6,6)"을 입력, 48인치 신장의 백분위수 28% 계산

③ (2.16)식에 따른 사분위수 계산

- 다음과 같이 각 셀에 (2.16)식에 따른 식을 입력하여 각 사분위수들을 계산
  - B8 : "=B4+((0*J3/4-0)/B2)*1",
  - B9 : "=E4+((1*J3/4-D3)/E2)*1"
  - B10 : "=F4+((2*J3/4-E3)/F2)*1",
  - B11 : "=G4+((3*J3/4-F3)/G2)*1"
  - B12 : "=J4+((4*J3/4-I3)/J2)*1"

④ (2.17)식에 따른 백분위수와 십분위수 계산

- G8 : "=E4+((25*J3/100-D3)/E2)*1",
- G9 : "=G4+((75*J3/100-F3)/G2)*1"
- G10 : "=F4+((50*J3/100-E3)/F2)*1",
- G11 : "=E4+((2*J3/10-D3)/E2)*1"
- G12 : "=G4+((6*J3/10-F3)/G2)*1"

학 습 문 제

※ 맞으면 "○", 틀리면 "×"를 표시하시오.

01. 기술통계량은 자료의 분포 특성을 설명하는 숫자표시 지수이다. ( )

02. 통계자료의 특성을 표시하는 기술통계량은 보통 위치측정치와 산포측정치의 2가지 공통된 특성으로 크게 분류된다. ( )

03. 완전계급한계는 연속변수들에 대한 측정치 척도에 따라 인접 계급들을 분리하기 위해 계산한 값들이다. ( )

04. 계급크기는 계급구간 근사치를 끊어 올리기로 계산한다. ( )

05. 자료의 범위는 해당 자료집합에서의 최대값에서 최소값을 차감하여 계산된 값으로 결정된다. ( )

06. 도수분포표를 Excel의 FREQUENCY함수로 구하려면, 계급상한들을 입력하고 관련 계급들의 도수들을 계산해야 한다. ( )

07. 파레토 차트에서 각 막대는 좌측에서 우측으로 내림차순으로 배열된 도수를 표시한다. ( )

08. Excel의 피벗차트를 지정하면, 피벗테이블로 나타나는 도수분포표와 피벗차트로 나타나는 히스토그램을 모두 구할 수 있다. ( )

09. 중심경향측정치는 산포측정치이다. ( )

10. 어떤 확률변수의 k차 적률은 X^k 의 기대치이다. ( )

11. 평균은 원점에 대한 1차 적률이다. ( )

12. 확률변수의 해당 평균에 대한 적률을 중심적률이라고 한다. ( )

13. 최빈치는 자료집합에서 가장 많이 나타나는 값이다. ( )

정답 1. ○ 2. ○ 3. ○ 4. ○ 5. ○ 6. ○ 7. ○ 8. ○ 9 × 10. ○ 11. ○ 12. ○ 13. ○

학 습 문 제

14. 중위수는 오름차순이나 내림차순으로 배열된 관찰치 분포의 중간에 있는 값으로, 최빈치보다 더 많이 사용되는 통계량이다. ( )

15. 동일 관찰치들에 대해 "산술평균> 기하평균> 조화평균"순으로 결정된다. ( )

16. 그룹화자료에서 계급중점은 계급값으로 완전계급하한과 완전계급상한의 합계를 2로 나누어 계산한다. ( )

17. 분위수는 자료집합을 여러 개의 동일한 간격으로 구분하는 측정치들이며, 사분위수, 십분위수, 백분위수를 자주 사용한다. ( )

정답 14. ○ 15. ○ 16. ○ 17. ○

CHAPTER 3

산포 측정치와 분포의 형태

제 1 절 산포측정치

I 산포측정치 개념과 범위 및 이상점

1. 산포측정치의 개념

산포측정치(measures of spread or dispersion)는 관찰치 집합이 얼마나 넓게 흩어져 있는지를 설명하는 측정치이다. 산포측정치는 변동가능성 측정치(measures of variability)라고 하며, 자료집합의 값들이 평균 주위에 집중되는지의 여부에 따라 작거나 크게 나타난다.

- **산포 또는 변동(dispersion or variation)** : 숫자 값 자료들이 평균 값 주변에서 퍼지는 경향의 정도
- 대표적인 산포측정치는 범위, 평균편차, 사분위수범위, 10~90백분위수범위, 분산(variance), 표준편차(standard deviation)이다.

2. 범위

숫자들 집합의 범위(range)는 그 집합 숫자들의 최대치와 최소치간의 격차이다. 이러한 범위 R의 개념은 값들의 유한모집단과 표본 모두에 대해 성립한다.

(3.1) 범위 = R = 최대값−최소값

- 범위는 최대값과 최소값 사이의 거리를 측정하며, 자료집합의 퍼짐(spread)을 표시하는 측정치
- 범위는 편차(deviations)의 개념을 사용하지 않고, 오직 최대값과 최소값만을 사용하므로 이상점들(outliers)에 의해 영향을 받는다. 이러한 이유로 범위는 변동 측정치로는 큰 도움이 되지 않음.
- 도수분포로 자료가 분류되는 경우에는 원래 자료항목들의 범위를 정확히 계산할 수 없다는 단점을 가짐.

예제 3-1 다음 A1:I1구간의 표본 값들의 집합은 아주 극단적인 자료 점인 외진(범위 밖의) 값(outlying value)을 포함하고 있어, 그 범위가 외진 값에 의해 크게 영향을 받는 것을 알 수 있다.

	A	B	C	D	E	F	G	H	I
1	8	991	1,013	998	1,003	993	1,003	1,007	1,009
2	범위 R	1,005	=MAX(A1:I1)-MIN(A1:I1)						
3	범위 R1	22	=MAX(B1:I1)-MIN(B1:I1)						

- B2셀에 "=MAX(A1:I1)-MIN(A1:I1)"을 입력하여 범위를 1,005로 계산
- A1셀의 8이 없다면 범위는 B3셀과 같이 22가 되어, 외진 값 8은 범위에 현저한 영향을 끼침

3. 사분위수범위와 사분위수편차

자료집합에서 어떤 극단적 값들(이상점들)에 영향을 받지 않으면서 범위의 개념을 갖는 퍼짐 측정치는 사분위수범위(interquartile range)이다.

- 중위수, 분위수들은 모두 분포에 있는 관찰치들의 순서를 사용하여 결정하는 순서 통계량들(order statistics)임.
- 사분위수범위는 중위수 개념을 발달시킨 개념이며, 순서에 따라 정렬된 자료집합의 중간 50%의 퍼짐을 측정
- 사분위수범위는 중위수 아래와 위의 값들을 각각 두 부분으로 구분하여, 제일 낮은 값들로 구성된 부분과 제일 높은 값들로 구성된 부분을 제외한 부분들의 범위
- 사분위수범위 IQR은 제3사분위수 Q_3 에서 제1사분위수 Q_1 를 차감하여 계산

(3.2.1) $$IQR = Q_3 - Q_1$$

준사분위수범위(semi-interquartile range) SIQR 또는 사분위수편차(quartile deviation) QD는 사분위수범위의 절반으로, 정렬된 자료의 중간 1/4개(25%) 항목들이 평균적으로 갖는 범위(산포)를 측정한다.

(3.2.2) $$\text{SIQR(QD)} = (Q_3 - Q_1)/2 = \text{IQR}/2$$

4. 10~90 백분위수 범위

10-90 백분위수 범위(10-to-90 percentile range) IRP는 10백분위수 P_{10} 와 90백분위수 P_{90} 간 거리의 측정치이다.

(3.4) $$IRP = P_{90} - P_{10}$$

5. 이상점

이상점(異常點 : outlier)은 자료 분포의 중위수나 평균에 비해 멀리 떨어져 있는 자료 값이다. 이상점은 다음과 같이 분포의 중심경향을 왜곡시킬 수 있기 때문에 분포특성의 적절한 파악을 위해 일반적으로 제거해야 한다.

- 이상점은 측정도구에 의한 측정오차로 인해 발생하거나 조사자가 고려하지 못한 요인들에 의해 발생
- 이상점은 실험의 의도를 근본적으로 왜곡시키는 결과를 초래할 수 있음.

(1) 이상점 규정

가장 간단한 방식은 자료를 검토하는 것이지만, 많은 값들로 구성된 자료는 곤란하다. 일반적으로 이상점을 규정하는 방법들은 다음과 같다.

- 표본평균 $\bar{x}$ 에 대해 2배(또는 2.5배)의 표준편차 s 를 가감하여 결정한 구간을 벗어나는 자료 값을 이상점으로 간주 → 분포가 기초적으로 단봉(unimodal)이며 대칭적인 경우에 아주 적합

(3.5.1) $$x_i > \bar{x} + 2s \text{ 또는 } x_i < \bar{x} - 2x$$

- 자료 값들의 분포가 비대칭인(skewed) 경우에 평균보다는 중위수가 중심경향성을 측정하는데 보다 적합한 지표가 되므로, 비대칭 분포의 자료에 대해 이상점을 규정하는 기준을 중위수 $\tilde{x}$ 에 2배의 사분위수범위 IRQ를 가감한 구간으로 설정한다. 이러한 기준은 첨도(kurtosis)와 유사하다.

(3.5.2) $$x_i > \tilde{x} + 2(Q_3 - Q_1) \text{ 또는 } x_i < \tilde{x} - 2(Q_3 - Q_1)$$

- boxplot법칙(boxplot rule)이라고 하는 보다 확고한 기준(로버스트 기준, robust criterion)은 3사분위수 Q_3와 1사분위수 Q_1에 사분위수범위 IQR을 사용하여 내부 펜스(inner fence)와 외부 펜스(outer fence)를 설정하여 이상점을 규명
  - 내부 펜스는 3사분위수에 1.5배의 사분위수범위를 더한 값보다 크고, 1사분위수에 1.5배의 사분위수범위를 차감한 값보다 작은 값들을 이상점으로 규정 → 1.5배의 사분위수범위를 계단(step), 기준구간을 울타리(fence) FNC라고 부름.

(3.5.3) $$x_i > Q_3 + 1.5(Q_3 - Q_1) \text{ 또는 } x_i < Q_1 - 1.5(Q_3 - Q_1)$$
$$Q_1 - 1.5(Q_3 - Q_1) \le FNC \le Q_3 + 1.5(Q_3 - Q_1)$$

  - 외부 펜스는 3사분위수에 3배의 사분위수범위를 더한 값보다 크고, 1사분위수에 3배의 사분위수범위를 차감한 값보다 작은 값들을 이상점으로 규정

(3.5.4) $$x_i > Q_3 + 3(Q_3 - Q_1) \text{ 또는 } x_i < Q_1 - 3(Q_3 - Q_1)$$
$$Q_1 - 3(Q_3 - Q_1) \le FNC \le Q_3 + 3(Q_3 - Q_1)$$

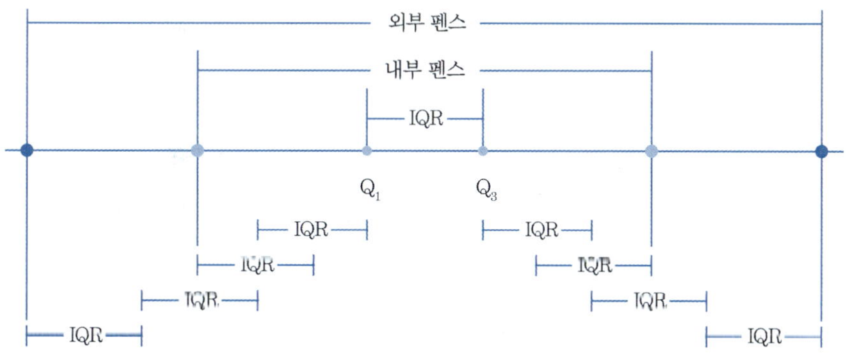

〈그림 3-1〉 내부 및 외부 펜스와 이상점 규명 임계값

〈표 3-1〉 이상점 진단규정

분포 형태 및 경우	정상 자료 값의 위치 구간 조건
대칭단봉분포	표본평균에 2배의 표준편차를 가감한 구간
비대칭 분포	중위수에 2배의 사분위 범위를 가감한 구간
로버스트 기준	3사분위수 및 1사분위수에 1.5배 또는 3배 IQR을 가감한 구간

(2) 절사평균을 통한 이상점 제거

분포의 형태와는 무관하게 관측치들의 중간 절반만을 사용하여 분포의 특성을 규명하도록 양 끝단의 관측치들의 20%를 절사하여 이상점을 제거하는 방식으로 절사평균(trimmed mean)을 계산할 수 있다.

- 20% 절사평균(20% trimmed mean)은 이상점과 같이 평균이나 중위수에서 크게 벗어나는 자료 값들을 제거하여 특이한 상황에 의한 영향을 회피하면서 분포의 특성 규명이 가능
  - 표본을 오름차순 등으로 순서에 따라 정렬
  - 표본크기 n의 20%를 구하여 정수단위로 반올림한 크기 g의 자료들을 각각 최소값과 최대값에서부터 계산하여 제외
  - n-2g의 크기에 해당하는 자료들로 평균을 계산
- Excel에서는 절사평균인 "TRIMMEAN(구간,절사비율 percent)"함수를 사용, 제외시킬 자료 값의 범위를 절사비율 %로 사용, 자료의 최대값과 최소값으로 양 끝단에서 5%를 제거하고 90%의 값들에 대해 계산하는 5% 절사평균은 "10%"를 지정

예제 3-2 A1:A12구간으로 주어진 원자료를 이용하여, B1:B12구간과 같이 오름차순으로 정리하고, 제1사분위수, 제3사분위수, 사분위수범위를 구하여 boxplot법칙에 따라 이상점들의 수를 계산할 수 있다. 그리고 20% 절사평균을 구할 수 있다.

	A	B	C	D	E	F	G	H
1	13	8	Q_1	9	=QUARTILE.INC(A1:A12,1)			
2	11	8	Q_3	11.25	=QUARTILE.INC(A1:A12,3)			
3	10	9	IQR	2.25	=D2-D1			
4	13	9	Q_1 - 1.5×IQR	5.625	=D1-1.5*$D$3			
5	11	9	Q_3 + 1.5×IQR	14.625	=D2+1.5*$D$3			
6	10	10	이상점들 수	0	=COUNTIFS(A1:A12,"<"&D4,A1:A12,">"&D5)			
7	8	10	20%절사평균	10.125	=TRIMMEAN(A1:A12,40%)			
8	12	11	20%n	2	=ROUND(20%*COUNT(B1:B12),0)			
9	9	11	20%절사평균	10.125	=AVERAGE(B3:B10)			
10	9	12						
11	8	13						
12	9	13						

① 자료의 오름차순 정렬

- A1:A12구간을 지정, "Ctrl+C"로 복사 후 B1셀에 붙여넣기

- B1:B12구간을 지정, 메뉴 탭에서 "데이터 | 정렬 및 필터 | 정렬"을 지정하고, 생성되는 "정렬 경고" 대화상자에서 "현재 선택 영역으로 정렬"을 지정 후 "정렬(S)"을 클릭하여 오름차순 정렬을 수행

② 사분위수범위 계산

- D1셀에 "=QUARTILE.INC(A1:A12,1)"을 입력 제1사분위수를 계산
- D2셀에 "=QUARTILE.INC(A1:A12,3)"을 입력 제3사분위수를 계산
- D3셀에 "=D2-D1"을 입력 사분위수범위를 계산

③ 펜스 기준구간 상하한 계산

- D4셀에 "=D1-1.5*$D$3"을 입력 펜스기준구간 하한 계산
- D5셀에 "=D2+1.5*$D$3"을 입력 펜스기준구간 상한 계산

④ 이상점들의 수 찾기

- D6셀에 "=COUNTIFS(A1:A12,"<"&D4,A1:A12,">"&D5)"를 입력하여 이상점들의 수를 계산

⑤ 20% 절사평균을 TRIMMEAN함수와 절차 수행에 따라 계산

- D7셀에 "=TRIMMEAN(A1:A12,40%)"를 입력하여 20% 절사평균을 계산
- D8셀에 "=ROUND(20%*COUNT(B1:B12),0)"을 입력하여 n의 20%를 정수 단위로 반올림한 g를 2로 계산
- D9셀에 "=AVERAGE(B3:B10)"을 입력하여 오름차순 배열 구간에서 최소값부터 2개와 최대값부터 2개의 자료들을 제외한 구간에 대한 20% 절사평균을 계산

Ⅱ 편차와 분산

1. 평균편차

평균편차는 각 관찰치 x_i가 산술평균 $\overline{x}$ 에 대해 갖는 편차(deviation)의 절댓값들의 산술평균으로 구한 값이다.

- 자료집합의 평균에 대한 자료의 각 값들의 격차들 합하면 항상 0이 되므로, 이러한 문제를 회피하여 변동가능성의 유효한 지수가 되도록 절댓값들을 사용
- 관찰치의 수 n의 미그룹화자료에 대한 평균편차(mean deviation) MD는 특정 관찰치 x_i 와 표본평균 $\overline{x}$ 에 대해

(3.6.1) $$MD = \frac{\sum_{i=1}^{n} | x_i - \overline{x} |}{n}$$

- 관찰치 수 N, 계급 수 g 의 그룹화자료에 대한 평균편차(mean deviation) MD는 특정 계급값 x_i 와 표본평균 $\overline{x}$ 에 대해

(3.6.2) $$MD = \frac{\sum_{i=1}^{g} f_i | x_i - \overline{x} |}{n}$$

- 미그룹화자료의 평균편차는 Excel에서 "AVEDEV(관찰치 구간)"함수로 계산

2. 분산

분산(variance)은 관찰치가 산술평균에서 떨어진 정도를 평균편차 자승 합의 산술평균으로 표시한 측정치이다.

- 모분산(population variance)은 σ^2 (sigma squared)으로 표시하며, 관찰치 수 N 과 모평균(population mean) μ (mu)에 대해 다음과 같이 계산

(3.7.1) $$\sigma^2 = \frac{\sum_{i=1}^{N} (x_i - \mu)^2}{N} = \frac{\sum_{i=1}^{N} x_i^2}{N} - \left(\frac{\sum_{i=1}^{N} x_i}{N} \right)^2$$: 미그룹화자료

- n 개 그룹으로 분할된 N개 자료로 구성된 모집단에 대한 분산

(3.7.2) $$\sigma^2 = \frac{\sum_{i=1}^{n} (x_{Mi} - \mu)^2 f_i}{N} = \frac{\sum_{i=1}^{n} x_{Mi}^2 f_i}{N} - \left(\frac{\sum_{i=1}^{n} x_{Mi} f_i}{N} \right)^2$$: 그룹화자료

- Excel에서 모집단 분산인 모분산은 "VAR.P(관찰치구간)"함수로 계산
- 표본분산(sample variance)은 s^2 으로 표시하며, 관찰치 n과 표본평균(sample mean) $\overline{x}$ 에 대해 다음과 같이 계산

(3.8.1) $$s^2 = \frac{\sum_{i=1}^{n}(x_i - \overline{x})^2}{n-1} = \frac{\sum_{i=1}^{n} x_i^2 - \frac{(\sum_{i=1}^{n} x_i)^2}{n}}{n-1}$$: 미그룹화자료

- g개 그룹의 n개 자료로 구성된 표본 분산

(3.8.2) $$s^2 = \frac{\sum_{i=1}^{g}(x_{Mi} - \overline{x})^2 f_i}{n-1} = \frac{\sum_{i=1}^{g} x_{Mi}^2 f_i - \frac{(\sum_{i=1}^{g} x_{Mi} f_i)^2}{n}}{n-1}$$: 그룹화자료

- Excel에서 표본분산은 "VAR.S(관찰치 자료구간)"함수로 계산
- 이상과 같은 유한 모집단과는 달리, 무한히 많은 원소(elements)로 구성된 무한모집단의 확률변수에 대한 평균이나 분산은 적률함수를 사용하여 계산

3. 표준편차

(1) 표준편차의 개념 및 계산

표준편차(standard deviation)는 2개 이상의 관찰치 집합들의 산포(spread)를 비교하는 측정치이며, 보편적으로 가장 많이 사용된다.

- 표준편차는 관찰치가 산술평균에서 떨어진 격차 평균의 자승근이며, 분산의 자승근으로 계산
- N개 원소를 갖는 미그룹화자료의 경우에 대한 모집단 표준편차(population standard deviation)

(3.9.1) $$\sigma = \sqrt{\frac{\sum_{i=1}^{N}(x_i - \mu)^2}{N}} = \sqrt{\frac{\sum_{i=1}^{N} x_i^2}{N} - \left(\frac{\sum_{i=1}^{N} x_i}{N}\right)^2}$$: 미그룹화자료

- N개의 원소들을 n개의 그룹으로 분할한 그룹화자료에 대해 모집단 표준편차

(3.9.2) $$\sigma = \sqrt{\frac{\sum_{i=1}^{n} x_{Mi}^2 f_i}{N} - \left(\frac{\sum_{i=1}^{n} x_{Mi} f_i}{N}\right)^2} \quad : \text{그룹화자료}$$

- Excel에서 모집단 표준편차는 "STDEV.P(관찰치구간)" 함수로 계산
- n개의 원소들로 구성된 미그룹화 표본자료에 대한 표본표준편차(sample standard deviation)

(3.10.1) $$s = \sqrt{\frac{\sum_{i=1}^{n} (x_i - \overline{x})^2}{n-1}} = \sqrt{\frac{\sum_{i=1}^{n} x_i^2 - \frac{(\sum_{i=1}^{n} x_i)^2}{n}}{n-1}}$$

- n개 원소들을 g개의 그룹으로 분할한 그룹화 표본자료에 대한 표본표준편차

(3.10.2) $$s = \sqrt{\frac{\sum_{i=1}^{g} (x_{Mi} - \overline{x})^2 f_i}{n-1}} = \sqrt{\frac{\sum_{i=1}^{g} x_{Mi}^2 f_i - \frac{(\sum_{i=1}^{g} x_{Mi} f_i)^2}{n}}{n-1}}$$

- Excel에서 표본표준편차는 "STDEV.S(관찰치구간)"함수로 계산

(2) 체비셰프정리와 경험법칙 및 마르코프부등식

표준편차가 작은 관찰치일수록 그 평균으로 관찰치들을 대표할 경우에 신뢰가능성은 증가한다. 평균으로부터 표준편차의 배수로 떨어진 구간에 위치할 자료 분포의 비율을 추정하는데 사용할 수 있다.

- **체비셰프 정리 또는 부등식(Chebyshev's theorem or inequality)** : 어떤 관찰치 집합이라도 그 집합 자료 값들의 평균으로부터 표준편차의 $k(>0)$ 배 떨어진 구간에 위치할 그 집합의 비율(상대도수 : RF)은 $1-\frac{1}{k^2}$ 이상

(3.11) $$RF(\mid X - \overline{X} \mid \leq ks) \geq 1 - \frac{1}{k^2}$$

- 대칭적인 종모양의 도수분포인 정규분포와 같이 불룩한 형태의 분포(mound-shaped distribution)에서는 〈표 3-2〉의 제일 우측과 같은 확률을 갖는 경험법칙(empirical rule) 또는 정규법칙(normal rule)을 적용
- 왜도가 심하지 않은 분포에서는 다음 실증 공식들이 성립

(3.12.1) $$MD = (4/5)\sigma$$

(3.12.2) $$SIQR = (2/3)\sigma$$

- Markov부등식(Markov inequality)은 Tchebysheff법칙과 비슷한 방식으로 어떤 분포의 범위를 표시
  - 마르코프부등식은 평균이 μ 인 비음의 확률변수(non-negative random variable) X가 μ 보다 큰 어떤 상수 k 를 가질 확률에 대한 주장

(3.12.3) $$P(X \geq k) \leq \frac{\mu}{k}$$

  - 예컨대 평균 6을 갖는 어떤 확률변수가 20을 초과할 확률은 30%(=6/20) 이하
  - 표준편차를 사용하는 체비셰프법칙과는 달리, 평균만을 사용

〈표 3-2〉 체비셰프 부등식과 경험법칙 비교

k (배수)	구간 범위		확률	
	모집단	표본	체비셰프정리 (각 분포 적용가능)	경험법칙 (정규분포에만 적용)
1	$\mu \pm \sigma$	$\bar{x} \pm s$		약 68%
2	$\mu \pm 2\sigma$	$\bar{x} \pm 2s$	75.00%(=1-1/2²) 이상	약 95%
3	$\mu \pm 3\sigma$	$\bar{x} \pm 3s$	88.89%(=1-1/3²) 이상	약 99.7%
4	$\mu \pm 4\sigma$	$\bar{x} \pm 4s$	93.75%(=1-1/4²) 이상	
k	$\mu \pm k\sigma$	$\bar{x} \pm ks$	$1-1/k^2$ 이상	

예제 3-3 A1:F2구간과 같은 그룹화자료에 대해 평균편차, 모집단 분산 및 표준편차를 계산하고, 표준편차에 대한 실증공식을 검정하기로 하자.

	A	B	C	D	E	F	G	H	I	J	K	L
1	소득(x)	4.5 이하	4.5-9.5	9.5-14.5	14.5-19.5	19.5 이상	계	μ	12.952	=G4/G2		
2	도수(f)	3	1	8	7	2	21	MD	4.422	=SUMPRODUCT(B2:F2,ABS(B3:F3-$I$1))/G2		
3	계급치(x)	2	7	12	17	22		σ²	32.426	=G5/G2		
4	x*f	6	7	96	119	44	272	σ	5.694	=SQRT(I3)		
5	(x-μ)²*f	359.864	35.431	7.256	114.683	163.719	680.952	Σ((x-μ)²)*f	680.952	=SUMPRODUCT((B3:F3-$I$1)^2,B2:F2)		
6	P순위	14.3%	19.0%	57.1%	90.5%	100.0%		SIQR	3.449	=(B8-B7)/2		
7	Q₁	10.281	=9.5+((1*G2/4-SUM(B2:C2))/D2)*(14.5-9.5)					(4/5)σ	4.556	=(4/5)*I4		
8	Q₃	17.179	=14.5+((3*G2/4-SUM(B2:D2))/E2)*(19.5-14.5)					(2/3)σ	3.796	=(2/3)*I4		

① 계급값, 계급값과 도수의 곱, 계급치-평균 격차자승과 도수의 곱 계산

- 계급값은 B3:F3구간의 각 셀과 같이 계산
  - B3셀 : "=(-0.5+4.5)/2"
  - C3셀 : "=(4.5+9.5)/2"
  - D3셀 : "=(9.5+14.5)/2"
  - E4셀 : "=(14.5+19.5)/2"
  - F4셀 : "=(19.5+24.5)/2"
- B4:F4구간 지정, 수식입력줄에 "=B3*B2"를 입력 후 "Ctrl+Enter↵"를 클릭하여 계급값과 도수의 곱 계산
- G2셀과 G4:G5구간을 지정, "=SUM(B4:F4)"를 입력 후 "Ctrl+Enter↵"를 클릭하여 도수, 도수 및 계급값의 곱, 계급치-평균 격차자승과 도수의 곱의 합계들을 동시에 계산
- I1셀에 "=G4/G2"를 입력하여 모집단평균 μ를 12.952로 계산
- B5:F5구간 지정, 수식입력줄에 "=((B3-$I$1)^2)*B2"를 입력 후 "Ctrl+Enter↵"를 클릭하여 계급치-평균 격차자승과 도수의 곱들을 동시 계산
- I5셀에 "=SUMPRODUCT((B3:F3-$I$1)^2,B2:F2)"를 입력하여 계급치-평균 격차자승과 도수의 곱들의 합을 간단하게 계산

② 평균편차, 모집단분산, 모집단표본편차의 계산

- I2셀에 "=SUMPRODUCT((B3:F3-$I$1)^2,B2:F2)"를 입력하여 (3.6.2)식에 따라 그룹화자료 평균편차 MD를 4.422로 계산
- I3셀에 "=G5/G2"를 입력하여 (3.7.2)식에 따라 그룹화자료 모집단 분산 σ^2을 32.426으로 계산

- I4셀에 "=SQRT(I3)"을 입력하여 (3.8.2)식에 따라 그룹화자료 모집단 표준편차 σ를 5.694로 계산

③ 제1 및 제3 사분위수들의 계산과 표준편차와 MD 및 SIQR와의 실증관계 검정

- 각 계급이 갖는 누적상대도수를 동시에 계산하도록 B6:F6구간을 지정, 수식입력줄에 "=SUM($B$2:B2)/$G$2"를 입력 후 "Ctrl+Enter↵"를 클릭
- B7셀에 "=9.5+((1*G2/4-SUM(B2:C2))/D2)*(14.5-9.5)"를 입력하여 (2.16)식에 따라 제1 사분위수를 계산
- B8셀에 "=14.5+((3*G2/4-SUM(B2:D2))/E2)*(19.5-14.5)"를 입력하여 (2.16)식에 따라 제3 사분위수를 계산
- I6셀에 "=(B8-B7)/2"를 입력하여 (3.2.2)식에 따라 준사분위수범위 SIQR을 3.449로 계산
- I7셀에 "=(4/5)*I4"를 입력하여 (3.12.1)식의 관계를 검정하도록 I2셀과 비교
- I8셀에 "=(2/3)*I4"를 입력하여 (3.12.2)식의 관계를 검정하도록 I6셀과 비교

예제 3-4 어떤 영업사원이 매일 받는 수당은 평균 6만원이고, 그 표준편차가 1.2만 원이라고 하자. 일간 수당의 확률분포를 모르는 경우에 그 영업사원이 평균에서 표준편차의 ±2배의 거리를 갖는 3.6만 원 이상과 8.4만 원 이하의 구간으로 수당을 받을 확률은 다음과 같이 75% 이상이다.

	A	B	C	D	E
1	$\bar{x}$	6.0	$\bar{x}-2s$ [L]	3.6	=B1-B3*B2
2	표준편차 (s)	1.2	$\bar{x}+2s$ [U]	8.4	=B1+B3*B2
3	k	2	P(L≤X≤U)	0.75	=1-1/B3^2

① 상하한의 계산

- B1:B3구간의 각 셀에 자료 입력
- D1셀과 D2셀에 각각 "=B1-B3*B2"와 "=B1+B3*B2"를 입력하여 하한과 상한 계산 자료 입력

② 체비셰프 정리에 따라 구간의 발생 확률 계산

- D3셀에 "=1-1/B3^2"를 입력하여, (3.11)식에 따라 상하한의 구간 이내에 발생할 상대도수(확률)를 0.75로 계산

4. 변동계수

변동계수(변이계수, coefficient of variation) CV는 산술평균에 대한 표준편차의 % 비율로 계산한다.

(3.13.1) $$CV = \frac{\sigma}{\mu} \times 100\% \quad : 모집단$$

(3.13.2) $$CV = \frac{s}{\overline{X}} \times 100\% \quad : 표본$$

- 다른 단위들로 측정된 자료집합들을 비교하거나 또는 어떤 자료집합을 여러 기간에 대해 서로 비교하는데 사용하는 측정치
- 변동계수가 낮을수록 각 자료 값들에서 도수분포의 평균값이 유지될 수 있는 정도는 높음.
- 자료 값들이 양수와 음수를 모두 포함하는 경우에 평균의 절대치가 작거나 0이 되어 변동계수는 상대적 산포 측정치로는 적합하지 않기 때문에, 변동계수는 보통 자료의 모든 값들이 양수인 경우에만 적용

예제 3-5 3개월 동안의 일일 평균 판매액과 그 표준편차가 영업사원 A는 20만원과 2만원이고, 영업사원 B는 영업사원 B는 16만원과 1.8만원이다. 이러한 경우에 영업사원 A와 B의 판매액 변동계수를 다음과 같이 구할 수 있다.

	A	B	C	D	E
1		평균판매액	표준편차	변동계수	
2	영업사원 A	20	2.0	10.00%	=C2/B2
3	영업사원 B	16	1.8	11.25%	=C3/B3

① 변동계수 계산

- D2:D32구간을 지정, 수식입력줄에 "=C2/B2"를 입력 후 "Ctrl+Enter↵"를 클릭

② 판매액의 안정성 비교

- 영업사원 A의 변동계수가 영업사원 B보다 낮아, 표준편차가 높은 영업사원 A의 판매액이 표준편차가 낮은 영업사원 B보다 안정적이라고 해석

제 2 절 분포의 형태

위치와 산포 측정치는 정량적 개념(quantitative concepts)이어서 분포 그림에서 수평축 숫자가 없으면 어떤 의미도 얻을 수 없다는 단점을 내포하고 있다. 그러나 도수분포의 그래프 특징인 형태(shape)는 수평축에서 숫자 표시가 없더라도 왜도(skewness)와 첨도(kurtosis)를 이용하여 설명할 수 있다. 왜도와 첨도를 요약하는데 사용하는 통계량은 특히 소표본에 적합하다

I 왜도

1. 왜도의 개념

왜도(skewness)는 도수분포의 모양이 평균을 기준으로 좌측과 우측 중에서 어디로 더 많이 편중된 정도를 나타내어, 특정 방향으로 분포가 펼쳐지는 경향을 반영하는 측정치이다.

- 대칭분포(symmetrical distribution)는 평균을 기준으로 분포가 좌측과 우측에 동일한 비율로 구성되어 있는 분포여서 왜도는 0
- 비대칭분포(skewed distribution)는 평균을 기준으로 어느 한 쪽에 더 많은 비율의 관찰치를 갖는 분포이며, 왜도의 절대치는 0보다 크게 발생

2. 왜도의 종류와 분포의 형태

도수분포의 중요한 3가지 형태는 양의 왜도, 음의 왜도, 대칭분포로 발생한다.

- **대칭분포(symmetrical distribution)** : 평균의 좌·우 측에 동일한 수량의 관찰치가 있어, 가운데 봉우리와 좌우측에 균등한 꼬리를 갖는 분포이며, 〈그림 3-2〉의 (a)와 같이 "평균=중위수=최빈치"의 관계를 가짐

- **양의 왜도 분포(positively skewed distribution)** : 평균의 왼쪽에 더 많은 관찰치가 있어 좌측 봉우리와 우측 긴 꼬리(long tail to the right)를 갖는 분포이며, 〈그림 3-2〉의 (b)와 같이 "최빈치〈중위수〈평균"의 관계를 가짐
- **음의 왜도 분포(negatively skewed distribution)** : 평균의 오른쪽에 더 많은 관찰치가 있어 우측 봉우리와 왼쪽 긴 꼬리(long tail to the left)를 갖는 분포이며, 〈그림 3-2〉의 (c)와 같이 "최빈치〉중위수〉평균"의 관계를 가짐

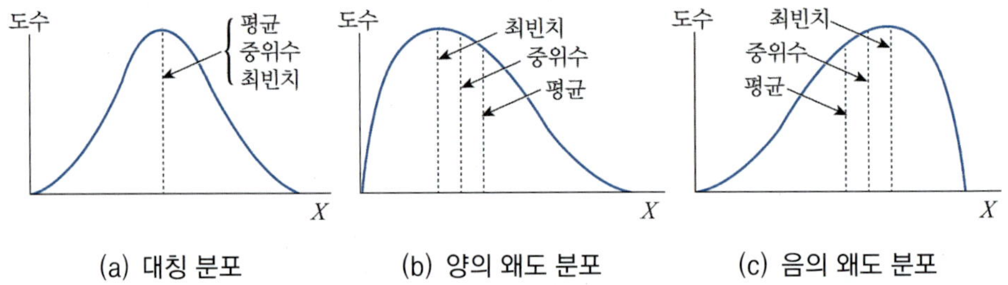

〈그림 3-2〉 위치 측정치와 도수분포의 형태

3. 피어슨 왜도계수

피어슨의 비대칭계수(Pearson's coefficient of skewness) SK_P 는 다음과 같이 표준편차에 대한 평균 및 중위수간의 격차를 조건으로 자료집합 비대칭성의 방향과 정도를 정량화시키는 측정치이다.

- 평균이 최빈치가 발생하는 방향으로 나타나는 특성을 이용하여, 비대칭성 측정치는 "평균-최빈치"의 격차에 의해 제공
- 차원들이 다른 분포들에 대해 이러한 "평균-최빈치"의 격차를 비교하도록 표준편차로 나눈 값인 "(평균-최빈치)/표준편차"를 사용하여 피어슨의 1계 왜도 계수(Pearson's first coefficients of skewness) SK_{P1} 을 왜도로 규정

(3.14.1) $$SK_{P1} = \frac{\text{평균} - \text{최빈치}}{\text{표준편차}} = \frac{\bar{x} - Mo(x)}{s}$$

- 최빈치 사용을 피하기 위해 약간의(적당한) 왜도를 갖는 단일봉우리 빈도곡선의 특성인 "평균-최빈치=3(평균-중위수)"의 실증관계를 사용하여, 피어슨의 2계 왜도

계수(Pearson's second coefficients of skewness)인 비대칭계수 SK_P를 도출

(3.14.2)
$$SK_P = \frac{3(\text{평균} - \text{중위수})}{\text{표준편차}} = \frac{3(\bar{x} - \tilde{x})}{s}$$

- 일반적으로 SK_P는 -3과 3 사이의 값들을 갖는다.
- 표본평균과 중위수가 일치하여 $\bar{x} = \tilde{x}$인 분포는 $Sk_P = 0$인 대칭분포
- 표본평균이 중위수보다 커서 $\bar{x} > \tilde{x}$인 분포는 자료가 왼쪽으로 지우쳐 $Sk_P > 0$인 우측 긴 꼬리를 갖는 양의 왜도분포(최빈치<중위수<평균)이며, 절반을 초과하는 자료들이 평균의 좌측에 위치
- 표본평균이 중위수보다 작아 $\bar{x} < \tilde{x}$인 분포는 자료가 오른쪽으로 지우쳐 $Sk_P < 0$인 좌측 긴 꼬리를 갖는 음의 왜도분포(최빈치〉중위수〉평균)이며, 절반을 초과하는 자료들이 평균의 우측에 위치

4. 적률왜도계수

중위수를 사용하는 피어슨 왜도계수와는 달리, 중위수를 사용하지 않고 표본평균에 대한 자료 격차를 이용하여 왜도를 측정하는 적률왜도계수(Moment coefficient of skewness)인 표본왜도계수 SSk와 크기 N의 모집단의 왜도계수 S_k는 다음과 같다.

(3.15.1)
$$SSk = \frac{\sum_{i=1}^{n}(x_i - \bar{x})^3}{ns^3}$$

(3.15.2)
$$S_k = \frac{\sum_{i=1}^{N}(x_i - \mu)^3}{Ns^3}$$

- 그룹화자료의 왜도계수(coefficient of skewness)는 (3.15.1)식과 (3.15.2)식을 기초로 다음과 같이 구할 수 있다.

(3.15.3)
$$SCS = \frac{\sum_{i=1}^{g}(x_{Mi} - \bar{x})^3 f_i}{ns^3}$$: 표본 왜도계수

(3.15.4) $$CS = \frac{\sum_{j=1}^{n}(x_{Mi} - \mu)^3 f_i}{N\sigma^3}$$: 모집단 왜도계수

- Excel에서는 다음 공식의 "SKEW(구간)"함수를 제공

(3.15.5) Excel의 왜도계수 $$CS = \frac{n}{(n-1)(n-2)}\sum_{i=1}^{n}\left(\frac{x_i - \overline{X}}{s}\right)^3$$

Ⅱ 첨도

1. 첨도의 개념과 분포의 형태

첨도(kurtosis)는 도수분포의 뾰족함(peakedness) 또는 평평함(flatness)을 반영하는 측정치이다.

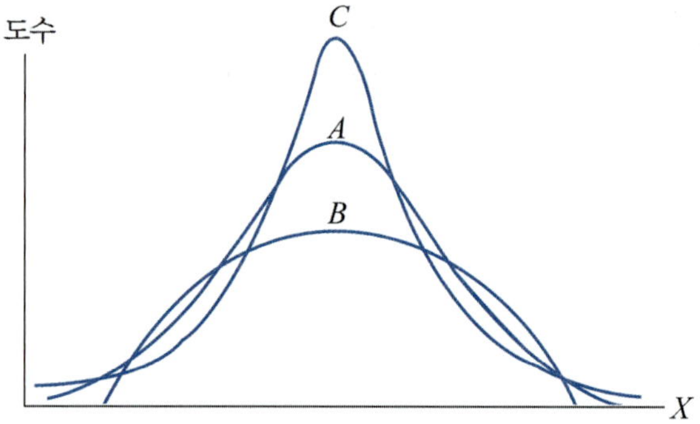

A : 중간첨도(mesokurtic), *B* : 평탄형(platykurtic), *C* : 급첨적(leptokurtic)

〈그림 3-3〉 첨도와 도수분포 형태

- 아주 뾰족하지도 않고, 평탄하지도 않은 정규분포는 중간첨도(mesokurtic)
- 완만한 정점을 갖는 〈그림 3-3〉의 B와 같은 분포는 평탄형(판상형, platykurtic)
- 상대적으로 높은 정점을 갖는 〈그림 3-3〉의 C와 같은 분포는 급첨적(leptokurtic)
- 평균에 근접한 관찰치들의 도수가 크고 평균에서 멀리 떨어진 관찰치들의 도수가 작다면, 첨도 값은 크게 발생

2. 첨도 측정치

첨도는 1 이상의 값을 가져 어떤 명백한 표준(benchmark)을 제공하지 않기 때문에, 다른 요약측정치들에 비해 자주 사용되지 않는다,

- 크기 N의 모집단에 대한 모집단첨도(population kurtosis) Kur

(3.16.1)
$$Kur = \frac{\sum_{i=1}^{n} (x_{Mi} - \mu)^4 f_i}{N\sigma^4}$$

- 크기 n 의 표본에 대한 표본첨도(sample kurtosis) $Kurs$

(3.16.2)
$$Kurs = \frac{\sum_{i=1}^{g} (x_{Mi} - \bar{x})^4 f_i}{n s^4}$$

- 표본첨도는 모집단 첨도의 추정에 사용된다. 첨도 Kur의 값이 클수록 도수분포곡선은 보다 뾰족하며, 작을수록 도수분포곡선은 보다 평평하게 발생
- (3.16.1)식의 첨도를 절대첨도(absolute kurtosis)라 하고, "절대첨도-3"의 상대첨도(relative kurtosis)가 음이면 평탄적, 양이면 급첨적 분포로 판단
- 정규분포의 절대첨도는 3으로 나타남.
- Excel에서 첨도는 다음 표본첨도계수(sample coefficient of kurtosis) SCK를 이용한 "Kurt(구간)"함수로 계산

(3.17)
$$SCK = \frac{n(n+1)}{(n-1)(n-2)(n-3)} \sum_{i}^{n} \left(\frac{x_{Mi} - \bar{x}}{s} \right)^4 - \frac{3(n-1)^2}{(n-2)(n-3)}$$

- (3.17)식에 따르면 SCK가 양이며 클수록 더 뾰족한 분포곡선의 형태를, SCK가 음이며 절대치가 클수록 더 평평한 분포곡선의 형태를 반영
- 첨도는 또한 "순사분위수범위/(90백분위수-10백분위수)"를 사용하여 측정, 이러한 측정치를 사용하면 정규분포의 첨도는 0.263으로 나타남.

예제 3-6 A1:G10구간으로 주어진 그룹화자료에 대해 표본평균, 중위수, 피어슨 왜도계수 SK_P, 표본왜도계수 SCS, 표본첨도 $Kurs$ 를 다음과 같이 구할 수 있다.

	A	B	C	D	E	F	G	H	I	J	K	L	M	N	O
1	계급	계급 도수	완전계급한계		계급값	누적 도수	누적 상대도수	$\bar{x}$	51.042	=SUMPRODUCT(E3:E10,B3:B10)/F10					
2	구간		하한	상한				$\tilde{x}$	51.625	=C7+((0.5*F10-F6)/B7)*(D7-C7)					
3	30-34	3	29.5	34.5	32	3	2.5%	s	7.512	=SQRT(SUMPRODUCT(B3:B10,(E3:E10-$I$1)^2)/(F10-1))					
4	35-39	7	34.5	39.5	37	10	8.3%	SK_P	-0.233	=3*(I1-I2)/I3					
5	40-44	11	39.5	44.5	42	21	17.5%	SCS	-0.324	=SUMPRODUCT((E3:E10-$I$1)^3,B3:B10)/(F10*I3^3)					
6	45-49	22	44.5	49.5	47	43	35.8%	Kurs	3.050	=SUMPRODUCT((E3:E10-$I$1)^4,B3:B10)/(F10*I3^4)					
7	50-54	40	49.5	54.5	52	83	69.2%								
8	55-59	24	54.5	59.5	57	107	89.2%								
9	60-64	9	59.5	64.5	62	116	96.7%								
10	65-69	4	64.5	69.5	67	120	100.0%								

① 평균 · 중위수 · 표본표준편차 계산

- I1셀에 "=SUMPRODUCT(E3:E10,B3:B10)/F10"을 입력하여 표본평균을 계산
- I2셀에 "=C7+((0.5*F10-F6)/B7)*(D7-C7)"을 입력하여 중위수를 계산
- I3셀에 "=SQRT(SUMPRODUCT(B3:B10,(E3:E10-$I$1)^2)/(F10-1))"을 입력하여 (3.82.2)식에 따라 표본표준편차를 계산

② 왜도계수 계산

- I4셀에 "=3*(I1-I2)/I3"을 입력하여 (3.14.2)식에 따라 피어슨 왜도계수를 계산
- I5셀에 "=SUMPRODUCT((E3:E10-$I$1)^3,B3:B10)/(F10*I3^3)"을 입력, (3.15.3)식에 따라 표본(적률)왜도계수를 계산

③ 표본첨도 계산

- I6셀에 "=SUMPRODUCT((E3:E10-$I$1)^4,B3:B10)/(F10*I3^4)"를 (3.16.2)식에 따라 입력하여 표본(적률)첨도계수를 계산

학 습 문 제

※ 맞으면 “○”, 틀리면 “×”를 표시하시오.

01. 평균은 변동성 측정치이다. ( )

02. 자료집합의 평균(절대)편차는 평균을 초과하는 50%의 값들과 평균에 미달하는 50%의 값들로 항상 그 자료집합을 구분한다. ( )

03. 자료집합의 표준편차는 양 또는 음이 될 수 있다. ( )

04. 표준편차가 큰 자료집합일수록 여타 자료에 비해 변동가능성이 더 작다. ( )

05. 경험법칙은 평균으로부터 2배의 표준편차들 이내에 자료집합의 정확히 95%가 위치할 것이라고 진술한다. ( )

06. 자료집합에서 분산에 대한 단위는 관련 변수에 대한 단위의 자승이다. ( )

07. 표준편차는 분산의 자승근이다. ( )

08. 사분위수범위는 순서 정렬된 자료집합의 상부 50%와 하부 50%의 중위수들의 평균이다. ( )

09. 자료집합의 평균은 범위의 1/2에 해당한다. ( )

10. 순서 정렬된 자료 값들의 50%가 사분위수범위를 구성한다. ( )

11. 종모양의 분포에서 값들의 범위는 평균에서 3배 표준편차들 이내에 있는 값들간의 거리와 거의 일치한다. ( )

12. 변동계수는 단위가 다른 자료집합들의 변동 가능성 비교에 사용할 수 있다. ( )

13. 하나의 자료집합은 2개 이상의 변동성 측정치들을 가질 수 있다. ( )

정답 1. × 2. × 3. × 4. × 5. × 6. ○ 7. ○ 8. × 9 × 10. ○ 11. ○ 12. ○ 13. ○

학 습 문 제

14. 경험법칙(empirical rule)은 모든 자료집합에 적용된다. ( )

15. 범위는 자료집합의 어떤 이상점에 의해서도 영향을 받지 않는다. ( )

16. 외진 값(outlying value)은 자료집합의 중위수 값에 영향을 주지 않는다. ( )

17. 어떤 자료집합에서 큰 외진 값은 그 자료집합의 제99 백분위수의 값에 영향을 줄 수 있다. ( )

18. 평균에 대한 편차의 합은 어떤 자료집합에서도 항상 0이다. ( )

19. 음의 왜도분포에서 꼬리는 평균의 우측에 위치한다. ( )

20. 양의 왜도분포에서 최빈치는 중위수보다 작고, 중위수는 평균보다 작다. ( )

정답 14. × 15. × 16. ○ 17. ○ 18. ○ 19. × 20. ○

CHAPTER 4

확률과 확률분포

제 1 절 표본공간과 확률의 계산법칙

I 실험, 표본공간과 사상

1. 실험과 표본공간

실험(experiment)은 본질적으로 안정된 동일한 여건에서 반복 수행할 수 있는 구체적이거나 추상적인 행위들로 구성된 과정이며, 불확실성을 포함하는 반복적 행위를 수행할 수 있는 상황이다.

- 특성상 통제되지 않은 사상들을 관찰하여 자료를 얻거나 또는 실험실에서 통제된 절차를 통해 자료를 획득하는 과정은 모두 실험으로 간주
- **무작위실험(확률실험, random experiment) 또는 확률시행**(random trial) : 대부분 여건들은 동일하지만, 일부 변수들의 값을 통제할 수 없어 결과가 변동할 수 있는 실험, 다음의 조건들을 충족시키는 두 가지 이상의 가능한 결과들을 갖고 어떤 결과가 발생할지는 불확실한 특성을 가진 과정
  - 가능한 별개의 결과들은 모두 사전에 알려진다.
  - 특정 시행에서의 결과는 사전에 알려지지 않지만, 발생결과들에 관련된 발생의 규칙성이 인식할 수 있도록 존재한다.
  - 동일한 여건에서 시행이 반복될 수 있다.

어떤 확률실험으로 발생 가능한 모든 결과들로 구성된 집합을 표본공간(sample space)이라고 한다. 하나의 실험 결과들에 대한 대부분의 정보를 제공하는데 보통 하나의 표본공간만을 사용한다.

- **기초적 결과**(basic outcomes), **단순사상**(simple event) **또는 표본점**(sample points) : 어떤 실험으로 발생하는 각 결과들이며, 표본공간의 개별 원소
- **집합**(set) : 원소(element)라는 대상들의 모임이며, 영문 대문자로 표시
- 표본공간은 결과들 집합(outcomes set)으로 대문자 Ω로 표시하며, 이산 및 연속 표본공간으로 구분

- **연속 표본공간(continuous sample spaces)** : 무한히 많고 셀 수 없는 표본점들로 구성된 불가산 무한 표본공간(noncountably infinite sample space), 별도로 셀 수 없기 때문에 측정단위들을 사용하여 처리하며, 일반적으로 (길이, 시간, 중량, 무리 등의) 측정된 사상들을 포함
- **이산 표본공간(discrete sample spaces)** : 분리되어 셀 수 있는 유한 표본점들로 구성된 유한표본공간(finite sample space) 또는 무한 표본점들로 구성된 가산 무한 표본공간(countably infinite sample space)으로 구분, 무한 표본점들로 구성된 이산적 표본공간은 분리할 수 있기 때문에, 사상들로 그룹화시켜 처리 가능
- 집합 Ω의 원소 x가 갖는 값이나 특성은 {x | 0≤x≤2} 또는 {x | x는 P를 충족}과 같이 표시하며, 중괄호 { } 안의 "|"은 "such that"이라고 읽으며, "|"은 ":"으로 표시 가능

예제 4-1 집합과 표본공간의 표시

① 7보다 작은 양의 정수들의 집합 A는 $A = \{x|x$는 양의 정수$< 7\}$

② 이산표본공간 표시

- 앞면 H와 뒷면 T의 결과를 갖는 하나의 동전 던지기 표본공간 Ω={H,T}
- 결과들 1,2,3,4,5,6을 갖는 하나의 주사위 던지기 표본공간 Ω={1,2,3,4,5,6}
- 자연수들의 집합인 표본공간 Ω={x | x는 자연수}

③ 연속표본공간 표시

- 0과 2 사이의 모든 실수들의 집합인 표본공간 Ω={x | $0 \leq x \leq 2$}
- 0과 1 사이, y는 2와 3 사이에 있는 모든 실수들을 원소들로 갖는 집합인 표본공간 Ω={x,y | $0 \leq x \leq 1$, $2 \leq y \leq 3$}

예제 4-2 이산 및 연속 표본공간의 비교.

① 유한한 수의 결과들을 포함하는 이산표본공간 어떤 기업에 대한 취업지원자의 수, 정부의 계약에 입찰한 전자회사들의 수, 선적 상품에 포함된 불량품의 수 등

② 무한한 수의 셀 수 있는 결과들을 포함하는 이산표본공간 … 어떤 주식에 대한 매매 호가, 직물 원단에 있는 흠(flaws)의 수, 자연수 등

③ 무한한 수의 셀 수 없는 결과들을 포함하는 연속표본공간 … 어떤 전구의 수명, 포장된 밀가루의 순중량, 강에서 잡은 물고기의 길이, 자동차의 주행 연비, 고속도로를 달리는 승용차의 평균속도 등

2. 사상과 사상공간

표본공간에서 어떤 진술이 성립하게 하는 하나 이상의 기초적 결과(표본점)들의 집합을 사상(事象, event)이라고 한다. 실험이나 조사의 결과가 사상 A의 원소라면, 사상 A가 발생했다고 말한다.

- 사상은 표본공간의 부분집합이며, 어떤 확률실험으로 발생할 수 있는 하나 또는 그 이상의 결과들의 집합
- 표본공간 자체는 확실사상(sure event)이며, 발생하지 않는 공집합(empty set)의 사상은 불가능사상(impossible event)
- **단일 또는 근원사상**(simple or elementary event) : 표본공간의 하나의 기초적 결과(표본점)로 구성된 사상이며, 하나의 기준만을 충족시키는 결과
- **복합사상**(composite event) : 표본공간의 2개 이상의 기초적 결과들을 갖는 사상
- **상호 배반사상**(mutually exclusive events) : 어떤 실험을 동일하게 반복해도 서로 동시에 발생할 수 없는 경우의 결과들
- **전수 사상**(exhaustive events) : 어떤 실험의 표본공간에 대해 가능한 결과들을 모두 설명하는(포함하는) 사상

사상공간(event space)은 이론적 집합연산을 사용하여 관련 사상들과 조사하려는 사상들을 모두 원소로 갖는 집합이며 $\mathfrak{J}$(imag)로 표시한다.

- A와 B 사상들을 분석하는 경우에, A와 B 이외에도 A^c, B^c, $A \cup B$, $A \cap B$ 등의 사상들을 함께 고려하여 구성한 집합
- 사상공간은 합집합, 교집합, 여집합의 이론적 집합연산이 적용되는 표본공간 Ω의 부분집합들의 집합 → 이론적 집합연산들이 사상공간의 어떤 원소에 대해 적용되면, 그 결과 역시 사상공간의 원소로 발생

- 어떤 표본공간 Ω에 대해서도 성립하는 $\mathfrak{I}_0=\{\Omega, \varnothing\}$는 (증명할 것이 없는) 자명한 사상공간(trivial event space) → Ω와 ∅가 사전에 알려져 있어 어떤 정보도 제공하지 않아 분석대상이 되지 않음.

예제 4-3 주사위 던지기로 가능한 결과들인 기초적 결과들은 모두 1, 2, 3, 4, 5, 6으로 구성된다.

① 실험의 모든 기초적 결과들 집합은 표본공간 Ω이며, 그 표본공간은 Ω = {1, 2, 3, 4, 5, 6}이다.

② 사상이 짝수의 기초적 결과들이라 가정하고 이를 A로 표시하면, A={2, 4, 6}이다. 여기서 {2}, {4}, {6}은 단일사상(표본점)들이다.

③ 4의 사상은 다른 사상들인 1, 2, 3, 5, 6의 사상들과는 결코 동시에 발생할 수 없으므로, 이들은 모두 상호배반사상들의 관계를 보유

④ 1, 2, 3, 4, 5, 6은 주사위 던지기의 모든 결과들을 전부 설명하므로 전수 사상

Ⅱ 확률의 개념과 접근법

1. 확률의 개념

확률(probability)은 어떤 실험의 특정 결과가 발생할 것이라는 믿음에 대한 측정치이며, 우연(chance), 가능도(우도, likelihood) 및 승산(odds)이라는 용어들과 함께 사용된다.

- 확률은 어떤 확률변수에서 특성사상의 발생 가능성을 표시하는 숫사
- 어떤 사상의 확률은 그 사상의 발생 가능성을 크기가 0부터 1까지의 척도로 표시한 실수(real number)
- 1의 확률은 발생이 확실한 사상을, 0의 확률은 발생할 수 없는 사상을 표시

TIP

- **변수(variable)** : 통계량을 사용하여 분석하려는 어떤 항목이나 개체의 특성
- **확률변수(random variable)** : 어떤 실험의 사상들을 표시하는 숫자 값들을 갖는 변수이며, 사전에 미리 알려질 수 없는 측정치나 관찰치

2. 확률공간과 확률모형

확률공간(probability space)은 표본공간 Ω, 필드(field) F, 확률 측정치(probability measure) P로 구성된 삼중쌍(triplet) $\{\Omega,F,P\}$로 정의된다.

- 필드 F는 σ-장(σ-field) 또는 σ-대수(σ-algebra)라 하며, 최대 σ-장은 확률공간에서 규정되는 Ω의 부분집합들의 모임(collection)으로, 최소 σ-장은 표본공간과 공집합(empty set) $\varnothing$의 두 집합들로 구성된 $F=\{\Omega,\varnothing\}$
- 최소 σ-장인 $F=\{\Omega,\varnothing\}$는 진Borel σ 장(proper Borel σ field)이라 하며, 이산 및 연속 표본공간 모두에 대해 정의될 수 있음.
- 확률측정치 P는 표본공간 Ω의 사상들의 필드 F에 대해 정의됨.

확률모형(probabilistic model)은 〈그림 4-1〉과 같이 표본공간과 확률법칙의 2대 주요성분을 사용하는 불확실한 상황에 대한 수리적 설명이다.

- 표본공간 Ω는 실험결과들의 집합
- 확률법칙(Probabilistic law)은 사상이라는 가능한 결과들의 어떤 집합 A에 대해 그 집합 A의 원소들의 집단적 가능성(collective likelihood)에 대한 믿음을 부호화한(encode) 비음의 숫자(nonnegative number) P(A)를 할당하는 규칙

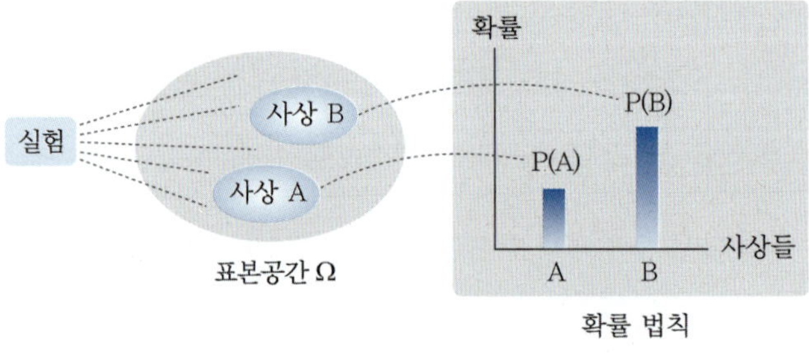

〈그림 4-1〉 확률모형의 주요 성분

TIP 필드(field) : 다음 조건들을 충족시키는 사상공간 $\mathfrak{I}$

- $\Omega\in\mathfrak{I}$ **(표본공간이 사상공간의 원소)** : 비공집합(non-empty) 특성
- $A\in\mathfrak{I} \Rightarrow A^c\in\mathfrak{I}$ **(사상 A가 사상공간에 속하는 경우에, A의 여집합 역시 사상공간에 속함)** : 여집합 정리 예속 특성
- $A, B\in\mathfrak{I} \Rightarrow A\cup B\in\mathfrak{I}$ **(사상들 A와 B가 사상공간에 속하는 경우에, A와 B의 합집합 역시 사상공간에 속함)** : 유한 합집합과 유한 교집합 특성

3. 확률 계산의 접근법

(1) 고전적 확률 접근법

고전적 확률 접근법(classical probability approach)은 실험의 단일사상들이 균등한 발생 가능성을 갖는다는 가정을 기초로 확률을 계산하는 방식이다.

$$\text{(4.1.1)} \quad \text{사상 } i \text{의 확률} \equiv P(e_i) = \frac{n_i}{N} = \frac{\text{사상 } i\text{에 포함된 결과들의 수}}{\text{가능한 결과들의 총수}}$$

$$= \frac{e_i}{S} = \frac{\text{사상 } i\text{의 표본점 수}}{\text{표본공간 표본점의 수}}$$

- 고전적 확률 관점에 따른 확률은 발생결과에 대한 추론을 사전에 수행할 수 있다는 의미에서 사전적(事前的) 확률(a priori probability)이라 부름

예제 4-4 고전적 확률접근법에 따른 확률계산

① 앞면(head)과 뒷면(tail)을 갖고, 그 양면이 고른 동전을 던질 때 뒷면이 나타날 확률은 $P(tail)$는 다음과 같다.

$$P(tail) = \frac{1}{1+1} = \frac{1}{2}$$

② 각 면에 1개부터 6개의 점들을 표시한 주사위를 던지는 경우에, 주사위의 점이 4개가 나올 확률은 표본공간 표본점의 수는 6이고, 사상 4의 수는 1이어서 $P(4)$는 1/6이다.

(2) 상대도수 접근법

상대도수접근법(relative frequency approach)은 과거 경험을 기초로 하는 확률의 역사적 해석방법이다.

$$\text{(4.1.2)} \quad \text{사상 } i \text{의 확률} \equiv P(e_i) = \frac{n_i}{N} = \frac{\text{과거에 발생한 사상 } i\text{의 횟수}}{\text{관찰치의 총수}}$$

$$= \frac{\text{발생횟수}}{\text{시행횟수}}$$

- 상대도수접근법은 장기적으로 어떤 사상의 발생 확률 추정을 가능하게 해주는 방법이어서 그에 따른 확률을 장기상대도수(long-term relative frequency)라고 함
- 동전 던지기 등과 같이 정확히 반복횟수를 측정할 수 있는 시행을 수행하는 경우에 상대도수로 승산이나 확률의 측정이 가능
- 상대도수방식으로 결정된 확률을 도수확률(frequency probabilities), 객관적 확률(objective probabilities) 또는 경험적 확률(empirical probability)이라 부름.

예제 4-5 과거 10년 동안 P사 세계화 사업 관련 부서에 채용된 100명의 대졸자들 중에서 무역학과 및 국제통상학과 이외의 학과 졸업생들이 35명이었다고 하자. 이러한 경우에 P사의 세계화 사업 관련 부서가 무역 및 국제통상학과 이외의 졸업생들을 채용할 확률 $P(A)$는 35%(=35/100)이다.

(3) 주관적 접근법

주관적 또는 개인적 접근법(subjective or personal approach)은 반복적인 확률실험의 개념을 사용하지 않고, 사전지식, 정보 및 경험 등을 기초로 하는 주관적 또는 개인적 믿음(개념)을 조건으로 확률을 결정하는 방법이다.

예제 4-6 다음과 같이 각 경우에 대해 적용된 확률 계산의 방식을 구분할 수 있다.

① 내년에 경기회복이 발생할 확률(**주관적**)
② 각 표면이 균등한 주사위가 한 번 던져서 2 또는 3의 값이 나올 확률(**고전적**)
③ 일정 수량의 불량품이 포함된 진열상품에서 불량품이 선택될 확률(**고전적**)
④ 대량의 상품들 중에서 무작위로 뽑아낸 상품이 불량품일 확률(**상대도수**)[불량품의 사전적 확률을 모르기 때문]
⑤ 대형 백화점에 들어오는 손님이 구입을 할 확률(**상대도수**)
⑥ 종합주가지수가 다음 해에 50% 이상 상승할 확률(**주관적**)

〈표 4-1〉 확률계산 접근법의 종류와 특성

확률 접근법	고전적 (사전적, 이론적)	• 특정사상 발생가능 횟수를 전체사상 발생가능 횟수(표본공간의 전체 단순사상의 수)로 나눈값 • 실험을 수행하지 않고서도 확률 계산이 가능
	상대도수 (경험적, 객관적)	• 특정 사상의 실제 발생횟수를 시행한 횟수로 나눈 값 • 실험 또는 시행횟수가 증가할수록, 그 확률은 고전적 확률에 접근
	주관적 (개인적, 판단적)	• 입수 가능한 각종 증거를 기초로 특정 사상이 발생할 것으로 보는 개인 믿음의 정도로 측정 • 자신의 전문지식에 따른 생각으로 판단

(4) 대수의 법칙

실험에서 어떤 사상의 상대도수는 시행마다 변화하지만, 시행을 아주 많이 수행하면 그 사상의 상대도수(경험)확률은 그 사상의 이론적 확률에 수렴하는 경향을 갖는 대수의 법칙(Law of Large Numbers)이 성립한다. 이러한 근사치방법은 반복횟수를 증가시킬수록 개선된 결과를 제공한다.

예제 4-7 면이 고른 동전을 던져서 앞면(H)가 나올 이론적 확률은 0.5이다. 이를 Excel의 Rand()함수를 사용하여, 0.5 미만이면 "1"을, 0.5 이상이면 "0"으로 표시하여 누적상대도수를 변화를 100회와 10,000회 수행에 대해 의태시킬 수 있다.

	A	B	C	D
1	횟수	결과	누계	누적 상대도수
2	1	0	0	0.0000
3	2	1	1	0.5000
4	3	0	1	0.3333
5	4	1	2	0.5000
6	5	1	3	0.6000
7	6	0	3	0.5000
8	7	1	4	0.5714
9	8	0	4	0.5000
10	9	1	5	0.5556
11	10	1	6	0.6000
12	11	0	6	0.5455
13	12	0	6	0.5000
14	13	0	6	0.4615
15	14	1	7	0.5000
16	15	0	7	0.4667
17	16	0	7	0.4375
18	17	1	8	0.4706
19	18	1	9	0.5000
20	19	1	10	0.5263
95	94	1	42	0.4468
96	95	0	42	0.4421
97	96	1	43	0.4479
98	97	0	43	0.4433
99	98	0	43	0.4388
100	99	0	43	0.4343
101	**100**	**0**	**43**	**0.4300**

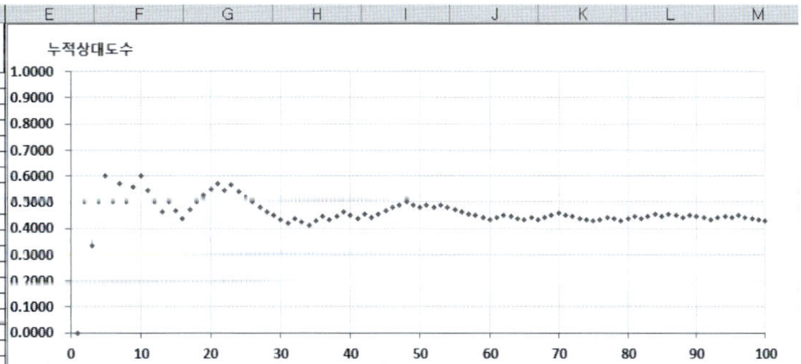

① 횟수 입력과 창틀고정

- A2셀에 "1"을 입력 후, 메뉴 탭에서 "편집 | 채우기 | 계열"을 클릭

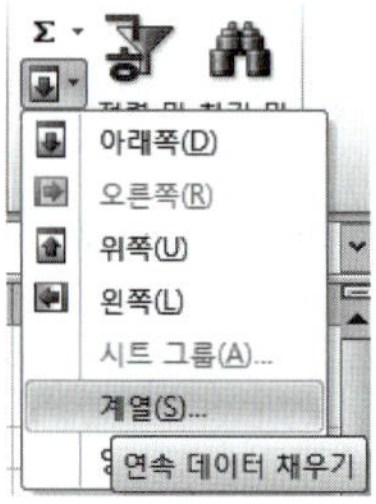

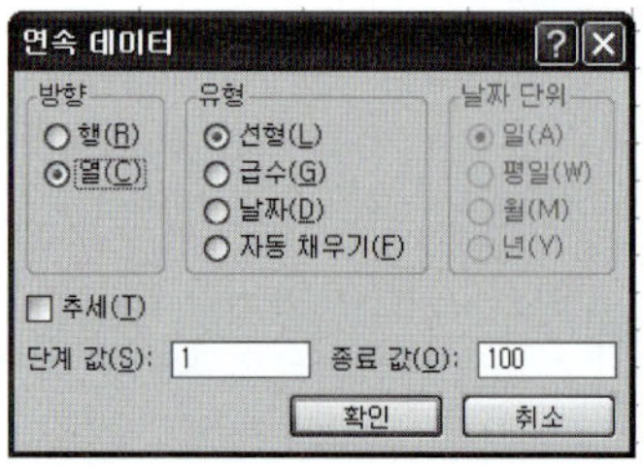

- 생성된 연속데이터 상자에서 "방향 : 열, 유형 : 선형"을 선택한 후에 "확인"을 클릭하여 1부터 100까지 열 방향으로 입력
- E21셀을 지정 후 메뉴 탭에서 "보기 | 창 | 틀 고정 | 틀 고정(F)"를 선택
- 화면 우측의 "수직이동 스크롤바"를 아래로 당겨 A101셀의 100이 보이도록 조정

② 앞면 발생 여부의 결과 더미변수(dummy variable) 표시와 누적상대도수 계산

- B2:B101구간 지정, 수식입력줄에 "=IF(RAND()<0.5,1,0)"을 입력, "Ctrl+Enter↵"를 클릭하여 앞면 발생 여부의 결과를 동시 표시
- C2:C101구간 지정, 수식입력줄에 "=SUM($B$2:B2)"를 입력, "Ctrl+Enter↵"를 클릭하여 결과들의 누계를 동시 계산
- D2:D101구간 지정, 수식입력줄에 "=C2/A2"를 입력, "Ctrl+Enter↵"를 클릭하여 결과들의 누적상대도수를 동시 계산

③ 산점도 작성

- 다음과 같은 방식으로 A1:A101구간과 D1:D101구간 동시 지정
  - A1셀을 지정 후 "Shift"를 누른 채로 마우스 커서를 A101셀로 이동시켜 왼쪽 단추를 클릭하여 A1:A101구간 지정
  - "Ctrl"을 누른 채로 마우스를 D1셀로 이동시켜 왼쪽 단추를 클릭하여 A1:A101구간과 동시에 D1셀을 지정
  - 다시 "Shift"를 누른 채로 D101셀로 마우스 커서를 이동시켜 왼쪽 단추를 클릭하여 A1:A101구간과 D1:D101구간을 동시 지정
- 메뉴 탭에서 "삽입 | 차트 | 분산형 | 표식만 있는 분산형"을 지정하여 차트를 작성

④ 위와 동일한 방식으로 1만회 동전 던지기 의태 수행 결과 표시

- A2셀에 "1"을 입력 후, 메뉴 탭에서 "편집 | 채우기 | 계열"을 클릭하여 열 방향으로 "10000"까지 채우기
- E21셀을 지정 후 틀 고정을 하고, 화면 우측의 "수직이동 스크롤바"를 아래로 당겨 A10001셀의 10000이 보이도록 화면을 조정
- B2:B10001구간에 "=IF(RAND()〈0.5,1,0)"을, C2:C10001구간에 "=SUM($B$2:B2)", D2:D10001구간에 "=C2/A2"을 각각 수식입력줄에 입력 후 "Ctrl+Enter↵"를 클릭
- A1:A10001구간과 D1:D10001구간을 동시 지정 후 메뉴 탭 차트의 "표식만 있는 분산형"으로 산점도를 작성하여 의태수행 결과의 차트를 작성 ⑤ "F99"(재계산 기능) 키를 눌러 의태결과의 변화들을 비교
- Excel의 "=Rand()"함수는 기능키를 누를 때마다 다시 계산을 수행
- "F9"키를 눌러 수행횟수 증가에 따라 누적상대도수가 이론적 확률 0.5에 수렴하는 것을 확인

	A	B	C	D
1	횟수	결과	누계	누적 상대도수
2	1	1	1	1.0000
3	2	1	2	1.0000
4	3	1	3	1.0000
5	4	0	3	0.7500
6	5	0	3	0.6000
7	6	1	4	0.6667
8	7	1	5	0.7143
9	8	0	5	0.6250
10	9	0	5	0.5556
11	10	0	5	0.5000
12	11	1	6	0.5455
13	12	1	7	0.5833
14	13	0	7	0.5385
15	14	1	8	0.5714
16	15	0	8	0.5333
17	16	1	9	0.5625
18	17	0	9	0.5294
19	18	0	9	0.5000
20	19	0	9	0.4737
9996	9995	1	4994	0.4996
9997	9996	1	4995	0.4997
9998	9997	1	4996	0.4997
9999	9998	1	4997	0.4998
10000	9999	0	4997	0.4997
10001	10000	1	4000	0.4998

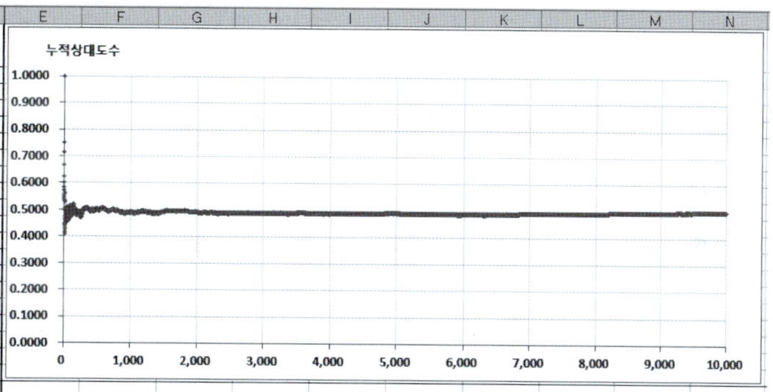

Ⅲ 고전적 확률계산의 기본 법칙

1. 확률측정치의 기본공리

확률측정치 P는 표본공간 Ω의 사상들의 필드 F에 속하는 모든 사상들에 대해 다음 3가지 Kolmogorov 공리들(axioms)에 따라 0부터 1까지의 숫자로 확률들을 표시한다.

- **제1공리(비음특성, nonnegativity)** : $P(A) \geq 0$ → 사상들의 확률은 0 이상
- **제2공리(정규화, normalization)** : $P(\Omega)=1$ → 표본공간의 전체 확률은 1
- **제3공리(불 방식 가법성, Boolean additivity)** : $P\{A \cup B\} = P(A) + P(B)$ → 서로소(공통원소 부재, 공약수 부재)인 집합(disjoint sets) 또는 상호 배반사상들(mutually exclusive events)이어서 $A \cap B = \varnothing$ 인 사상 A 또는 B가 발생할 확률은 개별 사상 발생확률들의 합으로 계산

TIP

- **공리(axiom)** : 수학이나 논리학 등에서 증명 없이 자명한 진리로 인정되며, 다른 명제의 증명에 대해서 전제가 되는 원리
- **추론(corollary)** : 어떤 판단을 근거로 삼아 다른 판단을 이끌어 냄
- **불 대수(Boolean algebra)** : 연산의 종류와 변수들이 참인가 거짓인가에 따라서 논리적 명제들이 참 아니면 거짓이라는 논리에 바탕을 두는 논리적 상관관계에 따라 수 대신 사용하는 문자 등
- **대수(代數, algebra)** : (수학법칙을 간명하게 나타내도록) 수(數, number) 대신 사용하는 문자 등

2. 집합연산과 확률측정치의 보조정리

(1) 벤다이어그램과 집합연산

집합과 관련 연산들을 판별하기 쉽게 합집합(union) Ω과 이를 구성하는 집합들의 관계를 〈그림 4-2〉와 같이 벤다이어그램(Venn diagrams)으로 표시할 수 있다.

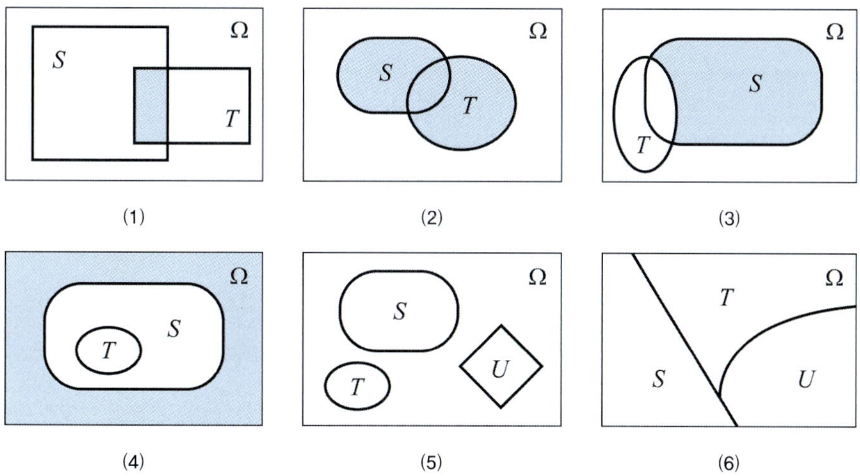

〈그림 4-2〉 집합연산과 벤다이어그램

- (1)은 집합들 S와 T의 교집합 $S \cap T$를 어두운 부분으로 표시
- (2)는 집합들 S와 T의 합집합 $S \cup T$를 어두운 부분으로 표시
- (3)은 집합들 S와 T^c의 교집합 $S \cap T^c$를 어두운 부분으로 표시, 여기서 T^c는 집합 T의 여집합(complement)
- (4)에서 어두운 부분은 S의 여집합을 표시, 여기서 집합 T는 집합 S의 진부분집합
- (5)는 서로 소(배반적)인 집합들 S, T, U를 표시
- (6)은 집합 Ω의 분할(partition)을 구성하는 집합들 S, T, U를 표시

어떤 집합들 S, T, U와 그 합집합 Ω에 대한 다음의 기초적 집합연산결과들은 확률계산에 많은 도움을 준다.

- $S \cup T = T \cup S$
- $S \cup (T \cup U) = (S \cup T) \cup U$
- $S \cap (T \cup U) = (S \cap T) \cup (S \cap U)$
- $S \cup (T \cap U) = (S \cup T) \cap (S \cup U)$
- $(S^c)^c = S$
- $S \cap S^c = \varnothing$
- $S \cup \Omega = \Omega$
- $S \cap \Omega = S$

- 드모르간법칙(de Morgan's law) : $(S \cap T)^c = S^c \cup T^c$, $(S \cup T)^c = S^c \cap T^c$

(4.2.1) $$\left(\bigcup_n S_n\right)^c = \bigcap_n S_n^c$$

(4.2.2) $$\left(\bigcap_n S_n\right)^c = \bigcup_n S_n^c$$

TIP

- **배반집합(disjoint sets)** : 서로 공통원소를 갖지 않은 집합들
- **분할(partition)** : 어떤 집합 S가 배반집합들로 구성된 경우에, 그러한 배반집합들의 모임을 집합 S의 분할이라고 부름

(2) 확률측정치의 보조정리

확률측정치의 3대 공리에 대해 각 보조정리(추론, corollaries)를 다음과 같이 구성할 수 있다.

- **제1 추론(Corollary 1)** : P(∅)=0 → 공집합의 확률은 0, 그런데 어떤 사상 A의 확률이 0이더라도 그 사상 A는 공집합이 아님
- **제2 추론(Corollary 2)** : $P(A^c) = 1 - P(A)$ → 사상 A와 사상 A의 여집합(complement) A^c에 대해 $A \cup A^c = \Omega$와 $A \cap A^c = \varnothing$이 성립
- **제3 추론(Corollary 3)** : $P(A \cup B) = P(A) + P(B) - P(A \cap B)$

3. 덧셈법칙

제3공리와 같이 상호배반사상들의 경우에 한 사상 또는 다른 사상의 발생확률은 그 모든 사상의 발생확률들의 합과 일치한다는 원리를 특수덧셈법칙(special rule of addition)이라고 한다.

- 주어진 표본공간 Ω에서 어떤 사상 A가 발생할 확률 $P(A)$와 A가 아닌 사상들의 집합인 A의 여집합 A^C의 발생 확률 $P(A^C)$의 합은 항상 1과 일치하여, 여집합법칙(complement rule)이 성립

(4.3.1) $$P(A)+P(A^C)=1$$

(4.3.2) $$P(A)=1-P(A^C)$$

복합사상(compound event)이 존재하는 경우에 주어진 표본공간에서 사상 A 또는 B가 발생할 확률 $P(A \text{ or } B)$ 또는 $P(A\cup B)$의 계산에 대해 사상 A와 B가 동시에 발생하는 복합사상의 발생확률인 결합확률(joint probability)을 사용하는 원리를 일반 덧셈법칙(general rule of addition)이라고 한다.

- 사상 A와 B의 결합확률을 $P(A\cap B)$ 또는 $P(A \text{ and } B)$로 표시하면, 다음과 같이 일반덧셈법칙으로 $P(A \text{ or } B)$를 계산

(4.4.1) $$P(A\cup B)=P(A)+P(B)-P(A\cap B)$$

- (4.4.1)식은 나음 관계에서 (4.4.2)식에 (4.4.4)식을 대입하여 도출

(4.4.2) $$P(A\cup B)=P(A\cup A^c\cap B)=P(A)+P(A^c\cap B)$$

(4.4.3) $$P(B)=P((A\cap B)\cup(A^c\cap B))=P(A\cap B)+P(A^c\cap B)$$

(4.4.4) $$P(A^c\cap B)=P(B)-P(A\cap B)$$

- (4.4.1)식은 3개 사상과 n개 사상들의 일반형으로 다음과 같이 확장 가능

(4.4.5) $$P(A\cup B\cup C)=P(A)+P(B)+P(C)-P(A\cap B)-P(B\cap C)-P(C\cap A)+P(A\cap B\cap C)$$

(4.4.6) $$P(A\cup B\cup C)=P(A)+P(A^c\cap B)+P(A^c\cap B^c\cap C)$$

(4.4.7) $$P\{{}_{i=1}^{n}A_i\}=\sum_{i=1}^{n}P(A_i)-\sum_{i,j=1,i\neq j}^{n}P(A_i\cap A_j)+\sum_{i,j,k=1,i\neq j\neq k}^{n}P(A_i\cap A_j\cap A_k)-(\pm 1)^n\sum_{i,j,k,\dots,n=1,i\neq j\neq k\dots\neq n}^{n}P(A_i\cap A_j\cap A_k\cdots\cap A_n)$$

예제 4-8 다음 벤 다이어그램을 이용하여 사상 A와 B의 발생확률 및 교집합의 발생확률인 결합확률 등을 구할 수 있다.

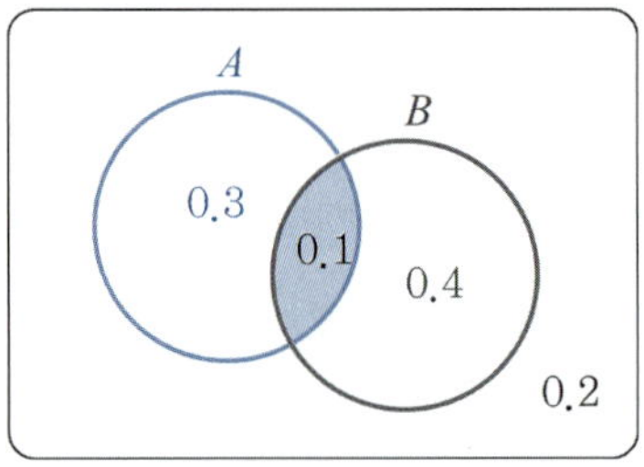

- 사상 A만이 발생할 확률은 0.3
- 사상 B만이 발생할 확률은 0.4
- 사상 A와 B가 동시에 발생할 확률은 0.1
- 사상들 A와 B의 교집합의 여집합 $(A \cap B)^c$의 확률은 0.9(=1-0.1)은 사상 A와 B의 여집합 확률들의 합인 0.9[=(1-0.4)+(1-0.5)-0.2]와 일치하는 드모르간법칙 성립

예제 4-9 2개의 주사위를 동시에 던지는 실험에서 두 주사위 점들의 합이 7과 11이 아닐 확률을 다음과 같이 7/9[= 28/36 = 1−(6/36 + 2/36)]로 계산할 수 있다.

	A	B	C	D	E	F	G	H	I	J	K	L	M	N
1			주사위 1의 눈금(x)						P(A | x+y=7)	1/6	=COUNTIF($C$3:$H$8,7)/COUNT($C$3:$H$8)			
2			1	2	3	4	5	6	P(B | x+y=11)	1/18	=COUNTIF($C$3:$H$8,11)/COUNT($C$3:$H$8)			
3	주사위 2의 눈금(y)	1	2	3	4	5	6	7	P((A∪B)ᶜ)	7/9	=1-SUM(J1:J2)			
4		2	3	4	5	6	7	8						
5		3	4	5	6	7	8	9						
6		4	5	6	7	8	9	10						
7		5	6	7	8	9	10	11						
8		6	7	8	9	10	11	12						

① 주사위 눈금들 합들의 계산과 7 및 11에 표시

- C3:H8구간을 지정, 수식입력줄에 "=C$2+$B3"을 입력 후 "Ctrl+Enter↵"를 클릭하여 주사위 1의 눈금과 주사위 2의 눈금의 합들을 동시 계산
- 메뉴 탭에서 "홈 | 스타일 | 조건부서식 | 셀 강조 규칙 | 같음"을 지정
- 생성된 "같음" 대화상자에서 값에는 "7"을, 적용할 서식에는 "연한 빨강 채우기"를 지정 후 "확인" 단추를 클릭
- 다시 셀 강조 규칙의 같음을 지정하여 생성된 "같음" 대화상자에서 값에는 "11"을, 적용할 서식에는 "진한 녹색 텍스트가 있는 녹색 채우기"를 지정 후 "확인" 단추를 클릭

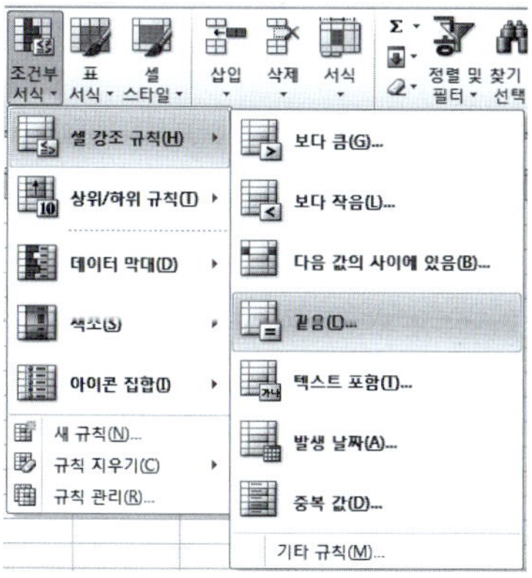

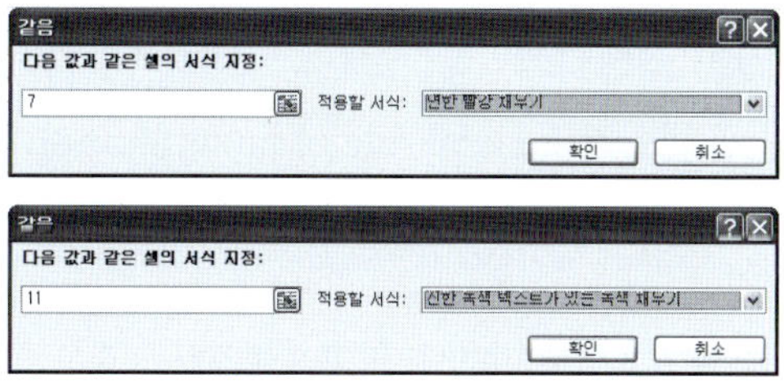

② 7의 합 및 11의 합으로 나타나는 경우들 수 및 확률 계산

- 아래와 같은 두 눈금 조합들의 수를 계산
- J1셀에 "=COUNTIF($C$3:$I I$8,7)/COUNT($C$3:$H$8)"을 입력하여 합이 7일 확률을 1/6로 계산
- J2셀에 "=COUNTIF($C$3:$H$8,11)/COUNT($C$3:$H$8)"을 입력하여 합이 11일 확률을 1/18로 계산
- J3셀에 "=1-SUM(J1:J2)"를 입력하여 합이 7이나 11이 아닐 확률 7/9를 계산

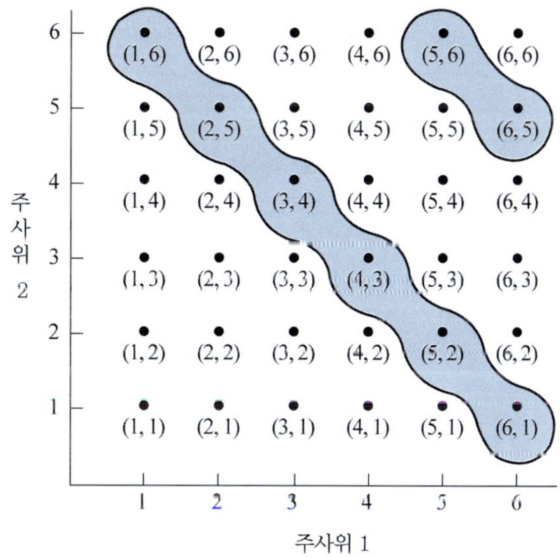

4. 곱셈법칙

(1) 일반 곱셈법칙

일반 곱셈법칙(general rule of multiplication)은 조건부확률을 기초로 종속사상들이 동시에 발생할 확률을 계산하는 원리이다.

- **종속사상들(dependent events)** : 상호 독립적이 아니어서 다른 사상의 발생에 영향을 주는 사상들
- **조건부확률(conditional probability)** : 다른 종속사상이 발생한 상황에서 어떤 사상이 발생할 확률
- 다른 종속사상 B가 이미 발생한 경우에 어떤 사상 A가 발생할 확률(probability of A given B) $P(A \mid B)$는 다음과 같이 계산

(4.5.1) $$P(A \mid B) = \frac{P(A \cap B)}{P(B)} = \frac{P(A \text{ and } B)}{P(B)}$$

- 다른 종속사상 A가 이미 발생한 경우에 어떤 사상 B가 발생할 확률(probability of B given A) $P(B \mid A)$은 다음과 같이 계산

(4.5.2) $$P(B \mid A) = \frac{P(A \cap B)}{P(A)} = \frac{P(A \text{ and } B)}{P(A)}$$

- 일반 곱셈법칙에 따라 (4.5.1)식과 (4.5.2)식을 이용하여 사상 A와 B의 결합확률(joint probability) $P(A \cap B)$를 다음과 같이 계산

(4.5.3) $$P(A \cap B) = P(A) \cdot P(B \mid A) = P(B) \cdot P(A \mid B)$$

- (4.5.3)식을 확장하여 사상 A, B, C의 동시 발생에 대한 결합확률 $P(A \cap B \cap C)$는 다음과 같이 계산

(4.5.4) $$\begin{aligned} P(A \cap B \cap C) &= P(A) \cdot P(B \mid A) \cdot P(C \mid A \cap B) \\ &= P(A \cap B) \cdot P(C \mid A \cap B) \end{aligned}$$

예제 4-10 상자에 10통의 필름이 있는데, 그 중에서 3통이 불량품이라고 하자. 그 상자에서 필름을 2통을 순차적으로 따라 꺼내려고 한다면, 두 번 모두 불량품을 선택할 확률은 다음과 같이 6/90이 된다.

① 첫째 결과인 사상 A가 불량품일 확률 $P(A) = 3/10$

② A가 불량품인 상황에서 둘째 결과인 사상 B가 불량품일 확률 $P(B \mid A) = 2/9$

③ 첫째 및 둘째 사상 A와 B가 모두 불량품일 확률 P(A and B) = 6/90

$$P(A \cap B) = \frac{3}{10} \times \frac{2}{9} = \frac{6}{90}$$

(2) 특수 곱셈법칙

특수 곱셈법칙(special rule of multiplication)은 독립사상들(independent events)의 동시 발생확률을 각 사상 확률들의 곱으로 계산하는 정리이다.

- **독립사상들** : 각 사상의 발생이 서로 다른 사상의 발생에 대해 영향을 주지 않는 사상들 → 사상들 A와 B에 대한 독립성 조건은 다음과 같이 표시

(4.6.1) $P(A \mid B) = P(A)$와 $P(B \mid A) = P(B)$: 사상 A와 B의 독립성 조건

- 두 독립적 사상들 A와 B가 동시에 발생할 확률 $P(A \cap B)$ 또는 P(A and B)는 각 사상의 발생확률들 $P(A)$ 와 $P(B)$ 의 곱으로 계산

(4.6.2) $$P(A \cap B) = P(A) \times P(B) = P(A) \cdot P(B)$$

- 독립적 사상들 A, B, C의 동시 발생 확률 $P(A \cap B \cap C)$ 또는 P(A and B and C)는 각 사상의 발생확률들 $P(A)$, $P(B)$, $P(C)$ 의 곱으로 계산

(4.6.3) $$P(A \cap B \cap C) = P(A) \cdot P(B) \cdot P(C)$$

예제 4-11 2개의 동전을 던질 경우에 모두 뒷면이 나올 확률은 (4.6.2)식에 따라 0.25 [=(1/2)×(1/2)]가 된다. 이는 던진 각 동전의 결과가 다른 동전의 결과에 영향을 주지 않는 독립적 사상들인 경우이기 때문이다.

예제 4-12 자동차 바퀴의 타이어 수명이 5만 ㎞ 이내일 확률이 1/2이라고 가정하자. 이러한 경우 그 자동차의 4 바퀴 모두 5만 ㎞ 주행 후에 교환이 필요할 확률은 1/16[=$(1/2)^4$]이 된다.

제 2 절 실험결과의 셈 원리와 베이즈법칙 및 분할표

I 확률실험결과의 셈 원리

어떤 확률실험에서 발생할 수 있는 결과들의 수에 대한 셈(counting)은 곱셈(multiplication), 순열(permutation), 조합(combination)의 원리를 이용하여 쉽게 수행할 수 있다.

1. 곱셈원리

곱셈원리(multiplication principles)는 2가지 이상의 집단에 대한 배열 방식을 각 집단 배열방식들의 곱으로 다음과 같이 계산하는 원리이다.

- 2개 집단(사상)의 경우에 한 가지 일을 하는데 m개의 방식이, 또 다른 일을 하는데 n개의 방식이 있다면, 그 일들을 모두 하는 방식은 m×n가지로 계산
- 3개의 사상에 대해 각각 m, n, o의 배열방식(arrangements)이 있다면, 3개의 사상들을 함께 배열하는 방식은 m×n×o가지로 계산
- 곱셈원리는 2가지 이상의 집단이나 사상의 배열방식에 적용되므로, 하나의 사상을 배열하는 방식에는 부적합

예제 4-13 실내장식업자가 8가지의 외부스타일과 6가지의 실내장식디자인을 이용할 수 있는 경우, 집을 꾸미는 가능한 방식의 배열은 곱셈원리에 따라 48(=8×6)가지를 이용할 수 있다.

2. 조합개념

(1) 순열

순열(permutations)은 한 집단에 대한 배열 방식을 찾는 원리이며, 어떤 집합의 원소들이 순서대로 1부터 n까지 있을 경우에 그 원소들의 배열방식들의 수를 계산하는 방식이다.

- 순열에서는 배열의 순서가 중요 → 1, 2, 3과 2, 1, 3은 다른 순열
- n개 대상의 순열들의 수에 대한 계산방식

(4.7.1) n개 대상의 순열 = $n! = n\times(n-1)\times\cdots\times2\times1$

- (4.7.1)식에서 $n!$은 "n factorial[계승(階乘)]"로 읽음
- 정의에 의해 n은 항상 양수이며 $0!=1$
- 복원(반복사용, replacement)을 할 수 없는 비복원추출의 경우에 어떤 집합의 n개 원소들 중에서 r개를 선택하여 순서에 따라 배열하는 방식들인 순열들의 수 $_nP_r$을 구하는 순열공식

(4.7.2) $_nP_r=\dfrac{n!}{(n-r)!}$: 비복원추출의 경우

- Excel에서는 "=PERMUT(n ,r)"를 사용하여 계산
- (4.7.2)식에 따라 "=FACT(n)/FACT($n-r$)"을 입력하여 계승(階乘, factorial)을 이용하는 방식으로 계산 가능
- 어떤 것을 배열한 후에도 반복사용이 다른 배열에도 허용되는 복원추출의 경우에 어떤 집합의 n개 원소들 중에서 r개를 선택하여 순서에 따라 배열하는 방식들인 순열들의 수

(4.7.3) $P=n^r$: 복원추출의 경우

예제 4-14 어떤 순서에 따라 조립되어야 하는 3개의 부품들로 된 집단이 있는 경우에 이 부품들은 조립할 수 있는 방식은 다음과 같다.

	A	B	C	D	E
1	원소의 수(n)	3			
2	선택원소의 수(r)	3			
3	순열의 수($_nP_r$)	6	=PERMUT(B1,B2)		
4	순열의 수($_nP_r$)	6	=FACT(B1)/FACT(B1-B2)		

① 계산 원리의 규명

- 조립되어야 하는 부품의 수가 3개여서 n=3이며, 3개의 부품이 모두 조립되어야 하므로 r=3이어서 조립가능한 방식들인 순열들의 수는 (4.7.2)식에 따라

$$_3P_3 = \frac{3\,!}{(3-3)\,!} = \frac{3\,!}{0\,!} = \frac{3 \cdot 2 \cdot 1}{1} = 6$$

② 엑셀의 PERMUT함수와 FACT함수를 이용한 순열 계산

- A1:B2구간에 대상 원소의 수 n과 선택 원소의 수 r을 입력
- B3셀에 "=PERMUT(B1,B2)"를 입력하여 순열의 수를 6으로 계산
- B4셀에 "=FACT(B1)/FACT(B1-B2)"를 입력, (4.7.2)식에 따라 순열 수를 계산

예제 4-15 점포의 3군데 공간에 8개의 상품을 배열하는 방법인 순열들의 수를 곱셈원리와 순열공식을 사용하여 구할 수 있다.

	A	B	C	D	E
1	상품의 수(n)	8			
2	공간의 수(r)	3			
3	곱셈원리[n*(n-1)*(n-2)]	336	=PRODUCT(B1,B1-1,B1-2)		
4	순열의 수($_nP_r$)	336	=PERMUT(B1,B2)		

① 곱셈원리에 따른 계산

- 배열한 뒤에는 한 상품을 사용할 수 없음
- 첫째 공간에는 8개의 방식이, 둘째 공간에는 7개의 방식이, 셋째 공간에는 6개의 방식이 사용 가능
- 곱셈원리에 따라 8×7×6=336순열들이 존재
- B3셀에 "=PRODUCT(B1,B1-1,B1-2)"를 입력하여 336으로 순열들 수를 계산

② 순열공식에 따른 계산

- B4셀에 "=PERMUT(B1,B2)"를 입력하여 336으로 순열들의 수를 계산

예제 4-16 C와 D의 두 글자를 한 번에 모두 배열한다면, 반복이 허용되지 않는 경우가 된다. 그리고 그 때 가능한 순열은 2개로 CD와 DC이다. 그리고 이는 $P= \frac{n\,!}{(n-r)\,!} = \frac{2\,!}{(2-2)\,!} = 2$ 로 계산할 수 있다.

그런데 CC, DD와 같은 식의 배열 역시 가능하여 반복 사용이 허용된다면, CC, CD, DC, DD의 4개의 순열이 가능하다. 이는 $P = n^r = 2^2 = 4$ 로 계산할 수 있다.

(2) 조합

조합(combinations)은 n개의 원소들을 순서에 관계없이 한 번에 r개만큼 선정할 경우의 배열방식을 계산하는데 사용되는 원리이다.

- n개 원소 중 r개(조합항목 수)를 순서에 관계없이 선택하는 방법인 조합의 수 ${}_nC_r$의 계산방식

(4.7.4) $${}_nC_r = \binom{n}{r} = \frac{n!}{r!\cdot(n-r)!}$$

- Excel에서 조합은 "=COMBIN(n,r)"을 사용하여 계산
- (4.7.4)식에 따라 "=FACT(n)/(FACT(r)*FACT($n-r$))"을 입력하여 계승을 이용하는 방식으로 계산 가능

예제 4-17 7개 색상에서 선정 순서에 관계없이 3가지 색상을 선정하는 방식은 다음과 같이 35이다.

	A	B	C	D	E
1	원소의 수(n)	7			
2	조합항목 수(r)	3			
3	조합의 수(${}_nC_r$)	35	=COMBIN(B1,B2)		
4	조합의 수(${}_nC_r$)	35	=FACT(B1)/(FACT(B2)*FACT(B1-B2))		

① 자료 입력

- B1:B2구산의 각 셀에 대상 원소의 수와 선정 항목의 수를 7과 3으로 입력

② 조합들의 수 계산

- B3셀에 "=COMBIN(B1,B2)"를 입력하여 35로 조합의 수를 계산
- B4셀에 "=FACT(B1)/(FACT(B2)*FACT(B1-B2))"를 입력하여 (4.7.4)식에 따라 35로 조합의 수를 계산

$${}_7C_3 = \frac{7!}{3!(7-3)!} = \frac{7!}{3!4!} = \frac{7\times6\times5}{1\times2\times3} = 7\times5 = 35$$

Ⅱ 전확률법칙 및 베이즈법칙과 분할표 및 결합확률표

1. 전확률법칙

두 사상 A와 E가 있는 경우에 두 사상들의 관계와는 무관하게, 다음과 같이 A의 확률은 A와 E의 교집합 확률과 A와 (E의 여집합인) E^c의 교집합 확률의 합과 같다는 전확률법칙(Law of Total Probability)이 항상 성립한다.

(4.8.1)
$$\begin{aligned} P(A) &= P(A \cap E) + P(A \cap E^c) \\ &= P(A \mid E)P(E) + P(A \mid E^c)P(E^c) \\ &= P(A \mid E)P(E) + P(A \mid E^c)(1 - P(E)) \end{aligned}$$

- (4.8.1)식에서 집합들 E와 E^c는 표본공간 Ω의 분할을 구성
- (4.8.1)식의 전확률법칙은 분할을 구성하는 사상들이 많은 상황으로 확장가능
- 〈그림 4-3〉에서 사상들 $E_1, \ldots, E_5$ 는 표본공간 E(Ω)의 분할을 구성하며, 각 분할 사상들과 교집합을 갖는 사상 A는 우측의 그림과 같이 사상 A는 집합들 E_i 와의 교집합들의 서로소 합집합(disjoint union)으로 분해가 가능

(4.8.2)
$$A = (E_1 \cap A) \cup \cdots \cup (E_5 \cap A)$$

- (4.8.2)식은 가법성 공리에 따라 다음과 같이 확률함수로 전환

(4.8.3)
$$P(A) = P(E_1 \cap A) + \cdots + P(E_5 \cap A)$$

- 조건부 확률 정의 $P(E_i \cap A) = P(E_i)P(A|E_i)$ 를 대입하면,

(4.8.4)
$$P(A) = P(E_1)P(A|E_1) + \cdots + P(E_5)P(A|E_5) = \sum_{i=1}^{5} P(E_i)P(A|E_i)$$

- (4.8.4)식을 분할사상들의 수가 n 인 경우로 확장하여 일반화된 조건부 확률을 사용한 전확률법칙(law of total probability using conditional probabilities) 도출

(4.8.5)
$$P(A) = P(E_1)P(A|E_1) + \cdots + P(E_n)P(A|E_n) = \sum_{i=1}^{n} P(E_i)P(A|E_i)$$

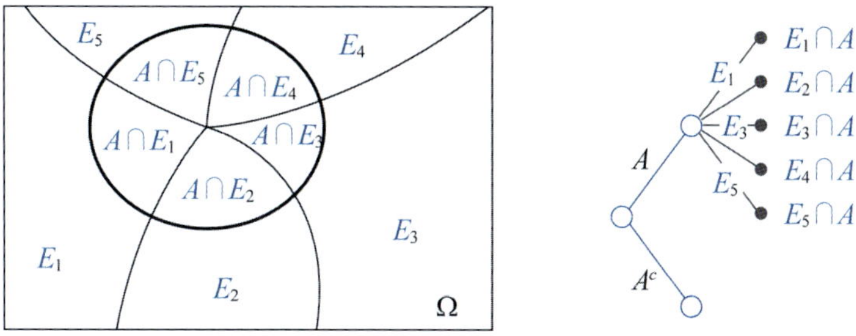

〈그림 4-3〉 전확률법칙

2. 베이즈법칙

베이즈법칙(Bayes' Rule)은 효과가 관찰된 후에 원인을 추론하려고 하는 경우에 적용할 수 있게 해주는 사상들 조건설정의 역전을 가능하게 하는 공식이다.

- 베이즈법칙은 추론(inference)에 자주 사용되는 인과관계(cause-effect relation)에 대한 확률모형
- 표본공간에 대한 분할사상들의 확률과 그 분할사상들과 교집합을 갖는 어떤 사상의 각 분할사상에 대한 조건부확률을 사용하여, 그 사상에 대한 특정 분할사상의 조건부확률을 계산하는 관계공식
- 사상들 $E_1, \ldots, E_n$ 은 원인을, 사상 A 는 효과를 표시하는 경우에 원인 E_i 가 존재하는 경우에 그 효과가 관찰될 확률 $P(A|E_i)$ 과 원인이 되는 (사전)확률들 $P(E_1), \ldots, P(E_n)$ 을 사용하여, 효과 A가 관찰된 상황에서 원인 E_i 의 존재에 대한 조건부확률 $P(E_i|A)$ 를 다음 식으로 계산

(4.9)
$$P(E_i \mid A) = \frac{P(E_i)P(A \mid E_i)}{\sum_{i=1}^{N} P(E_i)P(A \mid E_i)}$$

TIP

- **사전확률(prior probability)** : 현재 확보한 정보를 사용하여 결정한 초기 확률
- **사후확률(posterior probability)** : 사전확률 정보에 추가된 정보를 사용하여 새롭게 계산한 확률

예제 4-18 레이더가 비행기 존재를 포착할 확률을 보기 위해서는 비행기 존재를 기록하는 레이더가 주어진 경우에 비행기가 있을 조건부 확률을 계산해야 한다.

그래서 $E=${비행기가 있다}와 $A=${레이더가 비행기 존재를 기록한다}의 두 사상들을 규정하자. 그리고 $P(E)=0.05$, $P(A \mid E)=0.99$, $P(A \mid E^C)=0.1$이 주어진다고 하자. $E_1=E$와 $E_2=E^c$로 규정하여 베이즈법칙을 적용하면, $P(E)=1-P(E^c)$에서 $P(E_1)=1-P(E_2)=0.05$여서 $P(E_2)=0.95$가 되므로

$$P(E|A)=P(E_1|A)=\frac{P(E_1)P(A|E_1)}{P(A)}$$

$$=\frac{P(E_1)P(A|E_1)}{P(E_1)P(A|E_1)+P(E_2)P(A|E_2)}$$

$$=\frac{0.05(0.99)}{0.05(0.99)+0.95(0.1)}\approx 0.3426$$

예제 4-19 4개 팀들이 참가하는 축구경기에서 A팀이 나머지 3팀에 대해 i번째 팀 $(i=1,2,3)$과 경기를 할 확률은 $P(E_1)=0.5$, $P(E_2)=0.25$, $P(E_3)=0.25$라고 하자. 그리고 각 팀들을 만나 경기를 하여 이길 확률들은 각각 $P(A|E_1)=0.3$, $P(A|E_2)=0.4$, $P(A|E_3)=0.5$라고 하자. 이러한 상황에서 A팀이 이긴 경우에, 상대팀이 1팀, 2팀, 3팀일 각 확률을 베이즈법칙을 사용하여 다음과 같이 계산할 수 있다.

	A	B	C	D	E	F
1	P(E1)	0.50	P(A | E1)	0.3	P(E1 | A)	0.40
2	P(E2)	0.25	P(A | E2)	0.4	P(E2 | A)	0.27
3	P(E3)	0.25	P(A | E3)	0.5	P(E3 | A)	0.33

① 상대팀들을 만날 확률 $P(E_i)$와 각 팀을 만나서 이길 확률들을 입력

- B1:B3구간에 상대팀들을 만날 확률 $P(E_i)$들을 입력
- D1:D3구간에 각 팀을 만난 상황에서 이길 조건부확률들을 입력

② 이긴 상황에서 경기한 상대방 팀의 각 확률을 베이즈법칙으로 계산

- F1:F3구간을 지정, 다음 식을 수식입력줄에 입력 후 "Ctrl+Enter↵"를 클릭

```
=B1*D1/SUMPRODUCT($B$1:$B$3,$D$1:$D$3)
```

- F1셀은 A팀이 이긴 상황에서 상대팀이 1번 팀일 확률은 0.4임을 표시

3. 분할표

분할표(contingency table)는 일반 곱셈법칙을 적용하여 어떤 모집단 자료를 변수의 속성에 따라 구분하고, 전체 자료가 속성별로 분포된 상태를 한눈에 파악할 수 있도록 표시한 빈도표이다.

- 분할표를 교차집계표(cross-table) 또는 결합분포표(joint distribution table)라고도 하며, 자료를 구분하는 차원들 수에 따라 일원 및 이원 분할표로 구분
  - **일원분할표(one-way contingency table)** : 한 변수에 의해 분류된 분할표
  - **이원분할표(two-way contingency table)** : 두 변수들에 의해 분류된 분할표
- 두 범주변수의 범주별 관찰결과들을 한 변수는 행으로, 다른 변수는 열로 배열
- 행과 열의 교점을 셀(cell)이라 하고, 관찰된 값인 도수(빈도)들을 셀들에 표시

예제 4-20 80명이 졸업한 어떤 실업계 학교에서 남학생은 취업한 학생이 31명, 미취업 중인 학생이 19명이고, 여학생은 15명이 취업을 했다고 하자. 이러한 경우에 미취업 여학생이 15명이므로, 성별에 따른 일원분할표와 취업여부에 따른 일원분할표를 작성할 수 있다. 그리고 일원분할표를 사용하여 다음과 같이 이원분할표를 작성할 수 있다.

	A	B	C	D	E
1	성별 기준 일원분할표		취업 여부 기준 일원분할표		
2	성별		취업 여부		
3	남	50	취업	46	
4	여	30	미취업	34	
5	계	80	계	80	
6	성별 및 취업 여부 기준 이원분할표				
7		취업 B1	미취업 B2	계	
8	남 A1	31	19	50	
9	여 A2	15	15	30	
10	계	46	34	80	

① 성별 기준 일원분할표 작성

- A3셀과 A4셀에 각각 남과 여를 입력
- B3셀과 B4셀에 각각 50과 30을 입력
- B5셀에 "=B3+B4"를 입력

② 취업 여부 기준 일원분할표 작성

- C3셀과 C4셀에 각각 취업과 미취업을 입력
- D3셀과 D4셀에 각각 46과 34를 입력
- D5셀에 "=D3+D4"를 입력

③ 성별 및 취업 여부 기준 이원분할표 작성

- A7:C9구간의 각 셀을 시트와 같이 입력
- D8:D10구간을 지정, 수식입력줄에 "=SUM(B8:C8)"을 입력하고 "Ctrl+Enter↵"를 클릭하여 합계를 동시 계산
- B10:C10구간을 지정, 수식입력줄에 "=SUM(B8:B9)"를 입력하고 "Ctrl+Enter↵"를 클릭하여 합계를 동시 계산

4. 결합확률표와 주변확률

결합확률표(joint probability table)는 분할표의 도수(빈도)를 총도수로 나누어 확률로 전환시켜 구성한 표이다.

- 결합확률표의 내부 셀들은 결합확률을 표시
- 주변확률(marginal probability)은 결합확률표의 주변에서 규명되는 확률
- 주변확률은 한계확률, 무조건부확률 또는 (단일사상의 확률이어서) 단일확률(simple probability)이라고 부름
- 어떤 사상 A의 주변확률은 (상호 배반사상들이며 집합적으로 전수 사상들인) 표본공간의 분할사상들 $E_1, .., E_n$과의 결합확률들의 합계로 계산

(4.10) $$P(A) = P(A \cap E_1) + \cdots + P(A \cap E_n)$$

TIP

- **단일확률(simple probability)** : 단일사상(simple event)의 발생확률
- **결합확률(joint probability)** : 2가지 이상의 사상들을 포함하는 사건발생(occurrence)의 확률
- **상호 배반사상들(mutually exclusive events)** : 동시에 발생할 수 없는 사상들
- **집합적 포괄(전수)사상들(collectively exhaustive events)** : 하나는 반드시 발생하는 사상들의 집합, 예컨대 동전 던지기에서 앞면이나 뒷면 중 하나는 반드시 발생하므로 동전 던지기의 앞면과 뒷면은 집합적 전수사상들

예제 4-21 [예제 4-20]의 이원분할표에서 각 셀은 두 사상들의 결합확률이다. 따라서 특정사상이 다른 사상과 동시에 중복적으로 발생하는 사상인 복합사상이 발생할 확률인 결합확률들을 구하고, 두 사상들의 결합확률들의 합이 중복되는 사상의 발생확률인 주변확률과 동일하다는 사실의 검정을 다음과 같이 수행할 수 있다.

	A	B	C	D	E	F	G	H	I
1	성별 및 취업 여부 기준 이원분할표					사상 표시 이원분할표			
2		취업 B1	미취업 B2	계			취업 B1	미취업 B2	계
3	남 A1	31	19	50		남 A1	#(A1∩B1)	#(A1∩B2)	#(A1)
4	여 A2	15	15	30		여 A2	#(A2∩B1)	#(A2∩B2)	#(A2)
5	계	46	34	80		계	#(B1)	#(B2)	#(A1+A2) [#(B1+B2)]
6									
7	결합확률분포표					사상 표시 결합확률분포표			
8		취업 B1	미취업 B2	계			취업 B1	미취업 B2	계
9	남 A1	0.3875	0.2375	0.625		남 A1	P(A1∩B1)	P(A1∩B2)	P(A1)
10	여 A2	0.1875	0.1875	0.375		여 A2	P(A2∩B1)	P(A2∩B2)	P(A2)
11	계	0.575	0.425	1		계	P(B1)	P(B2)	P(A1+A2) 또는 P(B1+B2)

① 분할표를 복합사상과 단일사상 기호 표시로 전환

- A2:A5구간에 예제 4-18의 이원분할표를 입력
- G3:H4구간의 각 셀에 교집합 기호 "∩"와 사상 수 "#"(샤프, sharp)를 이용하여 복합사상 기호들을 입력
- G5:H5구간과 I3:I4구간의 각 셀에 단일사상 기호들을 입력
- I5셀에 단일사상들의 합을 기호로 입력

② 결합확률분포표 작성

- B9:D11구간을 지정, 수식입력줄에 "=B3/$D$5"를 입력하고 "Ctrl+Enter"를 클릭하여 결합확률분포표를 구성

③ 사상 기호 표시의 결합확률분포표 작성

- F2:I5구간을 "Ctrl+C"로 복사, F8셀을 지정하여 "Enter"를 클릭하여 붙여 넣기

④ 선확률정리에 따라 특정 사상의 주변확률과 결합확률들 합의 일치 여부 확인

- $P(A1 \cap B1) + P(A1 \cap B2) = (31/80) + (19/80) = 50/80 = 0.625 = P(A1)$
- $P(A2 \cap B1) + P(A2 \cap B2) = (15/80) + (15/80) = 30/80 = 0.375 = P(A2)$

- $P(B1 \cap A1) + P(B1 \cap A2) = (31/80) + (15/80) = 46/80 = 0.575 = P(B1)$
- $P(B2 \cap A1) + P(B2 \cap A2) = (19/80) + (15/80) = 34/80 = 0.425 = P(B2)$

예제 4-22 A와 B의 두 제품이 불량(Defective)과 정상(Regular)으로 구분된다고 하자. 어떤 상자에 불량인 A제품 A∩D가 20개, 정상 품질의 A제품 A∩R이 80개, 불량인 B제품 B∩D가 10개, 정상 품질의 B제품 B∩R이 90개가 있는 경우에, 다음과 같이 조건부확률들을 계산하고, 다시 베이즈법칙을 적용하여 확인할 수 있다.

	A	B	C	D	E	F	G	H
1		A	B	계				
2	R	80	90	170				
3	D	20	10	30				
4	계	100	100	200				
5	확률표시 전환							
6		A	B	계		A	B	계
7	R	0.40	0.45	0.85	R	P(A∩R)	P(B∩R)	P(R)
8	D	0.10	0.05	0.15	D	P(A∩D)	P(B∩D)	P(D)
9	계	0.50	0.50	1.00	계	P(A)	P(B)	1.00
10	조건부확률 계산							
11	P(A|R)	P(B|R)	0.471	0.529	P(A|R)=P(A∩R)/P(R)		P(B|R)=P(B∩R)/P(R)	
12	P(A|D)	P(B|D)	0.667	0.333	P(A|D)=P(A∩R)/P(D)		P(B|D)=P(B∩R)/P(D)	

① 자료 입력과 결합확률분포표 전환

- A1:C3구간에 사상들 A, B, R, D의 발생가능 횟수를 입력
- D2:D3구간 지정, 수식입력줄에 "=SUM(B2:C2)"를 입력 후 "Ctrl+Enter↵"를 클릭
- B4:D4구간 지정, 수식입력줄에 "=SUM(B2:B3)"을 입력 후 "Ctrl+Enter↵"를 클릭
- B7:D9구간 지정, 수식입력줄에 "=B2/$D$4"를 입력 후 "Ctrl+Enter↵"를 클릭하여 이원분할표의 자료 값들을 확률로 전환하여 결합확률분포표를 작성

② 각 사상들의 조건부확률표 작성

- C11:D12구간 지정, 수식입력줄에 "=B7/$D7"을 입력 후 "F9+Enter↵"를 클릭하여 (4.5.2)식에 따라 조건부확률들을 동시 계산
- 조건부확률의 해석
- 상자에서 꺼낸 제품이 정상 품질인 경우에 그 제품이 A일 확률 $P(A \mid R) = 0.471$ (=40/85)은 C11셀에서 계산, 이를 (4.9)식의 베이즈법칙으로 계산하면

$$P(A \mid R) = \frac{P(A \cap R)}{P(R)} = \frac{P(A \cap R)}{P(A \cap R) + P(B \cap R)}$$

$$= \frac{P(A)P(R \mid A)}{P(A)P(R \mid A) + P(B)P(R \mid B)} = \frac{0.5 \cdot 0.8}{0.5 \cdot 0.8 + 0.5 \cdot 0.9}$$

$$= \frac{0.4}{0.85}$$

- 상자에서 꺼낸 제품이 정상 품질인 경우에 그 제품이 B일 확률 $P(B \mid R) = 0.529$ (=45/85)를 D11셀에서 계산, 이를 베이즈법칙으로 계산하면

$$P(B \mid R) = \frac{P(B \cap R)}{P(R)} = \frac{P(B \cap R)}{P(A \cap R) + P(B \cap R)}$$

$$= \frac{P(B)P(R \mid B)}{P(A)P(R \mid A) + P(B)P(R \mid B)} = \frac{0.5 \cdot 0.9}{0.5 \cdot 0.8 + 0.5 \cdot 0.9}$$

$$= \frac{0.45}{0.85}$$

- 상자에서 꺼낸 제품이 불량품인 경우에 그 제품이 A일 확률 $P(A \mid D) = 0.667$ (=10/15)을 C12셀에서 계산, 이를 베이즈법칙으로 계산하면

$$P(A \mid D) = \frac{P(A \cap D)}{P(D)} = \frac{P(A \cap D)}{P(A \cap D) + P(B \cap D)}$$

$$= \frac{P(A)P(D \mid A)}{P(A)P(D \mid A) + P(B)P(D \mid B)} = \frac{0.5 \cdot 0.2}{0.5 \cdot 0.2 + 0.5 \cdot 0.1}$$

$$= \frac{0.1}{0.15}$$

- 상자에서 꺼낸 제품이 불량품인 경우에 그 제품이 B일 확률 $P(B \mid D) = 0.333$ (=5/15)을 D12셀에서 계산, 이를 베이즈법칙으로 계산하면

$$P(B \mid D) = \frac{P(B \cap D)}{P(D)} = \frac{P(B \cap D)}{P(A \cap D) + P(B \cap D)}$$

$$= \frac{P(B)P(D \mid B)}{P(A)P(D \mid A) + P(B)P(D \mid B)} = \frac{0.5 \cdot 0.1}{0.5 \cdot 0.2 + 0.5 \cdot 0.1}$$

$$= \frac{0.05}{0.15}$$

- 이상과 같이 베이즈법칙은 결과를 조건으로 하는 원인의 발생 확률인 후진조건부 확률(backward conditional probability)의 계산에 적용 가능

학 습 문 제

※ 맞으면 "○", 틀리면 "×"를 표시하시오.

01. 어떤 실험의 표본공간은 그 실험에서 발생 가능한 모든 결과들의 집합이다. ( )

02. 어떤 사상은 표본공간의 하나의 부분집합이다. ( )

03. 어떤 사상의 확률은 그 사상이 발생하지 않을 가능성의 측정치이다. ( )

04. 만약 동전을 100번 던져서 앞면이 50회가 관찰되면, 앞면의 발생확률은 50%라고 추정할 수 있다. 이러한 추정치는 대수의 법칙으로 알려져 있다. ( )

05. 확률의 고전적 해석에서 표본공간에서 모든 결과들(단일사상들)이 균등하게 발생한다고 가정할 필요가 없다. ( )

06. 사상들 A와 B가 독립적이라면, $P(A\ \mathrm{I}\ B) = P(A)$가 된다. ( )

07. 벤다이어그램에서 두 사상들의 교차는 두 사상들이 상호 배반적이 아니라는 것을 표시한다. ( )

08. 두 사상이 상호 배반적이면, 그 두 사상들은 독립적이다. ( )

09. 어떤 사상의 여집합과 그 사상은 상호 배반적이다. ( )

10. 어떤 사상의 확률은 0과 1을 포함하는 구간으로 나타난다. ( )

11. 어떤 사상 및 그 사상 여집합의 결과들은 함께 표본공간을 구성한다. ( )

12. 실험의 표본공간은 그 실험의 모든 가능한 결과들의 일람표이다. ( )

13. 대수의 법칙에 따르면, 어떤 사상의 상대도수는 시행을 아주 많이 수행할 경우에 그 사상의 이론적 확률에 수렴하는 경향을 갖는다. ( )

정답 1. ○ 2. ○ 3. × 4. × 5. × 6. ○ 7. ○ 8. × 9 ○ 10. ○ 11. ○ 12. ○ 13. ○

학 습 문 제

14. A∩B=∅인 두 사상 A와 B는 상호 배반적이어서, A 또는 B가 발생할 확률은 이 들 각 사상들의 발생확률들의 합으로 계산할 수 있다 . ( )

15. 어떤 집합 S가 여러 배반집합들로 구성된 경우에, 그 배반집합들의 모임을 집합 S의 분할이라고 한다. ( )

16. 결합확률은 복합사상의 발생확률이며, 복합사상은 두 가지 이상의 사상들이 동시에 발생한 사상이다. ( )

17. 특수 곱셈법칙은 독립사상들의 동시 발생확률들을 각 사상 확률의 곱으로 계산하는 정리이다. ( )

18. 곱셈원리는 2가지 이상의 집단에 대한 배열방식을 각 집단 배열방식들의 곱으로 계산하는 원리이다. ( )

19. 순열은 n개의 원소들을 순서와 무관하게 한 번에 r개만큼 선정할 경우의 배열방식을 계산하는데 사용되는 원리이다. ( )

20. 전확률법칙에 따르면, 두 사상의 관계와는 무관하게 어떤 한 사상의 확률은 다른 사상과 그 다른 사상 여집합의 교집합 확률들의 합과 일치한다. ( )

21. 베이즈법칙은 인과관계의 확률모형으로, 효과가 알려진 경우의 원인에 대한 조건부확률인 후진조건부확률을 원인의 사전확률들과 원인에 대한 효과의 조건부확률을 사용하여 계산할 수 있게 한다. ( ).

22. 이원분할표에서 주변에 있는 도수들은 단일사상에 대한 것이며, 내부에 있는 도수들은 복합사상의 도수들이고, 제일 우측 하단의 도수는 총도수로 표본공간의 표본점들의 수이다. ( )

23. 이원분할표에 대한 결합확률표에서 내부의 값들은 결합확률들을, 우측 하단의 셀의 1을 제외한 외부의 값들은 주변확률들을 표시한다. ( )

정답 14. ○ 15. ○ 16. ○ 17. ○ 18. ○ 19. × 20. ○ 21. ○ 22. ○ 23. ○

CHAPTER 5

확률분포와 기대치

제 1 절 확률분포

I 확률변수와 확률분포의 개념

1. 확률변수의 개념과 특성

확률변수(random variable)는 (어떤 실험의 사상인) 확률실험(또는 확률시행)의 결과를 표시하는 숫자로 결정되는 값을 실선(real line)에 있는 특정한 점들로 전환시키도록 어떤 표본공간에 대해 규정한 수치평가함수(numerical valued function)이다.

- 확률변수는 표본공간에 대해 정의된 실수 값의 함수이며, 통계적 실험의 결과에 대한 숫자표시 설명(numerical description)
- 확률변수는 어떤 확률실험의 가능한 각 결과인 표본공간의 각 원소를 수량화하기 위해 하나의 수치(숫자 값)를 할당하는 명확한 법칙(well-defined rule)
- 확률변수는 확률공간의 함수로 해당 실험의 모든 가능한 결과들에 대해 확률변수의 숫자표시 값을 규정하는 확률법칙을 가짐
- 확률변수의 값은 해당 실험을 수행하기 이전에는 알려지지 않지만, 실험이 수행된 후에는 알려짐
- 확률변수는 유한하거나 셈을 할 수 있는 별도 값들을 갖는 이산(離散)확률변수(discrete random variable)와 특정 구간 내에서 셈을 할 수 없는 (무수히 많은) 수의 별도 값들을 갖는 연속(連續)확률변수(continuous random variable)로 구분
- 확률변수는 보통 $\boldsymbol{x}$, $\boldsymbol{y}$, $\boldsymbol{z}$ 등과 같이 굵은 이탤릭체(boldface italic type) 소문자 또는 $\boldsymbol{X}$, $\boldsymbol{Y}$, $\boldsymbol{Z}$ 등과 같이 굵은 대문자로 표시하고, 확률변수의 특정 값들은 x_1, x_2, x_3 등과 같이 첨자를 이용하여 표시

예제 5-1 앞면 H와 뒷면 T를 갖는 동전 2개를 던져 나타나는 결과들의 조합으로 구성된 표본공간은 $\Omega=\{HH, HT, TH, TT\}$이다. 이러한 표본공간의 표본점들에 대하여 가능한 H의 수는 2, 1, 0이다. 이에 대해 아래와 같이 확률변수 X는 표본공간 Ω의 각 결과에 실수표시의 앞면의 수 x를 할당하는 함수로 규정된다.

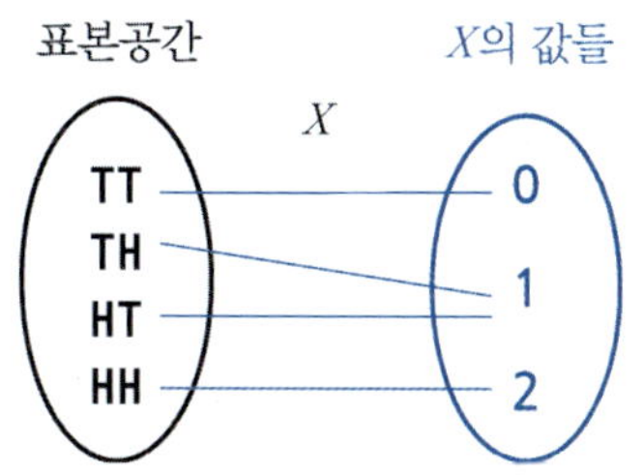

예제 5-2 이산확률변수에는 특정한 시행들에서의 성공횟수, 어떤 상품 표면의 흠집 수, 불량부품 비율, 특정기간의 송신실패 횟수 등이 있고, 연속확률변수에는 중량, 전압, 혈압, 시간, 온도, 압력, 길이, 전류 등이 있다.

2. 확률분포의 개념

확률분포(probability distribution)는 확률함수(probability function)라고 하며, 어떤 확률변수가 취할 수 있는 모든 값들을 그 확률과 함께 체계적으로 표, 수리적 함수 또는 그래프를 이용하여 표시한 설정식(specification)이다.

- 확률변수 X의 확률분포는 서로 다른 값 x_i와 그에 대응하는 확률 $f(x_i)=P(X=x_i)=P(x_i)$를 대응시켜 주는 관계이다. 그리고 확률변수가 갖는 값과 그 값들이 발생할 확률로 표시되며, 다음의 특성을 보유
  - 확률분포의 값들은 확률이어서 0과 1 사이의 값으로 결정
  - 확률분포의 모든 값들의 합은 1
  - 실험결과들의 일람표(listing)는 완전히 그 결과들을 보여주고, 실험결과들은 상호 배반적이어서 중복되지 않음
- 확률변수(random variable)가 가질 수 있는 모든 값들과 관련된 확률들은 고전적 또는 사전적 확률들이어서 확률분포를 이론적 (상대)도수분포[theoretical (relative) frequency distribution)라고 함.

Ⅱ 확률분포의 종류

1. 이산확률변수의 확률분포

이산확률변수의 확률분포는 이산확률변수가 가질 수 있는 모든 가능한 수치들을 그 각 수치들의 발생확률에 대응시켜 표시한 표, 그래프, 또는 함수이다.

- 이산확률변수(discrete random variable)의 확률분포는 이산형함수(discrete function)라고 하며, 이산적인 표본점들 x 에서 0이 아닌 값들만을 갖는다는 의미에서 확률질량함수(probability mass function)라는 용어로 표시
- 이산확률변수의 확률분포인 확률질량함수는 $P(X=x)$ 또는 $f_x(x)$로 표시하며, 다음 요건을 충족
  - 모든 i 에 대해 $P(x_i) \geq 0$ 으로 그 확률은 음이 될 수 없음
  - 개별 확률들은 모두 더하면 1이어서, $\sum_{i=1}^{n} P(x_i) = 1$ 이 성립
- **누적분포함수(cumulative distribution function : cdf)** : 어떤 주어진 수치(number) 이하의 값을 확률변수 X가 가질 확률이며 $F(x)$로 표시
- 이산확률변수 X가 갖는 m개 값들 $x_1, \ldots, x_m$이 오름차순으로 배열되어 $x_1 < x_2 < .. < x_m$ 인 경우 $x_k(1 \leq k \leq m)$의 누적분포함수 $F(x_k)$의 표시

(5.1) $$F(x_k) = P(X \leq x_k) = P(x_1) + \ldots + P(x_k) = \sum_{i=1}^{k} P(x_i)$$

- (5.1)식의 경우에 X의 범위(range) 외부에 있어 x_1 보다 작거나 x_m 보다 큰 값들을 확률변수 X가 가질 확률은 0이기 때문에 다음과 같이 표시

(5.2) $$F(x_k) = \sum_{i=-\infty}^{k} P(x_i)$$

- 이산확률변수의 확률분포에는 주로 이항분포(binomial distribution), 초기하분포(hypergeometric distribution), 포아송 확률분포(poisson probability distribution)를 사용

예제 5-3 (5.1) 식을 이용하면, "$P(X=5)=P(X\le 5)-P(X\le 4)$"가 성립한다. 이러한 특성을 기초로 다음 누적분포함수로부터 X의 확률질량함수를 결정할 수 있다.

$$F(x)=\begin{cases}0 & x<-2\\ 0.2 & -2\le x<0\\ 0.7 & 0\le x<2\\ 1 & 2\le x\end{cases}$$

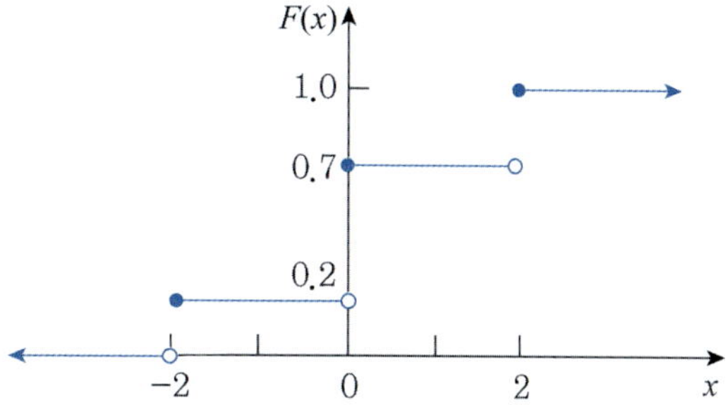

- $P(X=-2)=f(-2)=0.2-0=0.2$
- $P(X=0)=f(0)=0.7-0.2=0.5$
- $P(X=2)=f(2)=1.0-0.7=0.3$

예제 5-4 배달된 50개의 상품이 적색 5개와 청색 45개로 구성되어 있다고 하자. 무작위로 2개의 상품을 비복원 추출(draw without replacement)하여 선정된 적색 상품의 수를 확률변수 X로 하는 경우에 나타나는 확률질량함수 $P(x)$와 누적분포함수 $F(x)$를 다음과 같이 계산할 수 있다.

	A	B	C	D	E	F	G	H	I
1	P(X=0)	0.808	=(45/50)*(44/49)			F(0)=P(X≤0)	0.808	=SUM($B$1:B1)	
2	P(X=1)	0.184	=(5/50)*(45/49)+(45/50)*(5/49)			F(1)=P(X≤1)	0.992		
3	P(X=2)	0.008	=(5/50)*(4/49)			F(2)=P(X≤2)	1.000		

① 확률질량함수 계산

- B1셀에 "=(45/50)*(44/49)"를 입력하여 적색이 전혀 선정되지 않은 확률을 계산
- B2셀에 "=(5/50)*(45/49)+(45/50)*(5/49)"를 입력, 적색이 1개 선정될 확률 계산
- B3셀에 "=(5/50)*(4/49)"를 입력하여 2개 모두 적색이 선정될 확률을 계산

② 누적분포함수 계산

- G1:G3구간을 지정, 수식입력줄에 "=SUM($B$1:B1)"을 입력 후 "Ctrl+Enter↵"를 클릭하여 (5.1)식에 따라 X의 각 값에 대한 누적분포확률을 동시 계산

예제 5-5 [예제 5-1]의 자료를 사용하면, 앞면의 수를 표시하는 이산확률변수 X의 확률분포와 그에 대한 히스토그램은 다음과 같이 작성할 수 있다.

	A	B
1	x	P(X=x)
2	0	1/4
3	1	2/4
4	2	1/4
5	∑P(x)	4/4

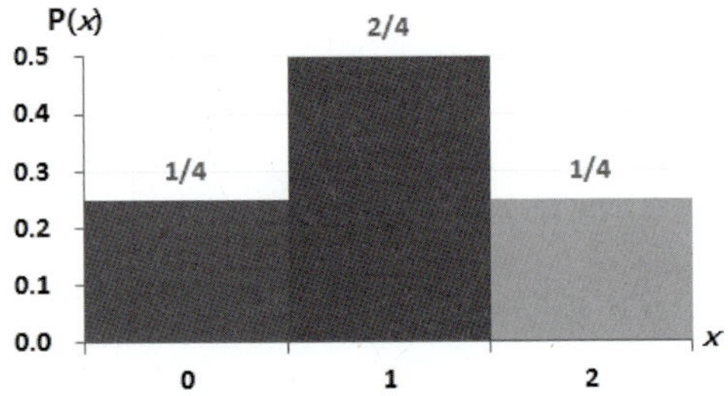

①확률분포 작성

- A2:A4구간의 각 셀에 앞면의 수를 각각 입력
- B2:B4구간을 지정, 마우스 오른쪽 단추를 눌러 생성된 대화상자에서 "셀 서식"을 선택하고, 다시 생성된 셀 서식 대화상자에서 "사용자 지정"을 선택 후 형식(T)에서 "G/표준"을 "#/4"로 변경하여 분모가 4인 분수로 서식을 변경

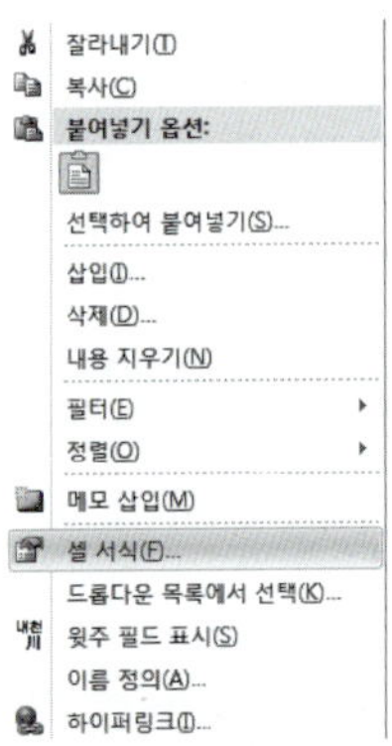

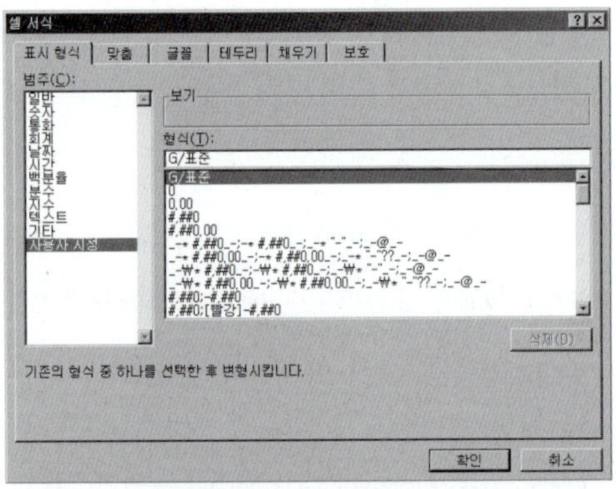

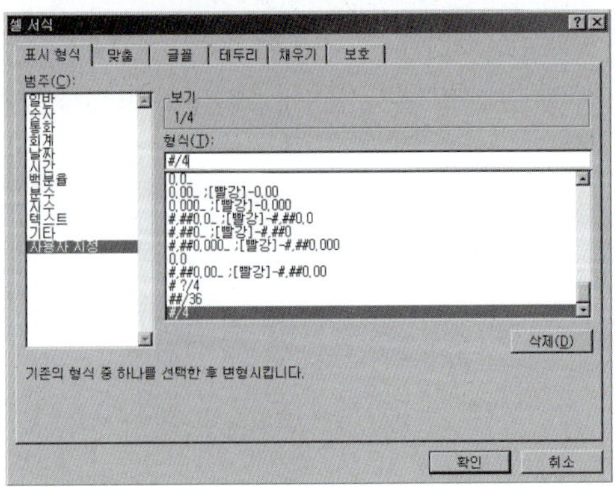

- B2:B4구간의 각 셀에 발생확률을 입력
- B5셀에 "=SUM(B2:B4)"를 입력하여 확률합계가 1이 되는 것을 확인

② 히스토그램 작성

- 히스토그램은 막대들 간의 간격을 없앤 막대그래프이며, 수평축은 확률변수의 값을, 수직축은 (상대)도수 또는 확률을 표시
- B2:B4구간을 지정, 메뉴 탭에서 "삽입 | 차트 | 세로 막대형 | 2차원 세로 막대형 | 묶은 세로 막대형"을 지정
- 생성된 막대그래프에서 하나의 막대에 마우스 커서를 두고 왼쪽 단추를 누르면, 아래와 같이 모든 막대가 함께 지정됨, 마우스 오른쪽 단추를 눌러 생성된 대화상자에서 데이터 선택을 지정

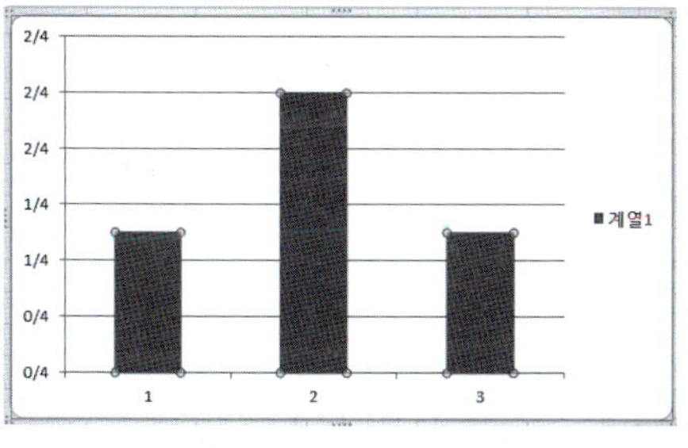

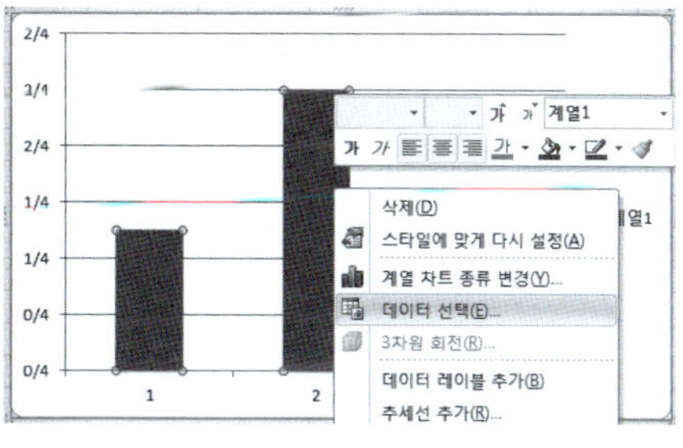

- 생성된 데이터 원본선택 대화상자에서 우측의 가로(항목) 축 레이블 아래의 "편집" 단추를 클릭, 생성된 축 레이블 대화상자를 지정 후 A2:A4구간을 지정 입력 후 "확인"을 클릭하고, 다시 데이터 원본선택 대화상자에서 "확인"을 클릭

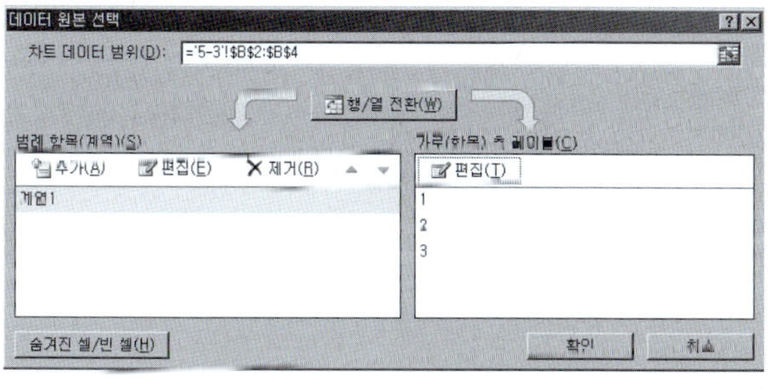

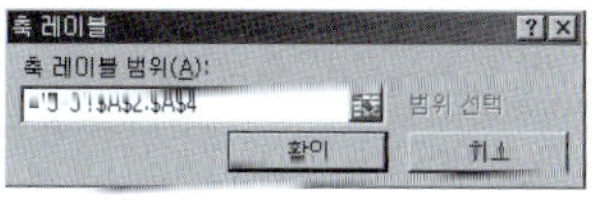

- 다시 하나의 막대를 마우스 커서 왼쪽 단추로 지정 후 오른쪽 단추를 눌러 생성된 대화상자에서 데이터 계열 서식을 클릭

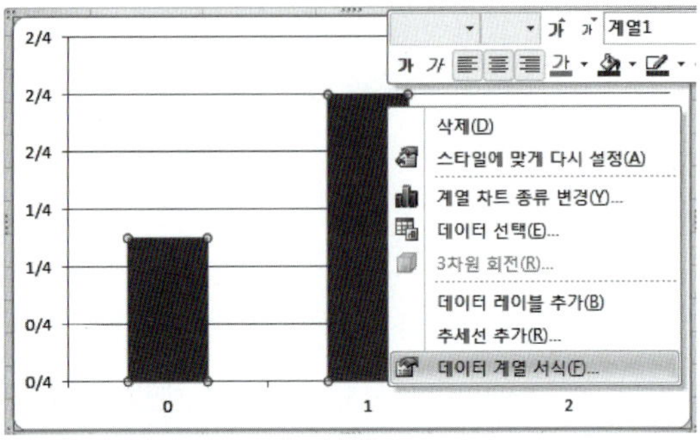

- 생성된 데이터 계열서식 대화상자에서 채우기를 선택하고, 요소마다 다른 색 사용을 지정 후 "닫기" 단추를 클릭
- 생성된 데이터 계열서식 대화상자에서 계열옵션을 선택하고, 간격 너비를 간격 없음으로 이동시켜 지정 후 "닫기" 단추를 클릭

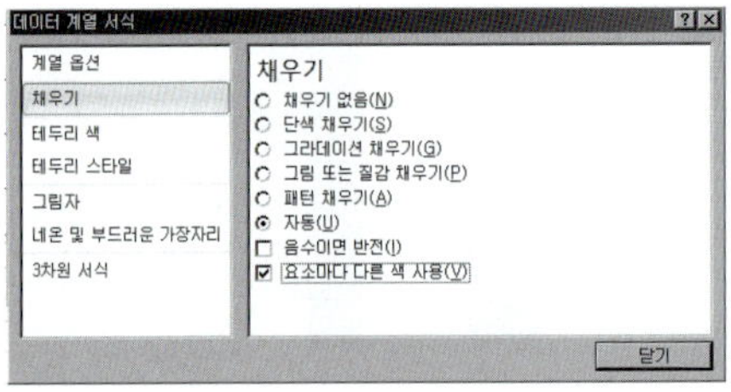

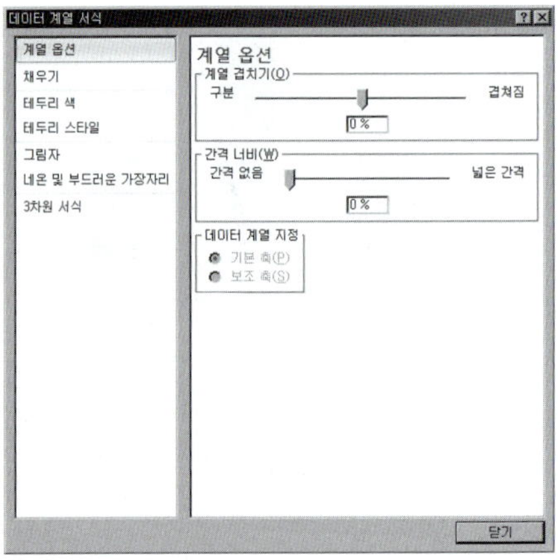

- 우측의 "계열 1" 범례를 삭제
- 수직축과 수평축에 축 제목 표시를 위해 차트를 마우스커서 왼쪽 단추로 지정하여 생성된 메뉴 탭의 "차트 도구"에서 레이아웃을 클릭
- 생성된 레이아웃의 메뉴에서 "레이블 | 축 제목 | 기본 가로 축 제목 | 축 아래 제목"을 선택하여 "x"를 표시, 표시한 x를 축의 우측으로 이동
- 가로 축 제목 입력방식과 마찬가지로 세로 축 제목 P(x)를 입력

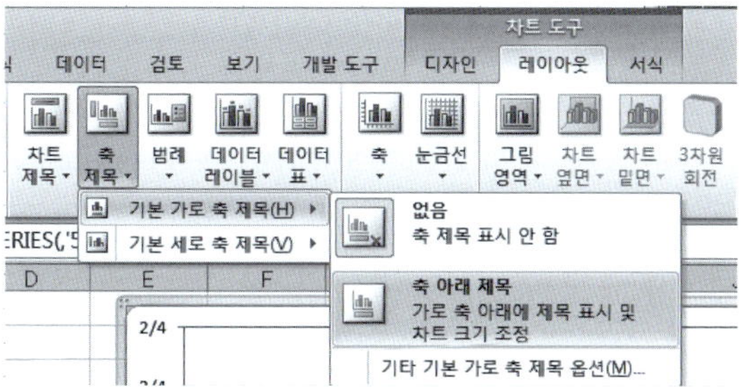

예제 5-6 [예제 4-9]와 같이 2개의 주사위를 던지는 경우에 나타나는 눈금의 합을 값으로 갖는 확률변수를 X로 표시하면, 그 확률분포는 A2:B14구간과 같다.

	A	B	C	D	E	F	G	H	I	J
1	확률분포				주사위 1의 눈금(x)					
2	x	P(X=x)			1	2	3	4	5	6
3	2	1/36	주사위 2의 눈금 (y)	1	2	3	4	5	6	7
4	3	2/36		2	3	4	5	6	7	8
5	4	3/36		3	4	5	6	7	8	9
6	5	4/36		4	5	6	7	8	9	10
7	6	5/36		5	6	7	8	9	10	11
8	7	6/36		6	7	8	9	10	11	12
9	8	5/36	최소값	2	=MIN($E$3:$J$8)					
10	9	4/36	최대값	12	=MAX($E$3:$J$8)					
11	10	3/36								
12	11	2/36								
13	12	1/36								
14	계	36/36								

① 주사위 눈금들 합들과 최소값 및 최대값 계산

- E3:J8구간을 지정, 수식입력줄에 "=E$2+$D3"을 입력 후 "Ctrl+Enter↵"를 클릭하여 주사위 1의 눈금과 주사위 2의 눈금의 합들을 동시 계산
- D9셀에 "=MIN($E$3:$J$8)"을, D10셀에 "=MAX($E$3:$J$8)"을 입력하여 확률변수가 취하는 최소값과 최대값을 계산

② 확률변수 X의 값 x 표시와 확률계산을 통한 확률분포 작성

- A3셀에 2를 입력 후, 메뉴 탭에서 "편집 | 채우기 | 계열"을 클릭하여 생성된 연속데이터 상자에서 "방향 : 열, 유형 : 선형"을 선택한 후에 "확인"을 클릭하여 A13셀의 12까지 열 방향으로 입력
- B3:B13구간 지정, 수식입력줄에 "=COUNTIF($E$3:$J$8,A3)/COUNT($E$3:$J$8)"을 입력 후 "Ctrl+Enter↵"를 클릭하여 각 값의 발생확률을 동시 계산
- B14셀에 "=SUM(B3:B13)"을 입력하여 합계가 1로 계산되는 것을 확인

2. 연속확률변수의 확률분포

연속확률변수의 확률분포를 확률밀도함수(probability density function), 밀도함수(density function) 또는 확률곡선(probability curve)이라고 하며, 이는 연속확률변수가 갖는 실수구간에 대해 확률을 대응시켜 분포의 개략적인 전체 형태를 설명하는 함수 또는 곡선이다.

- 연속확률변수는 가질 수 있는 가능한 모든 수치들을 열거할 수 없기 때문에, 연속확률변수의 확률은 다음과 같은 조건을 갖는 확률밀도함수로 표시
  - 모든 $x\,(-\infty < x < \infty)$에 대해 $f(x) \geq 0$
  - $P(X=x)=0$: 연속확률변수의 특정 값의 발생확률은 0
  - $P(\alpha \leq X \leq \beta)=\int_{\alpha}^{\beta} f(x)\,dx$
  - $P(-\infty \leq X \leq \infty)=\int_{-\infty}^{\infty} f(x)\,dx=1$
- 확률밀도함수 곡선 아래의 전체 면적은 1이고, 측정된 연속확률변수가 x_0 이하의 구간에 있는 값을 갖는 연속누적분포함수(continuous cumulative distribution function) $F(x_0)$는

(5.3.1) $$F(x_0)=P(X \leq x_0)=\int_{-\infty}^{x_0} f(x)dx$$

(5.3.2) $$F(x)=P(X \leq x)=\int_{-\infty}^{x} f(u)du$$

- 연속확률변수 X가 a 와 $b\,(\geq a)$의 구간에 위치할 확률 $P(a \leq X \leq b)$는 연속(누적분포)함수를 이용하여 다음과 같이 계산

(5.4) $$P(a \leq X \leq b)=\int_{a}^{b} f(x)dx$$
$$=\int_{-\infty}^{b} f(x)dx-\int_{-\infty}^{a} f(x)dx=F(b)-F(a)$$

- 확률밀도함수 $f(x)$는 항상 0 이상이며, $\int_{-\infty}^{\infty} f(x)dx=1$

- 연속확률변수의 각 점은 0의 확률을 가져, 부등식들 "$<$"와 "$\le$"를 구분할 필요가 없으므로, 연속확률변수 X에 대해 다음이 성립

(5.5) $$P(x_1 \le X \le x_2) = P(x_1 < X \le x_2) = P(x_1 \le X < x_2) = P(x_1 < X < x_2)$$

예제 5-7 구리선에 흐르는 전류를 (1/1,000 암페어인) 밀리암페어(milliampere : mA)로 측정한 값들을 연속확률변수 X로 표시한다고 하자. 그리고 $0 \le x \le 20$ 에 대해 X의 확률밀도함수가 $f(x) = 0.05$, $0 > x$ 에 대해서는 $f(x) = 0$ 이라고 하자.

① 연속누적분포함수 $F(x)$

- $x < 0$에 대해 $F(x) = 0$
- $0 \le x < 20$ 에 대해 $F(x) = \int_0^x f(u)du = \int_0^x 0.05du = [0.05u]_0^x = 0.05x$
- $x = 20$을 $0.05x$에 대입하면 1이 되므로, $x \ge 20$ 에 대해 $F(x) = 1$

따라서 $F(x) = \begin{cases} 0 & x < 0 \\ 0.05x & 0 \le x < 20 \\ 1 & 20 \le x \end{cases}$

② 전류가 10mA 미만이 될 확률 계산

$$P(X < 10) = \int_0^{10} f(x)dx = \int_0^{10} 0.05dx = [0.05x]_0^{10} = 0.05(10) - 0.05(0) = 0.5$$

예제 5-8 연속확률변수 X가 가공하려는 구멍의 직경(지름, diameter)을 초과하는 값들을 표시하며, 목표 직경이 12.5mm라고 하자. 그리고 X의 분포가 12.5mm를 초과하는 값에 대해 $f(x) = 20e^{-20(x-12.5)}$ 의 확률밀도함수를 갖는다고 하자.

① 연속누적분포함수 $F(x)$

- $x < 12.5$에 대해 $F(x) = 0$

- $x \geq 12.5$ 에 대해 $F(x) = \int_{12.5}^{x} 20e^{-20(u-12.5)}du = \left[-e^{-20(u-12.5)}\right]_{12.5}^{x}$ 를 계산

하면, $F(x) = 1 - e^{-20(x-12.5)}$

따라서 $F(x) = \begin{cases} 0 & x < 12.5 \\ 1 - e^{-20(x-12.5)} & x \geq 12.5 \end{cases}$

② 가공 구멍의 직경이 12.6mm를 초과할 확률

$$P(X > 12.6) = \int_{12.6}^{\infty} f(x)dx = \int_{12.6}^{\infty} 20\,e^{-20(x-12.5)}dx$$

$$= \left[-e^{-20(x-12.5)}\right]_{12.6}^{\infty} = e^{-2} = 0.135$$

③ 가공 구멍의 직경이 12.5mm와 12.6mm 사이의 값이 될 확률은 밀도함수 $f(x)$ 곡선 아래의 총면적이 1이라는 것을 기초로 다음과 같이 계산

$$P(12.5 < X < 12.6) = 1\text{-}P(X > 12.6) = 1 - 0.135 = 0.865$$

TIP

- (확률)밀도함수 $f(x)$ 는 연속(누적분포)함수 $F(x)$ 의 도함수

$$f(x) = \frac{dF(x)}{dx}$$

- 연속함수는 밀도함수의 리만적분(Riemann integral)인 정적분

$$F(x) = \int_{-\infty}^{x} f(u)du$$

- 상수함수, 멱함수, 자연지수함수의 적분 공식

$$\int a dx = ax + C$$

$$\int x^n dx = \frac{1}{n+1}x^{n+1} + C\,,\ (n \neq -1)$$

$$\int e^{ax} dx = \frac{1}{a}e^{ax} + C$$

$$\int e^{g(x)} dx = \frac{1}{g'(x)}e^{g(x)} + C$$

제 2 절 기대치 및 분산과 상관계수

I 기대치와 분산

1. 이산확률변수의 기대치와 분산

기대치(expected value)는 확률함수를 통해 계산한 확률변수나 그 분포의 예상값(expectation) 또는 평균(mean)이며, 확률변수 X의 기대치는 예상연산자(expectation operator) "E( )"를 사용하여 E(X) 또는 μ로 표시한다.

- 무한모집단의 평균 및 분산은 관련 확률변수의 기대치와 분산으로 구한다.
- 이산확률변수의 기대치는 (2.5.1)식과 같이 이산확률분포를 사용한 1차 적률

(5.6) $$\mu = E(X) = \sum_{i=1}^{N} x_i P(x_i)$$

- 이산확률분포의 분산(variance) σ^2 은 (2.5.3)식과 같이 확률질량함수를 사용한 2차 중심적률로 계산

(5.7) $$\sigma^2 = \sum_{i=1}^{N} (x_i - \mu)^2 P(x_i) = \sum_{i=1}^{N} x_i^2 P(x_i) - \mu^2$$

예제 6-0 어떤 공장에서 불량품이 생산될 확률분포가 다음과 같다고 하자. 이러한 경우에 생산될 불량품의 기대치와 그 분산을 아래와 같이 구할 수 있다.

	A	B	C	D	E	F	G	H	I	J
1	불량품 수 x_i	확률 $P(x_i)$	x_i*P(x_i)	(x_i-μ)^2*P(x_i)	μ	2.8	=SUMPRODUCT(A2:A7,B2:B7)			
2	0	0.05	0	0.392	σ^2	1.86	=SUMPRODUCT((A2:A7-$F$1)^2,B2:B7)			
3	1	0.15	0.15	0.486	σ^2	1.86	=SUMPRODUCT(A2:A7^2,B2:B7)-F1^2			
4	2	0.20	0.4	0.128						
5	3	0.25	0.75	0.01						
6	4	0.25	1	0.36						
7	5	0.10	0.5	0.484						
8	계	1.00	2.80	1.86						

① 개별 곱의 합계를 이용한 기대치 및 분산 계산

- A1:B7구간에 자료 입력
- C2:C7구간 지정, 수식입력줄에 "=A2*B2"를 입력 후 "Ctrl+Enter↵"를 클릭하여 (5.6)식에 따라 $x_i P(x_i)$ 의 값들을 동시 계산
- B8:D8구간 지정, 수식입력줄에 "=SUM(B2:B7)"를 입력 후 "Ctrl+Enter↵"를 클릭하여 C8셀에서 기대치를 2.8로 계산
- D2:D7구간 지정, 수식입력줄에 "=((A2-$C$8)^2)*B2"를 입력 후 "Ctrl+Enter↵"를 클릭하여 (5.7)식에 따라 모집단 분산을 D8셀에서 1.86으로 자동 계산

② SUMPRODUCT함수를 사용한 기대치와 분산 계산

- A1:B7구간에 입력된 자료를 사용
- F1셀에 "=SUMPRODUCT(A2:A7,B2:B7)"을 입력, (5.6)식에 따른 기대치 계산
- F2셀에 "=SUMPRODUCT((A2:A7-$F$1)^2,B2:B7)"을 입력, (5.7)식의 둘째 항에 따라 분산을 계산
- F3셀에 "=SUMPRODUCT(A2:A7^2,B2:B7)-F1^2"를 입력, (5.7)식의 셋째 항에 따라 분산을 계산

2. 연속확률변수의 기대치와 분산

연속확률변수의 기대치 μ 는 확률밀도함수 $f(x)$ 를 이용하여 다음과 같이 계산할 수 있다.

(5.8) $$\mu = E(X) = \int_{-\infty}^{\infty} x f(x) dx$$

연속확률변수의 분산 σ^2 은 확률밀도함수 $f(x)$ 를 이용하여 다음과 같이 계산한다.

(5.9) $$\sigma^2 = \int_{-\infty}^{\infty} (x-\mu)^2 f(x) dx = \int_{-\infty}^{\infty} x^2 f(x) dx - \mu^2 = E(X^2) - \mu^2$$

예제 5-10 다음 확률밀도함수를 갖는 연속확률변수의 기대치와 분산을 아래와 같이 구할 수 있다.

$$\text{확률밀도함수 } f(x) = \begin{cases} 2(1-x) & for \quad 0 < x < 1 \\ 0 & otherwise \end{cases}$$

① 기대치 계산

$$E(X) = \int_{-\infty}^{\infty} x\,2(1-x)\,dx = \int_0^1 x\,2(1-x)\,dx = \int_0^1 (2x - x^2)dx$$
$$= x^2 - \frac{2}{3}x^3 \Big|_0^1 = 1 - \frac{2}{3} = \frac{1}{3}$$

② 분산 계산

$$E(X^2) = \int_{-\infty}^{\infty} x^2 f(x)\,dx = \int_0^1 x^2\,2(1-x)\,dx = \int_0^1 (2x^2 - 2x^3)\,dx$$
$$= \frac{2}{3}x^3 - \frac{2}{4}x^4 \Big|_0^1 = \frac{2}{3} - \frac{2}{4} = \frac{1}{6}$$

$$\sigma^2 = E(X^2) - \mu^2 = \frac{1}{6} - \left(\frac{1}{3}\right)^2 = \frac{1}{6} - \frac{1}{9} = \frac{1}{18}$$

3. 기대치의 특성

자주 사용되는 기대치의 특성들은 다음과 같다.

- $Y = aX + b$ 이고, 여기서 a와 b가 상수인 경우

(5.10.1) $$E(Y) = a\int_{-\infty}^{\infty} x f(x)\,dx + b\int_{-\infty}^{\infty} f(x)dx = aE(X) + b$$

- n개 확률변수들 $X_1, X_2, \ldots, X_n$에 대한 각 기대치 $E(X_i)$가 있는 경우

(5.10.2) $$E(X_1 + \cdots + X_n) = E(X_1) + \cdots + E(X_n)$$

- 상수 $a_1,..,a_n$과 b에 대해

(5.10.3)
$$E(a_1X_1+\cdots+a_nX_n+b)$$
$$=a_1E(X_1)+a_2E(X_2)+\cdots+a_nE(X_n)+b$$

- $X_1, X_2, \ldots, X_n$이 서로의 변화에 영향을 주지 않아 독립적이고, 각 기대치 $E(X_i)$가 있는 경우

(5.10.4)
$$E(\Pi_{i=1}^{n}X_i)=\int_{-\infty}^{\infty}\cdots\int_{-\infty}^{\infty}\left(\Pi_{i=1}^{n}x_i\right)f(x_1,..,x_n)dx_1\cdots dx_n$$
$$=\int_{-\infty}^{\infty}\cdots\int_{-\infty}^{\infty}\left[\Pi_{i=1}^{n}x_if_i(x_i)\right]dx_1\cdots dx_n$$
$$=\Pi_{i=1}^{n}\int_{-\infty}^{\infty}x_if_i(x_i)dx_i=\Pi_{i=1}^{n}E(X_i)$$

예제 5-11 기대치의 특성에 따라 다음 연산을 수행할 수 있다.

- $E(2X-7)=2E(X)-E(7)=2E(X)-7$
- $E(X_1+X_2)=\int_{-\infty}^{\infty}\int_{-\infty}^{\infty}(x_1+x_2)f(x_1,x_2)dx_1dx_2$
$$=\int_{-\infty}^{\infty}\int_{-\infty}^{\infty}x_1f(x_1,x_2)dx_1dx_2$$
$$+\int_{-\infty}^{\infty}\int_{-\infty}^{\infty}x_2f(x_1,x_2)dx_1dx_2$$
$$=E(X_1)+E(X_2)$$
- $E(2X_1+3X_2+5)=2E(X_1)+3E(X_2)+5$
- $E[X_1^2(X_2-2X_3)^2]=E(X_1^2)E[(X_2-2X_3)^2]$
$$=E(X_1^2)E(X_2^2-4X_2X_3+4X_3^2)$$
$$=E(X_1^2)[E(X_2^2)-4E(X_2X_3)+4E(X_3^2)]$$
$$=E(X_1^2)E(X_2^2)-4E(X_1^2)E(X_2X_3)+4E(X_1^2)E(X_3^2)$$

4. 분산의 특성

평균 $\mu = E(X)$ 를 갖는 확률변수 X의 분산 $Var(X)$ 의 공식은 예상 연산자를 사용하여 다음과 같이 표시할 수 있다.

(5.11.1) $$\sigma^2 = Var(X) - E[(X-\mu)^2] = E(X^2 - 2\mu X + \mu^2) = E(X^2) - 2\mu E(X) + \mu^2 = E(X^2) - \mu^2$$

- 상수 c 에 대해 항상 $X = c$ 인 경우 확률 $\Pr(X = c) = 1$ 이므로

(5.11.2) $$Var(X) = Var(c) = E[(X-c)^2] = 0$$

- $E(X) = \mu$ 와 상수 a 와 b 에 대해

(5.11.3) $$Var(aX+b) = E[(aX+b-a\mu-b)^2] = E[(aX-a\mu)^2] = a^2 E[(X-\mu)^2] = a^2\, Var(X)$$

- 각 기대치 $E(X_i)$ 를 갖는 독립적인 확률변수들 $X_1, X_2, \ldots, X_n$ 에 대해

(5.11.4) $$Var(X_1 + \cdots + X_n) = Var(X_1) + \cdots + Var(X_n)$$

- 각 기대치 $E(X_i)$ 를 갖는 독립적인 확률변수들 $X_1, X_2, \ldots, X_n$ 과 상수 $a_1, \ldots, a_n$ 에 대해

(5.11.5) $$Var(a_1 X_1 + \cdots + a_n X_n) = a_1^2\, Var(X_1) + \cdots + a_n^2\, Var(X_n)$$

예제 5-12 분산의 특성에 따라 다음 연산을 수행할 수 있다.

- $$Var(2X-3) = E[(2X-3-2\mu+3)^2] = E[(2X-2\mu)^2] = E[4X^2 - 8\mu X + 4\mu^2] = 4E(X^2) - 8\mu^2 + 4\mu^2 = 4E(X^2) - 4\mu^2$$
- $$Var(X_1+X_2) = E[(X_1+X_2-\mu_1-\mu_2)^2] = E[(X_1-\mu_1)^2 + (X_2-\mu_2)^2 + 2(X_1-\mu_1)(X_2-\mu_2)] = Var(X_1) + Var(X_2) + 2E[(X_1-\mu_1)(X_2-\mu_2)]$$

$$= Var(X_1) + Var(X_2) + 2Cov(X_1 X_2)$$

$$= Var(X_1) + Var(X_2) \text{ [}X_1 \text{ 과 } X_2 \text{ 가 독립적인 경우]}$$

- X_1 과 X_2 가 독립적인 경우

$$E[(X_1 - \mu_1)(X_2 - \mu_2)] = E(X_1 - \mu_1)E(X_2 - \mu_2)$$
$$= (\mu_1 - \mu_1)(\mu_2 - \mu_2) = 0$$

Ⅱ 공분산과 상관계수

1. 공분산

(1) 공분산의 개념

공분산(covariance)은 두 확률변수 X와 Y가 함께 변동하는 정도인 두 변수간의 선형관련(linear association)에 대한 통계적 측정치이며, $Cov(X, Y) = C_{XY} = \sigma_{XY}$ 로 표시한다.

- 어떤 결합분포를 구성하고, $E(X) = \mu_X$ 와 $E(Y) = \mu_Y$ 의 기대치와 $Var(X) = \sigma_X^2$ 과 $Var(Y) = \sigma_Y^2$ 의 분산을 갖는 경우에 모집단 크기가 모두 N인 두 확률변수 X와 Y의 공분산(covariance) $\sigma_{X,Y}$

(5.12.1) $$Cov(X, Y) = \sigma_{X,Y} = E[(X - \mu_X)(Y - \mu_Y)] = \frac{\sum_{i=1}^{N} (X_i - \mu_X)(Y_i - \mu_Y)}{N}$$

- 확률변수 X와 Y의 표본평균 $\overline{X}$ 와 $\overline{Y}$ 에 대한 표본공분산(sample covariance) Cov(X,Y)= $C_{XY} = s_{XY}$

(5.12.2) $$Cov(X, Y) = C_{XY} = s_{XY} = \frac{\sum_{i=1}^{n} (X_i - \overline{X})(Y_i - \overline{Y})}{n}$$

$$= \frac{n\sum_{i=1}^{n} X_i Y_i - (\sum_{i=1}^{n} X_i)(\sum_{i=1}^{n} Y_i)}{n^2}$$

$$= \frac{n\sum_{i=1}^{n} X_i Y_i}{n^2} - \frac{(\sum_{i=1}^{n} X_i)}{n}\frac{(\sum_{i=1}^{n} Y_i)}{n}$$

(5.12.3) $$\begin{aligned} Cov(X,Y) = s_{XY} &= E[(X-\overline{X})(Y-\overline{Y})] \\ &= E(XY - \overline{X}Y - \overline{Y}Y + \overline{X}\,\overline{Y}) \\ &= E(XY) - \overline{X}E(Y) - \overline{Y}E(X) + \overline{X}\,\overline{Y} \\ &= E(XY) - \overline{X}\,\overline{Y} = \overline{XY} - (\overline{X})(\overline{Y}) \\ &= E(XY) - E(X)E(Y) \end{aligned}$$

- (5.12.3)식에서 두 변수간의 공분산은 두 변수의 측정단위에 따라 값이 크게 다를 수 있어, 두 변수간의 변화관계에 대한 방향은 알 수 있지만 정도를 측정하기 곤란한 문제가 발생
- (5.12.2)식의 표본공분산은 모집단 공분산과 동일한 계산방식을 사용하여 대표본의 경우에 적합
- 표본크기가 작은 소표본에 대한 표본공분산

(5.12.4) $$Cov(X,Y) = C_{XY} = s_{XY} = \frac{\sum_{i=1}^{n}(X_i - \overline{X})(Y_i - \overline{Y})}{n-1}$$

- Excel에서 두 변수 X와 Y의 공분산 계산은 표본에 대해 "=COVARIANCE.S(X자료구간,Y자료구간)"을 지정하여 계산
- 실수들의 집합들인 두 확률변수 X, Y들의 함수 h(X,Y)의 기대치 E(XY) 또는 E[h(X,Y)]

(5.12.5) $$E[h(X,Y)] = \begin{cases} \sum_y \sum_x h(x,y)P(x,y) & X, Y\text{가 이산적인 경우} \\ \int\int h(x,y)f(x,y)dxdy & X, Y\text{가 연속적인 경우} \end{cases}$$

(2) 공분산의 특성

∞ 보다 작은 분산 σ_X^2와 σ_Y^2을 갖는 두 확률변수 X와 Y에 대해 다음이 성립한다.

- $Var(X+Y) = Var(X) + Var(Y) + 2\,Cov(X, Y)$에 대해

(5.13.1) $$Cov(X, Y) = \frac{Var(X+Y) - [Var(X) + Var(Y)]}{2}$$

- $Var(X-Y) = Var(X) + Var(Y) - 2\,Cov(X, Y)$에 대해

(5.13.2) $$Cov(X, Y) = \frac{Var(X) + Var(Y) - Var(X-Y)}{2}$$

2. 상관계수

상관계수(correlation coefficient)는 공분산과는 다르게 확률변수의 측정단위와는 무관하게 상호 변화에 대한 관계의 정도를 측정할 수 있도록 공분산을 표준화시킨 측정치이다.

- 두 확률변수 X와 Y의 상관계수(correlation coefficient) ρ_{XY}는 공분산을 두 변수의 표준편차로 표준화시킨 값

(5.14.1) $$\rho_{XY} = \frac{Cov(X, Y)}{\sigma_X \sigma_Y}$$

- 두 확률변수간의 상관계수는 상호 관련의 정도를 측정하는 것이지만, 인과관계를 측정하는 것은 아님
- 표본표준편차 s_X와 s_Y에 대한 표본상관계수 r_{XY}

(5.14.2) $$r_{XY} = \frac{\sum_{i=1}^{n}(Y_i - \overline{Y})(X_i - \overline{X})}{\sqrt{\sum_{i=1}^{n}(Y_i - \overline{Y})^2}\sqrt{\sum_{i=1}^{n}(X_i - \overline{X})^2}}$$

$$= \frac{n\sum_{i=1}^{n} X_i Y_i - \sum_{i=1}^{n} X_i \sum_{i=1}^{n} Y_i}{\sqrt{n\sum_{i=1}^{n} X_i^2 - (\sum_{i=1}^{n} X_i)^2}\sqrt{n\sum_{i=1}^{n} Y_i^2 - (\sum_{i=1}^{n} Y_i)^2}} = \frac{Cov(X, Y)}{s_X s_Y}$$

- 표본상관계수의 특성
  - r은 항상 -1과 1 사이에 있고, $-1 \leq r \leq 1$로 표시
  - 양의 r은 X와 Y간에 양의 상관관계를, 음의 값들은 음의 상관관계를, 0의 값은 상관되지 않은 것을 표시
  - 양의 r이 클수록 보다 강력한 양의 상관을, $r=1$은 완전한 양의 상관을 표시
  - 음의 r은 절대값이 클수록 강력한 음의 상관을, $r=-1$은 완전한 음의 상관을 표시
  - Y와 X간의 상관계수는 X와 Y간의 상관계수와 일치
  - 어떤 변수와 그 자체간의 상관계수는 1
- Excel에서는 "=CORREL(X자료구간,Y자료구간)"을 입력하여 두 변수간의 상관계수를 계산

예제 5-13 다음 그림과 같이 결합분포를 갖는 이산확률변수들 X 및 Y에 대해 주변확률을 먼저 계산하고, 이러한 계산결과들을 기초로 기대치, 분산, 공분산, 상관계수를 Excel의 SUMPRODUCT함수를 사용하여 쉽게 계산을 할 수 있다.

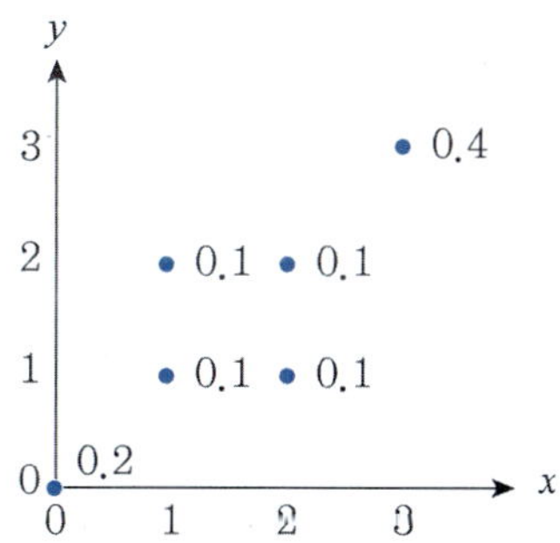

	A	B	C	D	E	F	G	H	I	J	K	L	M
1			x				P(y)	P(xy)XY				E(XY)	4.5
2			0	1	2	3						E(X)	1.8
3	y	0	0.2	0.0	0.0	0.0	0.2	0	0	0	0	V(X)	1.36
4		1	0.0	0.1	0.1	0.0	0.2	0	0.1	0.2	0	E(Y)	1.8
5		2	0.0	0.1	0.1	0.0	0.2	0	0.2	0.4	0	V(Y)	1.36
6		3	0.0	0.0	0.0	0.4	0.4	0	0	0	3.6	Cov(X,Y)	1.26
7	P(x)		0.2	0.2	0.2	0.4						Corr(X,Y)	0.926

① 결합확률표 작성과 주변확률 계산

- C2:F2구간과 B3:B6구간에 각각 X와 Y의 값들을 입력
- C3:F6구간에 결합확률 입력
- C7:F7구간을 지정, 수식입력줄에 "=SUM(C3:C6)"을 입력 후 "Ctrl+Enter↵"를 클릭하여 확률변수 X의 주변확률을 계산
- G3:G6구간을 지정, 수식입력줄에 "=SUM(C3:F3)"을 입력 후 "Ctrl+Enter↵"를 클릭하여 확률변수 Y의 주변확률을 계산

② 복합사상 기대치 E(XY), 단일사상 기대치 및 분산 계산

- H3:K6구간을 지정 수식입력줄에 "=PRODUCT(C3,C$2,$B3)"을 입력 후, (5.12.5)식의 이산적 경우에 따라 단일사상들의 값들 x, y와 결합확률 P(xy)의 곱들을 동시 계산하도록 "Ctrl+Enter↵"를 클릭
- M1셀에 "=SUM(H3:K6)"을 입력하여 복합사상 기대치 E(XY)를 계산
- M2셀에 "=SUMPRODUCT(C7:F7,C2:F2)"를 입력, 단일사상 기대치 E(X)를 계산
- M3셀에 "=SUMPRODUCT(C7:F7,(C2:F2-$M$2)^2)"를 입력, X의 분산을 계산
- M4셀에 "=SUMPRODUCT(G3:G6,B3:B6)"를 입력, 단일사상 기대치 E(Y)를 계산
- M5셀에 "=SUMPRODUCT(G3:G6,(B3:B6-$M$4)^2)"를 입력, Y의 분산을 계산

③ 공분산과 상관계수 계산

- M6셀에 "=M1-M2*M4"를 입력하여 (5.12.3)식에 따라 X와 Y의 공분산을 계산
- M7셀에 "=M6/(SQRT(M3*M5))"를 입력, (5.14.2)식에 따라 X와 Y의 상관계수를 0.926으로 계산

예제 5-14 결합확률밀도함수 $f(x,y)=\frac{xy}{16}$ 이 X와 Y의 폐구간 [0-2, 0-4]에 대해 주어진 경우에 연속사상들의 기대치 및 공분산을 다음과 같이 구하여, 두 확률변수들의 독립성을 증명할 수 있다.

$$E(XY)=\int_0^4\int_0^2 xyf(x,y)dxdy=\int_0^4\int_0^2 xy(xy/16)dxdy$$

$$=\frac{1}{16}\int_0^4\left[\int_0^2 x^2y^2\,dx\right]dy=\frac{1}{16}\int_0^4 y^2\left[\frac{x^3}{3}\Big|_0^2\right]dy$$

$$= \frac{1}{16}\int_0^4 y^2\left[\frac{8}{3}\right]dy = \frac{1}{6}\int_0^4 y^2\,dy = \frac{1}{6}\left[\frac{y^3}{3}\Big|_0^4\right]$$

$$= \frac{1}{6}(64/3) = \frac{32}{9}$$

$$E(X) = \int_0^4\int_0^2 xf(x,y)dxdy = \frac{1}{16}\int_0^4 y\left[\int_0^2 x^2\,dx\right]dy$$

$$= \frac{1}{16}\int_0^4 y\left[\frac{x^3}{3}\Big|_0^2\right]dy = \frac{1}{16}\int_0^4 y(8/3)dy$$

$$= \frac{1}{6}\left[\frac{y^2}{2}\Big|_0^4\right] = \frac{1}{6}(16/2) = 4/3$$

$$E(Y) = \int_0^4\int_0^2 yf(x,y)dxdy = \frac{1}{16}\int_0^4 y^2\left[\int_0^2 x\,dx\right]dy$$

$$= \frac{1}{16}\int_0^4 y^2\left[\frac{x^2}{2}\Big|_0^2\right]dy = \frac{1}{16}\int_0^4 y^2(4/2)dy$$

$$= \frac{1}{8}\left[\frac{y^3}{3}\Big|_0^4\right] = \frac{1}{8}(64/3) = 8/3$$

$$Cov(X,Y) = E(XY) - E(X)E(Y) = \frac{32}{9} - \frac{4}{3}\left(\frac{8}{3}\right) = \frac{32}{9} - \frac{32}{9} = 0$$

예제 5-15 다음의 인도거리(km) X와 인도시간 Y의 자료를 이용하여 표본공분산과 표본 상관계수를 구하고, (5.12.4)식과 (5.14.2)식의 관계를 규명할 수 있다.

	A	B	C	D	E	F	G	H	I	J	K	L	M
1	X	825	215	1,070	560	480	920	1,350	325	670	1,215		
2	Y	3.5	1.0	4.0	2.0	1.0	3.0	4.5	1.5	3.0	5.0		
3	$\overline{X}$	762.0	=AVERAGE(B1:K1)			s_{XY}	517.0	=SUMPRODUCT((B1:K1-$B$3),(B2:K2-$B$4))/(B5-1)					
4	$\overline{Y}$	2.9				s_{XY}	517.0	=COVARIANCE.S(B1:K1,B2:K2)					
5	n	10				s_X	379.75	=STDEV.S(B1:K1)					
6	r_{XY}	0.949	=CORREL(B1:K1,B2:K2)			s_Y	1.4347	=STDEV.S(B2:K2)					
7	r_{XY}	0.949	=G3/(G5*G6)			r_{XY}	0.949	{=SUMPRODUCT((B1:K1-$B$3),(B2:K2-$B$4))/(SQRT(SUM((B1:K1-$B$3)^2))*SQRT(SUM((B2:K2-$B$4)^2)))}					
8	r_{XY}	0.949	=(B5*SUMPRODUCT(B1:K1,B2:K2)-SUM(B1:K1)*SUM(B2:K2))/(SQRT(B5*SUMSQ(B1:K1)-(SUM(B1:K1))^2)*SQRT(B5*SUMSQ(B2:K2)-(SUM(B2:K2))^2))										

① 자료입력과 평균 및 표본크기 계산

- A1:K2구간에 거리 X와 시간 Y의 자료를 입력
- B3:B4구간 지정, 수식입력줄에 "=AVERAGE(B1:K1)"을 입력 후 "Ctrl+Enter↵"를 클릭하여 X와 Y의 평균을 동시 계산
- B5셀에 "=COUNT(B1:K1)"을 입력하여 표본크기를 계산

② 표본공분산 및 표본표준편차 계산

- G3셀에 "=SUMPRODUCT((B1:K1-$B$3),(B2:K2-$B$4))/(B5-1)"을 입력하여 표본공분산을 (5.12.4)식에 따라 계산
- G4셀에 "=COVARIANCE.S(B1:K1,B2:K2)"를 입력하여 표본공분산을 계산
- G5:G6구간을 지정 후 "=STDEV.S(B1:K1)"을 입력하여 X와 Y의 표본표준편차들을 동시 계산

③ CORREL함수와 (5.14.2)식을 사용한 표본상관계수의 계산

- B6셀에 "=CORREL(B1:K1,B2:K2)"를 입력하여 표본상관계수를 계산
- B7셀에 "=G3/(G5*G6)"을 입력, (5.14.2)식의 넷째 항에 따라 표본상관계수를 계산
- B8셀에 다음 식을 입력, (5.14.2)식의 셋째 항에 따라 표본상관계수를 계산

```
=(B5*SUMPRODUCT(B1:K1,B2:K2)-SUM(B1:K1)*SUM(B2:K2))/SQRT(B5*
SUMSQ(B1:K1)-(SUM(B1:K1))^2)*SQRT(B5*SUMSQ(B2:K2)-(SUM(B2:K2))^2))
```

- G7셀에 다음 식을 입력하고 "Ctrl+Shift+Enter↵"를 클릭하여 (5.14.2)식의 둘째 항에 따라 표본상관계수를 계산

```
=SUMPRODUCT((B1:K1-$B$3),(B2:K2-$B$4))/(SQRT(SUM((B1:K1-$B$3)^2))
*SQRT(SUM((B2:K2-$B$4)^2)))
```

- 이상과 같이 (5.14.2)식의 넷째 항을 이용하여 표본상관계수를 구하려면, (5.12.2)식 대신에 (5.12.4)식을 이용한 표본공분산을 계산

학 습 문 제

※ 맞으면 "○", 틀리면 "×"를 표시하시오.

01. 확률변수는 주어진 확률로 하나의 값만을 가질 수 있다. ( )

02. 이산확률변수는 수를 세거나 열거할 수 있는 값들의 어떤 집합이라도 가질 수 있다. ( )

03. 연속확률변수의 값들은 수를 세거나 열거할 수 없다. ( )

04. 면이 고른 주사위의 눈금에 관련된 확률은 0부터 6의 범위를 갖는다. ( )

05. 어떤 실험에 대해 관련된 모든 확률들의 합은 가끔 1 미만이 될 수 있다. ( )

06. 어떤 이산확률변수 X의 기대치는 항상 각 값과 그 값의 확률의 곱을 모두 더하여 계산한다. ( )

07. 어떤 이산확률변수 X의 표준편차라도 항상 확률변수의 값 x, x의 확률 $P(x)$, 평균 μ에 대해 $\sqrt{\sum (x-\mu)^2 P(x)}$ 이다. ( )

08. 이산확률변수들은 단지 하나의 양의 값들을 가질 수 있다. ( )

09. 갖고 있는 어떤 교과서의 어떤 쪽(page)의 길이는 연속확률변수이다. ( )

10. 어떤 농구선수의 신장은 연속확률변수이다. ( )

11. 연속확률변수라도 가끔 이산확률변수가 될 수 있다. ( )

12. 이산확률변수의 평균은 확률변수의 기대치라고도 한다. ( )

13. 확률변수는 어떤 확률실험 표본공간의 각 표본점에 대해 단지 하나의 숫사 값을 할딩하는 법칙이다. ( )

정답 1. × 2. ○ 3. ○ 4. × 5. × 6. ○ 7. ○ 8. × 9 ○ 10. ○ 11. × 12. ○ 13. ○

학 습 문 제

14. 연속확률변수는 전형적으로 어떤 형태의 수량을 헤아려서 획득한다. ( )

15. 연속확률변수가 어떤 단일한 값을 가질 확률은 항상 0이 아니다. ( )

16. 어떤 연속확률변수 X라도 $P(X>2)=P(X\geq 2)$와 같은 관계를 갖는다. ( )

17. 공분산은 두 확률변수 곱의 기대치에서 각 확률변수 기대치들의 곱을 차감하여 계산한다. ( )

18. 공분산은 두 변수간의 변화 관계에 대한 방향은 알 수 있지만, 표준편차들의 크기가 서로 달라 그 관련정도를 측정하기 곤란한 경우가 많다. ( )

19. 상관계수는 두 확률변수의 측정단위와는 무관하게 상호변화 관계의 정도를 측정할 수 있도록 공분산을 표준화시킨 측정치이다. ( )

20. 상관계수는 두 확률변수의 공분산을 각 확률변수의 표준편차의 곱으로 나누어 계산한다. ( )

21. 상관계수 r은 항상 -2와 2 사이의 범위에 있는 값을 갖는다. ( )

정답 14. × 15. × 16. ○ 17. ○ 18. ○ 19. ○ 20. ○ 21. ×

CHAPTER 6

이산확률분포

제 1 절 이산균등분포와 베르누이 과정 및 이항분포

I 이산균등분포와 베르누이 시행 및 과정

1. 이산균등분포

이산균등분포(discrete uniform distribution)는 어떤 확률변수 X의 값들의 범위에 있는 n개 값들 $x_1,\ldots, x_n$이 모두 균등한 확률 $1/n$을 갖도록 하는 설정식이다.

- 이산균등 확률변수는 가질 수 있는 각 값을 균등한 확률로 가짐
- 오름차순으로 배열된 연속적인 정수들 $a, a+1, \ldots, b$가 이산확률변수 X의 범위인 경우에 X의 범위는 각 값의 확률이 $1/(b-a+1)$인 $b-a+1$개의 값들을 포함
  - X의 평균 μ는 $(b+a)/2$
  - X의 분산 σ^2은 $\dfrac{(b-a+1)^2-1}{12}$

예제 6-1 생산한 제품 일련번호의 첫째 자리에 0부터 9까지의 숫자 중 하나가 균등한 확률로 표시된다고 하자.
어떤 생산제품 다발에서 하나를 선택한 제품의 일련번호 첫째 자리 수를 X의 값이라고 하면, X는 범위 $R=\{0,1,2,\ldots,9\}$의 각 값에 대해 확률 0.1을 갖는 이산균등분포를 갖는다. X의 확률질량함수 $f(x)$는 다음과 같다.

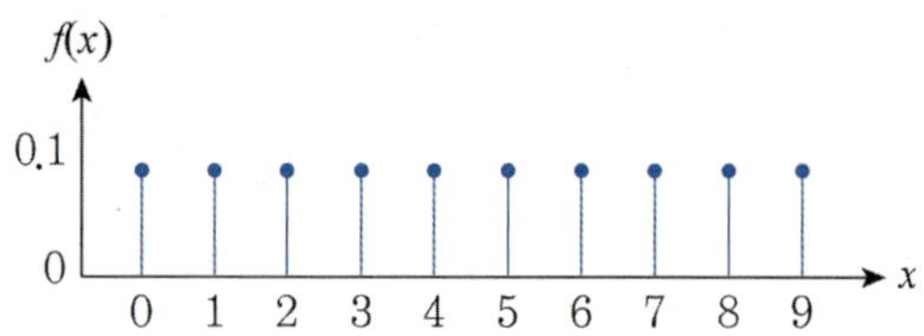

예제 6-2 X가 0,1,2,....,48과 같이 연속된 정수를 범위로 갖는 이산균등확률변수라고 하자. 이러한 경우에 X의 평균 μ는 24[$=(a+b)/2=(0+48)/2$]가 되고, X의 분산 σ^2은 200, 표준편차 σ는 14.14가 된다.

	A	B	C	D
1	a	0		
2	b	48		
3	E(X)	24	=(B1+B2)/2	
4	σ^2	200	=((B2-B1+1)^2-1)/12	
5	σ	14.14	=SQRT(B4)	

- B3셀에 "=(B1+B2)/2"를 입력하여 평균을 계산
- B4셀에 "=((B2-B1+1)^2-1)/12"를 입력, 분산을 계산
- B5셀에 "=SQRT(B4)"를 입력, 표준편차를 계산

2. 베르누이 시행

단지 2가지 기초적인 질적 특성의 결과들을 갖는 확률시행(random trial)을 베르누이 확률시행(Bernoulli random trial)이라고 하며, 베르누이 확률시행에 관련된 확률변수를 베르누이 확률변수(Bernoulli random variable)라고 한다.

- 베르누이시행은 확률실험의 기본구성단위(building block)로 자주 사용
- 베르누이 시행을 구성하는 확률변수는 다음 조건과 같이 독립균등 분포된 (independently and identically distributed : i.i.d.) 특성을 보유
  - 매 시행은 성공과 실패 등의 2가지의 가능한 결과만을 보유
  - 성공의 확률을 p라고 하면 실패의 확률은 1-p이며, 이러한 확률들은 각 시행에서 동일
  - 매 시행 결과는 다른 시행 결과와 독립적으로 발생하여, 서로 영향을 주지 않는 일련의 독립적 시행들로 구성되는 반복적 확률과정
- 베르누이 확률변수의 기대치는 1의 값을 가질 확률 p와 동일하게 발생

(6.1) $$E(X) = 1 \cdot P(X=1) + 0 \cdot P(X=0) = 1 \cdot p + 0 \cdot (1-p) = p$$

3. 베르누이 과정

베르누이 과정(Bernoulli processes)은 독립적이며 반복적인 베르누이 시행들의 수열(sequence of bernoulli trials)이다.

- 동등한 실험조건에서 실험 결과가 (성공과 실패 또는 앞면과 뒷면 등) 단지 두 가지의 상호 배반적이며 전수사상들만을 갖고, 각 시행에서 이들 사상들의 확률이 일정한 여러 독립적 시행들로 구성된 반복적 과정
- 베르누이과정의 대표적 적용 사례
  - 품질검사에서 제품의 합격과 불합격 판정
  - 사망보험 가입자의 사망 여부
  - 세일즈맨의 판촉성공 여부
  - 식물 견본의 저항력 보유 여부

Ⅱ 이항분포

1. 이항분포와 이항확률변수

이항분포(binomial distribution)는 어떤 실험에서 성공 확률 p 의 베르누이과정을 n 번 반복적으로 시행할 경우에 성공 횟수인 확률변수 X가 따르는 시행횟수 n 과 성공 확률 p 를 모수로 갖는 확률분포이다.

- 이항분포는 $X \sim B(n,p)$ 로 표시
- 이항분포의 필수 보유 정보
  - 성공 횟수
  - 시행 횟수
  - 각 시행에서의 성공 확률

이항확률변수(binomial random variable) X는 n 개의 독립균등 분포된(i.i.d.) 베르누이 확률변수들 $X_i\ (i = 1, .., n)$ 의 합이다.

(6.1) $$X = X_1 + X_2 + \cdots + X_n$$

2. 이항분포의 확률함수

이항분포의 확률함수 또는 이항확률변수의 확률질량함수는 x가 성공횟수, n이 시행횟수, p가 성공확률인 경우에 $x=0,1,\cdots,n$ 및 $n=1,2,\ldots$에 대해 다음과 같이 결정된다.

(6.2) $$P(X=x)=f(x)=\binom{n}{x}p^x(1-p)^{n-x}=\frac{n!}{x!(n-x)!}p^x(1-p)^{n-x}$$

- $x=0,1,\cdots,n$ 및 $n=1,2,\ldots$이 아니어서, 시행횟수가 성공횟수 이상인 경우에 $P(X=x)$는 0
- Excel에서는 "=BINOM.DIST(성공횟수, 시행횟수, 성공확률, 0)"을 이용하여 이항분포의 확률질량함수를 계산, 0 대신에 FALSE를 사용 가능

이항분포의 누적확률함수인 누적이항함수(cumulative binomial function)는 다음과 같이 성립하며, 이를 이항정리(binomial theorem)라고 한다.

(6.3) $$B(n,p)=\sum_{x=0}^{n}\binom{n}{x}p^x(1-p)^{n-x}=[p+(1-p)]^n=1$$

- Excel에서는 "=BINOM.DIST(성공횟수, 시행횟수, 성공확률,1)"을 이용하여 이항분포의 누적분포함수를 계산, 1 대신에 TRUE를 사용 가능
- 성공횟수를 값으로 갖는 이항분포확률변수 $X\sim B(n,p)$의 기대치와 분산은 다음과 같이 계산

(6.4.1) $$\mu=E(X)=np$$

(6.4.2) $$\sigma^2=Var(X)=np(1-p)=npq$$

- 이항분포는 성공과 실패 또는 앞면과 뒷면 등과 같이 두 가지의 배반적 결과로 표시할 수 있는 상황에서 성공 또는 존재의 확률이 일정할 경우에 그 성공 또는 앞면의 횟수인 확률변수가 갖는 값들의 확률을 계산

TIP

- **Excel의 확률함수 구조** : 확률함수명칭+DIST(변수 값, 시행횟수, 평균 또는 성공 확률, 누적 여부)
- 누적여부에 대해 변수의 값에 대한 확률은 0 또는 False를, 누적확률은 1 또는 True를 기록

예제 6-3 판매 성공의 확률 p가 20%인 보험설계사가 10명의 고객을 만나서 성공할 횟수의 확률을 다음과 같이 이항분포 계산으로 구할 수 있다.

	A	B	C	D	E
1	성공횟수(x)	확률	누적확률	시행횟수(n)	10
2	0	0.107374182	0.107374	성공확률(p)	0.2
3	1	0.268435456	0.37581		
4	2	0.301989888	0.6778		
11	9	4.096E-06	1		
12	10	1.024E-07	1		

① 자료 입력

- A1:A13구간의 각 셀에 성공횟수(x)를 0부터 10까지 채워 넣기로 입력
- D1:E2구간의 각 셀에 시행횟수와 확률분포 자료를 입력
- C5셀을 마우스커서로 지정 후, 메뉴 탭에서 "보기 | 창 | 틀 고정"을 지정하여 화면을 그림과 같이 조정

② 이항분포의 확률 및 누적확률 계산

- B2:B12구간을 지정, 수식입력줄에 "=BINOM.DIST(A2,$E$1,$E$2,0)"을 입력한 후 "Ctrl+Enter↵"를 클릭하여 각 성공횟수의 확률을 동시 계산
- C2:C12구간을 지정, 수식입력줄에 "=BINOM.DIST(A2,$E$1,$E$2,1)"을 입력한 후 "Ctrl+Enter↵"를 클릭하여 각 성공횟수의 누적확률을 동시 계산

예제 6-4 [예제 6-3] 자료를 사용하여 이항분포곡선을 작성하고, 시행횟수와 성공확률의 변화에 따른 확률 및 누적확률 변화의 민감도분석을 스크롤막대(scroll bar)를 사용하여 수행할 수 있다.

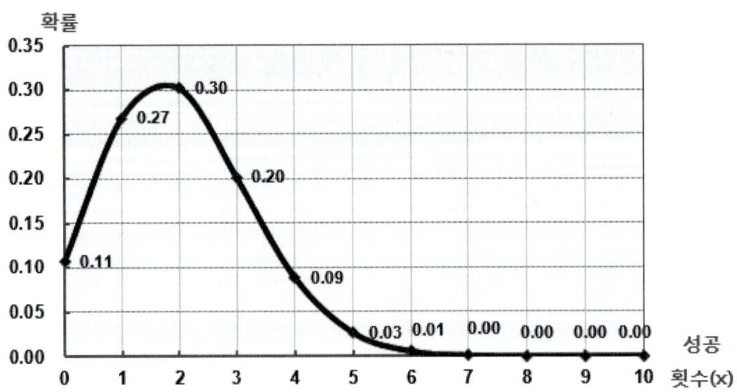

① 이항분포곡선 작성

- A1:B12구간을 지정, 메뉴 탭의 "삽입 | 차트 | 분산형 | 곡선 및 표식이 있는 분산형"을 지정
- 그래프의 한 점을 지정 후, 마우스 오른쪽 단추를 눌러 생성된 대화상자에서 "데이터 레이블 추가"를 지정
- 생성된 데이터 레이블을 지정 후 마우스 오른쪽 단추를 눌러 생성된 대화상자에서 "데이터 레이블 서식"을 지정, 생성된 데이터 레이블 서식 대화상자에서 "표시 형식 | 숫자 | 소수 자릿수:2"를 지정 후 "닫기"를 클릭
- 그래프의 한 점을 지정하여 생성된 대화상자에서 "데이터 계열 서식"을 지정하고, 다시 생성된 데이터 계열 서식 대화상자에서 표식 옵션, 표식 채우기, 선 색, 선 스타일 등을 조정 후 "닫기"를 클릭
- 차트를 마우스커서 왼쪽 단추로 지정하여 생성된 메뉴 탭의 "차트 도구"에서 레이아웃을 클릭하여 수직축과 수평축에 축 제목 표시

② 스크롤막대를 이용한 확률의 시행횟수 및 성공확률에 대한 민감도분석

	A	B	C	D	E	F	G
1	성공횟수(x)	확률	누적확률	시행횟수(n)	10		
2	0	0.107374182	0.107374	성공확률(p)	0.2		2
3	1	0.268435456	0.37581				
4	2	0.301989888	0.6778				
11	9	4.096E-06	1				
12	10	1.024E-07	1				

- 메뉴 탭의 파일에서 "옵션"을 지정, 생성된 Excel 옵션 대화상자에서 "리본 사용자 지정"을 선택, 생성된 화면의 우측에서 리본 메뉴 사용자 지정을 다음과 같이 표시 후 "확인"을 클릭

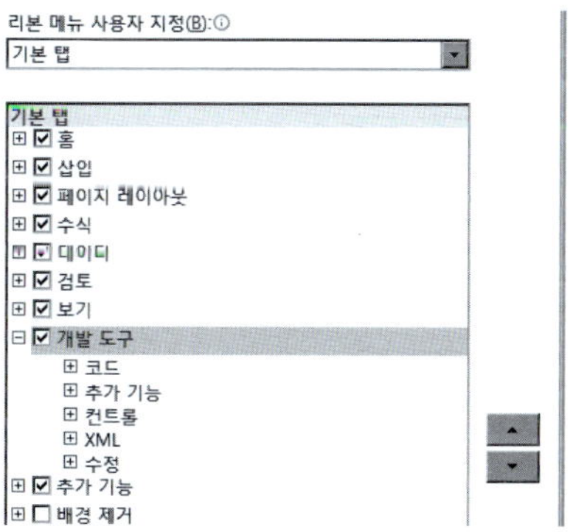

- 메뉴 탭에서 생성된 개발 도구에서 "컨트롤 | 삽입 | 양식컨트롤 | 스크롤 막대" 를 지정, 지정 후 ✚에서 +로 바뀐 마우스 커서로 F1셀에 스크롤 막대를 붙여 넣기, 다시 스크롤 막대를 마우스 커서로 지정하여 생성된 대화상자에서 컨트롤 서식을 지정

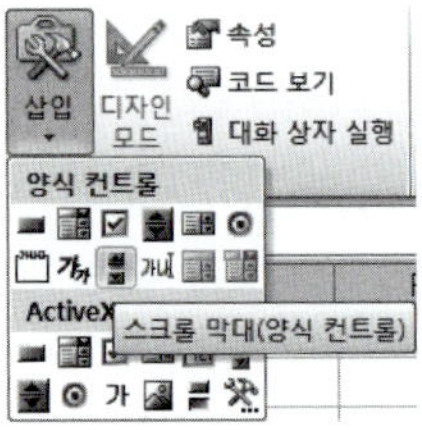

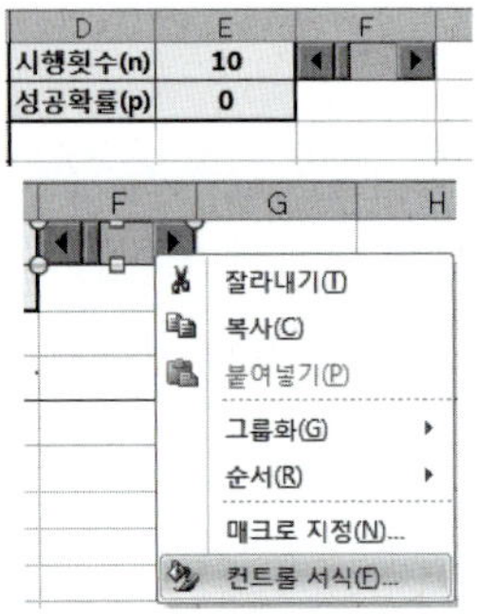

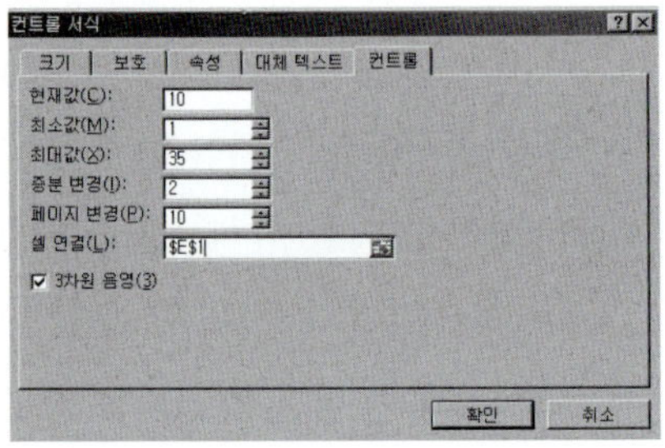

- 생성된 컨트롤서식 대화상자에서 "현재값 : 10, 최소값 :1, 최대값 : 35, 증분 변경 : 2, 셀 연결 : $E$1"를 지정 후 "확인"을 클릭
- 한편 소수점으로 표시해야 하는 성공확률을 스크롤 막대로 표시하기 위해서는 다른 셀에 자연수를 표시하고, 다시 그 셀을 기초로 수식을 설정하기 위해 스크롤막대를 F2셀에 붙여 넣고, 컨트롤 서식을 생성시킨 후 "현재값 : 0, 최소값 :1, 최대값 : 10, 증분 변경 : 1, 셀 연결 : $G$2"를 지정 후 "확인"을 클릭, 그리고 E2셀에 "=G2/10"을 입력

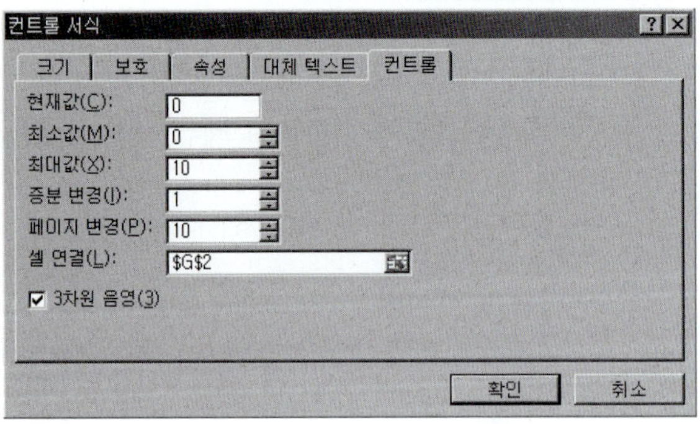

- F2셀의 스크롤 막대의 화살표를 눌러서 성공확률이 변동함에 따라 이항분포곡선이 변화하는 것과 F1셀의 스크롤 막대의 화살표를 눌러서 시행횟수가 변동함에 따라 이항분포곡선이 변화하는 것을 확인

제 2 절 기하분포와 포아송분포

I 기하분포와 음이항분포

1. 기하분포

기하분포(geometric distribution)는 독립적이고 동일하게 분포된 베르누이 과정들의 수열에서, 최초 성공을 얻기 위해 요구되는 시행의 수가 갖는 확률분포이다.

- 어떤 단일 사상 또는 시행이 일정한 확률 p 와 $1-p$ 로 성공과 실패 등의 두 가지 가능한 결과만을 갖는 경우에, $k-1$ 회까지 실패하고 k 번째 처음으로 성공하는 시행이 발생할 확률은 기하확률분포(geometric probability distribution)로 계산

(6.5) $$P(X=k) = (1-p)^{k-1}p$$

- Excel에서는 음이항분포함수인 "=NEGBINOM.DIST(실패횟수, 성공횟수, 성공확률,누적여부)"를 사용하여 기하분포를 계산
- NEGBINOM.DIST함수에서 k 번째 최초 성공한 기하분포확률은 실패횟수를 $k-1$, 성공횟수를 1로 설정하여 계산
- 기하분포의 평균 μ 과 분산 σ^2 은 다음과 같다.

(6.6.1) $$\mu = 1/p$$

(6.6.2) $$\sigma^2 = \frac{(1-p)}{p^2}$$

- 기하분포는 품질관리, 제품 신뢰성, 제품개발, 방문판매성공, 오퍼(offer)의 계약체결성공, 석유탐사 및 기타 산업상황에서 성공 확률 추정에 많이 사용

예제 6-5 한 번의 오퍼로 수주를 받을 확률이 0.5인 경우에, 1회 오퍼로 수주를 받을 확률부터, 30번까지 오퍼를 했지만 수주를 받지 못하다가 31번째가 되어서야 수주를 받을 확률을 다음과 같이 기하분포로 계산할 수 있다.

	A	B	C	D	E
1	실패횟수 (f)	직후 최초 성공확률	성공확률 (p)		
2	0	0.5	0.5		5
3	1	0.25			
4	2	0.125			
30	28	1.8626E-09			
31	29	9.3132E-10			
32	30	4.6566E-10			
33	* 실패횟수 = 최초 성공 발생 시행수-1				

① 자료 입력 및 기하확률분포의 계산

- $f+1$ 번째 오퍼에서 수주를 받는데 처음으로 성공한 확률을 계산하도록 먼저 실패횟수 f 를 A2:A32구간에 0부터 30까지 입력
- C2셀에 각 시행의 성공확률 p 를 0.5로 입력
- B2:B32구간을 지정, 수식입력줄에 "=NEGBINOM.DIST(A2,1,$C$2,0)"을 입력 후 "Ctrl+Enter↵" 클릭으로 (6.5)식에 따른 각 실패횟수 후 최초 성공확률을 동시 계산
- 30번 모두 실패하고 31번째 수주에서야 성공할 확률은 B32셀로 발생

② 확률분포곡선의 작성 및 민감도분석

- A1:B32구간을 지정, 메뉴 탭에서 "삽입 | 차트 | 분산형 | 곡선 및 표식이 있는 분산형"을 지정하여 기하(확률변수의) 분포곡선을 작성
- D2셀에 스크롤막대를 붙이고, 이를 컨트롤서식에서 [0,10]의 구간으로 E2셀에 연결 후 C2셀에 "=E2/10"을 입력하여 확률로 환산
- 스크롤막대의 화살표를 눌러 성공확률이 낮을수록 기하분포곡선이 완만하게 변화하는 것을 확인

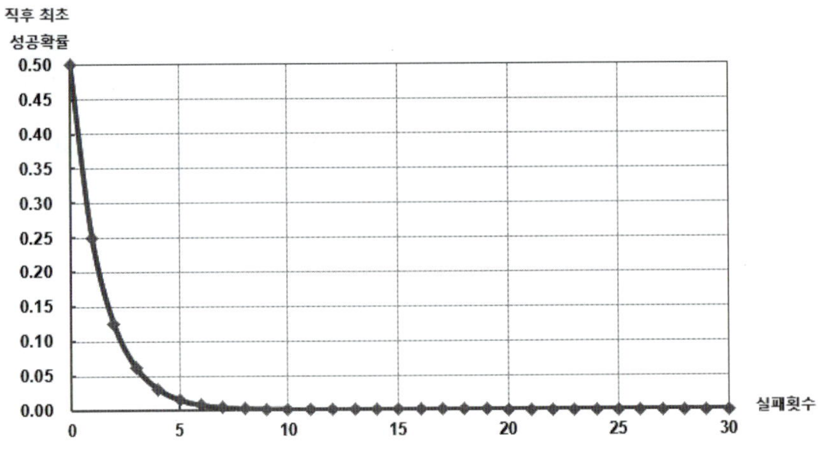

2. 음이항분포

음이항분포(Negative Binomial Distribution)는 성공확률이 동일한 각 시행에서 성공횟수인 r과 성공확률인 p를 모수로 갖는 확장형 기하분포로 f번의 실패와 r번의 성공으로 총 $k(=f+r)$번의 시행을 수행하는 경우에 r(성공횟수)의 값을 갖는 확률변수 X에 대한 확률을 나타내는 분포이다. 이를 파스칼 분포(Pascal's Distribution)라고도 한다.

- r번의 성공을 하기 위해 필요한 베르누이시행들(Bernoulli trials)의 수를 갖는 확률변수는 음이항확률변수
- 마지막 k번째 시행에서 r번째 성공할 확률은 k-1번 시행에서 r-1번 성공을 했고, k번째 시행에서 성공을 하는 확률은 양의 성공횟수 $r(>0)$에 대해 다음의 음이항분포로 계산

(6.7) $$P(X=k)=\binom{k-1}{r-1}p^{r-1}(1-p)^{k-r}p$$
$$=\binom{k-1}{r-1}p^{r}(1-p)^{k-r}=nb(k-r,r,p) \quad \text{for} \quad r>0 \text{ and } k\geq r$$

- 만약 $r\leq 0$이어서 성공횟수가 0 이하의 값을 갖는다면 (6.7)식의 $P(X=k)=0$
- Excel에서는 (6.7)식을 "=NEGBINOM.DIST(실패횟수, 성공횟수, 성공확률, 누적여부)"를 사용하여 계산
- (6.7)식은 ① k-1번의 시행에서 r-1번의 성공확률과 ② 1번 시행으로 성공할 확률의 곱으로 구성 → (6.7)식의 첫째 부분은 다음과 같이 이전의 k-1번의 시행에서 r-1번의 성공을 이항확률로 표시한 부분

(6.7.1) $$P(X-r-1)=\binom{k-1}{r-1}p^{r-1}(1\quad p)^{(k-1)-(r-1)}$$
$$=\binom{k-1}{r-1}p^{r-1}(1-p)^{k-r}$$

- (6.7)식의 우변에서 마지막으로 곱하는 항인 p는 다음과 같이 1번 시행으로 성공할 확률

(6.7.2) $$P(X=1)=\binom{1}{1}p^{1}(1-p)^{0}=p$$

- 음이항분포에서 성공횟수가 1로 한정된 특수한 경우는 다음과 같은 기하분포

(6.7.3) $nB(k-r,r,p)=nB(k-1,1,p)=\binom{k-1}{0}p^1(1-p)^{k-1}=p(1-p)^{k-1}$

- 모수 p와 r을 갖는 음이항확률변수 X의 평균과 분산

(6.8.1) $$\mu=E(X)=r/p$$

(6.8.2) $$\sigma^2=Var(X)=\frac{r(1-p)}{p^2}$$

- 음이항분포는 품질관리, 제품 신뢰성, 제품개발, 상담성공, 석유탐사 및 기타 산업 상황에서 성공 확률의 추정에 주로 사용

예제 6-6 성공확률 p가 0.8인 경우에 30회 시행에서 30번 모두 성공할 확률, 1번 실패 후에 29회 성공할 확률, 2번 실패 후에 28회 성공할 확률의 순으로 29회 실패한 후에 1번 성공한 확률과 30번 실패하여 전혀 성공하지 못할 확률까지 모두 다음과 같이 구할 수 있다.

	A	B	C	D	E
1	실패횟수 (f)	이후 모두 성공할 확률	성공확률 (p)		
2	0	0.00123794	0.8		8
3	1	0.008975065			
4	2	0.031412728			
30	28	4.98216E-19			
31	29	4.29497E-21			
32	30	0			
33	* 실패횟수 = 최초 성공 발생 시행수-1				

① 자료입력

- 실패횟수를 A2:A32구간에 입력
- D2셀에 스크롤막대를 붙이고, [0,10]의 구간 및 현재값을 8로 설정 후 E2셀에 연결, C2셀에 "=E2/10"를 입력하여 성공확률 p를 0.8로 설정

② 음이항확률변수의 확률계산과 확률분포곡선 작성 및 민감도분석

- B2:B32구간을 지정, 수식입력줄에 다음 식을 입력한 후 "Ctrl+Enter↵"를 클릭하여 각 실패횟수에 대한 이후 연속 성공확률을 (6.7.1)식에 따라 동시 계산

```
=IF(30-A2>0,NEGBINOM.DIST(A2,30-A2,$C$2,0),0)
```

- A1:B32구간을 지정, 메뉴 탭에서 "삽입 | 차트 | 분산형 | 곡선 및 표식이 있는 분산형"을 지정하여 음이항(확률변수의) 분포곡선을 작성
- D2셀의 스크롤 막대를 조정하여 성공확률이 증가할수록 확률분포곡선이 우측에서 좌측으로 이동하는 것을 확인

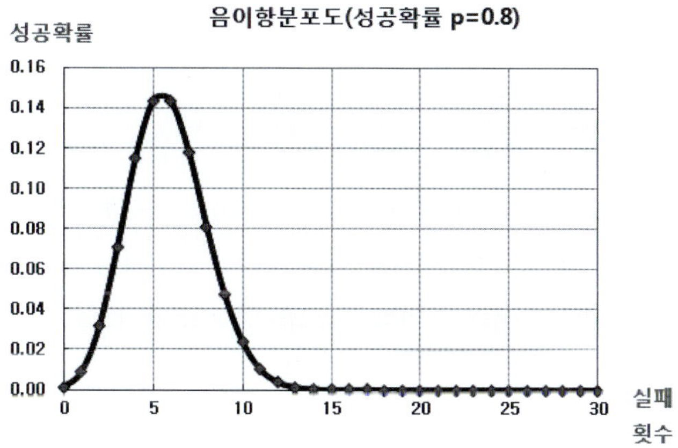

Ⅱ 초기하분포와 포아송분포

1. 초기하분포

초기하분포(hypergeometric distribution)는 비복원으로(without replacement) 표본추출(sampling)을 하는 경우에 베르누이 과정을 성립시키기 위해, 모집단을 성공과 실패의 두 범주로 구분하여 N이 모집단 관찰치의 수, T가 모집단 성공도수, n 이 표집 크기, x 가 표집의 0과 양의 정수표시 성공도수인 경우에 성공횟수의 발생확률을 다음과 같이 계산한다.

$$(6.9)\quad f(x) = P(x \mid N, T, n) = \frac{\binom{T}{x}\binom{N-T}{n-x}}{\binom{N}{n}} \quad \text{for } x \le T \text{ and } n-x \le N-T$$

- Excel에서는 "=HYPGEOM.DIST(x , n , T, N,누적여부)"로 초기하분포를 계산
- 초기하확률변수의 평균과 분산

(6.10.1)
$$\mu = \sum_{i=1}^{n} x_i P(x_i) = n(T/N) = np$$

(6.10.2)
$$\sigma^2 = Var(X) = \left(\frac{N-n}{N-1}\right)\left[n\left(\frac{T}{N}\right)\left(1-\frac{T}{N}\right)\right] = np(1-p)\left(\frac{N-n}{N-1}\right)$$

- (6.9.1)식에서 비율 T/N은 최초 시행에서의 성공확률이며, 기대치 $n(T/N)$은 이항분포의 평균 np와 유사한 특성을 제공
- 보통 $N/n \geq 20$인 경우에 초기하분포 대신에 이항분포를 사용
- (6.10.2)식은 초기하분포 분산이 조정인수 [(N-n)/(N-1)]을 가진 이항분포라는 것을 반영, 조정인수 "(N-n)/(N-1)"은 표본크기가 관찰치의 총수 N에 비해 상대적으로 작을수록 1의 값에 접근하여, $p = T/N$ 및 $1-p = 1-(T/N)$이어서 초기하분포의 분산은 이항분포의 분산으로 전환됨

예제 6-7 재고처리를 위해 원가 이하로 100개의 어떤 제품을 판매하는 상점에서 60개가 정상제품이라고 하자. 그 상점에서 30개의 제품을 무작위로 구입하는 경우에 정상제품이 하나도 없는 경우부터 30개 모두 정상제품일 확률을 다음과 같이 함께 구할 수 있다.

	A	B	C	D
1	성공횟수 (x)	추출확률	모집단 성공도수	
2	0	2.88591E-17	60	
3	1	4.72241E-15	모집단크기	
4	2	3.36668E-13	100	
5	3	1.40192E-11	표본크기	
6	4	3.85278E-10	30	
7	5	7.47953E-09		
31	29	1.5586E-07		
32	30	4.02639E-09		

① 자료 입력과 표집의 성공도수(정상제품의 수) 확률 계산

- A2:A32구간에 0부터 30까지 채워 넣기
- C1:C6구간에 모집단 성공도수, 모집단크기, 표본크기의 자료를 입력
- B2:B32구간을 지정, 수식입력줄에 "=HYPGEOM.DIST(A2,$C$6,$C$2,$C$4,0)"을 입력 후 "Ctrl+Enter↵"를 클릭하여 (6.9)식의 확률을 각 성공도수에 대해 동시 계산

② 확률분포곡선의 작성 및 민감도분석

- A1:B32구간을 지정, 메뉴 탭에서 "삽입 | 차트 | 분산형 | 곡선 및 표식이 있는 분산형"을 지정하여 음이항(확률변수의) 분포곡선을 작성
- D2셀에 구간 [0,100]의 스크롤막대를 붙이고 C2셀에 연결 모집단 성공도수 표시, D4셀에 구간 [1,500]의 스크롤 막대를 붙이고 C4셀에 연결 모집단 크기를 표시, D6셀에 구간 [1,100]의 스크롤 막대를 붙이고 C6셀에 연결 표본 크기를 표시
- 각 스크롤 막대의 화살표를 눌러 초기하분포 확률곡선의 변화상황을 관찰

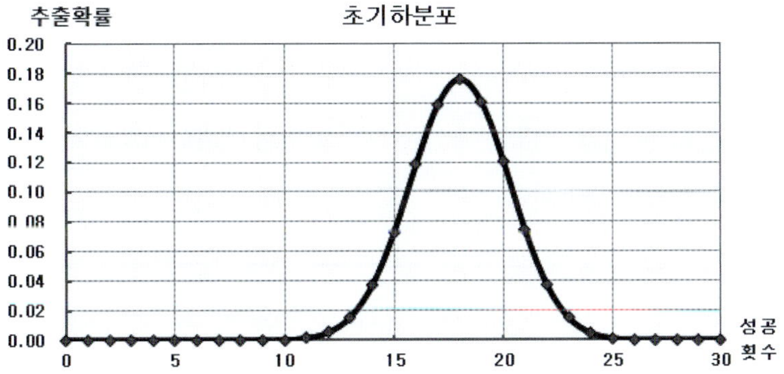

2. 포아송분포

포아송분포(Poisson distribution)는 연속적인 시간 또는 공간의 구간에서 어떤 사상이 발생할 횟수에 대한 확률을 표시하는데 사용된다.

- 이항확률분포와 초기하확률분포는 모두 일정한 횟수의 실험을 기초로 하는 성공횟수의 확률을 표시하는 반면에, 포아송분포는 특정기간이나 특정공간에서 발생할 어떤 사건의 횟수에 대한 확률을 표시
- 이항분포는 n 번의 시행에서 지정된 성공횟수에 대한 확률을 구하는데 사용하는 반면에, 포아송분포는 일정 시간단위에 대한 지정된 성공횟수 확률 계산에 사용
- 포아송분포는 이항분포와 마찬가지로 상호 배반적인 두 결과만을 갖는 사상, 독립적인 사상들, 단위시간에 대해 일정한 평균 성공횟수가 계산에 반드시 필요
- 포아송분포는 다음과 같은 상황의 적용에 적합
  - ▸ 어떤 주어진 연도에 주가지수 또는 환율이 특정비율로 변화되는 일자들의 수

- 전구공장에서 품질검사원이 매일 검출하는 불량품의 수
- 컴퓨터의 월별 고장 횟수
- 어떤 장소에서 발생하는 교통사고의 월별 횟수

- 이산적인 포아송 확률변수 X의 확률질량함수는 단위시간 x , 공간이나 수량에서 발생할 사상의 횟수 λ (x 의 평균값), 자연로그 밑수인 네이피어수(Napier's number) e에 대해 다음과 같이 계산

(6.11) $$f(x) = P(X = x) = \frac{e^{-\lambda}\lambda^{x}}{x\,!} \quad \text{for} \quad x = 0, 1, 2, 3, ... \text{ and } \lambda > 0$$

- Excel에서는 "=POISSON.DIST(사상 발생횟수, 기대치, 0)"을 사용하여 포아송분포의 확률을 계산, 누적확률 계산은 누적여부의 0 대신에 1을 사용하여 수행
- 포아송분포의 평균과 분산

(6.12.1) $$E(X) = \lambda = np$$
(6.12.2) $$Var(X) = \lambda$$

- **포아송 과정(Poisson process)** : 실수들 공간을 하나의 사상만이 있고, 각 사상의 발생확률이 균등하며 여타 세부구간 사상들과 독립적인 사상이 되도록 세부구간들로 분할한 확률실험
- 포아송 과정의 공준(Poisson process postulates)에 따르면, 크기 Δt 의 작고 겹치지 않는 아주 많은 구간으로 구분되는 시간 연속체(time continuum)에 대해 다음 특성을 따르는 사상의 발생횟수는 모수 λ 를 갖는 포아송 확률분포를 가짐
  - 구간은 구간의 길이에만 영향을 받고, 위치와는 무관
  - 확률변수 측정을 시작하는 위치는 중요하지 않음
  - 중복되지 않는 시간구간들에서의 발생횟수는 통계적으로 독립
  - 발생횟수는 모든 시간구간에 대해 동일한 확률분포로 발생
  - 어떤 시간구간 $(t, t+\Delta t)$ 에서 사상의 발생확률은 구간크기 Δt 에 거의 비례하여, λ 가 비례상수(constant of proportionality)인 경우에 사상의 발생확률은 거의 $\lambda\Delta t$ 로 결정
  - 어떤 시간구간 $(t, t+\Delta t)$ 에서 하나의 발생확률에 비해 둘 이상의 발생할 확률은 무시할 수 있을 정도로 아주 작음

예제 6-8 30분마다 어떤 은행에 평균적으로 25명의 고객이 온다고 하자. 30분마다 0명부터 30명까지의 고객들이 각각 방문할 확률을 $\lambda = 25$ 로 설정하고, Excel의 "=POISSON.DIST" 함수를 사용하여 다음과 같이 계산할 수 있다.

	A	B	C	D	E
1	발생횟수 (k)	P(X=k)	P(X≤k)	평균건수 (λ)	
2	0	1.4E-11	1.4E-11	25	
3	1	3.5E-10	3.6E-10		
4	2	4.3E-09	4.7E-09		
31	29	0.0545	0.8179		
32	30	0.04541	0.86331		

① 발생횟수의 확률 및 누적확률 계산

- A2:A32구간에 발생횟수를 입력
- E2셀에 구간 [0,100]의 스크롤막대를 붙이고 D2셀에 연결하여 발생횟수 기대치인 평균건수(λ) 25를 표시
- B2:B32구간을 지정, 수식입력줄에 "=POISSON.DIST(A2,$D$2,0)"을 입력 후 "Ctrl+Enter↵"를 클릭하여 확률질량함수인 (6.11)식에 따라 각 확률을 계산
- C2:C32구간을 지정, 수식입력줄에 "=POISSON.DIST(A2,$D$2,1)"을 입력 후 "Ctrl+Enter↵"를 클릭하여 각 발생횟수의 누적확률을 계산

② 확률분포곡선의 작성 및 민감도분석

- A1:B32구간을 지정, 메뉴 탭에서 "삽입 | 차트 | 분산형 | 곡선 및 표식이 있는 분산형"을 지정하여 음이항(확률변수의) 분포곡선을 작성
- 각 스크롤 막대의 화살표를 눌러 평균건수가 증가함에 따라 포아송분포 확률곡선이 우측으로 이동하는 변화상황을 관찰

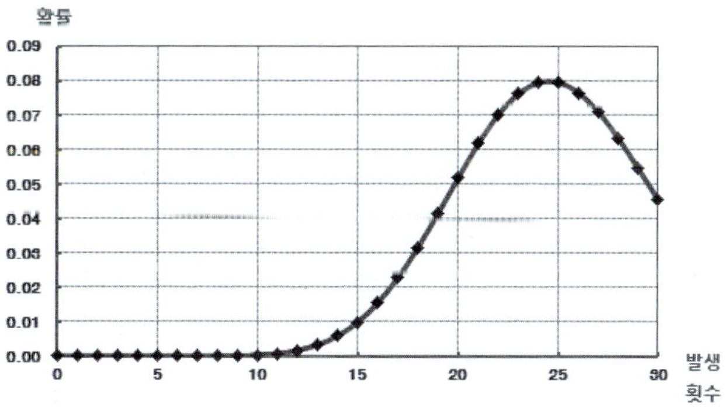

〈표 6-1〉 베르누이과정의 분포별 특성

분포	표현 확률	Excel 함수
이항	주어진 시행으로 성공횟수가 발생할 확률	BINOM.DIST(성공횟수,시행횟수,성공확률,0)
기하	f 번을 실패한 후에 $f+1$ 번째에 최초로 성공할 확률	NEGBINOM.DIST(실패횟수,성공횟수,성공확률,0)
음이항 (파스칼)	기하분포의 확장형, 주어진 시행에서 f 번을 실패한 후에 $f+1$ 번째 이후부터 모두 성공할 확률	IF(성공횟수>0,NEGBINOM.DIST(실패횟수,성공횟수,성공확률,0),0) * 성공횟수 = 시행횟수−실패횟수(f)
초기하	유한 모집단에서 성공도수와 관찰치 수(크기)가 주어진 경우에, 추출된 표본크기에서 어떤 성공도수가 발생할 확률	HYPGEOM.DIST(성공도수,추출표본크기,모집단 성공도수,모집단 크기,0)

학 습 문 제

※ 맞으면 "○", 틀리면 "×"를 표시하시오.

01. 이산균등 확률변수의 평균은 최소값과 최대값 합의 절반과 같다. ( )

02. 베르누이 시행은 확률실험의 기본구성단위로 자주 사용된다. ( )

03. 베르누이 확률변수의 기대치는 1의 값일 확률 p를 1에서 차감한 값과 같다. ( )

분포의8. A∩B=∅인 두 사상 A와 B는 상호 배반적이어서, A 또는 B가 발생할 확률은 이 들 각 사상들의 발생확률들의 합으로 계산할 수 있다 . ( )

04. 베르누이 과징은 독립적이며 반복적인 베르누이 시행들의 수열이다. ( )

05. 이항실험에서 시행들의 수는 무한하다. ( )

06. 이항실험에서 시행들은 서로 영향을 받는다. ( )

07. 이항실험에서 각 시행에 대해 정확히 2개의 가능한 결과들이 있다. ( )

08. 어떤 시험에 대해 연구를 하는 시간의 량은 하나의 이산확률변수이다. ( )

09. 어떤 이산확률변수라도 그 기댓값의 공식에 μ=np를 사용할 수 있다. ( )

10. 이산확률변수들은 단지 양의 값들만을 갖는다. ( )

11. 실패확률 0.3과 시행횟수 9의 이항확률변수의 기댓값은 실패를 성공적 결과로 간주한다면 2.7이다. ( )

12. 이산확률변수의 평균은 확률변수의 기댓값이라고도 한다. ( )

13. 이항분포의 표준편차는 성공확률 p와 시행횟수 n에 대해 $np(1-p)$와 같다. ( )

정답 1. ○ 2. ○ 3. × 4. ○ 5. × 6. × 7. ○ 8. × 9 × 10. × 11. ○ 12. ○ 13. ×

학 습 문 제

14. 독립적이고 동일하게 분포된 베르누이과정들의 수열에서 처음으로 성공하기 위해 필요한 시행들의 수가 갖는 확률분포는 기하분포이다. ( )

15. k번째 처음 성공하게 될 기하분포확률변수의 확률은 Excel에서는 음이항분포함수를 k-1의 실패횟수와 1의 성공횟수를 설정하여 계산한다. ( )

16. 성공확률이 동일한 각 시행에서 성공횟수 r과 실패횟수 f를 더한 횟수의 시행을 수행하는 경우에 성공확률 p를 모수로 갖는 확률변수 X의 확률은 음이항분포를 갖는다. ( )

17. 초기하확률변수의 평균은 성공확률 p과 표본추출크기 n의 곱인 np와 같다. ( )

18. 포아송분포는 연속적 시간이나 공간의 구간에서 어떤 사상의 발생횟수에 관한 확률을 표시하는데 시용된다. ( )

19. 포아송 과정에서 확률변수 측정을 시작하는 위치는 중요하지 않고, 구간의 길이가 중요하다. ( )

정답 14. ○ 15. ○ 16. ○ 17. ○ 18. ○ 19. ○

CHAPTER 7

연속확률분포

제 1 절 정규분포와 표준정규분포

I 연속균등 확률분포와 정규분포

1. 연속균등 확률분포

연속균등(직사각형) 확률분포[continuous uniform (or rectangular) distribution]는 어떤 구간에 대해 균등확률밀도(uniform probability density)를 갖는 분포이며, 이산균등 확률분포의 근사치를 구하는 등의 상황에 사용된다.

- 어떤 상수 a 에서 b 까지 유한구간 $[a, b]$에 대한 연속균등 확률밀도함수

(7.1) $$f(x) = \frac{1}{b-a} \quad \text{for} \quad a \le x \le b$$

- (7.1)식과 같이 하한 a 와 상한 b 를 갖는 연속균등 확률분포의 누적확률함수

(7.2) $$F(x) = P(X \le x) = \frac{x-a}{b-a} \quad \text{for} \quad a \le x \le b$$

- (7.2)식에서 $x < 0$ 이면 $F(x) = 0$, $x > b$ 이면 $F(x) = 1$
- (7.1)식으로 나타나는 연속균등 확률분포의 평균 E(X)와 분산 σ_X^2

(7.3.1) $$E(X) = \frac{b+a}{2}$$

(7.3.2) $$\sigma_X^2 = \frac{(b-a)^2}{12}$$

예제 7-1 3천만 원~6천만 원의 소득계층(income bracket)에 속한 가계의 소득분포의 근사치를 연속균등 확률분포를 통해 구하고, 5천만 원 이하 소득 가계들이 그 소득계층에서 추출될 확률을 구할 수 있다. 그리고 그 소득계층의 평균과 분산을 계산할 수 있다.

	A	B	C	D	E	F
1	a	b	f(x)	0.000333	=1/(B2-A2)	
2	3,000	6,000	F(X)	0.67	=(5000-A2)/(B2-A2)	
3			E(X)	4,500	=(B2+A2)/2	
4			σ_X^2	750,000	=(B2-A2)^2/12	

① 자료 입력과 확률밀도 및 누적확률 계산

- A1:B1구간에 소득계층의 한계를 입력
- D1셀에 "=1/(B2-A2)"를 입력하여 (7.1)식에 따라 확률밀도를 계산
- D2셀에 "=(5000-A2)/(B2-A2)"를 입력하여 (7.2)식에 따라 5천만 원 이하의 소득을 갖는 가계들의 누적확률을 계산

② 평균과 분산 계산

- D3셀에 "=(B2+A2)/2"를 입력하여 해당 소득계층의 소득 평균을 계산
- D4셀에 "=(B2-A2)^2/12"를 입력하여 해당 소득계층의 소득 분산을 계산

2. 정규분포

(1) 정규분포의 개념

정규분포(normal distribution)는 좌우 대칭의 모양으로 평균에 집중된 연속변수의 확률분포이며, 중심극한정리(central limit theorem)를 제시한 드무아브르(De Moivre)의 측정오차 분포에 관한 연구(1733)에서 시작되고, 독일의 수학자 K. F. Gauss에 의하여 정립되어 "가우스분포(Gaussian distribution)" 또는 "오차의 정규함수(normal function of error)"라고도 한다.

- 정규분포가 많이 사용되는 이유
  - 많은 확률과정의 측정치가 정규분포를 따름
  - 정규분포는 이항분포, 포아송분포 등의 다른 확률분포 근사치 계산에 자주 사용
  - 표본크기가 큰 경우에 표본평균 및 표본비율과 같은 통계량의 분포는 모집단의 분포와는 상관없이 정규분포를 이룸
  - 정규분포를 따르는 확률변수에서 통계적 추론에 많이 사용하는 χ^2, t, F 분포 등이 파생됨.

- 평균 μ와 분산 σ^2의 정규분포를 갖는 확률변수 X는 $X \sim N(\mu, \sigma^2)$로 표시하며, 정규분포를 갖는 확률변수인 정규확률변수 밀도함수(또는 확률밀도곡선)의 공식

(7.4) $$f(x) = \frac{1}{\sqrt{2\pi\sigma^2}} e^{-\frac{(X-\mu)^2}{2\sigma^2}} \quad \text{for} \quad -\infty < X < \infty$$

- (7.4)식에서 π는 값이 3.1416인 상수, e는 무리수이며 선험적 상수이며 값이 거의 2.718281828인 자연로그의 밑수 네이피어 상수(Napier's constant), μ는 평균, σ는 표준편차
- Excel에서는 "=NORM.DIST(변수값,표본평균,표본표준편차,0)"함수로 (7.4)식의 확률밀도함수를 계산, 0 대신에 False 사용이 가능
- Excel에서는 "=NORM.DIST(변수값,표본평균,표본표준편차,1)"함수로 누적확률을 계산, 1 대신에 True 사용 가능

(2) 정규분포곡선의 특성

- 정규분포는 평균 μ를 중심으로 좌우대칭이면서 종 모양을 이루고, 정규분포곡선의 양쪽 끝은 급격히 아래로 내려감.
- 정규확률변수가 갖는 값의 절반은 평균의 아래와 위에 각각 위치
- 정규분포에서는 평균=중위수=최빈치의 관계가 성립
- 정규곡선은 점근적(asymptotic)이어서 정규곡선이 X축에 더욱 접근하더라도, 곡선의 꼬리는 실제로 결코 X축과는 접촉하지 않음
- 하나의 정규분포뿐만 아니라 정규분포들의 족(族, family)이 존재
- 정규분포의 확률은 표준편차 σ와 평균 μ 사이의 구간에 대해 일정한 관계를 가져, 정규분포의 확률밀도곡선 아래의 면적은 다음과 같이 발생.

정규확률변수의 구간	분포곡선 면적(확률)
$\mu \pm \sigma$	0.683
$\mu \pm 2\sigma$	0.954
$\mu \pm 3\sigma$	0.997

예제 7-2 평균 65와 표준편차 5의 정규분포를 갖는 확률변수 X가 35부터 5단위로 증가하여 95까지의 각 값을 가질 확률밀도와 누적확률을 다음과 같이 구하고, 평균으로부터의 표준편차 배수 거리에 위치한 자료들의 발생비율을 확인할 수 있다. 그리고 정규확률밀도함수의 그래프를 작성하고, 스크롤 막대를 사용하여 평균 및 표준편차 변동에 따른 민감도를 분석할 수 있다.

	A	B	C	D	E
1	크기(x)	f(x)	P(X≤k)	평균(μ)	
2	35	0.00000000	0.00000000	65	
3	40	0.00000030	0.00000029	표준편차(σ)	
4	45	0.00002677	0.00003167	5	
5	50	0.00088637	0.00134990		
12	85	0.00002677	0.99996833		
13	90	0.00000030	0.99999971		
14	95	0.00000000	1.00000000		
15		크기(k)	P(X≤k)	구간면적	배수
16	μ-σ	60.00	0.1586553	0.6827	1
17	μ+σ	70.00	0.8413447		1
18	μ-2σ	55.00	0.0227501	0.9545	2
19	μ+2σ	75.00	0.9772499		2
20	μ-3σ	50.00	0.0013499	0.9973	3
21	μ+3σ	80.00	0.9986501		3

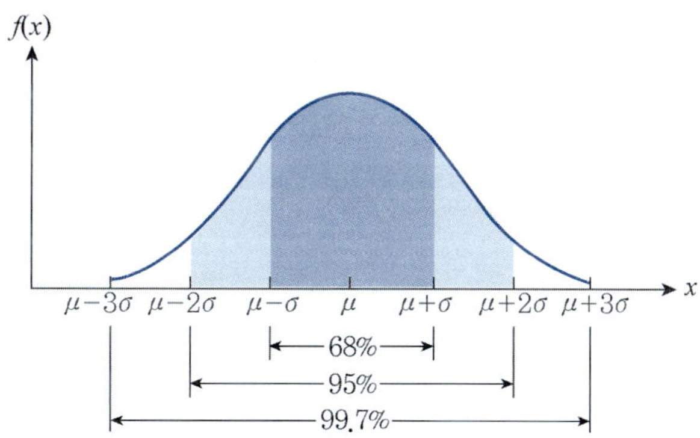

① 자료입력

- A2:A14구간에 35부터 95까지 채워 넣기
- D2셀에 65를, D4셀에 5를 입력하여 평균과 표준편차를 각각 지정

② 정규변수의 값들에 대한 확률밀도 및 누적확률의 계산

- B2:B14구간을 지정, 수식입력줄에 "=NORM.DIST(A2,$D$2,$D$4,0)"을 입력한 후 "Ctrl+Enter↵"를 클릭하여 확률밀도를 각 값에 대해 동시 계산
- C2:C14구간을 지정, 수식입력줄에 "=NORM.DIST(A2,$D$2,$D$4,1)"을 입력한 후 "Ctrl+Enter↵"를 클릭하여 각 값에 대한 누적확률을 동시 계산

③ 평균과 표준편차간의 관계 규명

- A16:A21구간에 정규확률변수의 크기를 각각 $\mu \pm \sigma$, $\mu \pm 2\sigma$, $\mu \pm 3\sigma$로 표시
- E16:E21구간의 각 셀에 배수들을 입력
- B16셀, B18셀, B20셀을 "Ctrl"키를 이용하여 동시에 지정한 후에, 수식입력줄에 "=$D$2-E20*$D$4"를 입력 후 "Ctrl+Enter↵"를 클릭
- B17셀, B19셀, B21셀을 "Ctrl"키를 이용하여 동시에 지정한 후에, 수식입력줄에 "=$D$2+E21*$D$4"를 입력 후 "Ctrl+Enter↵"를 클릭
- C16:C21구간을 지정, 수식입력줄에 "=NORM.DIST(B16,$D$2,$D$4,1)"을 입력하여 해당 구간의 각 값에 대한 누적확률을 계산
- D16:D17구간, D18:D19구간, D20:D21구간을 각각 병합하고 가운데 맞춤 도구인 "[병합 아이콘]"를 사용하여 셀 병합을 수행
- D16:D21구간을 지정, 수식입력줄에 "=C17-C16"을 입력 후 "Ctrl+Enter↵"를 클릭

④ 정규분포 확률밀도함수의 곡선 작성과 평균과 표준편차에 대한 민감도분석

- A1:B14구간을 지정, 메뉴 탭에서 "삽입 | 차트 | 분산형 | 곡선 및 표식이 있는 분산형"을 지정하여 아래와 같이 정규분포곡선을 작성
- E2셀과 E4셀에 각각 구간 [0,100] 및 [1,20]의 스크롤 막대를 붙여 넣고, 각각 D2셀 및 D4셀을 연결하여 곡선 변화를 점검
- 수직축을 지정하여 생성된 축 서식 대화상자의 축 옵션에서 "최소값 : 고정 : 0.0, 최대값 : 자동, 주 단위 : 고정 : 0.02"를 지정 후 "닫기"를 클릭

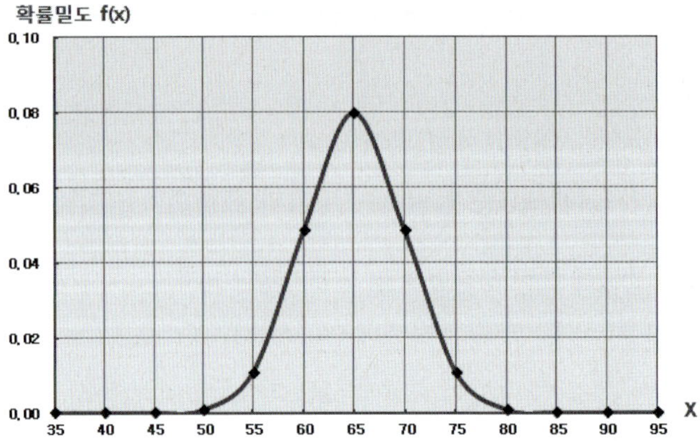

Ⅱ 표준정규분포

1. 표준정규분포의 개념

표준정규분포(standard normal distribution)는 평균 0과 분산 1을 갖는 정규확률변수가 이루는 분포이며, 표준정규분포는 $Z \sim N(0,1)$로 표시한다.

- 표준화변수(standardized variable)는 평균 0과 분산 1인 정규분포를 갖는 확률변수
- 표준화변수는 정규확률변수 X에서 평균을 차감한 값을 그 표준편차로 나누어 전환한 Z값(Z score)들을 가짐

(7.5) $$X \sim N(\mu, \sigma^2) \Rightarrow \frac{X-\mu}{\sigma} = \frac{1}{\sigma}X - \frac{\mu}{\sigma} = Z \sim N(0,1)$$

- 정규확률변수인 X를 Z로 표준화하여 표준정규분포를 이용하여 확률을 계산하는 것이 편리하기 때문에 표준정규분포를 자주 사용

2. 표준정규변수의 특성

표준정규변수의 기대치 $E(Z)$와 분산 $Var(Z)$는 다음과 같다.

(7.6.1) $$E(Z) = E\left(\frac{1}{\sigma}X - \frac{\mu}{\sigma}\right) = \frac{1}{\sigma}E(X) - \frac{\mu}{\sigma} = \frac{\mu}{\sigma} - \frac{\mu}{\sigma} = 0$$

(7.6.2) $$Var(Z) = \sigma_Z^2 = \sigma^2_{\frac{1}{\sigma}X - \frac{\mu}{\sigma}} = \frac{1}{\sigma^2}\sigma^2 = 1$$

- (7.6.2)식은 $Y = a + bX$에 내해 $\sigma_Y^2 = b^2\sigma_X^2$이 되는 것과 같은 원리
- 표준정규분포(standard normal distribution)의 확률밀도함수

(7.7) $$f(z) = \frac{1}{\sqrt{2\pi}}e^{\frac{-z^2}{2}} \quad \text{for} \quad -\infty < z < \infty$$

- Excel에서는 정규분포의 확률밀도함수와 마찬가지로 "=NORM.DIST(Z값,0,1,0)"을 입력하여 계산

- Excel에서 정규확률변수 값의 누적확률은 "=NORM.DIST(Z값,0,1,1)" 또는 "=NORM.S.DIST(Z값,1)"을 이용하여 계산, 두 함수 모두에서 제일 끝의 1을 True로 대신에 사용 가능

예제 7-3 평균 5, 분산 4인 정규분포를 갖는 확률변수 X가 1 이하의 값부터 10 이하의 값을 갖는 각 누적확률들을 다음과 같이 표준정규변수에 대한 확률로 전환하여 구할 수 있다. 그리고 확률밀도곡선 작성과 민감도분석을 수행할 수 있다.

	A	B	C	D	E	F	G	H
1	정규변수 (x)	표준정규 변수(z)	f(z)	P(Z≤z)	평균(μ)			P(Z≤z)
2	0	-2.50	0.01753	0.00621	5			0.00621
3	1	-2.00	0.05399	0.02275	σ		$σ^2$	0.02275
4	2	-1.50	0.12952	0.06681	2		4	0.06681
5	3	-1.00	0.24197	0.15866				0.15866
10	8	1.50	0.12952	0.93319				0.93319
11	9	2.00	0.05399	0.97725				0.97725
12	10	2.50	0.01753	0.99379				0.99379
13			P(4<X≤7)	0.53281	=D9-D6			

① 자료 입력

- A2:A12구간의 각 셀에 0부터 10을 메뉴 탭에서 "편집 | 채우기 | 연속 데이터"를 지정하여 입력
- E2셀에 평균값 5를, G4셀에 분산 4를 입력
- E4셀에 "=SQRT(G4)"를 입력하여 표준편차를 계산

② 표준정규변수의 계산과 확률밀도 및 누적확률 계산

- B2:B12구간을 지정, 수식입력줄에 "=(A2-$E$2)/$E$4"를 입력한 후 "Ctrl+Enter↵"를 클릭하여 (7.5)식에 따라 정규확률변수의 각 값을 Z값들로 동시 전환
- C2:C12구간 지정, 수식입력줄에 "=NORM.DIST(B2,0,1,0)"을 입력 후 "Ctrl+Enter↵"를 클릭하여 표준정규변수의 확률밀도를 동시 계산
- D2:D12구간 지정, 수식입력줄에 "=NORM.DIST(B2,0,1,1)"을 입력 후 "Ctrl+Enter↵"를 클릭하여 표준정규변수의 누적확률들을 동시 계산
- H2:H12구간 지정, 수식입력줄에 "=NORM.S.DIST(B2,1)"을 입력 후 "Ctrl+Enter↵"를 클릭, D2:D12구간과 동일한 표준정규변수 누적확률들을 동시 계산
- 확률변수 X가 4보다 크고 7 이하일 확률은 C13셀에 "=D9-D6"을 입력하여 0.53281로 계산

③ 정규분포 확률밀도함수의 곡선 작성과 평균과 표준편차에 대한 민감도분석

- B1:C12구간을 지정, 메뉴 탭에서 "삽입 | 차트 | 분산형 | 곡선 및 표식이 있는 분산형"을 지정하여 아래와 같이 정규분포곡선을 작성
- F2셀과 F4셀에 각각 구간 [0,100] 및 [1,20]의 스크롤 막대를 붙여 넣고, 각각 E2셀 및 G4셀을 연결하여 곡선 변화를 점검
- 수직축을 지정하여 생성된 축 서식 대화상자의 축 옵션에서 "최소값 : 고정 : 0.0, 최대값 : 자동, 주 단위 : 고정 : 0.05"를 지정 후 "닫기"를 클릭

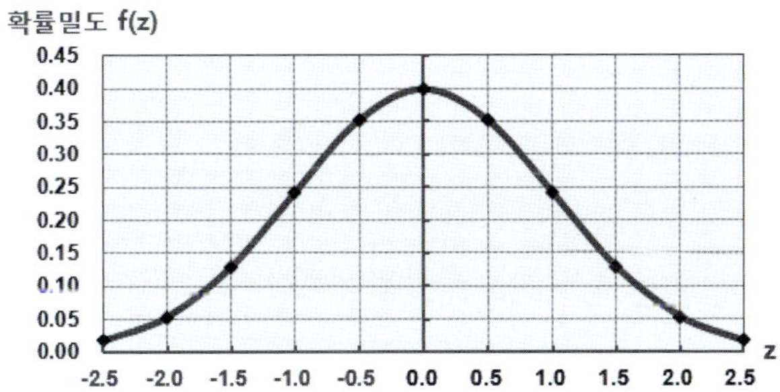

제 2 절 지수, 감마, 와이블분포와 로그정규분포

I 지수확률분포와 감마분포

1. 지수확률분포

지수확률분포(exponential probability distribution)는 어떤 포아송과정(Poisson process)의 상황에서 발생하는 연속적 사상들간의 시간 또는 공간의 길이를 측정하는 분포이며, 첫째 사상까지의 시간(또는 공간), 두 연속적 사상들간의 시간, 또는 어떤 확률적으로 선택된 시점 후에 첫째 사상이 발생할 때까지의 시간(지속기간)을 측정하는데 적용된다.

- 모수 λ 의 지수확률변수(exponential random variable) X의 확률밀도함수

(7.8) $$f(x \mid \lambda) = \begin{cases} \lambda e^{-\lambda x} & \text{for} \quad x > 0 \\ 0 & \text{for} \quad x \le 0 \end{cases}$$

- Excel에서는 "=EXPON.DIST(지수확률변수 값,기대치 모수 λ ,0)으로 지수분포의 확률밀도를 계산, 0 대신에 False 사용이 가능
- 지수분포의 평균 및 분산

(7.9.1) $$E(X) = \frac{1}{\lambda}$$

(7.9.2) $$Var(X) = \frac{1}{\lambda^2}$$

- 모수 λ 의 지수분포를 따르는 확률변수 X가 어떤 숫자 $t(>0)$ 를 초과할 확률

(7.10) $$P(X > t) = \int_t^{\infty} \lambda \exp(-\lambda)\, dx = e^{-\lambda t}$$

- (7.10)식에서 다음과 같이 확률변수 X가 어떤 숫자 $t(>0)$ 이내가 될 확률

(7.11) $$P(X \le t) = 1 - P(X > t) = 1 - e^{-\lambda t}$$

- Excel에서 (7.11)식의 누적확률을 "=EXPON.DIST(지수확률변수 값,모수 λ ,1)로 계산, 1 대신 True 사용이 가능

예제 7-4 MP3 수리 센터에 고객이 시간당 5명이 방문한다고 하자. 어떤 시점에서 관찰할 경우에 15분 이내부터 15분 단위로 3시간 이내까지 첫째 고객이 방문할 확률을 다음과 같이 지수함수를 사용하여 구할 수 있다.

	A	B	C	D	E	F	G	H
1	경과기간(분) t	경과기간(시간) x	f(x)	P(X≤x)	시간당평균고객수 λ		평균경과기간(시간) μ	
2	15	0.25	1.4325240	0.7134952	5		0.2	=1/E2
3	30	0.50	0.4104250	0.9179150				
4	45	0.75	0.1175887	0.9764823				
5	60	1.00	0.0336897	0.9932621				
6	75	1.25	0.0096523	0.9980695				
12	165	2.75	0.0000053	0.9999989				
13	180	3.00	0.0000015	0.9999997				

① 자료입력 및 분당 평균고객 수 λ 의 계산

- A2:A13구간에 15부터 15간격으로 180까지 입력
- B2:B13구간을 지정, 수식입력줄에 "=A2/60"을 입력 후 "Ctrl+Enter↵"를 클릭하여 분을 시간단위로 동시 환산
- E2셀에서 시간당 평균 방문고객수가 5이므로, G2셀에 "=1/E2"를 입력하여 고객 1인 방문에 대한 평균 대기시간을 0.2시간으로 계산

② 지수분포의 확률밀도 및 누적확률의 계산

- C2:C13구간 지정, 수식입력줄에 "=EXPON.DIST(B2,$E$2,0)"을 입력한 후 "Ctrl+Enter↵"를 클릭하여 확률밀도함수를 계산
- D2:D13구간 지정, 수식입력줄에 "=EXPON.DIST(B2,$E$2,1)"을 입력한 후 "Ctrl+Enter↵"를 클릭하여 누적확률을 계산

③ 지수분포곡선의 작성과 모수에 대한 민감도분석

- B1:C13구간을 지정, 메뉴 탭에서 "삽입 | 차트 | 분산형 | 곡선 및 표식이 있는 분산형"을 지정하여 아래와 같이 지수분포곡선을 작성
- 모수의 크기를 결정하는 방문고객수 변화를 가져 오도록 F2셀에 구간 [1,20]의 스크롤 막대를 붙이고, E2셀에 스크롤 막대를 연결
- F2셀의 스크롤 막대를 조작하여 고객수를 증가시켜 모수 λ를 증가시킬수록 확률밀도함수곡선은 낮아지는 반면에, 각 경과시간의 누적확률은 증가하는 것을 확인

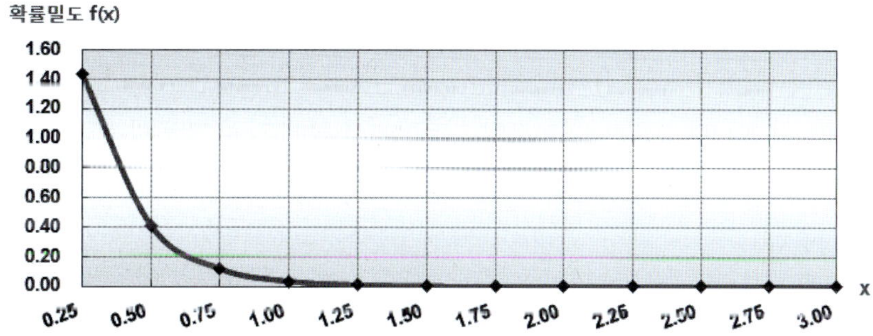

예제 7-5 서비스회사 고객용 PC를 1시간에 평균 25회 로그온(log-on)이 되도록 설정하였다고 하자. 0.1시간인 6분의 구간에서 1회도 로그온이 없을 확률은 $P(X > 0.1)$로 표시할 수 있다. 이러한 확률을 (7.8)식 또는 (7.10)식을 사용하여 다음과 같이 구할 수 있다.

	A	B	C	D	E	F
1	λ	25	P(X≤x)	0.917915	=EXPON.DIST(B2,B1,1)	
2	x	0.1	P(X>x)	0.082085	=1-D1	

- B1:B2구간의 각 셀에 기대치 모수 λ인 평균 25와 경과시간 0.1을 입력
- D1셀에 "=EXPON.DIST(B2,B1,1)"을 입력하여, 0.1시간 이내에 로그온이 발생할 확률을 계산
- D2셀에 "=1-D1"을 입력하여 0.1시간 이내에 전혀 로그온이 없을 확률을 계산
- D2셀의 값을 (7.10)식을 이용하여 다음과 같이 계산

$$P(X > 0.1) = \int_{0.1}^{\infty} 25e^{-25x}dx = \left[-e^{-25(0.1)}\right]_{0.1}^{\infty}$$
$$= e^{-25(0.1)} = 0.082085$$

TIP 네이피어 상수 사용 지수함수의 적분법칙

$$\int e^{mx}dx = \frac{1}{m}e^{mx} + c$$

2. 감마분포

감마분포(gamma distribution)는 포아송과정에서 첫째 사상 발생까지의 시간의 길이를 설명하는 지수확률분포를 일반화시켜, 포아송과정에서 r번의 사상들 발생까지의 시간길이를 설명한다.

- 감마함수 $\Gamma(r)$은 다음과 같이 규정되어 부분적분에 의해 $\Gamma(r)=(r-1)\Gamma(r-1)$이 성립

(7.12) $$\Gamma(r) = \int_{0}^{\infty} x^{r-1}e^{-x}dx \quad \text{for} \quad r > 0$$

- 얼랑분포(Erlang distribution)는 r이 양의 정수인 감마분포이며, 이러한 경우에 다음 특성을 획득
- Γ(r) = (r-1)!, Γ(1) = 0!=1, $\Gamma(1/2) = \pi^{1/2}$ 이 성립

	A	B	C	D	E	F
1	r	1	1/2			
2	Γ(r)	1	1.772454	=EXP(GAMMALN.PRECISE(C1))		
3	$\pi^{1/2}$	1.772454	=SQRT(PI())			

- B2:C2구간 지정, 수식입력줄에 "=EXP(GAMMALN.PRECISE(B1))"을 입력한 후 "Ctrl+Enter↵"를 클릭, B3셀에 "=SQRT(PI())"을 입력, $\Gamma(1/2) = \pi^{1/2}$ 를 확인
- 지수확률변수는 r=1인 얼랑확률변수(Erlang random variable)
- 모수들 $\lambda > 0$ 과 $r > 0$ 을 갖는 감마확률변수(gamma random variable) X의 확률밀도함수 $f(x)$

(7.13) $$f(x) = \frac{\lambda^r x^{r-1} e^{-\lambda x}}{\Gamma(r)} \quad \text{for} \quad x > 0$$

- (7.13)식에서 r이 양의 정수이면, 확률변수는 얼랑분포를 가짐.
- 확률변수 X가 모수들 $\lambda > 0$ 과 $r > 0$ 을 갖는 감마확률변수의 기대치와 분산

(7.14.1) $$\mu = E(X) = \frac{r}{\lambda}$$

(7.14.2) $$\sigma^2 = V(X) = \frac{r}{\lambda^2}$$

- 감마분포에서 r이 양의 정수인 얼랑분포는 확률실험들 모형설정에 아주 유용함
- λ=1/2과 r 이 1/2, 1,3/2,2,... 중의 하나로 된 감마분포는 카이자승(χ^2)분포(chi-squared distribution)이며, 이는 구간추정 및 가설검정에 널리 사용됨
- Excel에서 감마확률밀도함수는 "=GAMMA.DIST(x,r,1/λ,0)을, 감마분포 누적확률은 "=GAMMA.DIST(x,r,1/λ,1)을 입력

예제 7-6 컴퓨터 사용 계산에서 오류 발생횟수를 포아송과정으로 모형설정을 하는 경우가 많다. 시간당 오류의 평균횟수는 0.0001이라고 하자. 4회까지 오류가 발생할 시간을 X로 하여 그 확률을 구하는 것은 X가 40,000시간을 초과할 확률과 같다. 오류횟수 N에 대해 $P(X > 40,000) = P(N \leq 3)$이다.

오류횟수가 포아송과정을 따른다는 가정은 N이 $E(N) = 40,000(0.0001) = 4$회$/40,000$시간을 모수로 갖는 포아송분포를 갖는 것을 의미한다. 따라서 다음이 성립한다.

$$P(X > 40,000) = P(N \leq 3) = \sum_{k=0}^{3} \frac{e^{-4}4^k}{k!} = 0.433$$

그리고 일반 얼랑확률변수 X의 누적분포함수는 $P(X \leq x) = 1 - P(X > x)$이다. 이상의 확률계산은 (7.13)식의 확률밀도함수를 이용한 적분을 통해 다음과 같이 구할 수 있다. 또한 Excel을 통해 간단하게 계산할 수 있다.

$$P(X > 40,000) = \int_{40,000}^{\infty} f(x)dx = \int_{40,000}^{\infty} \frac{\lambda^r x^{r-1} e^{-\lambda x}}{(r-1)!} dx = 0.43347$$

	A	B	C	D	E	F	G
1	r	4	P(X≤40,000)	0.56653	=GAMMA.DIST(B3,B1,1/B2,1)		
2	λ	0.0001	P(X>40,000)	0.43347	=1-D1		
3	x	40000					

- B1:B3구간의 각 셀들에 자료 입력
- D1셀에 "=GAMMA.DIST(B3,B1,1/B2,1)"을 입력, 40,000시간까지의 누적확률 계산
- D2셀에 "=1-D1"을 입력, 4회까지 오류가 발생할 시간이 40,000시간을 초과할 확률을 0.43347로 계산

Ⅱ 와이블분포와 로그정규분포

1. 와이블분포

와이블분포(Weibull distribution)는 기계의 고장 발생시간의 모형설정을 하는데 주로 사용되며, 시간에 따른 오류 횟수가 증감 또는 일정한 다양한 상황에 적용되도록 상당한 신축성을 가진 분포이다.

- 척도모수(scale parameter) $\delta > 0$과 형태모수(shape parameter) $\beta > 0$을 갖는 와이블 확률변수(Weibull random variable)의 확률밀도함수 $f(x)$

(7.15.1) $$f(x) = \frac{\beta}{\delta}\left(\frac{x}{\delta}\right)^{\beta-1} \exp\left[-\left(\frac{x}{\delta}\right)^{\beta}\right] \quad \text{for} \quad x > 0$$

- (7.15.1)식에서 형태모수 $\beta = 1$이면, $\delta = 1/\lambda$여서 와이블분포는 지수분포와 동일
- 모수들 δ와 β를 갖는 와이블분포 확률변수 X의 누적분포함수 $F(x)$

(7.15.2) $$F(x) = 1 - \exp\left[-\left(\frac{x}{\delta}\right)^{\beta}\right]$$

- Excel에서 와이블확률변수에 대해 "=WEIBULL.DIST(x,β,δ,0)"으로 확률밀도함수를, "=WEIBULL.DIST(x,β,δ,1)"로 누적분포확률을 계산
- 모수들 δ와 β를 갖는 와이블분포 확률변수 X의 기대치와 분산

(7.16.1) $$\mu = E(X) = \delta\Gamma\left(1 + \frac{1}{\beta}\right)$$

(7.16.2) $$\sigma^2 = V(X) = \delta^2\Gamma\left(1 + \frac{2}{\beta}\right) - \delta^2\left[\Gamma\left(1 + \frac{1}{\beta}\right)\right]^2$$

예제 7-7 냉장고가 고장이 날 때까지의 시간을 $\beta = 1/2$과 $\delta = 5000$시간을 갖는 와이블 확률변수로 모형설정을 한다고 하자. 이러한 경우 6,000시간 이상 동안 고장이 나지 않을 확률과 고장이 날 때까지의 평균시간 $E(X)$를 다음과 같이 구할 수 있다.

	A	B	C	D	E	F	G	H
1	β	0.5	P(X≤6,000)	0.665609	=WEIBULL.DIST(B3,B1,B2,1)			
2	δ	5000	P(X>6,000)	0.334391	=1-D1			
3	x	6000	E(X)	10,000	=5000*EXP(GAMMALN.PRECISE(1+1/B1))			

- B1:B3구간의 각 셀들에 자료 입력
- D1셀에 "=WEIBULL.DIST(B3,B1,B2,1)"을 입력, 6,000시간 내에 고장이 날 누적확률 계산
- D2셀에 "=1-D1"을 입력, 고장이 6,000시간이 지나야 날 확률을 0.334391로 계산
- D3셀에 "=5000*EXP(GAMMALN.PRECISE(1+1/B1))"을 입력, (7.16.1)식에 따라 고장날 때까지의 평균시간 E(X)를 10,000시간으로 계산

2. 로그정규분포

로그정규분포(lognormal distribution)는 어떤 정규확률변수의 자연지수함수로 구성된 확률변수 X가 갖는 분포이다.

- 적재한 화물의 손상위험, 유기체 성장에 대한 충격들의 효과, 압력을 받는 물체의 분자들 분포, 기계부품의 수명분포, 개인소득분포의 조정효과 등과 같이 여러 곱셈확률효과(multiplicative random effects)의 결과를 측정하는데 주로 사용
- 연속확률변수 Y가 정규분포를 갖는 경우에 Y의 자연지수함수 $X = e^{Y}$는 로그정규분포를 갖는 로그정규확률변수(lognormal random variable)
- μ가 정규확률변수[로그정규확률변수의 자연로그값]의 평균으로 $\mu = E[\ln X]$이고, σ^2이 정규확률변수의 분산으로 $\sigma^2 = Var[\ln X]$인 경우에, 로그정규분포의 밀도함수 $f(x)$와 누적분포함수 $F(x)$

(7.17.1) $$f(x) = \frac{1}{x\sigma\sqrt{2\pi}} \exp\left[-\frac{1}{2\sigma^2}(\ln x - \mu)^2\right], \quad x > 0$$

(7.17.2) $$\begin{aligned} F(x) &= P[X \le x] = P[e^{Y} \le x] = P[Y \le \ln(x)] \\ &= P\left[Z \le \frac{\ln(x) - \mu}{\sigma}\right] = \Phi\left[\frac{\ln(x) - \mu}{\sigma}\right] \quad \text{for} \quad x > 0 \end{aligned}$$

- 로그정규확률변수 X의 평균과 분산

(7.18.1) $$\mu_X = \exp\left(\mu + \frac{\sigma^2}{2}\right)$$

(7.18.2) $$\sigma_X^2 = e^{2\mu + \sigma^2}\left(e^{\sigma^2} - 1\right)$$

- Excel에서는 "=LOGNORM.DIST(확률변수값, 평균, 표준편차,1)"을 이용하여 로그정규누적분포의 확률을 계산
- 0의 왜도를 갖는 정규분포 확률변수들과는 달리, 로그정규분포 확률변수들(lognormally distributed random variables)은 양의 범위에 있는 값들을 기초로 하는 단측분포(one-sided distribution)를 갖고, (우측꼬리를 가져 자료들이 중위수 왼쪽에 지우친) 양의 왜도(positive skewness)를 보임.

예제 7-8 손목시계의 수명이 $\mu=10$(시간)과 $\sigma=1.5$(시간)를 갖는 로그정규분포를 갖는다면, 그 수명이 10,000시간을 초과할 확률은 다음과 같이 구할 수 있다.

	A	B	C	D	E	F	G
1	μ	10	P(X≤10,000)	0.299291	=LOGNORM.DIST(B3,B1,B2,1)		
2	σ	1.5	P(X>10,000)	0.700709	=1-D1		
3	x	10,000	P(Z≤z)	0.299291	=NORM.S.DIST(B5,1)		
4	ln(x)	9.21034	P(Z>z)	0.700709	=1-D3		
5	z	-0.52644					

- B1:B3구간의 각 셀들에 자료 입력
- D1셀에 "=LOGNORM.DIST(B3,B1,B2,1)"을 입력, 누적확률 계산
- D2셀에 "=1-D1"을 입력, 수명이 10,000시간을 초과할 확률을 0.700709로 계산
- (7.17.2)식을 사용하여, B4셀에 "=LN(B3)"과 B5셀에 "=(B4-B1)/B2"입력하고, D3셀에 "=NORM.S.DIST(B5,1)"을 입력 후, D4셀에 "=1-D3"을 입력하여 계산

$$\begin{aligned} P(X>10{,}000) &= 1-P[e^{Y}\le 10{,}000]=1-P[Y\le \ln(10{,}000)] \\ &= 1-\Phi\left(\frac{\ln(10{,}000)-10}{1.5}\right)=1-\Phi(-0.52) \\ &= 1-0.30=0.70 \end{aligned}$$

예제 7-9 비용-판매량-이윤(cost-volume-profit : CVP)분석에 따르면, 어떤 기업의 총이윤 w는 총수입 TR, 총비용 TC, 판매량 Q, 판매단가, 단위변동비 V, 단위공헌이익(unit contribution margin) $P-V$, 고정비 F에 대해 다음과 같다.

$$w=TR-TC=Q(P-V)-F$$

확실성분석(certainty analysis)에 따르면, 미래의 Q, P, V가 확실히 알려진 경우에 미래의 총이윤이 100% 확실하게 발생한다고 하자. 이와는 달리 불확실성분석(uncertainty analysis)에 따라 Q가 평균 μ_Q와 표준편차 σ_Q를 갖는 정규분포확률변수와 로그정규분포확률변수의 2가지 경우가 있다고 하자.

첫째, Q가 평균 μ_Q와 표준편차 σ_Q를 모수들로 갖는 정규확률변수인 경우에 기업 이윤 역시 확률변수가 되어 확률변수 w는 다음과 같이 기대치 및 분산 특성에 따라 평균 μ_w와 표준편차 σ_w를 갖고 정규분포된다.

(A.1) $\mu_w = \mu_Q(P-V)-F$

(A.2) $\sigma_w^2 = \sigma_Q^2(P-V)^2$

둘째, Q가 로그정규확률변수이며, 평균 $\mu_Q = E(Q) = e^{\mu + (1/2)\sigma^2}$과 분산 σ_Q^2= Var(Q) =$e^{2\mu+\sigma^2}(e^{\sigma^2}-1)$를 갖는다. 여기서 $\mu = E(\ln Q)$와 $\sigma^2 = Var(\ln Q)$이다. 로그정규분포가정에서 w가 어떤 수준 A를 초과할 확률은 다음과 같다.

(A.3.1) $P[w > A] = 1 - P[w \le A] = 1 - F_w([\ln(A+F) - \mu_w]/\sigma_w)$

여기서 μ_w와 σ_w^2은 다음과 같다.

(A.3.2) $\mu_w = \ln[\mu_Q^2/(\sigma_Q^2 + \mu_Q^2)^{1/2}] + \ln(P-V)$

(A.3.3) $\sigma_w^2 = \ln[(\sigma_Q/\mu_Q)^2 + 1]$

이제 μ_Q=5,000, σ_Q=400, P=3,000, V=1,750, F=5,800,000을 가정하여, Q가 정규확률변수인 경우와 로그정규확률변수인 경우에 대해 w가 200,000을 초과할 확률을 다음과 같이 구할 수 있다.

① Q가 정규확률변수인 경우

- D1셀에 "=B1*(B3-B4)-B5"를 입력, (A.1)식에 따라 μ_w=450,000을 계산
- D2셀에 "=SQRT(B2^2*(B3-B4)^2)"를 입력, (A.2)식에 따라 σ_w=500,000을 계산
- D4셀에 "=1-NORM.DIST(D3,D1,D2,1)"을 입력, 누적확률의 배반사상확률로 w가 200,000을 초과할 확률 P(w〉200,000)을 69.15%로 계산

② Q가 로그정규확률변수인 경우

- D5셀에 "=2*LN(B1)-(1/2)*LN(B2^2+B1^2)+LN(B3-B4)"를 입력, (A.3.2)식에 따라 이윤 자연로그값의 평균을 계산
- D6셀에 "=SQRT(LN((B2/B1)^2+1))"을 입력, (A3.3)식에 따른 이윤 자연로그값의 분산을 표준편차로 전환
- D7셀에 "=(LN(D3+B5)-D5)/D6"을 입력하여, 자연로그값들의 z값을 계산
- D8셀에 "=1-NORM.S.DIST(D7,1)"을 입력, (A.3.1)식에 따라 확률을 68.12%로 계산, 이는 정규분포사용 확률보다 낮게 발생

	A	B	C	D	E	F	G	H	I
1	μ_Q	5,000	μ_w	450,000	=B1*(B3-B4)-B5				
2	σ_Q	400	σ_w	500,000	=SQRT(B2^2*(B3-B4)^2)				
3	P	3,000	x	200,000					
4	V	1,750	P(w>200,000)	69.15%	=1-NORM.DIST(D3,D1,D2,1)				
5	F	5,800,000	μ_w	15.6449	=2*LN(B1)-(1/2)*LN(B2^2+B1^2)+LN(B3-B4)				
6			σ_w	0.0799	=SQRT(LN((B2/B1)^2+1))				
7			z	-0.4712	=(LN(D3+B5)-D5)/D6				
8			P(w>200,000)	68.12%	=1-NORM.S.DIST(D7,1)				

예제 7-10 로그정규분포 확률변수들의 확률밀도곡선이 (우측꼬리를 가져 자료들이 중위수 왼쪽에 지우친) 양의 왜도를 보이며, 변동계수(=표준편차/평균)가 클수록 양의 왜도가 증가하는 것을 볼 수 있다.

	A	B	C	D	E
1	μ	0	0	1	1
2	σ^2	1	4	2	4
3	x	lnN(0,1)	lnN(0,4)	lnN(1,2)	lnN(1,4)
4	0.00	#NUM!	#NUM!	#NUM!	#NUM!
5	0.05	0.089778	1.299325	0.10422	0.542218
6	0.10	0.28159	1.028151	0.184576	0.510235
7	0.15	0.439837	0.848022	0.230681	0.46574
8	0.20	0.546268	0.721492	0.257081	0.425797
9	0.25	0.610455	0.627496	0.271765	0.39157
10	0.30	0.644203	0.554712	0.279176	0.362294
11	0.35	0.656929	0.496571	0.28192	0.337063
12	0.40	0.655444	0.448995	0.281601	0.315115
13	0.45	0.644527	0.409311	0.279246	0.295849
14	0.50	0.627496	0.375688	0.275532	0.278794
15	0.55	0.606648	0.346829	0.270916	0.263584
16	0.60	0.583574	0.321783	0.265714	0.249928
17	0.65	0.559371	0.299842	0.260146	0.237593
18	0.70	0.534795	0.280463	0.254367	0.226393
19	0.75	0.510361	0.263224	0.248488	0.216175
20	0.80	0.486416	0.247792	0.242589	0.206811
21	0.85	0.463186	0.233898	0.236725	0.198196
22	0.90	0.440816	0.221327	0.230938	0.190243
23	0.95	0.419387	0.209901	0.225255	0.182876
24	1.00	0.398942	0.199471	0.219696	0.176033

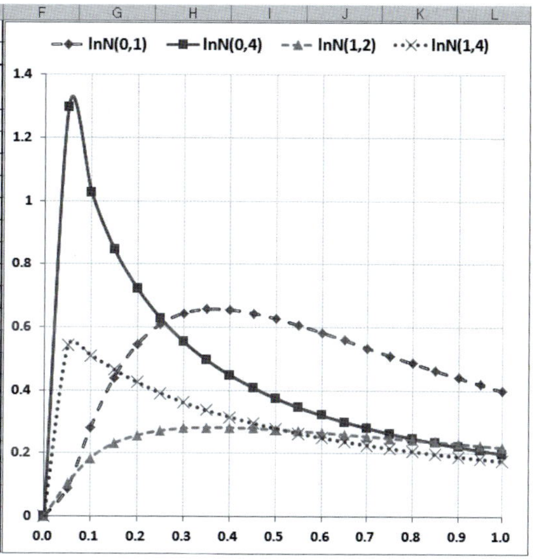

① 자료입력과 Text함수의 사용

- B1:E1구간 및 B2:E2구간의 각 셀에 로그정규확률변수의 평균과 분산을 표시
- B3:E3구간을 지정, 수식입력줄에 “="lnN("&TEXT(B1,0)&","&TEXT(B2,0)&")"”을 입력 후 “Ctrl+Enter↵”를 클릭하여, 평균과 분산 크기 변화에 따라 값이 자동적으로 변화하도록 동시에 입력

② 로그정규확률변수의 확률밀도함수 계산

- A4:A24구간에 0부터 1까지 0.05간격으로 자동 채우기

- B4:E24구간을 지정, 수식입력줄에 "=LOGNORM.DIST($A4,B$1,SQRT(B$2),0)"을 입력 후 "Ctrl+Enter↵"를 클릭하여 각 로그정규확률변수의 확률밀도함수들을 계산
- A3:E24구간을 지정, 메뉴 탭에서 "삽입 | 차트 | 분산형 | 곡선 및 표식이 있는 분산형"을 지정하여 로그정규분포곡선을 작성

TIP TEXT(값, 표시형식)함수에서 표시 형식의 의미

- **숫자** : "#,###.#"로 표시하면 1,000단위 구분 표시와 소수점 1자리로 표시, 특정 자리에 하나의 숫자를 표시하려면, 그 자리에 해당 숫자를 표시, # 대신에 0을 표시해도 가능
- **날짜 및 시간** : "yy/mm/dd"와 "hh/mm/ss"로 두 자리 숫자의 "년/월/일"과 "시/분/초"를 표시
- **기호와 숫자** : "기호#,###.000" 또는 "기호0,000.000"는 해당 기호에 1,000단위 구분 및 소숫점 3자리로 숫자를 표시

학 습 문 제

※ 맞으면 "○", 틀리면 "×"를 표시하시오.

01. 특정구간의 연속균등분포 확률밀도함수는 그 구간 범위의 역수와 같다. ( )

02. 정규분포는 그 평균으로 집중된다. ( )

03. 정규확률곡선이 그 평균의 좌측에서 갖는 아래의 면적은 −0.5이다. ( )

04. 정규분포 모집단의 약 68%가 그 평균으로부터 좌우로 1배의 표준편차 이내에 위치한다. ( )

05. 정규곡선 아래의 총면적은 대략 1이다. ( )

06. 정규확률변수 X가 어떤 상수 a 이상일 확률은 $P(X> a)$로 표시할 수 있다. ( )

07. z값 또는 z점수는 평균 μ와 표준편차 σ를 갖는 정규확률변수 X의 값 x에 대한 방정식 $z=(\mu-x)/\sigma$로 계산된다. ( )

08. 양(+)의 z값은 어떤 정규확률변수의 특정값이 그 평균을 초과하는 크기를 표준편차 표시로 환산한 것이다. 즉 표준편차의 개수로 나타낸 것이다. ( )

09. 실수들 집합의 어떤 값을 가질 수 있는 확률변수는 반드시 정규분포된다. ( )

10. 어떤 연속확률변수 X에 대해서라도 $P(X>2)=P(X\geq 2)$가 성립한다. ( )

11. 표준정규분포는 0에 대해 대칭적이다. ( )

12. 표준정규분포는 0의 평균과 1의 분산을 갖는다 ( )

13. 정규분포의 평균, 중위수, 최빈치는 모두 일치한다. ( )

정답 1. ○ 2. ○ 3. × 4. ○ 5. × 6. ○ 7. × 8. ○ 9 × 10. ○ 11. ○ 12. ○ 13. ○

학 습 문 제

14. X가 정규확률변수라면, $P(X > 0) = 0.5$가 항상 성립한다. ( )

15. 모든 정규분포들이 표준정규분포로 전환될 수 있는 것은 아니다. ( )

16. z값이 음(-)으로 계산된다면, 계산을 잘못한 것이다. ( )

17. 1의 z값은 표준정규곡선 아래 면적의 1%가 0의 z값의 우측에 있다는 것을 표시한다. ( )

18. 지수확률분포는 어떤 포아송과정에서 사상이 처음 발생하는데 걸리는 시간을 측정한다 . ( )

19. 어떤 포아송과정에서 양의 정수인 r개 사상들이 발생할 때까지 걸리는 시간을 측정하는 방식으로 지수확률분포를 일반화시킨 것이 얼랑분포이다. ( )

20. 얼랑분포는 r개의 기하확률변수들의 합으로 표시할 수 있는 음이항확률변수의 연속적 변형과 같아 r개의 지수확률변수들의 합으로 표시할 수 있다. ( )

21. 감마분포는 얼랑확률변수의 모수 r이 0보다 크지만 정수가 아닌 경우를 설명하며, 모수 r은 r의 계승(r!)으로 나타난다. ( )

22. 특정 시간의 발생사상들 평균인 모수 $\lambda = 1/2$과 발생사상들 수 r이 1/2 또는 1/2로 계속 추가된 어떤 수인 감마분포는 구간추정 및 가설검정에 널리 사용되는 카이자승분포이다. ( )

23. 와이블분포는 기계고장 등이 발생할 때까지의 시간에 대한 모형설정을 수행하는데 자주 사용되며, 아주 신축적인 특성을 갖고 있다. ( )

24. 형태모수 β가 1이고, 척도모수 δ가 $1/\lambda$인 와이블분포는 지수분포이다. ( )

25. 로그정규분포는 정규확률변수의 자연지수함수로 구성된 확률변수가 갖는 분포를 말한다. ( )

26. 로그정규분포에서 모수들은 정규확률변수의 평균과 분산이므로, 로그정규확률변수의 평균과 분산은 정규확률변수 모수들의 함수이다. ( )

정답 14. × 15. × 16. × 17. × 18. ○ 19. ○ 20. ○ 21. ○ 22. ○ 23. ○ 24. ○ 25. ○ 26. ○

CHAPTER 8

표본추출과 점 추정

제 1 절 표본조사와 표본추출

통계적 추론(statistical inference)은 어떤 모르는 확률분포에 따라 발생된 자료를 분석하여, 분석결과의 판단을 기초로 그 분포에 대한 다른 판단을 도출하는 과정이다. 이와 같이 표본 결과를 모집단 결과로 일반화시키기 위해 수행하는 과정인 통계적 추론은 모수추정(parameter estimation)과 가설검정(hypothesis testing)의 2개 분야로 구분한다.

추정은 해당 통계량에서 모수를 추측 또는 추리하는 과정이며, 표본의 평균 및 표준편차에서 모집단의 평균 및 표준편차를 추정할 수 있다. 한편 가설검정은 표본정보를 기초로 어떤 모수의 값에 대한 가설이나 가정을 채택 또는 기각할지의 여부를 결정하는 과정이다.

I 표본조사와 표집방법

1. 표본조사

표본조사(sample survey)는 통계학적 원리에 의해 표본을 추출하여 조사대상 전체를 추정하는 방법이다.

- 모집단 전수조사에 비해 표본조사가 갖는 장점
  - **신속성**(timeliness) : 조사대상 전부인 모집단 구성요소를 모두 조사하는 전수조사에 비해 자료의 수집 · 집계 · 분석 과정을 신속한 처리로 시간 절약
  - **비용 절감**(cost savings) : 조사에 소요되는 시간 · 노력 · 비용의 절약
  - **상세 정보**(detailed information) : 전수조사보다 더 많은 상세한 종류의 정보 획득
  - **전수조사가 불가능한 경우에 적용 가능**(avoiding destructive testings) : 무한히 큰 모집단, (자동차 안전도 검사, 통조림 위생검사 등의) 파괴적 조사 대상, 정확한 파악이 불가능한 조사 등의 경우에도 적용 가능
  - **정확도 증가**(accuracy gain) : 조사과정의 적절한 통제를 통해 자료의 조사과정과 집계과정에서 발생하는 오차인 비표본오차의 감소, 조사대상의 오염방지 등의 효과를 통해 전수조사보다 정확한 자료 획득이 가능

TIP

- **비표본오차(non-sampling error)** : 조사의 계획단계에서 개념 규정이나 조사표 설계 등에서의 오류 또는 조사수행·집계·정리단계에서의 오류로 인해 발생하는 오차, 주로 측정오차로 발생
- **표본오차(sampling error)** : 표본 선택에서 모집단을 대표하는 구성요소를 포함하지 못한 오류로 인해 발생하는 오차, 표본선택방침이 잘못되어 발생한 오차는 "편의(bias)에 의한 표본오차"라고 함.
- **오차(error)** : 어떤 양의 측정에서 발생하는 참 값과 측정치 사이의 격차, (발생원인을 알고 있는) 계통적 오차(systematic error)·(부주의로 인한) 과실오차(careless mistake)·(계통적 오차 등을 보완 및 수정해도 여전히 남아 원인을 찾아내기 어려운) 우연오차(accidental error)로 구성

- 표본조사는 표집으로 획득한 표본을 분석하여 다음 절차들로 수행
  - 요약 및 기록을 통해 관찰된 사실의 특성(what)을 표현하는 기술(description)
  - 현상의 발생 이유와 원인(why)을 규명하는 설명(explanation)
  - 이론, 법칙, 특수한 조건을 기초로 관찰에 의해 증명할 수 있는 미래 현상의 특정 국면에 대한 예상이나 기대를 제시하는 예측(prediction)
  - 현상을 결정하는 원인이나 선행조건을 조작하여 현상을 바람직한 방향으로 유도하는 행위 전략계획의 구상과 실행 및 평가과정인 통제(control)

2. 표본추출의 과정 및 편향

표본추출(표집, sampling)은 모집단에서 표본을 선택하는 과정이다. 표집법(표본법)은 모집단을 가장 잘 대표하는 부분을 표본으로 선정 및 조사하여 전수조사를 대신하는 방법이다

- 표본추출 수행절차
  - 연구 목적에 따라 연구대상인 모집단 결정 및 규명
  - 표본구성에 필요한 모집단 구성요소의 열거목록인 표본추출 프레임 결정
  - 표본추출방법의 결정
  - 표본크기의 결정
  - 응답자로부터 자료 수집
  - 의사결정을 위한 정보 획득

- 표본추출 편향(sampling bias)은 잘못된 표집기법이나 실제측정수단의 결함으로 인해 발생
  - **과소포함범위**(undercoverage) : 모집단의 표집되어야 할 일부 부분이 제외된 범위
  - **자발적 응답편향**(voluntary response bias) : 응답자들의 흥미여부에 따라 발생하는 편향된 응답들
  - **자구(표현)편향**(wording bias) : 질문 표현에 대한 단어 선택들이 계통적 방식으로 응답에 주는 영향
  - **응답편향**(response bias) : 응답자의 상황, 교육정도, 설문에 대한 느낌에 따라 응답의 결과가 다르게 발생하여 나타나는 편향

TIP

• **편향(bias)** : 추정하려는 모수에 대해 추정량이 멀어지는 어떤 계통적 편차

3. 확률표집과 비확률표집

확률표본추출법(probability sampling methods)은 표본추출 프레임의 구성요소인 대상 모집단의 각 원소가 표본으로 추출될 확률이 알려져 있는 경우에 무작위로 표본을 추출하는 방법이다.

- 확률표집에서 대상 모집단의 각 원소가 표본에 포함될 확률은 다르게 발생
- 확률표집은 모수 추정에 대한 편향(bias)이 없고, 표본오차추정이 가능하며, 표본 분석결과의 일반화가 가능하다는 장점을 보유
- 확률표집방법은 〈표 8-1〉과 같이 단순무작위 표집, 계통표집, (비례 및 불균형) 층화표집, 집락표집, 다단계표집의 5가지 방식으로 보통 많이 사용

비확률표집(nonprobability sampling)은 조사자가 자신의 판단이나 직관에 의해 주관적으로 표본을 선정하는 방법이다.

- 시간과 비용이 확률표집에 비해 적게 들고 편리하게 확률표집에 대등한 결과를 얻을 수 있다는 장점을 보유
- 비확률표집은 모수추정에서 편향(bias)이 초래되고, 표본분석결과의 일반화가 곤란하며, 표본오차의 추정이 불가능하다는 단점을 가짐.
- 비확률표집은 〈표 8-2〉와 같이 덩어리 표집, 판단표집, 할당표집, 누적표집의 방법으로 수행 가능

〈표 8-1〉 확률표집의 방법과 주요 절차

표집방법	주요 절차
단순무작위 표집 (simple random sampling)	모집단의 각 구성요소가 표본으로 선택될 확률을 동등하게 부여하여 표본을 선정
계통적 표집 (systematic sampling)	자연적 순서 또는 일정한 질서에 따라 배열된 모집단 구성요소들의 일람표에서 매 k번째 구성요소를 선정
층화표집 (stratified sampling)	모집단을 2개 이상 층(그룹, 계급)으로 구분, 각 층에서 단순무작위로 표본을 선정, 표본크기를 그룹 크기에 따라 비례적 또는 임의적으로 결정
집락(군집)표집 (cluster sampling)	모집단을 이질적 구성요소를 포함하는 여러 집락으로 구분한 후에, 집락별로 표본을 단순무작위 선정
다단계표집 (multistage sampling)	먼저 집락을 구분, 각 집락 크기에 따라 표본크기를 결정, 집락별로 무작위 표본을 선정, 다시 가중치를 부여하여 계통적 방식으로 표집을 수행

〈표 8-2〉 비확률표집의 방법과 주요 절차

표집방법	주요 절차
덩어리(우연, 편의)표집 (chunk, incidental or convenience sampling)	연구자 편의에 따라 모집단 일정단위 또는 사례를 표집하여 일정한 표본추출크기가 되면 표본추출을 종료하는 방법
판단(의도)표집(judgement or purposive sampling)	조사 모집단의 사전지식을 갖고 모집단의 대표적 구성요소로 판단되는 사례를 표본으로 선정하는 방법
할당표집 (quota sampling)	모집단을 일정한 범주로 구분한 후에, 각 범수별로 표본설계지가 지정한 수의 요소들을 각 조사자의 주관에 따라 표본으로 선정하는 방법
누적표집 (snowball sampling)	모집단 구성원을 모두 파악하지 못하는 경우에 연구자가 임의로 표본을 선정하고, 다시 선정한 표본에 해당되는 사람의 추천을 받아 다른 표본을 선정하는 과정을 반복하여 표본을 누적해 나가는 방법

Ⅱ 표집분포와 표본크기 및 정규근사

1. 표집분포의 개념

표집분포(sampling distribution)는 표본평균, 표본비율 등의 표본 통계량들 확률분포이다. 표본통계량들은 주어진 크기의 표본들에 대해 계산되고, 하나의 모집단에서 많은 표본들이 추출되기 때문에 표본에 따라 다르게 나타난다.

- 표집분포 또는 표본분포는 표본에 따라 다르게 발생 ← 하나의 모집단에서 많은 표본들이 추출되고, 표본통계량은 주어진 크기의 표본들에 대해 계산됨
- 표집분포는 표본원소들의 값들의 분포와는 다르게 발생

(표본)평균의 표집분포[sampling distribution of the (sample) mean]는 특정 모집단에서 추출된 주어진 크기의 가능한 모든 표본들의 평균들이 갖는 개념적이며 이론적인 확률분포이다.

- 모집단 분포의 평균이 μ이고 분산이 σ^2인 경우에 크기 n의 확률표본 $X_1, X_2, \cdots, X_n$의 표본평균 $\overline{X}$의 계산방법

(8.1)
$$\overline{X} = \frac{1}{n}(X_1 + X_2 + \cdots + X_n) = \frac{1}{n}\sum_{i=1}^{n} X_i$$

〈표 8-3〉 표본과 모집단의 특징 비교

	표 본	모집단
숫자 값(수치)	자료	확률변수들의 값
분포	상대도수	확률
특성표시(특성치)	기술통계학(통계량)	모집단 값들(모수)
표시 기호	로마자(s, r 등)	그리스문자(σ , ρ 등)

- 표본평균 $\overline{X}$는 확률변수이며, 이러한 확률변수의 가능한 값들은 $\overline{X}$가 계산될 확률표본에 있는 원소들의 가능한 값들에 의해 결정 → 확률변수 $\overline{X}$의 확률분포는 $\overline{X}$의 표본추출분포
- $\overline{X}$의 표집분포는 특정 모집단에서 크기 n의 표본을 추출하는 경우에 확률변수 $\overline{X}$가 가질 수 있는 모든 값들의 확률분포
- 집단 분포가 정규분포 $N(\mu, \sigma^2)$인 경우에 표본평균 $\overline{X}$ 역시 정규분포 $N(\mu, \sigma^2/n)$으로 발생
- 표본평균 $\overline{X}$를 사용하여 모집단 평균 μ 를 추정하는 경우에 표본오차와 비표본오차가 발생하므로, 다음 특성을 갖는 표본통계량인 표집분포의 평균을 μ 의 우량 추정량(good estimator)으로 사용
  - 표본평균 $\overline{X}$ 의 표집분포 평균은 표집된 모집단 평균 μ 와 일치하여 $\mu_{\overline{X}} = \mu$ 성립
  - 표본평균 $\overline{X}$ 의 표집분포 표준편차는 표집된 모집단의 표준편차를 표본크기의 자승근 $\sqrt{n}$ 으로 나눈 값과 일치하여 $\sigma_{\overline{X}} = \dfrac{\sigma}{\sqrt{n}}$ 이 성립하여, 표본크기가 클수록 표본평균 $\overline{X}$ 의 (표집분포) 표준편차는 감소
  - 표본평균 $\overline{X}$ 의 표집분포 표준편차 $\sigma_{\overline{X}}$ 를 평균의 표준오차(standard error of the mean) 또는 표본평균의 표준편차(standard deviation of the sample means)라고 하며, 표본평균이 모(집단)평균에 대해 갖는 격차의 정도를 표시하는 척도

비율의 표집분포(sampling distribution of the proportion)는 특정 모집단에서 추출된 주어진 크기의 수많은 무작위표본들의 표본비율의 상대도수분포이다.

- 비율의 표집분포가 갖는 특성들
  - 비율의 표집분포는 정규분포의 근사치를 보유
  - 모든 가능한 표본들에 대한 평균비율은 모집단 비율과 일치
  - 비율 표집분포의 표준오차(standard error of sampling distribution of proportion) s_p 는 $s_p = \sqrt{\dfrac{p(1-p)}{n}}$ 으로 결정, 여기서 p 는 모집단 비율 추정치인 표본비율, n 은 표본크기

예제 8-1 정수 1부터 8까지의 정수에 대해 균등 분포된 어떤 모집단에서 복원추출로 구간에 크기 $n=2$의 표본을 추출한다고 하자. 이러한 경우에 각 정수의 추출확률은 동일하여 모집단 분포는 균등분포이며, 추출된 2개의 수들로 구성된 표본(쌍)에서 평균은 삼각형분포를 갖는다. 이상과 같은 각 표본들의 가능한 표본평균들 $\overline{X}$, $\overline{X}$의 확률분포, $\overline{X}$의 기대치 $E(\overline{X})$, $\overline{X}$의 표준편차 $\sigma_{\overline{X}}$, 모집단 평균 및 표준편차를 아래와 같이 구할 수 있다.

	A	B	C	D	E	F	G	H	I	J	K	L	M	N	O	P
1			1회 추출								$\overline{X}$	$\overline{X}$ 확률	$\overline{X}$	$\overline{X}$ 확률	μ	4.5
2			1	2	3	4	5	6	7	8	1.0	1/64	5.5	6/64	σ	2.2913
3	2회 복원 추출	1	1.0	1.5	2.0	2.5	3.0	3.5	4.0	4.5	1.5	2/64	6.0	5/64	n	2
4		2	1.5	2.0	2.5	3.0	3.5	4.0	4.5	5.0	2.0	3/64	6.5	4/64	$\sigma_{\overline{X}}$	1.6202
5		3	2.0	2.5	3.0	3.5	4.0	4.5	5.0	5.5	2.5	4/64	7.0	3/64		
6		4	2.5	3.0	3.5	4.0	4.5	5.0	5.5	6.0	3.0	5/64	7.5	2/64		
7		5	3.0	3.5	4.0	4.5	5.0	5.5	6.0	6.5	3.5	6/64	8.0	1/64		
8		6	3.5	4.0	4.5	5.0	5.5	6.0	6.5	7.0	4.0	7/64	합계	1.0		
9		7	4.0	4.5	5.0	5.5	6.0	6.5	7.0	7.5	4.5	8/64	$E(\overline{X})$	4.5		
10		8	4.5	5.0	5.5	6.0	6.5	7.0	7.5	8.0	5.0	7/64	$\sigma_{\overline{X}}$	1.6202		

① 가능한 표본들과 표본평균들의 계산

- C2:J2구간에 1부터 8까지 입력, B3:B10구간에 1부터 8까지 입력
- C3:J10구간을 지정, 수식입력줄에 "=AVERAGE(C$2,$B3)"을 입력하여 가능한 크기 2의 표본에 대한 평균들을 동시 계산

② 표본평균의 확률분포 작성과 표본평균의 기대치 및 표준편차 계산

- K2:K10구간과 M2:M7구간에 각각 1부터 5까지와 5.5부터 8까지 입력
- L2:L10구간과 N2:N7구간을 동시 지정, 수식입력줄에 다음 식을 입력 후 "Ctrl + Enter↵"를 클릭하여 각 표본평균의 값들에 대한 확률을 동시 계산

```
=COUNTIF($C$3:$J$10,M2)/COUNT($C$3:$J$10)
```

- N8셀에 "=SUM(L2:L10,N2:N7)"을 입력하여 확률들 합계를 계산
- N9셀에 "=SUMPRODUCT(K2:K10,L2:L10)+SUMPRODUCT(M2:M7,N2:N7)"을 입력하여 표본평균의 기대치를 계산
- N10셀에 "=SQRT(SUMPRODUCT(L2:L10,(K2:K10-$N$9)^2)+SUMPRODUCT(N2 : N7, (M2:M7-$N$9)^2))"를 입력하여 평균의 표준오차(표본평균의 표준편차)를 계산

③ 모집단 평균 및 표준편차 계산과 표준오차 계산 증명

- P1셀에 "=AVERAGE(C2:J2)"를 입력하여 모집단 평균을 계산
- P2셀에 "=STDEV.P(C2:J2)"를 입력하여 모집단 표준편차를 계산

- P3셀에 표본크기 "2"를 입력
- P4셀에 "=P2/SQRT(P3)"을 입력하여, N10셀의 표준오차와 일치하는 것을 확인

2. 표본의 크기와 중심극한정리

표본은 추출되는 구성요소의 순서와는 무관한 조합이므로, 크기 N의 유한 모집단에서 n 개 원소의 표본 $_NC_n$ 개를 비복원으로(without replacement) 추출 가능하며, (추출된 원소를 모집단에 복원시켜 추출을 반복하는) 복원추출(sampling with replacement)을 한다면, 크기 N의 유한 모집단에서 n 개 원소를 갖는 표본 수는 N^n 개로 결정할 수 있는 확률실험결과의 셈 원리에서 분석했다.

- 표본크기는 실제로 ① 표본에 포함되는 그룹들과 소그룹들의 수, ② 관찰 대상이 되는 정보의 가치와 정확성, ③ 표집의 비용, ④ 모집단의 변동 가능성에 의해 영향을 받음.
- 미리 결정된 크기의 어떤 표본을 선정하여 평균이나 비율 등의 표본통계량을 계산하고, 표집분포에 대한 확률이론의 사용으로 이러한 통계량을 이용하여 모집단 모수에 대한 추론을 하는 과정을 수행
- **중심극한정리(central limit theorem)** : 표본크기가 (보통 30개 이상으로) 증가함에 따라 무작위로 선정된 표본의 표본평균 분포가 평균 $\mu_{\overline{X}}$ 와 표준편차 $\sigma_{\overline{X}}$ 를 갖는 정규분포에 접근하는 원리
  - 중심극한정리는 표본이 추출된 원래 모집단의 분포와는 무관하게 성립
  - 모르는 확률분포를 갖는 모집단에서 표본추출을 하는 경우에, 표본크기 n 이 크다면 표본평균의 표집분포는 평균 μ 와 분산 σ^2/n 을 모수로 갖는 정규분포를 가짐.
  - 표본크기가 증가함에 따라 표본평균 $\overline{X}$ 의 표집분포에 대해 정규 근사법을 사용하는 보다 나은 결과를 달성 가능.
  - 일반적으로 표본의 확률변수 X가 정규표집분포를 갖도록 표본크기를 결정하려면, 표집된 모집단의 상대도수분포의 왜도가 클수록 더 큰 표본이 필요하고, 대칭적 분포를 갖는 모집단에 대해서는 아주 작은 표본이라도 가능.
  - 표본크기의 결정은 위와 같은 통계적 기법 이외에도 경험법칙(rules of thumb), 예산제약, 유사 연구와의 비교를 통해 수행 가능.

3. 이항분포의 정규근사와 연속성수정

성공확률 p 와 표본크기 n 을 갖는 이항확률변수 x 는 np 와 $n(1-p)$ 모두 5보다 큰 경우에 일반적으로 정규확률변수로 전환하여 이항확률분포의 우량 근사치를 획득하는 것이 유리하다.

- 이항확률변수는 다음 방식에 의해 표준정규변수인 z통계량으로 전환

(8.2) $$z = \frac{x-\mu}{\sigma} = \frac{x-np}{\sqrt{np(1-p)}}$$

- (8.2)식은 근사치만를 구하는 공식이어서 어떤 오차를 포함하므로, 완전계급하한의 개념을 이용하여 1/2을 더하는 연속성수정(continuity correction)을 하여 보다 양호한 근사치를 얻기 위해 x 의 초과와 $x+1$ 이상의 기준이 동일한 내용으로 나타나는 경우에는 일반적으로 임계값 x 는 $x+0.5$ 로 수정하여 정규근사를 수행하는 것이 적합

예제 8-2 성공확률이 0.2인 이항분포확률변수의 확률분포곡선은 표본크기가 30 이상이 됨에 따라 확률분포곡선의 오른쪽 꼬리가 거의 사라져, 정규확률분포가 이항확률분포의 우량 근사치가 되는 것을 다음과 같이 확인할 수 있다.

	A	B	C	D	E	F
1	성공횟수 (x)	확률 (n=15)	확률 (n=20)	확률 (n=25)	확률 (n=30)	성공 확률
2	0	0.035	0.012	0.004	0.001	0.2
3	1	0.132	0.058	0.024	0.009	
4	2	0.231	0.137	0.071	0.034	
5	3	0.250	0.205	0.136	0.079	
6	4	0.188	0.218	0.187	0.133	
7	5	0.103	0.175	0.196	0.172	
8	6	0.043	0.109	0.163	0.179	
9	7	0.014	0.055	0.111	0.154	
10	8	0.003	0.022	0.062	0.111	
11	9	0.001	0.007	0.029	0.068	
12	10	0.000	0.002	0.012	0.035	
13	11	0.000	0.000	0.004	0.016	
14	12	0.000	0.000	0.001	0.006	
15	13	0.000	0.000	0.000	0.002	
16	14	0.000	0.000	0.000	0.001	
17	15	0.000	0.000	0.000	0.000	
18	시행횟수 (n)	15	20	25	30	

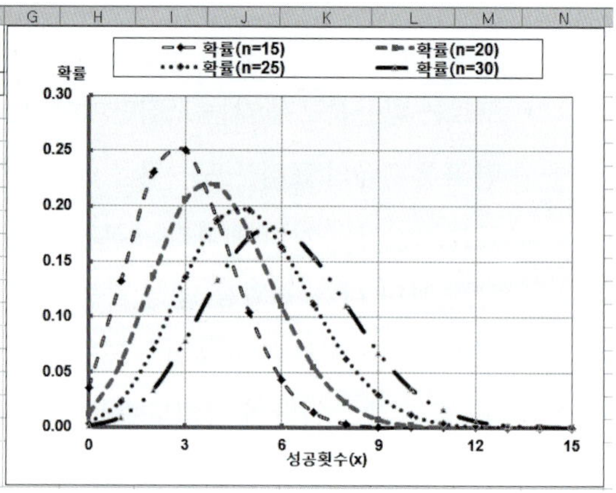

① 성공횟수와 시행횟수의 입력

- A2셀에 0을 입력 후 메뉴 탭의 "편집 | 계열 | 연속 데이터"를 지정하여 열 방향으로 15까지 입력
- A18:E18구간의 각 셀에 시행횟수를 각각 15, 20, 25, 30으로 입력

② 이항분포확률 계산과 이항분포곡선 도출

- B2:E17구간을 지정, 수식입력줄에 "=BINOM.DIST($A2,B$18,$F$2,0)"을 입력한 후에 "Ctrl+Enter↵"를 클릭하여 각 시행횟수에 대한 성공횟수 확률들을 동시 계산
- A1:E17구간을 지정, 메뉴 탭에서 "삽입 | 차트 | 분산형 | 곡선 및 표식이 있는 분산형"을 지정하여 각 표본크기에 따른 이항분포곡선들을 도출
- 위의 각 표본크기에서 시행횟수에 따른 표본크기가 30으로 결정될 경우에 가장 정규분포에 근접한 상대도수(확률)분포곡선이 발생하는 것을 확인

예제 8-3 어떤 영업사원이 개인적으로 접촉한 사람들의 20%가 구매를 한다고 가정하자. 그 영업사원이 30명의 유망고객을 만난 경우에, 1명 이상이 구입할 확률부터 15명 이상이 구입할 확률까지를 정규근사에 따른 표준정규누적확률함수를 이용하여 구할 수 있다. 그리고 그 결과를 실제 이항분포함수를 사용한 결과와 연속성수정을 하지 않은 정규근사의 결과와 비교를 수행할 수 있다.

성공횟수 (x)	z (n=30)	P(Z≥z)	BP(X≥x)	$P(Z\ge z_U)$	z_U (n=30)
1	-2.51	0.9940	0.9988	0.9969	-2.74
2	-2.05	0.9800	0.9895	0.9888	-2.28
3	-1.60	0.9449	0.9558	0.9661	-1.83
4	-1.14	0.8731	0.8773	0.9145	-1.37
5	-0.68	0.7532	0.7448	0.8193	-0.91
6	-0.23	0.5903	0.5725	0.6760	-0.46
7	0.23	0.4097	0.3930	0.5000	0.00
8	0.68	0.2468	0.2392	0.3240	0.46
9	1.14	0.1269	0.1287	0.1807	0.91
10	1.60	0.0551	0.0611	0.0855	1.37
11	2.05	0.0200	0.0256	0.0339	1.83
12	2.51	0.0060	0.0095	0.0112	2.28
13	2.97	0.0015	0.0031	0.0031	2.74
14	3.42	0.0003	0.0009	0.0007	3.20
15	3.88	0.0001	0.0002	0.0001	3.65

① 정규근사법 기준의 충족 여부를 검토

- $n \geq 30$ 의 여부 : 표본크기 n 이 30이어서 충족

- $np \geq 5$ 의 여부 : $np = (30)(0.2) = 6 > 5$ 여서 충족
- $n(1-p) \geq 5$ 의 여부 : $nq = (30)(0.8) = 24 > 5$ 여서 충족

② 이항변수의 표준정규변수 전환을 위한 평균과 표준편차 계산

- $\mu = np = (30)(0.2) = 6$
- $\sigma = \sqrt{npq} = \sqrt{(30)(0.2)(0.8)} = \sqrt{4.8} \cong 2.19$

③ 자료입력과 정규근사법칙에 의한 표준정규분포를 이용한 누적확률계산

- A2:A16구간에 1부터 15까지 입력
- B2:B16구간을 지정, 수식입력줄에 "=(A2-0.5-30*0.2)/SQRT(30*0.2*(1-0.2))"를 입력 후 "Ctrl+Enter↵"를 클릭하여, $x+1$ 명 이상은 x 명 초과를 의미하기 때문에 각 이항변수를 연속성수정을 통해 $z = (x+0.5-\mu)/\sqrt{np(1-p)}$ 가 되도록 표준정규변수 z통계량으로 전환
- C2:C16구간 지정, 수식입력줄에 "=1-NORM.S.DIST(B2,1)"을 입력 후 "Ctrl+Enter↵"를 클릭하여 A2:A16구간의 각 셀의 인원 이상이 구입할 확률을 정규근사법칙으로 동시 계산

④ 정규근사법칙의 결과와 실제 이항분포 및 연속성 미수정 정규근사 결과 비교

- D2:D16구간을 지정, 수식입력줄에 "=1-BINOM.DIST(A2-1,30,0.2,1)"을 입력한 후 "Ctrl+Enter↵"를 클릭하여 A2:A16구간의 각 셀의 인원 이상이 구입할 확률을 이항분포함수를 통해 동시 계산
- F2:F16구간 지정, 수식입력줄에 "=(A2-1-30*0.2)/SQRT(30*0.2*(1-0.2))"를 입력 후 "Ctrl+Enter↵"를 클릭하여 $z = (x-\mu)/\sqrt{np(1-p)}$ 가 되도록 연속성 미수정 z값들을 동시 계산
- E2:E16구간을 지정, 수식입력줄에 "=1-NORM.S.DIST(F2,1)"을 입력 후 "Ctrl+Enter↵"를 클릭하여 연속성 미수정 정규분포확률을 동시 계산
- C2:E16구간의 결과들을 비교하면, 1~3명 이상까지와 13~15명 이상까지의 구입확률에 대해서는 연속성 미수정 정규근사가 연속성수정을 통한 정규근사보다 양호한 근사치를 제공, 한편 4~11명 이상까지 구입할 확률의 계산에서는 연속성수정을 통한 정규근사가 연속성 미수정 정규근사보다 양호한 근사치를 제공

제 2 절 표집분포 특성과 점 추정

I 평균의 표집분포 특성과 표준오차 및 표본크기

1. 평균의 표집분포 특성

표집분포(sampling distribution)는 주어진 표본크기에 대한 어떤 통계량의 모든 가능한 값들의 분포이며, 평균과 표준편차를 가진다. 평균의 표집분포는 〈그림 8-1〉과 같이 모집단에서 일정한 크기의 표본들을 추출할 경우에 각 표본평균이 갖는 분포를 말한다.

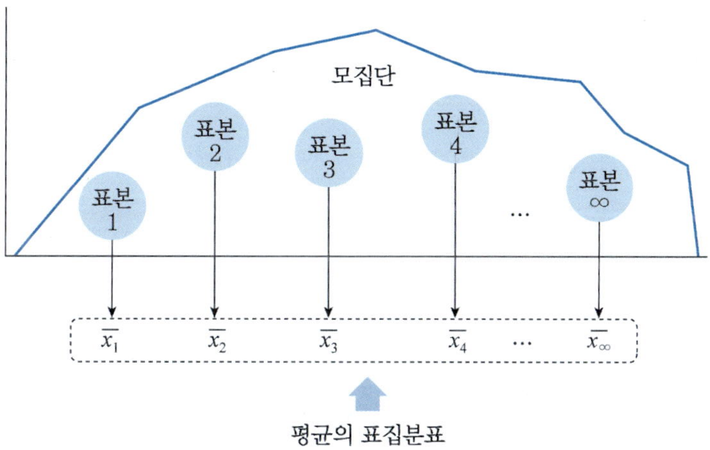

〈그림 8-1〉 평균의 표집분포

- 표본평균 $\overline{X}$ 의 기대치 $E(\overline{X})$ 는 표집된 모집단의 평균 μ 와 일치하며, 표본평균의 분산(variance of the sample means)은 다음과 같이 계산

(8.3)
$$E(X) = \frac{1}{n}E(X_1 + X_2 + \cdots + X_n)$$
$$= \frac{1}{n}[E(X_1) + E(X_2) + \cdots + E(X_n)] = \frac{1}{n}n\mu = \mu$$

(8.4)
$$Var(\overline{X}) = \frac{1}{n^2}Var(X_1 + X_2 + \cdots + X_n)$$

- (8.4)식에서 $X_1 + X_2 + \cdots + X_n$ 은 n 개의 독립적인 확률변수들이며, 동일한 모집단에서 추출되었기 때문에 다음이 성립

(8.5)
$$\sigma_{\overline{X}}^2 = Var(\overline{X}) = \frac{1}{n^2}(\sigma_1^2 + \sigma_2^2 + \cdots + \sigma_n^2)$$
$$= \frac{1}{n^2}(\sigma^2 + \sigma^2 + \cdots + \sigma^2) = \frac{1}{n^2}(n\sigma^2) = \frac{\sigma^2}{n}$$

- (8.5)식의 표본평균의 분산 $\sigma_{\overline{X}}^2 = \sigma^2 / n$ 에서 도출된 평균의 표준오차(standard error of the mean) $\sigma_{\overline{X}}$ 의 공식

(8.6)
$$\sigma_{\overline{X}} = \sqrt{\frac{\sigma^2}{n}} = \frac{\sigma}{\sqrt{n}}$$

- (8.6)식은 관찰치가 클수록 평균의 표준오차는 감소하여, 표본평균들 간의 변동성이 감소하는 것을 반영
- 표본크기가 클수록 표본평균 $\overline{X}$ 의 평균은 모집단의 평균에 접근하여 표본평균의 분산이 0으로 수렴

예제 8-4 매출채권 모집단이 크기 1,000개이며, 평균 μ 가 260, 표준편차 σ 가 45라고 하자. 이러한 매출채권 모집단에서 36개 확률표본을 추출한 경우에, 표본평균이 각각 (5의 추가 단위로 배열된) 235, 240, ..., 285보다 작을 확률과 표본평균이 245와 275 사이 구간에서 발생할 확률을 정규근사법으로 다음과 같이 구할 수 있다.

	A	B	C	D	E
1	표본평균	표준정규변수(z)	P(Z≤z)	평균(μ)	P(Z=z)
2	235	-3.33	0.0004	260	0.0015
3	240	-2.67	0.0038	σ	0.0114
4	245	-2.00	0.0228	45	0.0540
5	250	-1.33	0.0912	n	0.1640
6	255	-0.67	0.2525	36	0.3194
7	260	0.00	0.5000	se	0.3989
8	265	0.67	0.7475	7.5	0.3194
9	270	1.33	0.9088		0.1640
10	275	2.00	0.9772		0.0540
11	280	2.67	0.9962		0.0114
12	285	3.33	0.9996		0.0015
13	P(-2≤z≤2)		0.9545	=C10-C4	

① 자료입력과 표본평균의 표준정규변수 전환

- A1:A12구간에 표본평균들을 입력
- D2셀에 모집단 평균 μ 인 260을, D4셀에 모집단 표준편차 σ 인 45를 입력
- D6셀에 표본크기 n 인 36을 입력, D8셀에 "=D4/SQRT(D6)"을 입력하여, n 이 36으로 모집단 크기 N의 5%인 50(=0.05×1000)보다 작기 때문에 (8.5)식에 따라 평균의 표준오차를 7.5로 계산
- B2:B12구간을 지정, 수식입력줄에 "=(A2-$D$2)/$D$8"을 입력 후 "Ctrl+Enter↵"를 클릭하여, $z=\dfrac{\overline{X}-\mu}{\sigma_{\overline{X}}}$ 에 따라 표본평균들의 z값들을 동시 계산

② 표본평균 z값의 누저확률과 확률 $P(245 < \overline{X} < 275)$ 의 계산

- C2:C12구간 지정, 수식입력줄에 "=NORM.S.DIST(B2,1)"을 입력 후 "Ctrl+Enter↵"를 클릭하여 각 z값에 따른 누적확률을 계산
- C13셀에 "=C10-C4"를 입력하여 표본평균이 245와 275 사이의 구간에 있는 값으로 발생할 확률을 다음 원리에 따라 계산

$$P(\overline{X} \leq 275) - P(\overline{X} \leq 245) = P(z \leq 2) - P(z \leq -2) = 0.945$$

③ 표본평균분포의 확률곡선 도출

- E2:E12구간을 지정, 수식입력줄에 "=NORM.DIST(B2,0,1,0)"을 입력 후 "Ctrl+Enter↵"를 클릭하여 표본평균의 각 값에 대한 확률밀도를 계산
- A1:A12구간과 E1:E12구간을 동시 지정, 메뉴 탭에서 "삽입 | 차트 | 분산형 | 곡선 및 표식이 있는 분산형"을 지정하여 각 표본크기에 따른 표준정규 확률분포곡선을 다음과 같이 작도

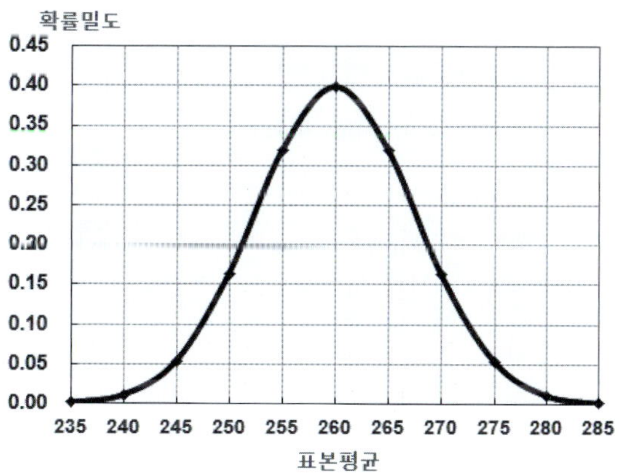

2. 평균의 표준오차와 표본크기

표본크기 n 이 모집단크기 N의 5% 이상이어서 $n \geq 0.05N$인 경우에 평균의 표준오차는 유한수정요소(finite correction factor) $\sqrt{(N-n)/(N-1)}$ 을 반드시 포함해야 한다.

(8.7) $$\sigma_{\overline{X}} = \frac{\sigma}{\sqrt{n}} \sqrt{\frac{N-n}{N-1}}$$

- 모집단 표준편차 σ를 모르는 경우에 표본표준편차 s를 사용하여 평균의 표준오차를 결정

(8.8) $$s_{\overline{X}} = \begin{cases} \dfrac{s}{\sqrt{n}} & \text{for} \quad n < 0.05N \\ \dfrac{s}{\sqrt{n}} \sqrt{\dfrac{N-n}{N-1}} & \text{for} \quad n \geq 0.05N \end{cases}$$

- 평균의 표준오차는 알려지지 않은 모집단 평균에 대한 통계적 추론의 중요한 기초를 제공하므로, 평균의 표준오차를 이용하여 아래의 중심극한정리에 따라 각 확률변수를 정규확률변수로 전환하여 사건의 발생확률과 추정 및 예측을 수행

예제 8-5 어떤 회사에 근무하고 있는 5명 A, B, C, D, E의 근무연수가 B3:B7구간과 같다고 하자. 5명 중에서 2명을 선정하여 추출한 표본들을 이용하여 아래의 분석을 수행할 수 있다.

a. 모집단 모수의 계산

b. 가능한 조합들로 구성된 표본들의 수의 계산과 표본평균들의 계산

	A	B	C	D	E	F
1	모집단 분포					
2	이름	근무연수	도수	확률	모집단모수	
3	A	20	1	0.2	평균	24
4	B	22	1	0.2	분산	8
5	C	26	1	0.2	표준편차	2.8284
6	D	24	1	0.2	도수합계	5
7	E	28	1	0.2		
8	크기 2의 표본 구성 가능 조합					
9	표본구성		근무연수		표본평균	
10	A	B	20	22	21	
11	A	C	20	26	23	
12	A	D	20	24	22	
13	A	E	20	28	24	
14	B	C	22	26	24	
15	B	D	22	24	23	
16	B	E	22	28	25	
17	C	D	26	24	25	
18	C	E	26	28	27	
19	D	E	24	28	26	
20	10	10				

① 자료 입력과 모집단 모수의 계산

- A2:B7구간에 근무자 이름과 근무연수를 입력
- C3:C7구간에 각 도수를 1로 입력
- F3셀에 "=AVERAGE(B3:B7)"을 입력하여 근무연수의 모집단 평균을 24로 계산
- F4셀에 "=VAR.P(B3:B7)"을 입력하여 모집단 분산을 8로 계산
- F5셀에 "=STDEV.P(B3:B7)"을 입력하여 모집단 표준편차를 2.8284로 계산
- F6셀에 "=SUM(C3:C7)"을 입력하여 도수합계를 5로 계산
- D열에서 각 확률을 계산하도록 F6셀에 "=SUM(C3:C7)"을 입력
- D3:D7구간을 지정, 수식입력줄에 "=C3/$F$6"을 입력 후 "Ctrl+Enter↵"를 클릭하여 각 근무자의 추출확률을 동시 계산

② 가능 조합들의 구성

- A10:B19구간에 두 변수의 조합을 구성하도록 먼저 A10:A13구간을 지정 후 수식입력줄에 A를 입력 후 "Ctrl+Enter↵"를 클릭, A를 A10:A13구간의 각 셀에 동시 입력
- B10:B13구간에 각각 B, C, D, E를 입력하여 조합을 구성
- 위와 같은 방식으로 A14:A16구간의 각 셀에 B를 입력하고, B14:B16구간에 C, D, E를 입력하여 조합을 구성
- A17:A18구간의 각 셀에 C를 입력, B17:B18구간에 D, E를 입력하여 조합 구성
- A19셀에 D를 입력하고, B19셀에 E를 입력하여 마지막 가능 조합을 구성

③ 조합 원소의 근무연수 입력과 각 조합(표본) 근무연수의 표본평균 계산

- C10:D19구간을 지정, 수식입력줄에 다음 식을 입력 후 "Ctrl+Enter↵"를 클릭하여 각 조합 원소의 해당 근무연수를 동시 입력

```
=IF(A10="A",$D$3,IF(A10="B",$B$4,IF(A10="C",$B$5,IF(A10="D",$B$6,$B$7))))
```

- E10:E19구간을 지정, 수식입력줄에 "=AVERAGE(C10:D10)"을 입력 후 "Ctrl+Enter↵"를 클릭하여 각 표본의 평균을 동시 계산

④ 가능 조합 수와 구성한 조합 수의 일치 여부 확인

- A20셀에 "=COMBIN(5,2)"를 입력, 5개 원소로 구성 가능한 조합 수 10을 계산
- B20셀에 "=COUNTA(B10:B19)"를 입력하여 실제 구성된 조합 수를 10으로 계산하여 A20셀의 값과 일치하는 것을 확인

예제 8-6 [예제 8-5]의 A9:E19구간의 자료를 이용하여 ① 표본평균의 도수분포표의 작성, ② 모집단 평균과 표본평균의 기대치 비교, ③ 히스토그램 작성을 통한 모집단의 산포(dispersion)와 표본평균의 분포 비교, ④ 모집단에서 균등분포를 이루는 각 근무연수의 도수에 비해 표본평균분포가 정규분포에 더욱 수렴하는 경향의 파악을 수행할 수 있다.

	A	B	C	D	E	F	G	H	I
1	표본구성		근무연수		표본평균	표본평균의 분포구간			
2	A	B	20	22	21	최대값	27	최소값	21
3	A	C	20	26	23	표본평균의 도수분포표			
4	A	D	20	24	22	표본평균	도수	확률	
5	A	E	20	28	24	21	1	0.10	
6	B	C	22	26	24	22	1	0.10	
7	B	D	22	24	23	23	2	0.20	
8	B	E	22	28	25	24	2	0.20	
9	C	D	26	24	25	25	2	0.20	
10	C	E	26	28	27	26	1	0.10	
11	D	E	24	28	26	27	1	0.10	
12						계	10	1.00	
13						표본평균의 기대치		24	

① 자료 복사와 표본평균의 도수분포표의 작성

- 예제 8-5시트의 A9:E19구간을 지정한 후에 "Ctrl+C"를 클릭하여 복사한 후, 본 시트의 A1셀을 지정 후 붙여넣기
- E2:E11구간을 지정한 후에, 이름상자에 표시된 E2 뒤에 마우스 커서를 두고 왼쪽 단추를 누르면 E2가 왼쪽으로 이동되면서 검게 전환되는데, 이를 SM으로 바꾸고 "Enter↵"를 클릭하여 E2:E11구간을 "SM"으로 이름 붙이기

SM | fx 21

	A	B	C	D	E
1	표본구성		근무연수		표본평균
2	A	B	20	22	21

- G2셀에 "=MAX(SM)"을, I2셀에 "=MIN(SM)"을 각각 입력하여 표본평균의 최대값과 최소값을 각각 계산
- F5:F6구간에 각각 21과 22를 입력한 후에 자동채우기로 27까지 채워 넣기
- G5:G11구간을 지정, 수식입력줄에 "=COUNTIF(SM,F5)"를 입력 후 "Ctrl+Enter↵"를 클릭하여 각 표본평균에 대한 도수를 동시 계산
- G12:H12구간을 지정, 수식입력줄에 "=SUM(G5:G11)"을 입력 후 "Ctrl+Enter↵"를 클릭하여 도수 합계와 확률 합계를 동시 계산

- H5:H11구간을 지정, 수식입력줄에 "=G5/$G$12"를 입력 후 "Ctrl+Enter↵"를 클릭하여 각 표본평균의 발생확률을 동시 계산

② 표본평균의 기대치 계산 및 모집단 평균과 비교

- H13셀에 "=SUMPRODUCT(F5:F11,H5:H11)"을 입력하여 $E(\bar{X}) = \sum_{i}^{g} \overline{X}_i P(\overline{X}_i)$로 표본평균 기대치를 24로 계산
- 예제 8-5의 시트에 있는 F3셀의 모집단 평균 24와 표본평균 기대치 24가 일치하는 것을 확인

③ 표본평균 도수분포도의 히스토그램 작성과 모집단 도수분포도와의 비교

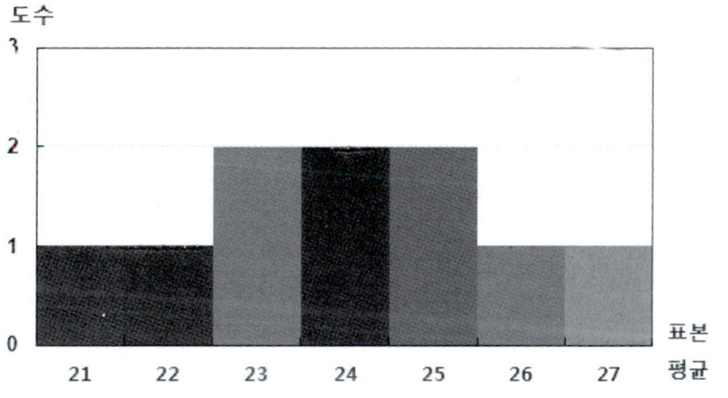

- F4:G11구간을 지정, 메뉴 탭에서 "삽입 | 차트 | 분산형 | 곡선 및 표식이 있는 분산형"을 지정, 생성된 차트에서 한 점을 지정 후 마우스 오른쪽 단추를 눌러 생성된 대화상자에서 "계열차트종류변경"을 지정
- 생성된 차트종류변경 대화상자에서 "세로 막대형 | 묶은 세로 막대형"을 지정하고 "확인"을 클릭
- 생성된 막대그래프의 막대에 마우스 커서를 두고 마우스 오른쪽 단추를 눌러 생성된 대화상자에서 "데이터 계열 서식"을 지정하고, 생성된 데이터 계열 대화상자에서 "옵션"탭을 지정한 후에 간격 너비를 "0"으로 하고 "요소마다 다른 색 사용"을 지정한 후에 "확인"을 클릭
- 위 차트와 같이 표본평균의 도수분포도는 모집단의 도수분포도에 비해 범위(=최대값-최소값)가 더 작아 산포가 작고, 형태는 보다 정규분포에 근접하는 것을 확인

Ⅱ 점 추정

1. 점 추정과 점 추정량의 개념

점 추정(point estimation)은 모집단 분포의 각종 특성을 추론(추측하고 그 성질을 조사)하기 위해 표본을 이용하여 평균, 분산, 비율 등의 하나의 단일한 값 또는 점 추정치들을 구하는 과정이다.

- 점 추정은 표본통계량(점 추정량)으로 구한 점 추정치(point estimate)를 사용하여 모집단 평균 등 모수의 추정을 수행하는 과정
- 점 추정에 관련된 용어들
  - **통계량**(statistics) : 모집단에 대한 단지 하나의 표본에 대해 특성을 설명하기 위해 계산한 요약 측정치
  - **추정량**(estimator) : 모집단 모수 추정을 위해 사용하는 확률변수인 표본통계량을 구하는 방법을 설명하는 법칙이나 공식
  - **추정치**(estimate) : 어떤 통계량의 관찰된 특정한 값
  - **추정대상**(estimand) : 추정하려는 표적모수(target parameter)의 실제 값
  - **점 추정량**(point estimator) : 모집단 모수의 추정치로 사용할 수 있는 단일한 숫자를 계산하도록 표본자료의 사용방식을 설명하는 법칙이나 공식
  - **점 추정치**(point estimate) : 모집단 모수 추정을 위해 사용되는 법칙인 점 추정량에서 구한 하나의 숫자

TIP

- 품질관리자가 생산 제품들의 시험성적표에서 중심경향에 대한 정보를 얻기 위해, 어떤 표본을 추출하여 표본평균을 계산할 수 있다. 이러한 경우에 그 표본평균은 모집단 평균의 추정량(estimator)이고, 그 표본평균의 값은 추정치(estimate)이다.
- 점 추정량 $\hat{\theta}$ 는 모집단 모수 θ 의 값에 근사치가 되는 하나의 값으로 된 통계량(single-valued statistic)이며, $\hat{\theta}$ 의 특정한 값은 점 추정치이다.

- 표본크기 n과 관측치 x_i에 대해 $\overline{X}=\sum_{i=1}^{n} x_i/n$으로 계산되는 표본평균은 각 표본에 대해 하나 씩 계산
- 특정 표본의 표본평균 값을 모집단 평균 μ의 점 추정량 $\hat{\mu}$로 사용하면, 사용된 하나의 특징한 표본평균 $\overline{X}$의 값은 모집단 평균 μ의 점 추정치
- 모집단 분산 σ^2의 점 추정량은 $s^2=\dfrac{\sum_{i=1}^{n}(x_i-\overline{X})^2}{n-1}$으로 계산되는 확률변수인 표본분산 s^2으로 사용
- σ^2의 점 추정량 $\widehat{\sigma^2}$으로 사용된 하나의 특정한 표본분산 s^2의 값은 모집단 분산 σ^2의 점 추정치
- 표본크기 n과 성공횟수 x에 대해 $\overline{p}=\dfrac{x}{n}$로 계산하는 표본비율 $\overline{p}$는 표집 확률에 따라 다른 값들이 결정되는 확률변수로 모집단 (성공)비율 p의 점 추정량
- 모집단 비율 p의 점 추정량 $\hat{p}$으로 사용된 하나의 특정한 표본비율 $\overline{p}$의 값은 모집단 비율 p의 점 추정치

2. 점 추정량의 요건과 최대우도법

하나의 모집단 모수에 대해 많은 추정량들을 사용할 수 있지만, 어떤 추정량이 여타 추정량들에 비해 최상의 추정량이 될 수 있다.

- 일반적으로 최우량 추정량을 검색하는 기준으로 다음과 같이 추정량의 4가지 특성인 불편성, 일치성, 효율성, 충분성을 사용
  - **불편성**(unbiasedness) : 모수 θ의 추정량 $\hat{\theta}$의 기대치가 모수와 일지하는 성실, 불편성의 성립 조건은 추정량 기대치와 모수의 격차 ($E(\hat{\theta})-\theta$)인 추정량 편의(bias)가 0

(8.9.1) $$E(\hat{\theta})=\theta$$

▸ **일치성**(consistency) : 표본 크기의 증가에 따라 추정량 $\hat{\theta}$ 가 모수에 보다 근사하는 성질이며, 표본 크기의 증가에 따라 아주 작은 임의의 어떤 양의 값 ϵ 에 대해 $P(|\hat{\theta}-\theta|<\epsilon)$ 이 1로 수렴하여 추정량이 확실하게 모수로 근사하는 성질

(8.9.2) $$\lim_{n\to\infty} P(|\hat{\theta}-\theta|<\epsilon)=1$$

▸ **효율성**(efficiency) : 추정량이 진정한 모수에 접근할 가능성이 클수록 추정의 정확성이 증가하는 성질, 모든 불편추정량들 중에서 가장 효율적인 추정량은 어떤 주어진 표본크기에 대해 최소 분산을 가진 추정량이며, 두 불편추정량 $\overline{\theta}_1$ 과 $\overline{\theta}_2$ 의 상대적 효율성(relative efficiency)은 다음 비율로 계산

(8.9.3) $$\text{상대적 효율성} = \frac{Var(\hat{\theta}_1)}{Var(\hat{\theta}_2)} = \frac{MSE(\hat{\theta}_1)}{MSE(\hat{\theta}_2)}$$

(8.9.3)식의 상대적 효율성이 1보다 작은 경우에 $\hat{\theta}_1$ 은 $\hat{\theta}_2$ 보다 효율적인 불편추정량이 되며, 평균자승오차(mean squared error : MSE)는 다음과 같이 추정량과 모수 격차 자승의 기대치로 계산

(8.9.4) $$\begin{aligned} MSE &= E(\hat{\theta}-\theta)^2 = Var(\hat{\theta}) + (E(\hat{\theta})-\theta)^2 \\ &= E[\hat{\theta}-E(\hat{\theta})]^2 + (E(\hat{\theta})-\theta)^2 \end{aligned}$$

$$\text{평균자승오차} = \text{추정량 분산} + (\text{추정량 편의})^2$$

추정량 $\hat{\theta}$ 의 표준오차는 $\sigma_{\hat{\theta}} = \sqrt{Var(\hat{\theta})}$ 로 주어지는 추정량 $\hat{\theta}$ 의 표준편차이며, $\sigma_{\hat{\theta}}$ 대신에 추정표준오차(estimated standard error) $\hat{\sigma}_{\hat{\theta}}$ 를 사용 가능

▸ **충분성**(sufficiency) : 사용하는 추정량 이외에 어떤 다른 추정량도 추정할 모수에 대해 추가정보를 제공할 수 없는 성질

- **충분통계량**(sufficient statistics) : 사용하는 표본이 추정할 모수에 대해 포함하고 있는 모든 정보를 이용하는 추정량
- **최소분산불편추정량**(minimum variance unbiased estimator : MVUE) : 불편추정량들 중에서 최소분산을 갖는 불편추정량

- 1920년대에 R. A. Fisher는 위의 4가지 조건들을 모두 충족시키지는 않지만, 상대적으로 구하기 쉽고 대표본에 대해 효율적이며 정규근사가 달성되는 최대우도법(maximum-likelihood method)을 개발
  - 최대우도법(최우법)의 한 가지 단점은 최우 추정치(maximum-likelihood estimates)가 대표본 특성인 일치성을 갖지만, 소표본에 대해 불편성 결여 가능성이 있음
  - 최우법은 가장 가능성이 큰 표본공간을 선택하여 표집한 주어진 크기의 표본을 이용하여 모집단 모수의 값을 추정, 이러한 표본공간에 대응하는 모집단 모수의 값은 최우(최대우도) 추정치
  - 모집단 평균의 최우 추정량은 표본평균 ← 주어진 크기의 어떤 표본을 기초로 구할 수 있는 모집단 모수의 가장 가능성이 있는 값은 표본평균

예제 8-7 재학생이 20,000명이 되는 한 대학에서 조사한 1인당 하루 담배소비량(갑)의 평균 μ는 0.45였다. 그런데 1주일 동안 설문지를 통한 응답자를 중심으로 조사한 결과는 5,000명(하위모집단)이 응답했고, 소비량별 도수는 모집단과는 다르게 평균 m 이 0.2로 나타났다. 이제 다음과 같은 조사·분석을 수행할 수 있다.

a. 5,000명의 응답자 중에서 200명을 추출하여 다시 전화로 질문을 한 결과 50명으로부터 대답을 듣는다고 하자. 그 표본평균 $\overline{X}$ 로 모집단 평균을 추정하는 경우에 $E(\overline{X})$ 는 크기 5,000명의 하위모집단 평균인 m 이 될 것이어서, 추정량 $\overline{X}$ 의 편의(bias) $E(\overline{X}) - \mu$ 는 -0.25로 발생

b. 모집단 분산과 하위모집단 분산을 계산하여, 표본평균 $\overline{X}$ 가 모집단 평균 μ 주변에서 얼마나 크게 변동하는지를 측정하도록 (8.9.4)식에 따라 MSE(평균자승오차)를 0.0657로 계산

c. 표본의 크기를 5배로 하더라도 모집단의 모수와 차이가 큰 하위모집단 모수를 기초로 계산된 표본의 MSE는 0.0631로 거의 감소되지 않는 사실을 발견

d. 모집단에서 크기 20의 표본을 추출할 경우에 MSE는 추정량의 편의가 0이어서 표본평균의 분산과 동일하게 0.0136으로 계산되어 MSE가 하위모집단 표본평균(추정량) MSE의 1/4 미만으로 개선된 것으로 나타남, 이러한 결과는 편의를 감소시키지 않고 표본크기만을 증가시키는 것은 추정량의 효율성을 증가시키지 못하는 것을 의미

	A	B	C	D	E	F	G	H
1	흡연량	모집단		응답자하위모집단				
2	(값)	도수(f)	상대도수(rf)	도수(f)	상대도수(rf)			
3	0	10,000	0.50	3,800	0.76			
4	0.5	4,000	0.20	600	0.12			
5	1	4,000	0.20	400	0.08			
6	1.5	2,000	0.10	200	0.04			
7	계	20,000	1.00	5,000	1.00			
8	평균	μ	0.45	m	0.2			
9	편의 (m- μ)				-0.25	=E8-C8		
10	표본평균분산(추정량 분산)							
11	흡연량 (x)	모비율 p(x)	하위모비율 p(r)	$(x-\mu)^2$	$(x-m)^2$			
12	0	0.50	0.76	0.2025	0.04			
13	0.5	0.20	0.12	0.0025	0.09			
14	1	0.20	0.08	0.3025	0.64			
15	1.5	0.10	0.04	1.1025	1.69			
16	모집단 분산				0.27	=SUMPRODUCT(B12:B15,D12:D15)		
17	하위모집단 분산				0.16	=SUMPRODUCT(C12:C15,E12:E15)		
18	표본크기 n=50의 경우							
19	표본평균의 분산(하위모분산/표본크기)				0.0032	=E17/50		
20	평균자승오차(MSE)=표본평균 분산+편의^2				0.0657	=E19+E9^2		
21	표본크기 n=250의 경우							
22	표본평균의 분산(하위모분산/표본크기)				0.00064	=E17/250		
23	평균자승오차(MSE)=표본평균 분산+편의^2				0.0631	=E22+E9^2		
24	모집단 추출표본 크기 n=20의 경우							
25	표본평균의 분산(모분산/표본크기)				0.0136	=E16/20		
26	평균자승오차(MSE)=표본평균 분산+편의^2				0.0136	=E25+0^2		
27	추정량들인 표본평균들의 상대적 효율성				4.6341	=E23/E26		

① 자료 입력과 모집단 평균 및 추정량 편의 계산

- A3:B6구간에 크기 20,000명의 모집단 변수(담배소비량)의 값과 도수를 입력
- D3:D6구간에 응답자 5,000명의 하위모집단에 대한 변수 값 및 도수를 입력
- B7:E7구간을 지정, 수식입력줄에 "=SUM(B3:B6)"을 입력 후 "[Ctrl]+[Enter↵]"를 클릭
- "[Shift]"와 "[Ctrl]"을 사용하여 C3:C6구간과 E3:E6구간을 동시에 지정, 수식입력줄에 "=D3/D$7"을 입력 후에 "[Ctrl]+[Enter↵]"를 클릭하여 각 모집단의 값들에 대한 상대도수들을 동시 계산
- C8셀을 지정한 후에 "[Ctrl]"을 누른 채로 E8셀을 동시 지정, 수식입력줄에 다음 식을 입력 후 "[Ctrl]+[Enter↵]"하여 모집단 및 하위모집단 평균들을 동시 계산

```
=SUMPRODUCT($A$3:$A$6,E3:E6)
```

- E9셀에 "=E8-C8"을 입력, 하위모집단 평균의 모집단 평균에 대한 편의를 계산

② 모집단 및 하위모집단 분산과 표본평균의 평균자승오차(MSE) 계산

- A1:A6구간을 "[Ctrl]+C"로 복사하여 A11셀에 붙여 넣기
- B12:B15구간을 지정, 수식입력줄에 "=C3"을 입력 후 "[Ctrl]+[Enter↵]"를 클릭하여 확률변수의 각 값들에 대한 모집단 상대도수를 모집단 비율로 동시 계산

- C12:C15구간을 지정, 수식입력줄에 "=E3"을 입력 후 "Ctrl+Enter↵"를 클릭하여 확률변수의 각 값들에 대한 하위모집단 상대도수를 하위모집단 비율로 동시 계산
- D12:D15구간을 지정, 수식입력줄에 "=(A12-$C$8)^2"를 입력 후 "Ctrl+Enter↵"를 클릭하여 변수 값의 모평균에 대한 격차 자승인 $(x-\mu)^2$ 의 값들을 동시 계산
- E12:E15구간을 지정, 수식입력줄에 "=(A12-$E$8)^2"를 입력 후 "Ctrl+Enter↵"를 클릭하여 변수 값의 하위모평균에 대한 격차 자승인 $(x-m)^2$ 의 값들을 동시 계산
- E16셀에 "=SUMPRODUCT(B12:B15,D12:D15)"를 입력하여 $\sum(x_i-\mu)^2p(x_i)$ 에 따라 모집단 분산을 0.27로 계산
- E17셀에 "=SUMPRODUCT(C12:C15,E12:E15)"를 입력하여 $\sum(x_i-m)p(r_i)$ 에 따라 하위모집단 분산을 0.16으로 계산
- E19셀에 "=E17/50"을 입력하여 크기 50의 표본에 대한 표본평균의 분산을 0.0032로 계산
- E20셀에 "=E19+E9^2"를 입력하여, (8.9.4)식에 따라 표본평균의 하위모평균에 대한 평균자승오차 MSE를 0.0657로 계산

③ 크기 250의 표본에 대한 표본평균의 분산과 평균자승오차 계산

- E22셀에 "=E17/250"을 입력하여 크기 250의 표본에 대한 표본평균의 분산을 0.0006으로 계산
- E23셀에 "=E22+E9^2"를 입력하여 표본평균의 평균자승오차 MSE를 0.0631로 계산, 이는 크기 50의 표본에 대한 MSE와 거의 같아 표본크기를 증가시켜도 추정량의 효율성을 개선시킬 수는 거의 없다는 것을 의미

④ 모집단에서 추출된 크기 20의 표본에 대한 표본평균의 분산과 평균자승오차 계산

- E25셀에 "=E16/20"을 입력하여 표본평균의 분산을 0.0136으로 계산
- E26셀에 "=E25+0^2"을 입력하여 MSE를 0.0136으로 계산, 여기서 편의 $E(\overline{X}-\mu)$가 모집단에서 추출된 표본이어서 0이기 때문에 MSE가 하위모집단에서 추출된 표본들에 비해 크게 감소
- E27셀에 "=E23/E27"을 입력하여 크기 250의 하위모집단 추출 표본에 대한 상대효율성을 4.6341로 계산하여, 크기 250의 하위모집단 추출 표본에 비해 모집단에서 추출한 크기 20의 표본이 보다 효율적인 불편추정량이 되는 것을 확인

학 습 문 제

※ 맞으면 "○", 틀리면 "×"를 표시하시오.

01. 어떤 모집단에 대한 추정(estimation)은 그 모집단에서 뽑아낸 표본을 기초로 그 모집단의 평균이나 분산 등의 정도를 평가하는 과정이다. ( )

02. 통계적 추론은 모수추정과 가설검정의 2개 분야로 구분한다. ( )

03. 표본조사는 통계학 원리를 기초로 표본을 추출하여 조사대상 전체를 추정하는 방법이다. ( )

04. 표본조사는 "기술 → 설명 → 예측 → 통제"의 절차들로 수행된다. ( )

05. 표본추출 편향에 과대포함범위, 자발적 응답편향, 자구편향, 응답편향이 있다. ( )

06. 확률표집방법 중 자연적 순서에 따라 배열된 모집단 구성요소들의 일람표에서 매 k 번째 구성요소를 선정하는 방법은 층화표집이다. ( )

07. 조사자가 스스로의 판단이나 직관에 의해 표본을 선정하는 방법이며, 편의, 판단, 할당, 누적 표집 등이 있다. ( )

08. 하나의 모집단에서 추출될 수 있는 모든 표본들의 평균들이 갖는 이론적 확률분포인 평균의 표집분포를 구성할 수 있다. ( )

09. 표본평균의 표집분포 평균은 모집단 평균 μ와 일치하므로 μ의 우량추정량으로 사용된다. ( )

10. 표본평균 표집분포 표준편차를 평균의 표준오차라고 한다. ( )

11. 중심극한정리는 보통 30개 이상으로 표본크기가 증가함에 따라 무작위로 선정된 표본의 표본평균이 갖는 확률분포가 표본평균의 표집분포 평균 및 평균의 표준오차를 각각 평균 및 표준편차로 갖는 정규분포에 접근한다는 원리이다. ( )

정답 1. ○ 2. ○ 3. ○ 4. ○ 5. × 6. × 7. ○ 8. ○ 9 ○ 10. ○ 11. ○

학 습 문 제

12. n개의 독립적 확률변수들(크기가 동일한 무작위표본들의 표본평균들)을 동일한 모집단에서 추출한 경우에, 그 확률변수들의 분산은 (5.11.3)식 및 (5.11.4)식의 원리에 따라 모집단 분산을 확률변수들의 수로 나눈 것과 같다. ( )

13. 평균의 표준오차는 모집단 크기의 5% 이상으로 표본크기가 큰 경우에는 유한수정요소를 반드시 곱해줘야 한다. ( )

14. 모집단 모수의 추정을 위해 계산하려는 통계량을 추정량, 계산된 통계량의 값을 추정치라고 한다. ( )

15. 추성하려는 표적모수의 실제 값을 추정대상(estimand)이라고 한다.

16. 모수 추정량 기대치에서 모수 실제 값을 차감한 격차가 0인 특성을 불편성이라고 한다. ( )

17. 사용하는 추정량이 가장 많은 정보를 이용하는 특성을 충분성이라고 한다. ( )

18. 최소분산불편추정량 MVUE는 불편추정량들 중에서 효율성이 가장 높다. ( )

19. 최우법은 대표본 뿐만 아니라 소표본에서도 불편성을 확보할 수 있다. ( )

정답 12. ○ 13. ○ 14. ○ 15. ○ 16. ○ 17. ○ 18. ○ 19. ×

CHAPTER 9

구간추정과 평균, 비율, 분산의 신뢰구간

제 1 절 구간추정의 특성과 모집단 평균의 구간추정

I 구간추정의 개념과 오차확률

1. 구간추정의 개념과 특성

구간추정(interval estimation)은 일정한 방식에 따라 추정치에 대한 어떤 정도의 불확실성(uncertainty)을 알려진 오차확률로 허용하면서 모집단 모수의 값이 속할 것으로 예상되는 범위를 규정하는 방법이다.

- 구간추정은 모집단 평균에 대한 설명을 위해 표본자료를 사용하는 귀납적 추론(inductive reasoning or inference)의 행위
  - 귀납적 추론은 경험적 또는 실험적 관찰에서 도출된 판단이나 통칙(일반화, generalization)이며, 결과에서 원인을 분석하여 (거슬러 올라)가는 추론과정(a posteriori reasoning)에 의해 어떤 결론을 도출
  - 연역적 추론(deductive reasoning or inference)은 공리(axioms), 전제(premises) 또는 가정을 기초로 하는 판단이나 통칙으로 알고 있는 모집단 평균과 표준편차를 이용하여 표본평균이 가질 수 있는 값들에 대한 확률을 결정하는 행위이며, 결론은 선험적 추론(a priori reasoning)이나 변증법적 과정(dialectical processes)을 통해 획득 → 기술통계학은 연역적 추론에 속함.
- 구간추정은 주로 정규확률분포를 사용할 수 있다는 가정을 기초로 수행되며, 구간의 중점(midpoint)에 불편 추정량을 두고 양쪽에서 구간경계의 값인 신뢰한계(confidence limits or fiducial limits)를 구성

2. 신뢰구간과 신뢰수준 및 오차확률

구간추정은 모집단 모수 θ를 표본 관찰을 통하여 구한 두 값 a와 b가 구성하는 구간에 있다고 간주하여 "$a < \theta < b$"로 추정하는 방법이다.

- 추정하려는 a 에서 b 의 구간은 신뢰구간(confidence interval)임
- **신뢰수준(confidence level)** : 모집단에 동일한 크기로 반복하여 복원 추출한 표본들을 모두 이용하여 동일한 방식으로 계산을 하면, 신뢰구간이 모집단 모수 θ 를 포함할 확률, 신뢰확률크기(confidence probability content)라고도 함.

오차확률(probability of error)은 신뢰구간(confidence interval)이 모집단 모수를 포함하지 않을 확률이며 "α"(alpha)로 표시한다.

(9.1) $$P(a < \theta < 1) = 1 - \alpha = C$$

- 오차확률 α 은 신뢰구간이 모집단 모수를 포함한다는 가정에 따른 추정이 올바르지 않을 확률을 표시하며, 위험확률(risk probability) 또는 유의수준(significant level)이라 부름
- (1-α) 또는 C는 모집단 모수가 신뢰구간에 포함될 확률인 신뢰수준
  - α : 오차확률, 위험확률, 유의수준
  - $1-\alpha$: 신뢰수준, 신뢰확률크기

TIP

- 일반적으로 $100(1-\alpha)\%$ 신뢰구간이라는 용어를 많이 사용하는데, 예컨대 α 가 0.05인 경우에 관련된 신뢰구간은 95% 신뢰구간이다. 95%의 신뢰구간은 그 신뢰구간이 모집단모수를 포함한다고 추정하는 경우들 중 평균적으로 단지 5%만이 잘못될 수 있다는 것을 의미한다.

- α 의 값이 클수록 신뢰구간은 축소되며, α 의 값이 작을수록 신뢰구간은 확장
- 모집단 모수가 신뢰구간에 포함될 것을 아주 확신할 필요가 없다면, 상대적으로 작은 신뢰구간이라도 충분하므로 α 의 값을 크게 설정
- 보통 α 의 값은 0.05 또는 0.01로 설정되어, 각각 95%와 99% 신뢰구간들이 사용
- 신뢰구간(confidence interval) : 모집단 모수 θ 를 포함할 것으로 예상되는 값들의 구간으로 다음 요소들로 구성

신뢰구간 = 관측치 ±오차한계 = 관측치 ±신뢰계수 × 모집단 표준편차
신뢰구간 = 표본통계량 ±오차한계 = 표본통계량 ±신뢰계수 × 평균의 표준오차

- **신뢰계수(confidence coefficient)** : 신뢰구간 구성을 위해 모집단 표준편차 또는 표본평균의 표준오차에 곱하는 확률분포의 통계량
- **오차한계(margin of error)** : 추정치에 대해 주어진 신뢰확률에서 허용되는 오차의 한도, 추정치 최대오차(maximum error of estimate), 최대허용오차(maximum allowable error), 경계(bound), 또는 구간(interval) 폭의 1/2이라고도 부르며, 비율 추정에서는 추정치의 % 비율로 표시
- **표집오차(sampling error)** : 점 추정치에서 모집단 모수를 차감한 격차이며, 모집단 특성 추정을 위한 표본통계량 사용에서 초래되는 오차
- **신뢰도(degree of confidence)** : 추정할 모수를 포함하는 구간에 대해 평균적으로 신뢰할 수 있는 비율

TIP

• 예컨대 95% 신뢰구간 또는 95% 구간추정치는 모집단 모수를 포함하는 것을 95% 신뢰 또는 확신하는 구간이다. 신뢰수준은 통계량 표집분포가 갖는 특정한 값들의 범위에 대한 확률을 의미한다.

- 구간추정의 수행절차
  - 신뢰확률의 규정과 신뢰계수(confidence coefficient) 계산
  - 신뢰계수와 모집단 표준편차 또는 평균의 표준오차의 곱으로 오차한계 계산
  - 관측치 또는 점 추정치에 오차한계의 가감으로 모집단 모수의 신뢰구간 추정

Ⅱ 모집단 평균의 구간추정과 표본크기 결정

1. 모집단 분산을 아는 경우 모집단 평균의 구간추정

확률변수 X가 정규분포를 이루어 $X : N(\mu, \sigma^2)$ 인 경우에, 표준정규변수 z가 $z_{\alpha/2}$ 의 신뢰계수로 구성되는 신뢰구간 $[-z_{\alpha/2}, z_{\alpha/2}]$ 에 있을 확률 C를 표준정규곡선의 0에 대한 대칭성을 이용한 신뢰계수누적확률로 다음과 같이 구할 수 있다.

(9.2) $C(x - z_{\alpha/2}\sigma \le \mu \le x + z_{\alpha/2}\sigma) = P(-z_{\alpha/2} \le z \le z_{\alpha/2})$

(9.3.1) $1 - C = P(z < -z_{\alpha/2} \quad \text{or} \quad z > z_{\alpha/2}) = P(z < -z_{\alpha/2}) + P(z > z_{\alpha/2})$

(9.3.2) $1 - C = 2P(z > z_{\alpha/2}) = 2[1 - P(z \le z_{\alpha/2})]$

(9.4) $P(z \le z_{\alpha/2}) = \dfrac{1 + C}{2} = 1 - \dfrac{\alpha}{2}$ (신뢰계수 누적확률)

- 신뢰계수 누적확률은 〈그림 9-1〉에서 신뢰계수 상한 $z_{\alpha/2}$까지의 누적확률을 표시, Excel에서는 "=NORM.S.INV(1-α/2)"를 입력하여 계산

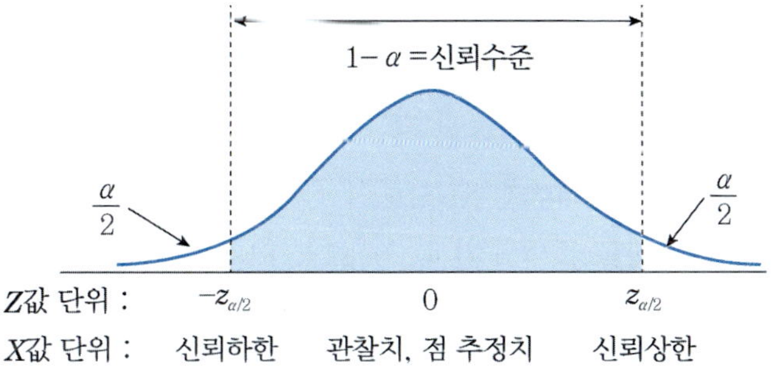

〈그림 9-1〉 유의수준 α와 신뢰수준 $1-\alpha$

TIP

- α가 5%여서 95% 신뢰구간을 적용하는 경우에, 신뢰상한의 통계량을 찾기 위해 필요한 신뢰계수 누적확률은 97.5%이다. 이는 100%에서 우측의 유의수준의 절반인 2.5%를 차감한 값이다.

- 하나의 관측치 x에 대한 신뢰한계 계산 절차
  - 신뢰확률에 따라 신뢰계수 누적확률 (1+C)/2와 하한 누적확률 1-(1+C)/2를 계산
  - 신뢰계수 $z_{\alpha/2}$를 "=NORM.S.INV(신뢰계수 누적확률)"로 계산
  - 최대허용오차를 신뢰계수와 표준편차의 곱 $z_{\alpha/2}\sigma$로 계산하고, 그 최대허용오차를 관찰치에 가감하여 신뢰상한과 신뢰하한인 신뢰한계를 계산

(9.5.1) 신뢰상한 = $x + z_{\alpha/2}\sigma$, 신뢰하한 = $x - z_{\alpha/2}\sigma$

(9.5.2) 신뢰한계 = $x \pm z_{\alpha/2}\sigma$

▸ 신뢰확률로 설정된 신뢰도를 갖고 모집단 평균 μ가 신뢰한계에 포함될 것으로 추정하는 구간추정을 완료

예제 9-1 분산 $\sigma^2=225$의 정규분포를 갖는 확률변수 X의 평균에 대해 90% 신뢰구간을 설정하는 경우에 어떤 관찰치 $x=55$를 이용하여 다음과 같이 신뢰구간의 상하한을 구하고, 신뢰수준 변화에 따른 신뢰구간의 변동상황을 설명할 수 있다.

	A	B	C	D	E	F	G	H	I	J	K	L
1	신뢰확률	90.0%	분산	225	(스크롤 막대)	180						
2	신뢰하한 누적확률	5%	신뢰상한 누적확률	95%	표준편차	15	표본크기 n	1				
3	하한 신뢰계수	-1.6449	상한 신뢰계수	1.6449	관찰치	55	표준오차	15	=F2/SQRT(H2)			
4	하한 오차한계	-24.673	상한 오차한계	24.673	24.673	=CONFIDENCE.NORM(1-B1,F2,H2)						
5	신뢰하한	30.327	신뢰상한	79.673								
6	모집단 평균의 90.% 신뢰구간				="모집단 평균의 "&TEXT(B1,"##.#%")& " 신뢰구간"							
7	30.327<μ<79.673				=TEXT(B5,"###.###")&"<μ<"&TEXT(D5,"###.###")							
8	모집단 평균의 90.% 신뢰구간				=CONCATENATE("모집단 평균의 ",TEXT(B1,"##.#%")," 신뢰구간")							
9	30.327<μ<79.673				=CONCATENATE(TEXT(B5,"###.###"),"<μ<",TEXT(D5,"###.###"))							

① 신뢰확률 C에 따라 신뢰계수의 누적확률 (1+C)/2 계산

- E1셀에 스크롤 막대를 붙여 구간 [0,200]으로 F1셀에 연결, 현재값 180을 설정
- B1셀에 "=F1/200"을 입력하여 신뢰확률을 제시
- B2셀에 "=1-D2"와 D2셀에 "=(1+B1)/2"를 입력하여, (9.4)식에 따라 신뢰하한 누적확률과 신뢰계수 누적확률을 각각 계산

② 하한 및 상한 누적확률의 신뢰계수와 최대허용오차 계산

- (B3셀을 지정 후 "Ctrl"을 누르고 D3셀을 지정하는 형식으로) B3셀과 D3셀을 동시 지정, 수식입력줄에 "=NORM.S.INV(D2)"를 입력 후 "Ctrl+Enter↵"를 클릭하여 하한 및 상한 신뢰계수들을 동시 계산
- F2셀에 "15", H2셀에 "1", F셀을 "55"을 입력, H3셀에 "=F2/SQRT(H2)"를 입력하여 평균의 표준오차를 계산
- B4셀과 D4셀을 동시 지정, 수식입력줄에 "=D3*$H$3"을 입력 후 "Ctrl+Enter↵"를 클릭하여 하한 및 상한 오차한계들을 동시 계산

③ 신뢰한계의 계산과 신뢰구간의 표시 및 민감도분석

- B5셀과 D5셀을 동시 지정, 수식입력줄에 "=$F$3+D4"을 입력 후 "Ctrl+Enter↵"를 클릭하여 신뢰구간의 하한 및 상한들을 동시 계산

- A6:D6구간을 지정 후 [병합하고 가운데 맞춤]을 눌러서 병합을 시킨 후에, A6셀에 "="모집단 평균의 "&TEXT(B1,"##.#%")& " 신뢰구간""을 입력하고, A7셀에 "=TEXT(B5,"###.###")&"〈μ〈"&TEXT(D5,"###.###")"을 입력하여 신뢰구간 표시
- 스크롤막대의 좌우측 화살표를 눌러서 신뢰구간에 대한 표시와 각 값들이 변화하는 것을 확인
- A8셀에 "=CONCATENATE("모집단 평균의 ",TEXT(B1,"##.#%")," 신뢰구간")"을, A9셀에 "=CONCATENATE(TEXT(B5,"###.###"),"〈μ〈",TEXT(D5,"###.###"))"를 입력하여 신뢰구간을 A6:A7구간과 동일하게 표시 가능
- 표본크기 n의 표본평균 $\overline{X}$에 대한 구간추정 절차 역시 관찰치와 동일하게 수행하며, 관찰치 x 대신에 표본평균을, 표준편차 대신에 표준오차 $\sigma_{\overline{X}} = \sigma / \sqrt{n}$을 사용
- 표준오차는 표본크기 n이 모집단 크기 N의 5%인 5%N 이상인 특수한 경우에는 (9.6.2)식과 같이 유한수정모수를 곱하여 사용

(9.6.1) $$\text{신뢰한계} = \overline{X} \pm z_{\alpha/2}\sigma_{\overline{X}} = \overline{X} \pm z_{\alpha/2}\frac{\sigma}{\sqrt{n}}$$

(9.6.2) $$\text{신뢰한계} = \overline{X} \pm z_{\alpha/2}\sigma_{\overline{X}} = \overline{X} \pm z_{\alpha/2}\frac{\sigma}{\sqrt{n}}\sqrt{\frac{N-n}{N-1}} \quad \text{for} \quad n \geq 5\%N$$

- Excel에서는 "=CONFIDENCE.NORM(알파, 모집단 표준편차, 표본크기)"를 사용하여 모집단 표준편차가 알려진 경우에 주어진 표본크기와 표본평균을 이용하여 모집단 평균을 추정하는데 필요한 **최대허용오차** $z_{\alpha/2}\sigma_{\overline{X}}$의 계산을 수행

TIP

• **여러 셀의 문자열들과 새로운 문자열들을 하나의 셀에 하나의 문자열로 통합하기**
한 텍스트로 합치려는 텍스트 항목으로 30개까지 지정할 수 있고, 텍스트 항목에는 텍스트, 숫자, 단일 셀 참조 영역 등의 사용이 가능

1. 앰퍼샌드 연산자
= 뒤에 ""를 지정하여 모든 문자열들을 입력하며, 다른 셀의 내용은 "&지정 셀&"를 추가하여 입력하는 반면에 새로운 문자열은 그대로 추가하여 지정

="새로운 문자열 "&다른 셀&"새로운 문자열"

2. CONCATENATE(text1,text2,...)함수
CONCATENATE함수의 ( )안에 모든 문자열을 ""로 지정하고, 다른 셀의 내용은 ",지정 셀,"를 추가하여 입력하는 반면에 새로운 문자열은 그대로 추가하여 지정

=CONCATENATE("새로운 문자열 ",다른 셀," 새로운 문자열 ",다른 셀,"새로운 문자열")"

3. 지정한 셀의 서식 규정을 위한 "=TEXT(지정 셀, "값 서식")"함수 사용
TEXT(value, format_text)함수로 지정한 셀의 값에 대한 서식을 설정
[예] 2자리 이하의 정수와 소수점 아래 4자리 소수로 갖는 숫자로 B2셀 값의 값을 표시하려면

"=TEXT(B2,"##.####")"

예제 9-2 Excel의 CONFIDENCE.NORM함수를 이용하여 조사 대상의 모집단 표준편차가 20으로 알려진 경우에 크기 20의 표본평균이 150이라고 하자. 신뢰수준이 각각 90%, 95%, 97.5%, 99%인 경우에 대해 조사대상의 신뢰상한 및 하한들을 구하고, 표본크기가 20부터 4간격으로 40까지 증가하는 경우에 대해 각 신뢰수준의 신뢰구간이 변화하는 민감도를 분석할 수 있다.

	A	B	C	D	E	F	G	H	I	J
1	신뢰수준	90%	95%	97.5%	99%	표본평균	150			
2	신뢰상한	157.36	158.77	160.02	161.52	σ	20			
3	신뢰하한	142.64	141.23	139.98	138.48	표본크기	20			
4			신뢰상한				신뢰하한			
5		신뢰수준	90%	95%	97.5%	99%	90%	95%	97.5%	99%
6	표본크기 변화	20	157.36	158.77	160.02	161.52	142.64	141.23	139.98	138.48
7		24	156.72	158.00	159.15	160.52	143.28	142.00	140.85	139.48
8		28	156.22	157.41	158.47	159.74	143.78	142.59	141.53	140.26
9		32	155.82	156.93	157.92	159.11	144.18	143.07	142.08	140.89
10		36	155.48	156.53	157.47	158.59	144.52	143.47	142.53	141.41
11		40	155.20	156.20	157.09	158.15	144.80	143.80	142.91	141.85

① 신뢰수준, 표본평균, 모집단 표준편차 σ, 표본크기 자료입력

- B1:E1구간에 각 신뢰수준들을 표시
- G1:G3구간에 표본평균, σ, 표본크기를 각각 입력

② 각 신뢰수준에 대한 신뢰상한 및 신뢰하한의 계산

- B2:E2구간 지정, 수식입력줄에 "=$G$1+CONFIDENCE.NORM(1-B$1,$G$2,$G$3)"을 입력 후 "Ctrl+Enter↵"를 클릭하여 신뢰상한들을 (9.6.1)식에 따라 동시 계산
- B3:E3구간 지정, 수식입력줄에 "=$G$1-CONFIDENCE.NORM(1-B$1,$G$2,$G$3)"을 입력 후 "Ctrl+Enter↵"를 클릭하여 신뢰하한들을 (9.6.1)식에 따라 동시 계산

③ Excel의 데이터 표 기능을 이용한 표본크기 변화에 따른 신뢰한계 민감도분석

- B6셀에 "=G3"을 입력, B7:B11구간에 24부터 40까지 4간격으로 입력
- C6:F6구간을 지정, 수식입력줄에 "=B2"를 입력 후 "Ctrl+Enter↵"를 클릭
- G6:J6구간을 지정, 수식입력줄에 "=B3"을 입력 후 "Ctrl+Enter↵"를 클릭
- B6:J11구간을 지정 후 메뉴 탭에서 "데이터 도구 | 가상분석 | 데이터 표"를 지정, 생성된 데이터 표 대화상자의 열 입력 셀에 "G3"을 입력 후 "확인"을 클릭

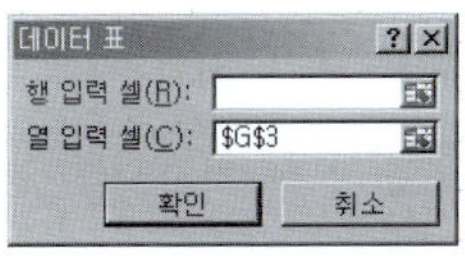

- 표본크기가 증가할수록 평균의 표준오차가 감소하기 때문에, 오차한계가 감소하여 신뢰상한의 크기는 감소하고 신뢰하한의 크기는 증가하는 것을 확인

예제 9-3 모집단 표준편차 $\sigma=45$(천원)인 어떤 회사의 매출채권 200건 중에서 35건을 표본 추출한 결과, 표본평균이 260(천원)으로 나타났다. 이와 같이 모집단 크기가 작아 표본크기가 모집단 크기의 5% 이상으로 나타나는 경우에 매출채권의 모집단 평균에 대한 90%, 95%, 99% 신뢰한계를 다음과 같이 구할 수 있다. 그리고 표본크기가 8과 50으로 변화할 경우의 신뢰한계들의 민감도분석을 수행할 수 있다.

	A	B	C	D	E	F	G	H	I	J	K
1	σ	45	모집단 크기 N	200							
2	표본크기 n	35	유한수정모수	0.91057	=IF(B2>=5%*D1,SQRT((D1-B2)/(D1-1)),1)						
3	표본평균 $\overline{X}$	260	평균의 표준오차 $\sigma_{\overline{X}}$	6.92618		표본크기별 신뢰상한			표본크기별 신뢰하한		
4	신뢰수준	신뢰계수	오차한계	신뢰상한	신뢰하한	35	8	50	35	8	50
5	90%	1.644854	11.39255627	271.393	248.607	271.393	286.169	269.088	248.607	233.831	250.912
6	95%	1.959964	13.57506809	273.575	246.425	273.575	291.183	270.829	246.425	228.817	249.171
7	99%	2.575829	17.84066363	277.841	242.159	277.841	300.981	274.232	242.159	219.019	245.768

① 모집단 표준편차 σ, 표본크기, 표본평균, 모집단 크기, 신뢰수준 자료입력

- B1:B3구간의 각 셀에 모집단 표준편차 σ, 표본크기, 표본평균 자료를 입력
- D1셀에 200을 입력하여 모집단 크기 N을 표시
- A5:A7구간의 각 셀에 신뢰수준을 입력

② 유한수정모수, 평균의 표준오차, 상한 신뢰계수, 오차한계, 신뢰한계의 계산

- D2셀에 "=IF(B2>=5%*D1,SQRT((D1-B2)/(D1-1)),1)"을 입력하여 유한수정모수를 (9.6.1)식과 (9.6.2)식에 함께 적용될 수 있도록 계산
- D3셀에 "=(B1/SQRT(B2))*D2"를 입력하여, 일반상황부터 표본크기가 상대적으로 큰 특수한 상황에서도 공통으로 적용되는 평균의 표준오차를 계산
- B5:B7구간을 지정, 수식입력줄에 "=NORM.S.INV((1+A5)/2)"를 입력 후 "Ctrl+Enter↵"를 클릭하여 상한 신뢰계수를 각 신뢰수준에 대해 동시에 계산
- C5:C7구간을 지정, 수식입력줄에 "=B5*$D$3"을 입력 후 "Ctrl+Enter↵"를 클릭하여 오차한계를 각 신뢰수준에 대해 동시에 계산
- D5:D7구간을 지정, 수식입력줄에 "=$B$3+C5"를 입력 후 "Ctrl+Enter↵"를 클릭하여 신뢰상한을 각 신뢰수준에 대해 동시에 계산
- E5:E7구간을 지정, 수식입력줄에 "=$B$3-C5"를 입력 후 "Ctrl+Enter↵"를 클릭하여 신뢰하한을 각 신뢰수준에 대해 동시에 계산

③ 표본크기 변화와 신뢰한계의 민감도분석

- F4셀과 I4셀을 동시 지정, 수식입력줄에 "=$B$2"를 입력 후 "Ctrl+Enter↵"를 클릭하여 처음의 표본크기를 동시에 입력
- G4:K4구간과 같이 표본크기들을 입력
- F5:F7구간을 지정, 수식입력줄에 "=D5"를 입력 후 "Ctrl+Enter↵"를 클릭하여 계산된 신뢰상한을 동시 입력
- F4:H7구간을 지정, 메뉴 탭에서 "데이터 도구 | 가상분석 | 데이터 표"를 지정, 생성된 데이터 표 대화상자의 행 입력 셀에 "B2"를 입력 후 "확인"을 클릭하여 신뢰상한의 민감도분석표를 완성
- I5:I7구간을 지정, 수식입력줄에 "=E5"를 입력 후 "Ctrl+Enter↵"를 클릭하여 계산된 신뢰하한을 동시 입력

- I4:K7구간을 지정, 메뉴 탭에서 "데이터 도구 | 가상분석 | 데이터 표"를 지정, 생성된 데이터 표 대화상자의 행 입력 셀에 "B2"를 입력 후 "확인"을 클릭하여 신뢰하한의 민감도분석표를 완성

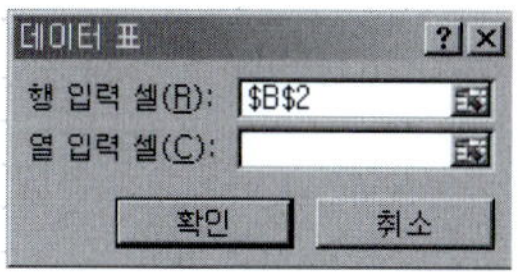

TIP 데이터 표의 이용 방법

- 행이나 열에 주어진 조건이 되는 최초 셀은 조건으로 사용할 값을 표시
- 행으로 조건이 주어진 경우에 행의 각 원소에 해당하는 열의 결과는 최초의 계산 값들을 표시, [예제 9-3] 시트의 F5:F7구간 또는 I5:I7구간의 각 값들은 기존에 계산한 변화되지 않은 처음 값들을 표시
- 열로 조건이 주어진 경우에 열의 원소에 해당하는 행의 결과는 최초의 계산 값들을 표시, [예제 9-2] 시트에서 표본크기가 조건들이며 열로 주어지고, B6셀은 처음 주어진 표본크기이며, 그에 해당하는 행들인 V6:J6구간은 처음 계산된 신뢰한계들을 표시
- 2가지 차원의 조건들을 사용할 경우에 계산한 값은 행과 열 조건이 처음 시작하는 셀에 설정

2. Student t분포

Student t분포는 분산이 알려지지 않은 정규분포를 갖는 모집단에서 추출한 크기 30개 미만의 표본이 갖는 분포이며, 1908년 S. Gosset이 개발했다.

- 평균 μ 를 가진 정규분포된 모집단에서 추출된 크기 n개, 표본평균 $\overline{X}$, 표본 표준편차 s_X 를 갖는 확률표본의 변수 t 는 다음의 (n-1)의 자유도(degrees of freedom) ν 를 갖는 Student t분포를 따름

(9.7)
$$t = \frac{\overline{X} - \mu}{s_X / \sqrt{n}}$$

- 자유도는 "관찰치 수 − 사전 추정되어야 하는 모수의 수"로 계산
- 어떤 모수 추정에 n 개 관찰치를 사용하여 s 를 계산한다면 자유도는 $(n-1)$
- 자유도가 ν 인 Student t분포를 갖는 확률변수는 t_ν 로 표시

- t 분포의 확률밀도함수는 다음과 같이 계산

(9.8) $$\phi(t) = \frac{\Gamma\left(\frac{\nu+1}{2}\right)}{\sqrt{\nu\pi}\,\Gamma\left(\frac{\nu}{2}\right)}\left(1+\frac{t^2}{\nu}\right)^{\frac{-(1+\nu)}{2}} \quad \text{for} \quad -\infty < t < \infty$$

- 자유도 ν가 2보다 큰 경우, t 분포의 평균 $\mu = 0$과 분산 $\sigma^2 = \frac{\nu}{\nu-2}$가 성립
- 자유도 ν가 30 이상이면, t 분포 확률밀도곡선은 표준정규곡선에 아주 근사
- t 분포는 대칭분포여서 $t_{1-p} = -t_p$가 성립하므로, $t_{0.05} = -t_{0.95}$ 등의 활용을 통해 쉽게 적용 가능
- Student t 분포의 특성
  - 연속변수의 확률분포
  - 종의 형태(bell-shaped)로 $\overline{X} = \mu$인 $t_\nu = 0$에서 하나의 봉우리를 갖는 대칭분포
  - 평균은 항상 0이지만, 표준편차는 표본크기에 따라 다르게 발생
  - t분포의 분산 $Var(t) = \nu/(\nu-2) = (n-1)/(n-3)$으로 인하여, t분포의 분산이 성립하기 위한 최소표본크기는 4
  - 표본크기가 증가할수록 분산이 감소하여 1에 접근하므로, t-분포곡선은 표준정규분포에 비해 중심점(평균)으로부터 더 크게 흩어져 보다 평탄한 형태로 발생
  - 평균은 1보다 큰 n개의 값들에 대해 성립하므로, 표본크기 $n = 1$인 경우에 t 분포는 존재하지 않음
- Z가 평균 0과 분산 1의 정규분포를 갖는 확률변수이고, Y는 Z와는 독립적이며 ν의 자유도로 카이자승분포를 갖는 확률변수인 경우에 다음 확률변수 T는 자유도 ν의 t 분포를 가짐

(9.10) $$T = \frac{Z}{\sqrt{Y/\nu}}$$

- t 분포를 갖는 자유도 $\nu(=n-1)$의 모집단 평균 추정치 $t_\nu = (\overline{X} - \mu)/(s_X/\sqrt{n})$에 대한 신뢰구간의 확률과 신뢰구간 임계 통계량 $t_{\nu,\alpha/2}$보다 클 확률의 공식

$$(9.11.1)\quad 1-\alpha = P\left[-t_{n-1,\alpha/2} < \frac{\overline{X}-\mu}{s_X/\sqrt{n}} < t_{n-1,\alpha/2}\right] = P\left[\overline{X}-t_{n-1,\alpha/2}\frac{s_X}{\sqrt{n}} < \mu < \overline{X}+t_{n-1,\alpha/2}\frac{s_X}{\sqrt{n}}\right]$$

$$(9.11.2)\quad P(t_\nu > t_{n-1,\alpha/2}) = P(t_\nu < -t_{n-1,\alpha/2}) = \frac{\alpha}{2}$$

- Excel에서는 "=T.DIST.RT(x ,자유도)"를 이용, t 분포를 갖는 표본 관찰치 t가 주어진 값 x를 초과할 확률 $P(t>x)$[단측 우측 t분포값]를 계산, 여기서 $x \ge 0$]
- Excel에서 "=T.DIST.2T"(x ,자유도)"를 이용, t 분포를 갖는 표본 관찰치 t가 주어진 값 x보다 크고, $-x$ 보다 작은 값들을 가질 확률 $1-P(-x \le t \le x)$[양측 t분포값]를 계산, 여기서 $x \ge 0$]

예제 9-4 어떤 주어진 값을 초과하는 t 통계량을 갖는 t 분포 변수들에 대한 양측검정 확률은 단측검정 확률의 2배로 나타나며, 자유도가 증가할수록 그 확률이 감소하는 것을 다음과 같이 볼 수 있다.

	A	B	C	D	E	F	G	H	I	J	K	L	M
1	단측검정 확률 P(x<t)와 양측검정 확률 1-P(-x≤t≤x)의 계산												
2	자유도	단측검정						양측검정					
3		x						x					
4	ν	0	1	2	3	4	5	0	1	2	3	4	5
5	1	0.5000	0.2500	0.1476	0.1024	0.0780	0.0628	1.0000	0.5000	0.2952	0.2048	0.1560	0.1257
6	2	0.5000	0.2113	0.0918	0.0477	0.0286	0.0189	1.0000	0.4226	0.1835	0.0955	0.0572	0.0377
33	29	0.5000	0.1628	0.0275	0.0027	0.0002	0.0000	1.0000	0.3256	0.0549	0.0055	0.0004	0.0000
34	30	0.5000	0.1627	0.0273	0.0027	0.0002	0.0000	1.0000	0.3253	0.0546	0.0054	0.0004	0.0000
35	35	0.5000	0.1621	0.0267	0.0025	0.0002	0.0000	1.0000	0.3242	0.0533	0.0049	0.0003	0.0000
36	40	0.5000	0.1617	0.0262	0.0023	0.0001	0.0000	1.0000	0.3233	0.0523	0.0046	0.0003	0.0000
37	50	0.5000	0.1611	0.0255	0.0021	0.0001	0.0000	1.0000	0.3221	0.0509	0.0042	0.0002	0.0000
38	60	0.5000	0.1607	0.0250	0.0020	0.0001	0.0000	1.0000	0.3213	0.0500	0.0039	0.0002	0.0000
39	120	0.5000	0.1507	0.0239	0.0016	0.0001	0.0000	1.0000	0.3193	0.0478	0.0033	0.0001	0.0000
40	10,000	0.5000	0.1587	0.0228	0.0014	0.0000	0.0000	1.0000	0.3175	0.0455	0.0027	0.0001	0.0000

① 자료 입력

- B2:M4구간에 단측검정과 양측검정에서 이용할 x 값들을 0에서 5까지 각각 입력
- A5셀에 1을 입력하고, 메뉴 탭에서 "홈 | 편집 | 계열 | 연속 데이터"를 지정한 후에 생성된 연속 데이터 대화상자를 "방향 : 열, 유형 : 선형, 단계값 : 1, 종료값 : 30"으로 지정한 후에 "확인"을 클릭
- 마우스 커서로 A7셀을 지정한 후에 메뉴 탭에서 "보기 | 창 | 틀 고정"을 지정한 후에, A35:A40구간에 35, 40, 50, 60, 120, 10000을 입력

② 주어진 값 x 를 초과할 단측검정 확률 $P(x < t)$ 의 계산

- B5:G40구간 지정, 수식입력줄에 "=T.DIST.RT(B$4,$A5)"를 입력 후 "Ctrl+Enter↵"를 클릭하여 각 자유도와 x 값에 대한 단측우측검정 확률을 동시 계산

③ 양측검정 확률 $1 - P(-x \le t \le x)$ 의 계산

- H5:M40구간 지정, 수식입력줄에 "=T.DIST.2T(H$4,$A5)"를 입력 후 "Ctrl+Enter↵"를 클릭하여 각 자유도와 x 값에 대한 양측검정 확률을 동시 계산
- 계산된 결과는 양측검정 확률이 단측검정 확률의 2배로 발생

3. 모집단 분산을 모르는 경우 모집단 평균의 구간추정

모집단 분산이 알려지지 않아 표본크기 n 의 표본평균 $\overline{X}$ 과 표본표준편차 s_X 를 이용하여 구간추정을 수행하는 경우에 표본크기가 30 이상인 대표본에 대한 추정구간의 신뢰한계는 다음과 같이 표준정규변수의 임계값을 사용하여 결정한다.

(9.12.1) $$\text{신뢰한계} = \overline{X} + z_{\alpha/2} s_{\overline{X}} = \overline{X} \pm z_{\alpha/2} \frac{s_X}{\sqrt{n}} \quad \text{for} \quad n \ge 30 \text{인 대표본}$$

- (9.12.1)식은 모집단의 분포가 정규분포가 아닌 경우에도 적용이 가능
- 표본크기가 30 미만인 소표본에 대해서는 t 통계량의 임계값 $t_{\nu,\alpha/2}$ 를 사용하여 구한 오차한계를 가감하여 신뢰한계를 계산

(9.12.2) $$\text{신뢰한계} = \overline{X} \pm t_{\nu,\alpha/2} s_{\overline{X}} = \overline{X} \pm t_{\nu,\alpha/2} \frac{s_X}{\sqrt{n}} \quad \text{for} \quad n < 30 \text{ 인 소표본}$$

- (9.12.2)식은 모집단 분포가 정규분포인 경우에만 적용이 가능
- Excel에서는 "=T.INV.2T(α ,자유도)"를 입력하여 t 통계량 임계값 $t_{\nu,\alpha/2}$ 를 계산
  - ▸ 크기 20의 t 분포를 갖는 표본 자료를 사용하여 90%의 신뢰구간에 대한 신뢰계수 $t_b = t_{\nu,\alpha/2} = t_{19,10\%/2}$ 를 구하는 경우에는 유의수준(=1-신뢰확률)과 자유도를 이용하는 "=T.INV.2T(10%,19)"를 입력
  - ▸ 단측검정 t 값은 "=T.INV.2T(2*α ,자유도)"를 입력하여 계산

- 간단하게 Excel에서 "=CONFIDENCE.T(α , 표준편차, 표본크기)"로 오차한계 계산
  - 단측검정 오차한계는 "=CONFIDENCE.T(2α ,표준편차,표본크기)"
  - 좌측꼬리 단측검정 오차한계는 "=-CONFIDENCE.T(2α ,표준편차,표본크기)"
- 모집단 분포가 정규분포가 아닌 경우에 소표본의 표본평균을 이용한 구간추정의 신뢰한계는 주로 중위수를 계산하는 비모수절차(nonparametric procedures)를 통해 계산 → 모집단 분포 여부를 모르는 경우에 신뢰한계의 추정을 위해서는 30개 이상의 표본을 추출하는 것이 바람직함

예제 9-5 표본크기 $n=40$, 표본평균 $\overline{X}=40$, 표본분산 $s^2=250$인 경우에 정규분포를 갖는 모집단 평균 μ가 35와 45의 구간에 위치할 확률은 다음과 같이 95.45%이다.

	A	B	C	D
1	표본분산(s^2)	250	표본크기	40
2	s	15.811	표본평균	40
3	평균의 표준오차	2.500	신뢰상한	45
4	신뢰계수	2.000	신뢰하한	35
5	신뢰계수 누적확률 (1+C)/2	97.72%	신뢰확률 C	95.45%

① 평균의 표준오차 $s_{\overline{X}}=\dfrac{s}{\sqrt{n}}$의 계산

- B1셀에 표본분산 250을, D1셀에 표본크기 40을, D2셀에 표본평균 40을 입력
- B2셀에 "=SQRT(B1)"을 입력하여 표본 표준편차를 15.811로 계산
- B3셀에 "=B2/(SQRT(D1))"을 입력하여 평균의 표준오차 $s_{\overline{X}}$를 2.5로 계산

② 신뢰계수 계산

- 오차한계 $z_{\alpha/2}s_{\overline{X}}$를 "신뢰상한-표본평균($\overline{X}$)=45-40"을 통해 5로 계산
- B4셀에 "=(D3-D2)/B3"을 입력하여 신뢰상한에 대한 신뢰계수 $z_{\alpha/2}$를 2로 계산

$$z_{\alpha/2}=\frac{45-\overline{X}}{s_{\overline{X}}}=\frac{45-40}{2.5}=2$$

③ 신뢰확률 계산

- B5셀에 "=NORM.S.DIST(B4,1)"을 입력하여 신뢰계수 누적확률을 97.72%로 계산
- (9.4)식의 $P(z\le z_b)=\dfrac{1+C}{2}$에서 $C=2P(z\le z_b)-1$이 성립하므로, 신뢰확률은 D5셀에 "=2*B5-1"을 입력하여 95.45%로 계산

예제 9-6 크기 $n=15$개 전구의 수명에 대한 표본조사에서 표본평균 $\overline{X}=3{,}500$시간, 표본 표준편차 $s=250$시간의 결과를 얻었다고 하자.
전구 수명이 근사적으로 정규분포를 갖는 경우에, 확률표본의 측정결과를 이용하여 90% 신뢰구간(90% confidence interval), 95% 신뢰구간, 99% 신뢰구간을 각각 다음과 같이 CONFIDENCE.T함수를 통한 오차한계의 계산과 T.INV.2T함수를 통한 상한 신뢰계수의 계산으로 구할 수 있다.

	A	B	C	D	E	F
1	표본크기	15	신뢰확률	90%	95%	99%
2	표본평균	3,500	오차한계	113.692	138.445	192.154
3	표본 표준편차	250	신뢰계수 t_b	1.761	2.145	2.977
4	평균의 표준오차	64.55	오차한계	113.692	138.445	192.154
5			신뢰하한	3,386	3,362	3,308
6			신뢰상한	3,614	3,638	3,692

① 자료 입력과 평균의 표준오차 $s_{\overline{X}}=\dfrac{s}{\sqrt{n}}$의 계산

- B1:B3구간의 각 셀에 표본크기 15, 표본평균 3,500, 표본 표준편차 250을 입력
- B4셀에 "=B3/SQRT(B1)"을 입력하여 평균의 표준오차를 64.55로 계산

② 신뢰확률에 따른 신뢰계수와 오차한계 계산의 비교

- D1:F1구간에 신뢰확률 90%, 95%, 99%를 각각 입력
- D2:F2구간을 지정, 수식입력줄에 "=CONFIDENCE.T(1-D1,$B$3,$B$1)"를 입력 후 "Ctrl+Enter↵"를 클릭하여 각 신뢰수준에 대한 오차한계들을 동시 계산
- D3:F3구간을 지정, 수식입력줄에 "=T.INV.2T(1-D1,$B$1-1)"을 입력 후 "Ctrl+Enter↵"를 클릭하여 신뢰수준에 대한 각 상한 신뢰계수 t_b를 동시 계산
- D4:F4구간을 지정, 수식입력줄에 "=D3*$B$4"를 입력 후 "Ctrl+Enter↵"를 클릭하여 각 신뢰확률 크기에 대한 오차한계 $t_b s_{\overline{X}}$를 동시 계산, D2:F2구간과 비교

③ 신뢰한계 계산

- D5:F5구간을 지정, 수식입력줄에 "=$B$2-D4"를 입력 후 "Ctrl+Enter↵"를 클릭하여 각 신뢰수준에 대한 신뢰하한을 동시 계산
- D6:F6구간을 지정, 수식입력줄에 "=$B$2+D4"를 입력 후 "Ctrl+Enter↵"를 클릭하여 각 신뢰수준에 대한 신뢰상한을 동시 계산

4. 모집단 평균 추정을 위한 표본크기 결정

모집단 평균 추정의 수행을 위한 표본 크기 n 은 신뢰확률, 모집단 모수의 추정에서 모집단 모수와 그 추정치간의 격차인 최대허용가능오차(maximum allowable error) E, 모집단 변동(표준편차로 측정)에 의해 결정된다.

- 최적표본크기(optimal sample size)는 주어진 신뢰확률에 따라 설정된 $\pm E$(최대허용가능오차)를 이용하여 다음과 같이 결정
  - 모집단 분산 σ^2 을 아는 경우

(9.13.1) $$n = \left(\frac{z_{\alpha/2}\sigma}{E} \right)^2$$

  - 모집단 분산 σ^2 을 모르는 경우

(9.13.2) $$n = \left(\frac{z_{\alpha/2}s}{E} \right)^2$$

예제 9-7 특정 상품에 대한 어떤 국가의 수입량이 9,000~29,000으로 예상된다고 하자. 그 수입량 모집단의 평균이 예상 구간 이내의 값으로 나타날 확률이 95%이고, 모집단 평균의 오차한계를 200 이내로 설정한다고 하자.
이러한 상황에서 예비(시험)조사(pilot survey)를 하여 표본 표준편차 s 를 3,000이 되게 하기 위해 필요한 표본크기를 다음과 같이 865로 계산할 수 있다. 한편 크기를 865로 설정한 예비조사에서 표본표준편차가 2,500으로 나타났다면, 표본크기를 601로 축소시켜야 한다.

	A	B	C	D	E	F	G
1	신뢰확률	95%	신뢰계수 z_h	1.96	=NORM.S.INV((1+B1)/2)		
2	최대허용가능오차 E	200	평균의 표준오차	102.04	=B2/D1		
3	목표 표본 표준편차	3,000	예상 표본크기	865	=ROUNDUP((D1*B3/B2)^2,0)		
4	조사 표본 표준편차	2,500	필요한 표본크기	601	=ROUNDUP((D1*B4/B2)^2,0)		

① 자료 입력과 상한 신뢰계수의 계산

- B1:B4구간에 신뢰확률, 최대허용가능오차(오차한계), 목표 및 조사 표본 표준편차들을 각각 95%, 200, 3000, 2500으로 입력
- D1셀에 "=NORM.S.INV((1+B1)/2)"를 입력 상한 신뢰계수 z_b 를 1.96으로 계산

② 신뢰계수와 최대허용오차(오차한계) E를 이용한 평균의 표준오차 계산

- 신뢰계수와 평균의 표준오차의 곱인 최대허용오차 $E(= z_b \sigma_{\overline{X}})$가 200이므로 평균의 표준오차 $\sigma_{\overline{X}}$를 E / z_b로 계산
- D2셀에 "=B2/D1"을 입력하여 평균의 표준오차 $\sigma_{\overline{X}}$를 102.04로 계산

③ 목표 및 조사 표본표준편차에 따른 예상 및 필요한 표본크기 계산과 조사

- D3셀에 "=ROUNDUP((D1*B3/B2)^2,0)"을 입력하여 (9.13.1)식에 따라 예상되는 표본크기를 865로 계산, 여기서 "ROUNDUP(계산대상, 소수점 자릿수)"는 지정한 소수점 자릿수로 끊어 올림을 수행하는 함수
- D4셀에 "=ROUNDUP((D1*B4/B2)^2,0)"을 입력하여 (9.13.1)식에 따라 필요한 표본크기를 601로 계산

제 2 절 카이자승분포 및 F분포와 비율 및 분산의 신뢰구간 추정

I 카이자승분포, F분포 및 비율의 구간 추정

1. 카이자승분포

χ^2 (chi-square, 카이자승)분포는 t 비율과 마찬가지로 확률변수이면서 검정통계량으로 독립적인 표준정규변수 자승들 합의 표본분포이다.

- 카이자승분포는 1900년경에 Karl Pearson이 처음으로 설명했고, 정규분포 다음으로 아주 광범위하게 적용되고 있는 분포
- 카이자승분포의 중요한 적용 사례
  - 분포의 산포 추론을 위한 모집단 분산의 검정
  - 이론적 분포를 기초로 한 예상빈도와 표본의 관찰빈도간의 격차를 통한 적합우량도(goodness of fit)의 검정

- Pearson의 연관성검정(test for association)으로 알려진 독립성 검정(test of independence)

- 평균 μ와 분산 σ^2을 갖는 정규분포로부터 추출한 $X_1, X_2, .., X_n$으로 구성된 n개의 확률표본과 표본분산 s^2이 주어진 경우에 다음 확률변수는 자유도 $n-1$의 χ^2 분포를 따름.

(9.14.1) $$\chi^2 = \frac{(n-1)s^2}{\sigma^2}$$

- 평균 μ와 분산 σ^2을 갖는 정규분포로부터 추출한 $X_1, X_2, .., X_n$으로 구성된 n개의 확률표본을 평균 0과 분산 1을 갖는 표준정규변수로 전환한 경우에 표준정규변수의 자승인 Z^2은 정규분포를 따르지 않고, χ^2 분포를 따름
  - $Z^2 = (X-\mu)^2/\sigma^2$은 자유도 1의 χ^2으로 분포되며, $\chi^2_{(1)}$ 또는 $\chi^2(1)$로 표시
  - χ^2 변수는 각 자유도에 따른 분포들을 가지며, 자유도의 수는 정확히 관찰치의 수와 일치
  - 독립적인 n개의 Z^2들의 합으로 구성된 자유도가 n인 카이자승 변수 $\chi^2_{(n)}$은 다음과 같이 표시

(9.14.2) $$Y = \chi^2_{(n)} = Z_1^2 + Z_2^2 + \ldots + Z_n^2 = \sum_{i=1}^{n}\left(\frac{X_i-\mu}{\sigma}\right)^2$$

- **카이자승분포의 특성**
  - 자유도 1의 카이자승(분포)변수 $\chi^2(1)$이 중위수는 그 기대치 1보다 작은 반면에, 자유도 2의 카이자승변수 $\chi^2(2)$의 중위수는 1보다 크게 나타남.
  - 자유도가 증가할수록 χ^2 분포는 보다 대칭적으로 되며, 자유도 ν의 값이 큰 경우에 χ^2의 분포는 근사적으로 정규분포로 전환
  - $\chi^2(\nu)$의 분포를 이루어 ν개의 독립된 표준정규변수 자승들 합의 확률분포를 갖는 확률변수 Y의 기대치는 ν

(9.15.1) $$E(Y) = E(Z_1^2 + \ldots + Z_\nu^2) = E(Z_1^2) + \ldots + E(Z_\nu^2) = \nu$$

- (9.15.1)식은 $E(X) = \mu$, $Var(X) = \sigma^2$, $\sigma^2 = E(X^2) - \mu^2$에서 $E(X^2) = \sigma^2 + \mu^2$ 이므로, $E(Z^2) = \mu_Z^2 + \sigma_Z^2 = 0^2 + 1^2$이기 때문에 성립
- $\chi^2(\nu)$의 분포를 이루는 확률변수 Y의 분산은 2ν

(9.15.2) $$Var(Y) = 2\nu$$

- χ^2 확률변수의 각 값에 대한 확률밀도함수

(9.16) $$f(x) = \begin{cases} \dfrac{1}{2^{\nu/2}\Gamma(\nu/2)} x^{\frac{\nu-2}{2}} e^{-\frac{x}{2}} & \text{for} \quad x > 0 \\ 0 & elsewhere \end{cases}$$

(9.17) $$\Gamma(\alpha) = \int_0^\infty y^{\alpha-1} e^{-y} dy \quad \text{for} \quad \alpha > 0$$

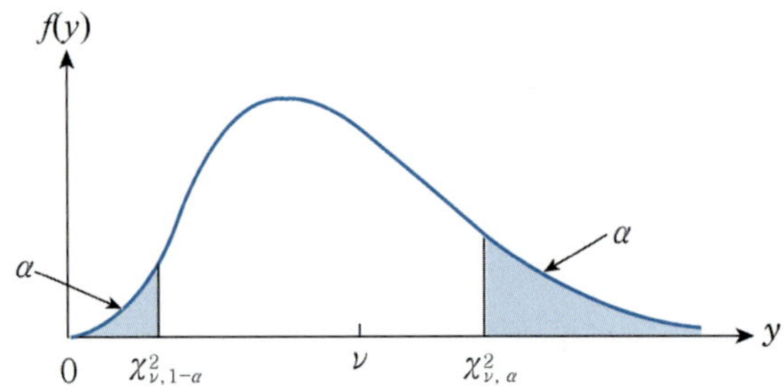

〈그림 9-2〉 자유도 ν를 갖는 카이자승분포의 밀도함수

- Excel에서 χ^2 분포의 확률은 $P(a < y)$의 형식으로 주어진 a보다 χ^2 변수의 값이 더 클 확률을 “=CHISQ.DIST.RT(a,자유도)”를 입력하여 계산
- $P(y \le a)$의 확률은 “=CHISQ.DIST(a,자유도, 누적여부)”를 입력하여 계산
- Excel에서 $Y = \chi^2$이 특정구간($a < y \le b$)의 값으로 나타날 확률을 계산하려면, “=CHISQ.DIST.RT(a,자유도)-CHISQ.DIST.RT(b,자유도)”로 계산
- Y가 자유도 ν를 갖는 카이자승 확률변수인 경우, 어떤 $\alpha \in (0,1)$에 대해서라도 값 $\chi^2_{\nu,\alpha}$는 〈그림 9-2〉와 같이 표시되는 $P(Y \ge \chi^2_{\nu,\alpha}) = \alpha$로 규정됨
  - Excel에서 $\chi^2_{\nu,\alpha}$는 “=CHISQ.INV.RT(α,자유도)”로 계산
  - Excel에서 $\chi^2_{\nu,1-\alpha}$는 “=CHISQ.INV.RT(1-α,자유도)” 또는 “=CHISQ.INV(α,자유도)”로 계산

예제 9-8 3차원 공간에 표적물을 위치시키고, 선정한 3개의 점들의 좌표들로 표시한 (미터 단위의) 빗나간 거리는 평균 0과 표준편차 2의 독립적인 정규확률변수들이라고 가정하자. 선정한 3개의 점과 표적의 좌표 사이의 거리가 3미터를 초과할 확률을 다음과 같이 구할 수 있다.

- i 번째 좌표의 오차를 X_i 라고 하면, 거리 D는 다음과 같이 표시

$$D^2 = X_1^2 + X_2^2 + X_3^2$$

- $i = 1, 2, 3$ 에 대해 $Z_i = (X_i - 0)/2 = X_i/2$ 는 표준정규 확률변수들이며 $X_i^2 = 4Z_i^2$ 이어서, 다음이 성립

$$P(D^2 > 9) = P(X_1^2 + X_2^2 + X_3^2 > 9) = P(Z_1^2 + Z_2^2 + Z_3^2 > 9/4)$$
$$= P(\chi_3^2 > 9/4) = 0.5222$$

- Excel에서 " =CHISQ.DIST.RT(9/4,3)"를 입력하여 0.5222을 계산

예제 9-9 자유도 2, 7, 15, 20에 대한 χ^2 의 확률밀도를 0.5 단위의 χ^2 변수 y 의 값들의 각 구간에 대해 다음과 같이 계산하고, 각 자유도에 따른 확률밀도곡선을 작성할 수 있다.

	A	B	C	D	E
1	y	확률(2)	확률(7)	확률(15)	확률(20)
2	0.0	0.2212	0.0006	0.0000	0.0000
3	0.5	0.1723	0.0046	0.0000	0.0000
4	1.0	0.1342	0.0125	0.0000	0.0000
61	29.5	0.0000	0.0000	0.0019	0.0085
62	30.0	0.0000	0.0000	0.0017	0.0077
63	30.5				
64	자유도	2	7	15	20

① 자료입력과 구간별 확률 계산

- A2셀에 0을 입력 후, 메뉴 탭의 "편집 | 계열 | 연속 데이터"를 지정하여 열 방향 및 0.5의 단계 값으로 30.5까지 채워 넣기
- B64:E64구간의 각 셀에 각 자유도 2, 7, 15, 20을 입력
- B2:E62구간을 지정, "=CHISQ.DIST.RT($A2,B$64)-CHISQ.DIST.RT($A3,B$64)"를 수식입력줄에 입력 후 "Ctrl+Enter↵"를 클릭하여 A열의 각 값부터 다음 값 직전의 구간에 대한 χ^2 확률을 각 자유도에 대하여 동시 계산 → 예컨대 B2셀은 $P(0 < \chi^2(2) < 0.5)$를, C2셀은 $P(0 < \chi^2(15) < 0.5)$를 표시

② 카이자승분포 확률밀도곡선의 작성

- A1:E62구간을 설정, 메뉴 탭에서 "삽입 | 차트 | 분산형 | 곡선 및 표식이 있는 분산형" 지정으로 각 자유도에 대한 카이자승분포 확률밀도곡선을 다음과 같이 작성

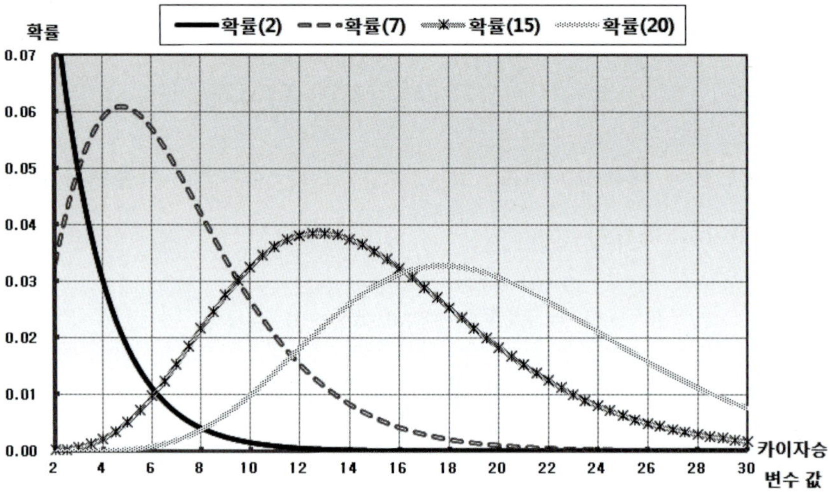

2. F분포

F분포(F distribution)는 서로 독립적인 2개의 카이자승 확률변수들을 각 자유도로 나눈 값들의 비율이 갖는 분포이다.

- F분포는 R.A. Fisher가 최초로 개발
- F 확률변수는 검정통계량으로 두 모집단 분산의 불편추정치들의 비율로 규정되는 분산비율분포(variance-ratio distribution)
- F분포는 여러 방식으로 적용되지만, 주로 2개 분산들의 일치성에 대한 검정과 3개 이상 평균들의 일치성 검정에 사용
- 특히 3개 이상의 표본평균들간의 동질성에 대한 검정은 분산분석(analysis of variance)이라는 그 평균들간의 변동가능성분석에 의해 수행
- Fisher의 F분포는 정규분포를 이루며 분산이 각각 σ_X^2과 σ_Y^2인 두 모집단에서 n_X와 n_Y 크기의 표본들을 무작위로 추출하여 구한 표본분산 s_X^2과 s_Y^2이 각 모집단 분산에 대해 갖는 상대적 비율이 따르는 분포로 규정

(9.18.1)
$$F = \frac{s_X^2/\sigma_X^2}{s_Y^2/\sigma_Y^2} = \frac{s_X^2\sigma_Y^2}{s_Y^2\sigma_X^2}$$

- (9.18.1)식에 $\chi^2_{\nu_1}(X) = (n_X - 1)s_X^2/\sigma_X^2$, $\chi^2_{\nu_2}(Y) = (n_Y - 1)s_Y^2/\sigma_Y^2$, $\nu_1 = n_X - 1$와 $\nu_2 = n_Y - 1$을 대입하고, 두 모집단 분산들이 동일하여 $\sigma_X^2 = \sigma_Y^2$ 이라고 가정하면, 다음과 같이 F 변수(F variable)는 각 자유도로 나눈 두 개의 독립적인 카이자승 변수들의 비율로 형성되는 확률변수로 성립하며, F_{ν_1, ν_2}로 표시

(9.18.2)
$$F = \frac{\chi^2_{\nu_1}(X)/(n_X - 1)}{\chi^2_{\nu_2}(Y)/(n_Y - 1)}$$

- F변수의 확률밀도함수

(9.19.1)
$$f(F) = kF^{\frac{\nu_1}{2} - 1}\left(1 + \frac{\nu_1 F}{\nu_2}\right)^{-\frac{(\nu_1 + \nu_2)}{2}} \quad \text{for} \quad F > 0 \text{ and } k > 0$$

(9.19.2)
$$f(x) = \frac{\Gamma\left(\frac{\nu_1 + \nu_2}{2}\right)\left(\frac{\nu_1}{\nu_2}\right)^{\nu_1/2} x^{(\nu_1/2) - 1}}{\Gamma\left(\frac{\nu_1}{2}\right)\Gamma\left(\frac{\nu_2}{2}\right)\left[\left(\frac{\nu_1}{\nu_2}\right)x + 1\right]^{(\nu_1 + \nu_2)/2}} \quad \text{for} \quad 0 < x < \infty$$

- F변수들의 특성
  - Fisher F분포의 모수들은 (분자의 자유도인) ν_1과 (분모의 자유도인) ν_2이며, ν_1과 ν_2의 조합을 달리하면 다른 Fisher F 분포가 발생
  - Fisher의 F 분포 $F(\nu_1, \nu_2)$의 기대치는 다음과 같이 ν_2에 따라 결정되며, ν_2가 증가함에 따라 기대치는 1에 접근

(9.20.1)
$$E\left(\frac{Y/\nu_1}{W/\nu_2}\right) = \frac{\nu_2}{\nu_2 - 2}$$

(9.20.1)식에서 Y와 W가 독립적 확률변수이면서, Y는 $\chi^2(\nu_1)$의 분포를 갖고, W는 $\chi^2(\nu_2)$의 분포를 가짐

▸ Fisher의 F 분포 $F(\nu_1, \nu_2)$ 의 분산은 $\nu_2 > 4$ 에 대해

(9.20.2) $$\sigma^2 = \frac{2\nu_2(\nu_1 + \nu_2 - 2)}{\nu_1(\nu_2 - 2)^2(\nu_2 - 4)}$$

▸ F-통계량은 0이나 양의 값을 가져, 음이 될 수 없음.

▸ F분포곡선은 카이자승분포곡선과 같이 우측 꼬리(양의 왜도)를 가짐.

- Excel에서 "=F.DIST.RT(x,분자 자유도,분모 자유도)"를 이용하여 P(F〉x)를 계산하며, P(F≤x)누적확률은 "=F.DIST(x,분자 자유도,분모 자유도, 누적여부)"로 계산

(9.21) $$\alpha = P\left(\frac{\chi^2_{\nu_1}/\nu_1}{\chi^2_{\nu_2}/\nu_2} > F_{\nu_1,\nu_2,\alpha}\right) = P\left(\frac{\chi^2_{\nu_2}/\nu_2}{\chi^2_{\nu_1}/\nu_1} < \frac{1}{F_{\nu_1,\nu_2,\alpha}}\right)$$
$$= 1 - P\left(\frac{\chi^2_{\nu_2}/\nu_2}{\chi^2_{\nu_1}/\nu_1} \geq \frac{1}{F_{\nu_1,\nu_2,\alpha}}\right)$$

- 한편 주어진 확률에 대한 특정 값은 DIST 대신 INV를 P(F〈x)에 대해서는 "F.INV"를, P(F〉x)에 대해서는 "F.INV.RT"를 사용하여 도출

예제 9-10 아래 그림과 같이 $\alpha = 5\%$가 되도록 하는 F분포 확률변수 x의 좌우측 임계값들 $f_{\nu_1,\nu_2,1-\alpha} = a$와 $f_{\nu_1,\nu_2,\alpha} = b$를 F1셀 및 F2셀로 F.INV(.RT)함수를 사용하여 구할 수 있다. 그리고 a는 $1/f_{\nu_2,\nu_1,\alpha}$로 F.INV.RT함수에 분자 및 분모 자유도들을 바꾼 역수로 구할 수 있다.

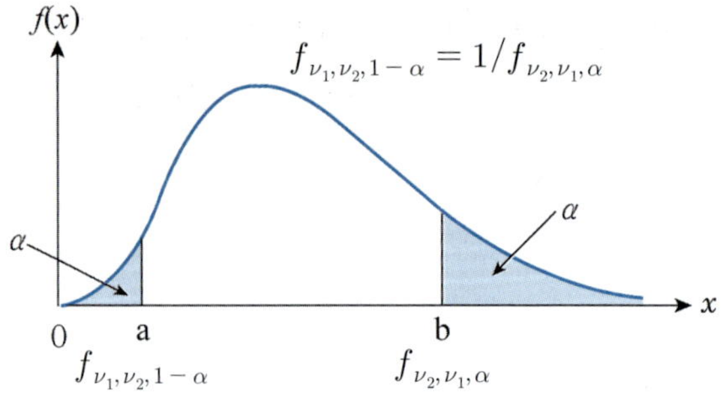

	A	B	C	D	E	F	G	H	I
1	ν1	5	P(F>b)	5%	b	3.3258	=F.INV.RT(D1,$B$1,$B$2)		
2	ν2	10	P(F<a)	5%	a	0.2112	=F.INV(D2,$B$1,$B$2)		
3					a	0.2112	=1/F.INV.RT(D1,B2,B1)		

- F1셀에 "=F.INV.RT(D1,$B$1,$B$2)"를 입력하여 $f_{\nu_1, \nu_2, \alpha}$ =b를 3.3258로 계산
- F2셀에 "=F.INV(D2,$B$1,$B$2)"를 입력하여 $f_{\nu_1, \nu_2, 1-\alpha}$ =a를 2.2112로 계산
- F3셀에 "=1/F.INV.RT(D1,B2,B1)"을 입력하여 a=1/$f_{\nu_2, \nu_1 \alpha}$ 을 2.2112로 계산

예제 9-11 확률변수 X는 $\nu_1=5$와 $\nu_2=2$의 Fisher F분포 F(5,2)를 갖는다고 하자. 이러한 경우에 $x=9.29$에 대한 누적확률을 다음과 같이 0.90으로 구할 수 있다.

	A	B	C	D	E	F	G
1	ν_1	5	P(F≤x)	0.900	=F.DIST(B3,B1,B2,1)		
2	ν_2	2	1-P(F>x)	0.900	=1-F.DIST.RT(B3,B1,B2)		
3	x	9.29					

① 자료입력

- B1:B2구간에 각각 F변수의 분사와 분모 자유도를 입력
- B3셀에 누적확률을 구할 특정한 x의 값을 입력

② F변수의 확률계산

- D1셀에 "=F.DIST(B3,B1,B2,1)"을 입력, $P(F \leq x)$로 9.29까지 누적확률 계산
- D2셀에 "=1-F.DIST.RT(B3,B1,B2)"을 입력, $1-P(F>x)$로 누적확률 계산

예제 9-12 확률변수 X가 F(60,20)으로 분포된다면, 분포의 상위 1%를 절단하는 x 값은 다음과 같이 2.608이다.

	A	B	C	D	E	F	G
1	ν_1	60	P(F>x)	1.0%			
2	ν_2	20	x	2.608	=F.INV.RT(D1,B1,B2)		

- B1:B2구간의 각 셀에 각각 분자와 분모 자유도를 60과 20으로 입력
- D1셀에 특정 수준을 초과하는 구간에서 F변수의 값이 발생할 확률 1%를 입력
- D2셀에 "=F.INV.RT(D1,B1,B2)"를 입력하여 F변수 x 의 값 2.608을 계산

3. 비율의 구간추정과 표본크기

크기 n 의 표본에서 성공횟수 x 가 주어진 경우에 모집단 (성공)비율 π 의 점 추정량 (point estimate)인 표본 비율 $\hat{p}$ 을 x/n 으로 계산한다.

- 이항확률분포에 대한 표본 성공비율 $\hat{p}$ 의 기대치와 분산

(9.22.1) $$E(\hat{p}) = \pi$$

(9.22.2) $$Var(\hat{p}) = \frac{\pi(1-\pi)}{n}$$

- 신뢰확률에 따른 신뢰계수 $z_{\alpha/2}$ 가 주어진 경우 모집단 비율의 신뢰한계는 다음과 같이 계산

(9.23) $$\text{신뢰한계} = \hat{p} \pm z_{\alpha/2} s_{\hat{p}} = \hat{p} \pm z_{\alpha/2} \sqrt{\frac{\hat{p}(1-\hat{p})}{n}}$$

- 모집단 비율 신뢰구간 추정단계
  - 분석대상 모집단 및 변수 규정과 표본크기의 결정
  - 신뢰수준 설정과 해당 임계치 결정
  - 표본자료를 이용한 점 추정치 계산
  - (9.23)식에 따른 신뢰한계 계산(구간 추정 완료)
- 이항분포 정규근사처럼 표준화된 이항비율(standardized binomial proportion)의 분포는 $n \geq 30$ 이며 $np \geq 5$ 와 $n(1-p) \geq 5$ 인 경우에 표준정규변수 $Z \sim N(0,1)$ 의 분포에 근사적으로 접근

(9.24) $$z_{X/n} = \frac{\frac{X}{n} - p}{\sqrt{\frac{\hat{p}(1-\hat{p})}{n}}}$$

- 모집단 비율 p를 모르기 때문에 $\hat{p}$ 를 사용하는 경우에는 표본크기 $n \geq 100$ 이 필요

TIP 모집단 표본비율 추정 및 표본크기 결정 요건

- 표본크기 30이상, np와 $n(1-p)$가 5 이상인 경우에 신뢰계수로 표준정규변수 적용
- 모집단 성공비율 p를 모르는 경우에는 표본크기가 100 이상일 것

- 모집단 (성공)비율의 표준오차 또는 점 추정자 $\hat{p}$의 표준오차(standard error of the point estimator) $s_{\hat{p}}$는 표본크기가 모집단크기의 5% 이상인지의 여부에 따라 다음 공식들을 적용

(9.25.1) $$s_{\hat{p}} = \sqrt{\frac{\hat{p}(1-\hat{p})}{n}} \quad \text{for} \quad n < 0.05N$$

(9.25.2) $$s_{\hat{p}} = \sqrt{\frac{\hat{p}(1-\hat{p})}{n}} \sqrt{\frac{N-n}{N-1}} \quad \text{for} \quad n \geq 0.05N$$

- 무한 모집단 비율의 초기 추정치 $\hat{p}$, 주어진 신뢰확률에 따라 설정된 신뢰계수 z_b 및 모집단 비율의 표준오차 $s_{\hat{p}}$의 곱인 오차한계 $E(= z_{\alpha/2} s_{\hat{p}})$를 이용하여 표본크기를 다음과 같이 결정 → 초기 추정치가 없는 경우에는 $\hat{p} = 0.5$를 사용한 (9.26.2)식을 적용

(9.26.1) $$n = \hat{p}(1-\hat{p})\left(\frac{z_{\alpha/2}}{E}\right)^2$$

(9.26.2) $$n = 0.25\left(\frac{z_{\alpha/2}}{E}\right)^2 = \left(\frac{z_{\alpha/2}}{2E}\right)^2$$

예제 9-13 어떤 회사의 수출담당자가 수입국 시장에서 2,000명의 소비자들에 대해 조사한 결과 1,600명이 자사 제품을 구입하기 원한다고 예상하자.
이와 같이 표본 비율이 80%로 나타난 경우에 95%의 신뢰확률로 모집단 비율의 추정치가 발생할 수 있는 구간은 다음과 같이 구할 수 있다.

	A	B	C	D
1	표본크기 n	2,000	추정 표본 비율 $\hat{p}$	80.0%
2	찬성 횟수 X	1,600	신뢰확률 C	95%
3	추정 표본비율 분산	0.00008	비율의 표준오차 $s_{\hat{p}}$	0.008944
4	신뢰계수 하한누적확률	2.5%	신뢰계수 상한누적확률	97.5%
5	하한신뢰계수(임계값)	-1.96	상한신뢰계수(임계값)	1.96
6	하한 오차한계	-0.01753	상한 오차한계	0.01753
7	신뢰하한	78.25%	신뢰상한	81.75%

① 표본 (성공)비율과 비율의 표준오차 계산

- B1:B2구간에 표본크기와 성공(찬성)횟수를 2000과 1600으로 입력
- D1셀에 "=B2/B1"을 입력하여 표본 (성공)비율을 0.8로 계산
- 무한 모집단이므로 B3셀에 "=D1*(1-D1)/B1"을, D3셀에 "=SQRT(B3)"을 입력하여 (9.25.1)식에 따라 추정 표본비율 분산과 비율의 표준오차를 계산

② 신뢰계수 누적확률과 신뢰계수 계산

- D2셀에 신뢰확률 95%를 입력
- B4셀에 "=(1-D2)/2"를, D4셀에 "=(1+D2)/2" 입력하여 신뢰계수의 하한 및 상한 누적확률들을 각각 계산
- B5셀과 D5셀을 동시 지정, 수식입력줄에 "=NORM.S.INV(D4)"를 입력한 후에 "Ctrl+Enter↵"를 클릭하여 하한 및 상한 신뢰계수들을 동시 계산

③ 상하한 오차한계들 계산과 추정구간의 신뢰한계 계산

- B6셀과 D6셀을 동시 지정, 수식입력줄에 "=D5*$D$3"을 입력 후 "Ctrl+Enter↵"를 클릭하여 하한 및 상한 오차한계들을 동시 계산
- B7셀과 D7셀을 동시 지정, 수식입력줄에 "=$D$1+D6"을 입력 후 "Ctrl+Enter↵"를 클릭하여 하한 및 상한 신뢰한계들을 동시 계산

예제 9-14 당좌계정 또는 저축계정을 가진 200명의 성인에 대한 표본조사에서 124명이 금융기관의 서비스에 불만을 표시했다. 이러한 자료를 기초로 불만을 갖는 성인의 비율에 대한 99.9% 신뢰구간의 한계를 다음과 같이 0.62 ± 0.113 으로 계산할 수 있다.

또한 불만고객비율인 모집단 비율 p가 위치할 신뢰수준을 99.9%로 유지하면서 최대추정오차(maximum error to estimate)인 오차한계(최대허용가능오차)를 0.113에서 0.02로 감소시키기 위해 필요한 표본크기를 다음과 같이 구할 수 있다.

	A	B	C	D
1	표본크기	200	신뢰확률	99.9%
2	불만고객	124	신뢰계수 누적확률	99.95%
3	불만고객비율	0.62	신뢰계수 z_b	3.291
4	만족고객비율	0.38	비율의 표준오차	0.034
5	표본 불만비율의 분산	0.0012	오차한계	0.113
6	신뢰하한	0.507	신뢰상한	0.733
7	목표 최대허용가능오차	0.02	필요한 표본크기	6,378

① $\hat{p}$와 $\hat{q}$의 계산

- B1셀에 표본크기 200, D1셀에 신뢰확률 99.9%, B2셀에 불만고객 수 124를 입력
- B3셀에 "=B2/B1"을 입력하여 불만고객비율의 점 추정치 $\hat{p} = x/n$을 계산
- B4셀에 "=1-B3"은 입력하여 만족고객비율의 점 추정치 $\hat{q} = 1 - \hat{p}$를 계산
- $n\hat{p} = 200(0.62) = 124$와 $n\hat{q} = 200(0.38) = 76$은 모두 5보다 크기 때문에, 비율 x/n를 정규분포된 확률변수로 취급 가능

② 신뢰계수 누적확률과 (상한) 신뢰계수 z_b의 계산

- D2셀에 "=(1+D1)/2"를 입력하여 신뢰확률 C=99.9%에 대한 신뢰계수의 누적확률 $P(z \leq z_{\alpha/2})$를 99.95%로 계산
- D3셀에 "=NORM.S.INV(D2)"를 입력하여 신뢰확률 99.9%에 대한 z-통계량의 임계값인 신뢰계수 $z_{\alpha/2}$를 3.291로 계산

③ 비율의 표준오차와 오차한계의 계산

- B5셀에 "=B3*B4/B1"은 입력하여 표본 (불만)비율의 분산은 0.0012로 계산
- D4셀에 "=SQRT(B5)"를 입력하여 비율의 표준오차를 0.034로 계산
- D5셀에 "=D3*D4"를 입력하여 오차한계를 0.113으로 계산

④ 신뢰한계의 계산

- D6셀에 "=B3+D5"을 입력하여 신뢰상한을 0.733으로 계산
- B6셀에 "=B3-D5"을 입력하여 신뢰하한을 0.507로 계산

⑤ 최대허용가능오차 변경에 따라 필요한 표본크기의 계산

- B7셀에 목표 오차한계인 0.02를 입력
- D7셀에 "=ROUNDUP(B3*B4*(D3/B7)^2,0)"을 입력, 오차한계 0.02에 대해 필요한 표본크기를 6,378로 계산

예제 9-15 성공비율에 대한 어떤 사전 판단(prior judgement)도 없는 상황에서 자료 수집 이전에 95% 구간 추정치를 ±0.05 이내로 설정해야 하는 경우에 최소 표본크기는 (9.26.2)식 $n = (z_{\alpha/2}/(2E))^2$ 에 따라 385로 계산되는 것을 확인할 수 있다.

	A	B	C	D	E	F	G
1	신뢰확률 C	95%	최대허용가능오차 E	0.05			
2	신뢰계수 누적확률 CP	97.5%	최소 표본크기 n	385	=ROUNDUP((B3/(2*D1))^2,0)		
3	신뢰계수 z_b	1.960	=NORM.S.INV(B2)				

- B1셀에 "95%"를 입력 후, B2셀에 "=(B1+1)/2"를 입력하여 (상한) 신뢰계수 누적확률을 계산
- B3셀에 "=NORM.S.INV(B2)"를 입력하여 상한 신뢰계수를 계산
- D1셀에 "0.05"의 오차한계를 입력 후, D2셀에 "=ROUNDUP((B3/(2*D1))^2,0)"을 입력하여 최소 표본크기를 385로 계산

Ⅱ 두 모집단 평균의 격차 추정

1. 정규분포를 이용한 평균간 격차 추정

표본평균의 표집분포의 특성과 같이 표본평균의 격차 $(\overline{X}_1 - \overline{X}_2)$는 두 모집단 평균의 격차 $\mu_1 - \mu_2$ 의 불편 점 추정치로 사용할 수 있다. 이러한 표본평균의 격차 $(\overline{X}_1 - \overline{X}_2)$를 발생시키는 두 모집단에서 추출된 모든 가능한 표본들의 조합들로부터 평균(통계량) 격차의 표집평균[sampling distribution of differences of the means(statistics)]이라는 격차들의 어떤 분포를 얻을 수 있다.

- 비교 대상이 되는 두 모집단 평균들의 격차를 사전에 추정하는 것이 필요한 경우
  - ▸ 국가 간, 도시 간, 산업간 또는 기업 간 임금, 매출액, 연구개발비, 운송비, 부동산

가격 등의 격차는 시장에서 공급자의 경쟁력에 영향을 초래

- 국가 간 또는 도시 간 1인당 소득, 소득계층별 · 연령별 · 성별 · 학력별 인구, 평균 온도 등의 격차는 시장 소비자들의 구매력과 기호패턴에 영향을 초래
- 성공적 사업 수행을 위해 공급자 및 수요자 경쟁요인 등의 격차 규명이 필요

◉ 독립적인 두 모집단 평균간 격차의 표준오차(standard error of the difference between means) 및 신뢰구간은 두 모집단의 표준편차들을 아는 경우에 다음 식으로 계산

(9.27.1) $$\sigma_{\overline{X}_1-\overline{X}_2}=\sqrt{\sigma^2_{\overline{X}_1}+\sigma^2_{\overline{X}_2}}=\sqrt{\frac{\sigma_1^2}{n_1}+\frac{\sigma_2^2}{n_2}}$$

(9.27.2) $$(\mu_1-\mu_2)\text{의 신뢰한계}=(\overline{X}_1-\overline{X}_2)\pm z_{\alpha/2}\sigma_{\overline{X}_1-\overline{X}_2}$$

- (9.27.1)식은 $\mu_1-\mu_2$를 하나의 모수 θ로 간주하고, 그 추정량 $\hat{\theta}=\overline{X}_1-\overline{X}_2$은 $\sigma^2_{\hat{\theta}}=(\sigma_1^2/n_1)+(\sigma_2^2/n)$을 분산으로 가짐
- n_1은 모집단 1에서 추출된 표본크기, n_2는 모집단 2에서 추출된 표본크기
- σ_1^2은 모집단 1의 분산, σ_2^2은 모집단 2의 분산

◉ 두 모집단의 표준편차들을 모르지만 정규분포의 사용이 적절한 경우에 두 모집단 평균간 격차 추정치의 표준오차 및 신뢰구간은 다음과 같이 계산

(9.28.1) $$s_{\overline{X}_1-\overline{X}_2}=\sqrt{s^2_{\overline{X}_1}+s^2_{\overline{X}_2}}=\sqrt{\frac{s_1^2}{n_1}+\frac{s_2^2}{n_2}}$$

(9.28.2) $$(\mu_1-\mu_2)\text{의 신리한계}=(\overline{X}_1-\overline{X}_2)+z_{\alpha/2}s_{\overline{X}_1-\overline{X}_2}$$

예제 9-16 어떤 기업에서 추출한 크기 $n=30$의 종업원 표본에서 평균 주당임금이 표준편차 $s=14$와 평균 $\overline{X}=280$을 갖는다고 하자. 한편 다른 기업에서 추출한 크기 $n=40$의 종업원 평균 주당임금(weekly wage)이 표준편차 $s=10$과 평균 $\overline{X}=270$을 갖는다고 하자. 두 기업의 평균 주당임금간 격차 추정을 위한 90%, 95%, 99% 신뢰한계는 (9.28.1)식과 (9.28.2)식을 이용하여 각각 다음과 같이 구할 수 있다.

	A	B	C	D	E
1	표본 1의 평균	280	표본 2의 평균	270	
2	표본 1의 표준편차	14	표본 2의 표준편차	10	
3	표본 1의 크기	30	표본 2의 크기	40	
4	표본 1 평균 표준오차	2.556	표본 2 평균 표준오차	1.581	
5	표본 1 평균의 분산	6.533	표본 2 평균의 분산	2.500	
6	표본 1 평균-표본 2평균	10.00	평균간 격차의 추정된 표준오차	3.006	
7	신뢰수준	신뢰수준 누적확률	신뢰계수	신뢰하한	신뢰상한
8	90%	95.0%	1.645	5.056	14.944
9	95%	97.5%	1.960	4.109	15.891
10	99%	99.5%	2.576	2.258	17.742

① 자료입력과 각 표본의 평균의 표준오차와 표본평균의 분산 계산

- A1:D3구간에 자료로 제시된 표본 1과 표본 2의 평균, 표준편차, 크기를 입력
- B4셀과 D4셀을 동시 지정, 수식입력줄에 "=D2/SQRT(D3)"을 입력 후 "Ctrl+Enter↵"를 클릭하여 표본 1 및 2의 평균의 표준오차들을 동시 계산
- B5셀과 D5셀을 동시 지정, 수식입력줄에 "=D4^2"를 입력 후 "Ctrl+Enter↵"를 클릭하여 표본 1과 2의 평균의 분산들을 동시 계산

② 표본평균간 격차와 평균간 격차의 추정된 표준오차 계산

- B6셀에 "=B1-D1"을 입력하여 표본평균간 격차를 10으로 계산
- D6셀에 "=SQRT(B5+D5)"를 입력하여 (9.28.2)식에 따라 평균간 격차의 추정된 표준오차를 3.006으로 계산

③ 신뢰수준의 누적확률과 (상한) 신뢰계수 계산

- A8:A10구간의 각 셀에 90%, 95%, 99%의 신뢰수준들을 각각 입력
- B8:B10구간을 지정, 수식입력줄에 "=(1+A8)/2"를 입력 후 "Ctrl+Enter↵"를 클릭하여 각 신뢰수준에 대한 신뢰수준 (상한) 누적확률들을 동시 계산
- C8:C10구간을 지정, 수식입력줄에 "=NORM.S.INV(B8)"을 입력 후 "Ctrl+Enter↵"를 클릭하여 각 신뢰수준에 대한 신뢰계수들을 동시 계산

④ 신뢰한계 계산

- D8:D10구간을 지정, 수식입력줄에 "=$B$6-C8*$D$6"을 입력 후 "Ctrl+Enter↵"를 클릭하여 각 신뢰수준에서의 신뢰하한들을 동시 계산
- E8:E10구간을 지정, 수식입력줄에 "=$B$6+C8*$D$6"을 입력 후 "Ctrl+Enter↵"를 클릭하여 각 신뢰수준에서의 신뢰상한들을 동시 계산

⑤ 추정 신뢰구간 해석[모집단에서 여러 표본들을 추출한 상황에서 평균적으로]

- 90%의 신뢰도를 갖고 기업 1의 평균 주당임금이 기업 2보다 5.056과 14.944구간 이내의 어떤 값만큼 더 크다고 주장 가능
- 95%의 신뢰도를 갖고 기업 1의 평균 주당임금이 기업 2보다 4.109와 15.891구간 이내의 어떤 값만큼 더 크다고 주장 가능
- 99%의 신뢰도를 갖고 기업 1의 평균 주당임금이 기업 2보다 2.258과 17.742구간 이내의 어떤 값만큼 더 크다고 주장 가능

2. t 분포를 이용한 평균간 격차 추정

근사적으로 정규분포를 갖는 두 모집단의 표준편차 σ 를 모르는 상황에서 두 모집단의 분산이 동일하고, 표본크기가 30 미만인 경우에는 t 분포를 추정에 사용할 수 있다.

- t 분포를 추정에 사용하는 경우, 평균간 격차의 표준오차 $s_{\overline{X}_1-\overline{X}_2}$ 는 두 모집단 분산에 대한 합동분산추정치(pooled variance estimate) s_P^2 를 사용하여 다음과 같이 계산

(9.29.1) $$s_P^2 = \frac{(n_1-1)s_1^2+(n_2-1)s_2^2}{n_1+n_2-2} = \frac{\sum(X_1-\overline{X}_1)^2+\sum(X_2-\overline{X}_2)^2}{n_1+n_2-2}$$

(9.29.2) $$s_{\overline{X}_1-\overline{X}_2} = \sqrt{\frac{s_P^2}{n_1}+\frac{s_P^2}{n_2}}$$

- (9.29.2)식에 따른 t-통계량의 계산 공식

(9.29.3) $$t = \frac{\overline{X}_1-\overline{X}_2}{\sqrt{\frac{s_P^2}{n_1}+\frac{s_P^2}{n_2}}} = \frac{\overline{X}_1-\overline{X}_2}{\sqrt{s_P^2\frac{(n_1+n_2)}{n_1 n_2}}}$$

- 주어진 신뢰수준에 대한 신뢰구간의 공식은 n_1+n_2-2 의 자유도를 갖는 신뢰계수 $t_{\alpha/2}$ 를 사용하여 다음과 같이 계산

(9.30) $$\text{신뢰구간} = (\overline{X}_1-\overline{X}_2) \pm t_{\alpha/2}\, s_{\overline{X}_1-\overline{X}_2}$$

- Excel에서는 “=T.INV.2T(α ,자유도)”를 입력하여 t 통계량 임계값 $t_{\nu,\alpha/2}$ 를 계산

예제 9-17 주행거리의 수명조사를 위해 추출한 한 회사의 타이어 표본 1은 크기 $n_1 = 20$, 평균 $\overline{X}_1 = 46{,}000$km, 표준편차 $s_1 = 2{,}500$km라고 하자. 한편, 다른 회사의 표본 2는 크기 $n_2 = 16$, 평균 $\overline{X}_2 = 40{,}000$km, 표준편차 $s_1 = 2{,}000$km라고 하자.

두 회사가 생산한 타이어의 수명이 정규분포를 갖는다고 가정한 경우에, 두 회사 타이어의 평균수명간 격차를 추정하기 위한 90%, 95%, 99% 신뢰구간을 다음과 같이 구할 수 있다.

	A	B	C	D
1	표본 1의 평균	46,000	표본 2의 평균	40,000
2	표본 1의 표준편차(s_1)	2500	표본 2의 표준편차(s_2)	2000
3	표본 1의 크기(n_1)	20	표본 2의 크기(n_2)	16
4	표본 1의 분산(s_1^2)	6,250,000	표본 2의 분산(s_2^2)	4,000,000
5	자유도(n_1+n_2-2)	34	합동분산추정치 s_p^2	5,257,353
6	표본1 평균-표본 2평균	6,000	평균간 격차의 표준오차	769.06
7	신뢰수준	신뢰계수	신뢰하한	신뢰상한
8	90%	1.691	4,700	7,300
9	95%	2.032	4,437	7,563
10	99%	2.728	3,902	8,098

① 자료입력과 표본 1과 2의 분산 계산

- B1:D3구간의 각 셀에 표본 1 및 2의 평균, 표준편차, 크기를 입력
- B4셀과 D4셀을 동시 지정, 수식입력줄에 "=D2^2"를 입력 후 "Ctrl+Enter↵"를 클릭하여 표본 1과 2의 분산을 동시 계산

② t 분포의 자유도, 합동분산추정치, 평균간 격차의 표준오차 계산

- B5셀에 "=B3+D3-2"를 입력하여 t분포의 자유도를 34로 계산
- D5셀에 "=((B3-1)*B4+(D3-1)*D4)/B5"를 입력하여, (9.29.1)식에 따라 합동분산추정치를 계산
- B6셀에 "=B1-D1"을 입력하여 표본 1의 평균과 표본 2의 평균간 격차를 계산
- D6셀에 "=SQRT((D5/B3)+(D5/D3))"을 입력하여 (9.29.2)식에 따라 평균간 격차의 표준오차를 계산

③ t-통계량을 이용한 신뢰계수와 신뢰한계의 계산

- A8:A10구간의 각 셀에 신뢰확률들을 90%, 95%, 99%로 각각 입력
- B8:B10구간을 지정, 수식입력줄에 "=T.INV.2T(1-A8,$B$5)"를 입력 후 "Ctrl+Enter↵"를 클릭하여 각 신뢰확률에 대한 t-통계량인 상한 신뢰계수를 동시 계산

- C8:C10구간을 지정, 수식입력줄에 "=$B$6-B8*$D$6"을 입력하여 각 신뢰확률에 대한 신뢰하한을 동시 계산
- D8:D10구간을 지정, 수식입력줄에 "=$B$6+B8*$D$6"을 입력하여 각 신뢰확률에 대한 신뢰상한을 동시 계산

④ 추정 신뢰구간의 해석[모집단에서 여러 표본들을 추출한 상황에서 평균적으로]

- 90%의 신뢰도를 갖고 회사 1의 타이어가 평균 주행수명이 회사 2보다 4,700km와 7,300km구간 이내의 어떤 값만큼 더 크다고 주장 가능
- 95%의 신뢰도를 갖고 회사 1의 타이어가 평균 주행수명이 회사 2보다 4,437km와 7,563km구간 이내의 어떤 값만큼 더 크다고 주장 가능
- 99%의 신뢰도를 갖고 회사 1의 타이어가 평균 주행수명이 회사 2보다 3,902km와 8,098km구간 이내의 어떤 값만큼 더 크다고 주장 가능

Ⅲ 두 모집단 비율 격차와 분산 및 표준편차의 신뢰구간 추정

1. 두 모집단 비율 격차의 신뢰구간 추정

두 모집단 비율의 추정치가 $\hat{p}_1$과 $\hat{p}_2$인 경우에 두 모집단 비율간 격차의 추정에 대한 신뢰구간은 다음과 같이 계산할 수 있다.

(9.31) $$\text{신뢰구간} = (\hat{p}_1 - \hat{p}_2) \pm z_{\alpha/2}\, s_{\hat{p}_1 - \hat{p}_2}$$

- (9.31)식에서 비율간 격차의 표준오차(standard error of the difference between proportions) $s_{\hat{p}_1-\hat{p}_2}$는 두 표본비율에 대한 비율이 추정된 표준오차(estimated standard error of the proportion)를 이용하여 다음과 같이 계산

(9.32.1) $$s_{\hat{p}_1-\hat{p}_2} = \sqrt{s_{\hat{p}_1}^2 + s_{\hat{p}_2}^2}$$

(9.32.2) $$s_{\hat{p}_1} = \sqrt{\frac{\hat{p}_1(1-\hat{p}_1)}{n_1}}, \quad s_{\hat{p}_2} = \sqrt{\frac{\hat{p}_2(1-\hat{p}_2)}{n_2}}$$

예제 9-18 어떤 수입국 시장 1에서 표본 추출한 1,000명 중에서 450명이 자사 제품을 사용하는 것으로 나타났고, 다른 수입국 시장 2에서 표본 추출한 2,000명 중에서 580명이 자사제품을 사용하는 것으로 나타났다.
자사 고객비율의 시장간 격차에 대한 90%, 95%, 99%의 신뢰구간들을 다음과 같이 구할 수 있다.

	A	B	C	D	E	F	G	H
1	표본 1 크기	1,000	표본 2 크기	2,000	신뢰수준	신뢰계수	신뢰하한	신뢰상한
2	표본 1 고객수	450	표본 2 고객수	580	90%	1.645	0.129	0.191
3	표본 1 고객비율	0.45	표본 2 고객비율	0.29	95%	1.960	0.123	0.197
4	표본1 비율의 분산	0.0002	표본 2 비율의 분산	0.0001	99%	2.576	0.112	0.208
5	비율간 격차 표준오차	0.0187	표본비율 격차	0.16				

① 자료입력과 표본 1과 2 비율의 분산 계산

- B1:D2구간의 각 셀에 표본 1과 2의 크기와 고객수를 입력
- B3셀과 D3셀을 동시 지정, 수식입력줄에 "=D2/D1"을 입력 후 "Ctrl+Enter↵"를 클릭하여 표본 1과 2의 고객비율을 동시 계산
- B4셀과 D4셀을 동시 지정, 수식입력줄에 "=D3*(1-D3)/DB1"을 입력 후 "Ctrl+Enter↵"를 클릭하여 표본 1과 2의 고객비율의 분산을 (9.22.2)식에 따라 동시 계산

② 비율간 격차의 표준오차와 표본비율 격차 계산

- B5셀에 "=SQRT(B4+D4)"를 입력하여, (9.32.1)식에 따라 비율간 격차의 표준오차를 0.0187로 계산
- D5셀에 "=B3-D3"를 입력하여 표본 1이 표본 2에 대해 갖는 추정된 고객비율의 격차를 0.16으로 계산

③ 신뢰계수 $z_{\alpha/2}$ 와 신뢰한계의 계산

- E2:E4구간의 각 셀에 90%, 95%, 99%의 신뢰수준들을 입력
- F2:F4구간을 지정, 수식입력줄에 "=NORM.S.INV((1+E2)/2)"를 입력 후 "Ctrl+Enter↵"를 클릭하여 각 신뢰수준에 대한 상한 신뢰계수를 계산
- G2:G4구간을 지정, 수식입력줄에 "=$D$5-F2*$B$5"를 입력 후 "Ctrl+Enter↵"를 클릭하여 각 신뢰수준에 대한 고객비율격차의 신뢰하한을 동시 계산
- H2:H4구간을 지정, 수식입력줄에 "=$D$5+F2*$B$5"를 입력 후 "Ctrl+Enter↵"를 클릭하여 각 신뢰수준에 대한 고객비율격차의 신뢰상한을 동시 계산

④ 추정 신뢰구간의 해석[모집단에서 여러 표본들을 추출한 상황에서 평균적으로]

- 90%의 신뢰도를 갖고 수입국 시장 1의 고객비율이 수입국 시장 2보다 0.129와 0.191구간 이내의 어떤 값만큼 더 크다는 주장이 가능
- 95%의 신뢰도를 갖고 수입국 시장 1의 고객비율이 수입국 시장 2보다 0.123과 0.197구간 이내의 어떤 값만큼 더 크다는 주장이 가능
- 99%의 신뢰도를 갖고 수입국 시장 1의 고객비율이 수입국 시장 2보다 0.112와 0.208구간 이내의 어떤 값만큼 더 크다는 주장이 가능

2. 분산과 표준편차의 신뢰구간 추정

정규분포를 갖는 확률변수의 표본 관찰을 통해 나타나는 비율 $(n-1)s^2/\sigma^2$ 은 χ^2 분포를 갖는다. 자유도 $(n-1)$의 값에 따라 카이자승분포는 다르게 발생한다. 표본으로 얻는 표본 분산 s^2 은 모집단 분산과는 일치하지 않아, 모르는 분산이나 표준편차의 통계적 추정을 위해 사용하는 $(n-1)s^2/\sigma^2$ 비율에는 χ^2 분포 적용이 필요하다.

- 표본분산은 모집단 분산의 불편추정량(unbiased estimator)이기 때문에, 카이자승분포를 갖는 $(n-1)s^2/\sigma^2$ 비율의 장기적 기대치는 자유도 $n-1$ 로 발생
- 카이자승분포는 대칭분포가 아니기 때문에, 분산이나 표준편차의 양측 신뢰구간(two-sided confidence interval) 추정에는 정규분포 대신에 χ^2 분포를 사용
- 자유도 $\nu(=n-1)$와 유의수준 α 를 갖는 카이자승분포를 사용한 모집단 분산 σ^2 에 대한 100(1-α)% 신뢰구간의 공식
  - 신뢰구간을 구성하는 경우에 유의수준 α 에 대해 신뢰수준 c=1 α 를 계산

(9.33.1) $$P(\chi^2_{n-1,1-\alpha/2} \le \chi^2 \le \chi^2_{n-1,\alpha/2}) = 1-\alpha$$

(9.33.2) $$P\left(\chi^2_{n-1,1-\alpha/2} \le \frac{(n-1)s^2}{\sigma^2} \le \chi^2_{n-1,\alpha/2}\right) = 1-\alpha$$

- 정규분포 모집단에 대해 모르는 분산 σ^2 에 대한 1-α 의 신뢰구간을 그 모집단에서 추출한 n개의 관찰치들을 갖는 확률표본의 표본분산이 s^2 인 경우에 다음 (9.33.4)식으로 도출할 수 있도록 (9.33.2)식을 사용

(9.33.3) $$P\left(\frac{(n-1)s^2}{\chi^2_{n-1,\alpha/2}} \le \sigma^2 \le \frac{(n-1)s^2}{\chi^2_{n-1,1-\alpha/2}}\right) = 1-\alpha$$

(9.33.4) $$\frac{(n-1)s^2}{\chi^2_{n-1,\alpha/2}} < \sigma^2 < \frac{(n-1)s^2}{\chi^2_{n-1,1-\alpha/2}} \quad : 1-\alpha\text{의 신뢰구간}$$

- (9.33.1)식에서 "$1-\alpha/2$"는 "신뢰확률+(유의수준/2)"로 신뢰수준 누적확률인 "(1+신뢰수준)/2"와 동일
- $\chi^2_{\alpha/2}$은 분산 신뢰구간 하한을 결정해주는 카이자승 값(우측으로 "$\alpha/2$"의 면적이 존재하는 임계값)
- $\chi^2_{1-\alpha/2}$는 분산 신뢰구간 상한을 결정해주는 카이자승 값(우측으로 "$1-\alpha/2$"의 면적이 존재하는 임계값)

- 모집단 표준편차에 대한 신뢰구간의 계산 공식($\nu = n-1$)

(9.34) $$\sqrt{\frac{(n-1)s^2}{\chi^2_{\nu,\alpha/2}}} < \sigma < \sqrt{\frac{(n-1)s^2}{\chi^2_{\nu,1-\alpha/2}}}$$

예제 9-19 병에 술을 담는 경우에 무작위로 추출한 20개 술병의 표본에서 담은 술의 부피(플루이드 온스 : fluid ounce=29.5735ml(밀리리터)) 단위 표본 분산 s^2이 0.0153인 경우에 모집단 분산의 95% 신뢰구간과 함께, 그리고 유의수준이 분포곡선의 우측에만 있는 95% 상부 신뢰구간(95% upper-confidence interval)의 한계를 다음과 같이 계산할 수 있다.

	A	B	C	D	E	F	G	H
1	신뢰수준 c	95%	유의수준 α	5%	=1-B1			
2	표본분산 s^2	0.0153	신뢰하한	0.008849	=$B$4*$B$2/CHISQ.INV.RT($D$1/2,$B$4)			
3	표본크기 n	20	신뢰상한	0.032639	=B4*B2/CHISQ.INV.RT(1-D1/2,B4)			
4	자유도	19	95% 상부 신뢰구간 한계	0.028734	=$B$4*$B$2/CHISQ.INV.RT(1-$D$1,$B$4)			

① 자료입력과 유의수준 및 자유도 계산

- A1:B3구간에 자료 입력
- B4셀에 "=B3-1"를 입력하여 자유도를 19로 계산
- D1셀에 "=1-B1"을 입력하여 유의수준을 5%로 계산

② 모집단 분산의 95% 신뢰구간을 (9.33.4)식에 따라 구성

- D2셀에 "=B4*B2/CHISQ.INV.RT(D1/2,B4)"를 입력 신뢰하한 계산
- D3셀에 "=B4*B2/CHISQ.INV.RT(1-D1/2,B4)"를 입력 신뢰상한 계산
- 모집단 분산의 95% 신뢰구간 "$0.008849 < \sigma^2 < 0.032639$"로 구성

③ 모집단 분산의 95% 상부 신뢰구간 구성

- D4셀에 "=B4*B2/CHISQ.INV.RT(1-D1,B4)"를 입력 신뢰구간 한계를 계산
- 모집단 분산의 95% 상부 신뢰구간 "$\sigma^2 < 0.028734$"로 구성
- 이러한 상부 신뢰구간은 모집단 분산이 임계값 미만을 보장하는 경우에 주로 사용

예제 9-20 크기 30의 표본이 분산 120을 갖는다면, 이에 대한 모집단 분산의 95% 신뢰구간에 대한 신뢰한계들을 (9.33)식에 따라 다음과 같이 추정할 수 있다.

	A	B	C	D	E	F	G
1	표본크기	30	자유도 v	29	신뢰하한	76.11	
2	s^2	120	신뢰수준	95%	신뢰상한	216.86	
3	α/2	0.025	$\chi^2_{0.025}$	45.72229	=CHISQ.INV.RT(B3,$D$1)		
4	1-α/2	0.975	$\chi^2_{0.975}$	16.04707	=CHISQ.INV.RT(B4,$D$1)		
5	vs^2	3,480					

① 자료 입력과 자유도 계산

- B1, B2, D2셀에 각각 표본크기, 표본 분산, 신뢰수준을 입력
- D1셀에 "=B1-1"로 자유도를 29로 계산

② 신뢰한계 상하한 χ^2 임계값들의 계산

- B3셀에 "=(1-D2)/2"와 B4셀에 "=1-B3"을 입력하여 신뢰한계 상하한 χ^2 임계값들까지의 누적확률을 계산
- D3:D4구간을 지정, 수식입력줄에 "=CHISQ.INV.RT(B3,$D$1)"을 입력 후 "Ctrl+Enter↵"를 클릭하여 신뢰한계 상하한 χ^2 임계값들을 동시 계산

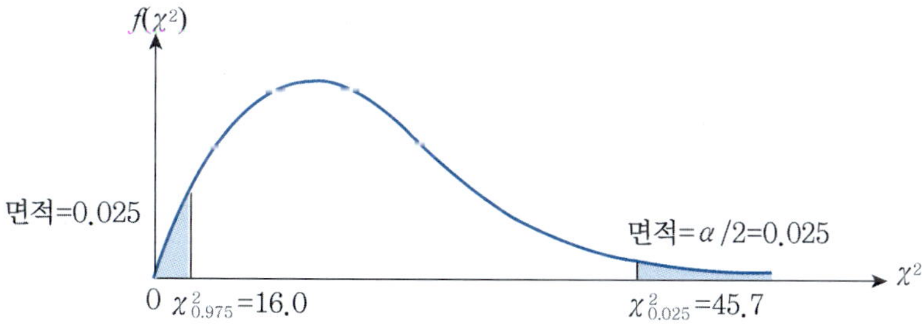

③ 신뢰한계들의 계산

- B5셀에 "=D1*B2"을 입력
- F1:F2구간을 지정, 수식입력줄에 "=$B$5/D3"을 입력 후, "Ctrl+Enter↵"를 클릭하여 모집단 분산의 신뢰한계 상하한을 (9.33)식에 따라 동시 계산

예제 9-21 30개 수입국 시장표본의 평균월간매출액이 USD28만이며, 그 표본 표준편차가 USD1.4만이라고 하자.
평균 월간매출액이 근사적으로 정규분포를 갖는 경우에 평균 월간매출액의 표준편차 추정에 대한 90%, 95%, 99% 신뢰구간을 다음과 같이 구할 수 있다.

	A	B	C	D	E	F
1	표본크기	30	표본표준편차	1.40	표본평균	28
2	자유도(ν)	29	표본분산	1.96		
3	유의수준	$\chi^2(\nu,\alpha/2)$	$\chi^2(\nu,1-\alpha/2)$	신뢰하한	신뢰상한	
4	10%	42.5569678	17.7083662	1.16	1.79	
5	5%	45.7222858	16.0470717	1.11	1.88	
6	1%	52.33561779	13.1211489	1.04	2.08	

① 자료입력과 자유도 및 표본분산 계산

- B1, D1, F1셀들에 각각 표본크기, 표본표준편차와 표본평균을 입력
- B2셀에 "=B1-1"을 입력하여 자유도 ν를 29로 계산
- D2셀에 "=D1^2"를 입력하여 표본분산을 1.96으로 계산

② 신뢰확률에 따른 신뢰구간 하한 및 상한 χ^2 임계값 계산

- A4:A6구간의 각 셀에 각각 10%, 5%, 1%를 입력하여 각 신뢰확률에 따른 유의수준들을 표시
- B4:B6구간을 지정, 수식입력셀에 "=CHISQ.INV.RT(A4/2,$B$2)"를 입력 후 "Ctrl+Enter↵를 클릭하여 신뢰구간 하한의 카이자승 변수 임계값들을 각 유의수준에 대해 동시 계산
- C4:C6구간을 지정, 수식입력셀에 "=CHISQ.INV(A4/2,$B$2)"를 입력 후 "Ctrl+Enter↵를 클릭하여 신뢰구간 상한의 카이자승 변수 임계값들을 각 유의수준에 대해 동시 계산

③ 신뢰한계의 계산과 추정 신뢰구간의 해석

- D4:E6구간을 지정, 수식입력줄에 "=SQRT($B$2*$D$2/B4)"를 입력하여 각 유의수준에 대한 모집단 표준편차의 신뢰구간 하한 및 상한을 (9.34)식에 따라 동시 계산
- 표본을 반복적으로 추출할 때에 평균 90%의 신뢰도를 갖고 각 수입국 시장에서 평균월간매출액 USD28만에 대한 표준편차가 USD1.16만에서 USD1.79만 사이의 값으로 발생할 수 있다는 주장이 가능
- 여러 표본에 대해 평균적으로 95%의 신뢰도를 갖고 각 수입국 시장에서 평균월간매출액 USD28만에 대해 표준편차가 USD1.11만에서 USD1.88만 사이의 값으로 발생할 수 있다는 주장이 가능
- 여러 반복적으로 추출한 표본들에 대해 평균 99%의 신뢰도를 갖고 각 수입국 시장에서 평균월간매출액 USD28만에 대해 표준편차가 USD1.04만에서 USD2.08만 사이의 값으로 발생할 수 있다는 주장이 가능

학 습 문 제

OX

※ 맞으면 "○", 틀리면 "×"를 표시하시오.

01. 모집단 평균(모평균) μ에 대한 최우량 점 추정치는 표본평균 $\overline{X}$이다. ( )

02. 신뢰구간의 길이가 증가할수록, 추정될 모집단 모수를 실제로 포함할 신뢰정도 역시 증가한다. ( )

03. 신뢰구간의 길이가 아주 크다면, 그에 해당하는 예측은 아주 의미가 있다. ( )

04. 98% 신뢰수준에 해당하는 z값은 1.96이다. ( )

05. 모집단 평균 μ의 신뢰구간은 $\overline{X} \pm z_{\alpha/2}\frac{\sigma}{n}$으로 계산할 수 있다. 여기서 σ는 모집단 표준편차이며, n은 표본크기이다. ( )

06. 어떤 고정된 신뢰수준에 대해 표본크기가 증가하면, 모집단평균의 신뢰구간 길이는 감소한다. ( )

07. 표본비율들의 분포는 표본크기가 $n \geq 30$이며 정규분포에 근사한다. ( )

08. 모집단 비율 p의 신뢰구간은 $\hat{p} \pm z_{\alpha/2}\hat{p}(1-\hat{p})/n$로 계산할 수 있다. ( )

09. 모집단평균에 대한 90% 신뢰구간은 모집단 평균이 그 신뢰구간에 포함될 확률이 90%라는 것을 의미한다. ( )

10. 모집단평균에 대한 90% 신뢰구간은 반복적으로 표본들을 사용하여 많은 신뢰구간들이 구성된다면, 평균적으로 이러한 구간들의 90%가 진정한 모수를 포함할 것을 의미한다. ( )

11. 모집단 모수 점 추정치는 항상 그 모수에 대한 신뢰구간 중앙에 위치한다. ( )

12. 어떤 모집단에서 반복적으로 표본들을 선정하면, 주어진 모수의 점 추정치는 항상 동일한 값이 될 것이다. ( )

13. 신뢰수준이 높을수록, 신뢰구간은 짧아진다. ( )

14. 모집단 모수의 최우량 점 추정치는 그 해당 표본통계량이다. ( )

정답 1. ○ 2. ○ 3. × 4. × 5. × 6. ○ 7. ○ 8. × 9. × 10. ○ 11. ○ 12. × 13. × 14. ○

학 습 문 제

15. 모집단 평균의 신뢰구간을 고려할 경우에 표본크기를 결정하려면, 신뢰수준, 오차한계, 모집단 표준편차 또는 그 추정치를 알고 있어야 한다. ( )

16. 모집단 비율의 신뢰구간을 고려할 경우에 표본크기를 결정하려면, 신뢰수준, 오차한계, 모집단 평균의 추정치를 알고 있어야 한다. ( )

17. 추론을 위해 요구되는 표본크기를 결정할 경우에 추정치의 최대오차는 정확성의 측정치를 제공한다. ( )

18. 두 모집단 비율 격차에 대한 중심극한정리를 기초로, 충분히 큰 표본크기에 대해 두 표본 비율들간의 격차에 대한 표집분포는 정확히 정규분포된다고 가정할 수 있다. ( )

19. 두 모집단 비율들간의 격차에 대한 신뢰구간들을 구하기 위해 같은 표본크기들을 계산한다면, 유의수준이 일정한 가운데 오차한계가 감소하면 표본크기는 증가할 것이다. ( )

20. 두 모집단 평균들간 격차에 대한 대표본 신뢰구간의 계산하려면, 두 모집단들의 분산들을 반드시 알고 있어야 한다. ( )

21. 모집단 분산이나 표준편차의 신뢰구간 추정공식에서 $\chi^2_{1-\alpha/2}$ 는 신뢰구간 상한을 결정해 주는 카이자승 값이다. ( )

22. 두 모집단 분산들을 모르면서 각 표본크기들이 30미만인 경우에 두 모집단 평균들간의 격차에 대한 신뢰구간의 추정은 두 모집단에서 추출한 표본크기들의 합계에서 2를 차감한 자유도를 갖는 t 통계량을 설정된 신뢰수준에 따라 계산하여 사용해야 한다. ( )

23. F분포의 기대치는 분모 자유도가 2보다 큰 경우에, 그리고 그 분산은 분모 자유도가 4보다 큰 경우에 계산할 수 있다. ( )

24. 카이자승분포의 기댓값은 자유도와 같고, 그 분산은 자유도의 2배이다. ( )

25. F분포는 검정통계량으로 두 모집단 분산의 불편추정치들 비율로 규정된 분산비율분포이다. ( )

정답 15. ○ 16. × 17. ○ 18. × 19. ○ 20. × 21. ○ 22. ○ 23. ○ 24. ○ 25. ○

CHAPTER 10

가설검정방법과 단일모집단 검정

제 1 절 가설검정의 개념과 방법

I 가설검정의 개념과 오류

1. 통계적 추론의 방법과 가설검정의 개념

모집단 특성 파악을 위한 통계적 추론(statistical inference)의 방법은 통계적 추정과 가설검정으로 구분한다.

- 통계적 추정은 점추정과 구간추정으로 구분되며, 모집단으로부터의 표본 추출을 통해 점 추정치와 신뢰구간 추정치(confidence interval estimates)를 계산하여 모집단 모수를 추정하거나 두 모집단 모수간의 격차를 추정
- 가설검정(hypothesis testing) 또는 통계적 가설검정(test of statistical hypothesis)은 모집단에 대해 설정한 가설인 통계적 가설(statistical hypothesis)의 타당성(validity)을 그 모집단에서 추출한 표본정보를 통해 결정하는 행위
  - **가설(hypothesis)** : 논리적 결과 연구를 위해 임시로 진실이라고 채택한 진술
  - 통계적 가설은 하나의 모집단 또는 어떤 모집단 그룹이 하나 이상의 모수들에 대한 시험적 진술(tentative statement)
- 가설은 항상 귀무가설(null hypothesis)과 대립가설(alternative hypothesis)의 쌍으로 제시
  - **귀무가설** : 표본결과와 비교하여 검정할 대상인 통계적 가설
  - **대립가설** : 귀무가설과는 배반적인 가설이며, 연구대상이 되는 연구가설(research hypothesis)
- **가설검정의 목적** : 모집단 모수의 값에 대한 상호 배반적이며 총망라적 가설들 중에서 하나를 선택
  - **총망라 이론가설(exhaustive theory hypothesis)** : 검정을 통하여 입증된 모든 가능성을 포함하는 가설
  - **배반적 가설들(exclusive hypotheses)** : 두 가설 중 한 가설이 진실이면 다른 가설은 반드시 허위가 되는 관계를 갖는 가설들

- **의사결정(decision making)** : 표본 관찰치들을 기초로 2개의 다른 가설(대안)들 중에서 하나를 선택하여 결론에 도달하는 과정

- 가설은 단순가설(simple hypothesis)과 복합가설(composite hypothesis)의 두 형태로 구분
  - **단순가설** : 모집단 모수에 대해 하나의 값을 설정한 가설 → 모집단 비율이나 평균에 대한 설정한 어떤 값, 두 모집단 평균의 격차가 0이라는 가설 등
  - **복합가설** : 모집단 모수가 가질 수 있는 값들의 어떤 범위 → 모집단 평균이나 비율이 어떤 값 이상(이하)이거나 또는 모집단 평균의 격차가 0이 아니라는 가설

〈표 10-1〉 가설의 종류

구분 기준	설정 값의 수		검정 대상 여부	
구분 가실	단순기설	복합가설	귀무가설	대립가설

2. 가설검정의 오류

가설검정의 의사결정문제는 관련 모집단에서 표집된 표본을 기초로 그 모집단 모수에 대한 2가지 상호 배반적 가설들 중 하나를 결정하는 것이다. 두 가설들은 상호 배반적이며 총망라적이어서, 귀무가설 H_0 의 채택은 대립가설 H_1 의 기각과 동일하다.

- 가설검정에서는 귀무가설이 진실인 경우에 기각하는 오류뿐만 아니라, 대립가설이 진실일 때 기각하는 오류까지 함께 고려
- 검정결과에 따라 어떤 가설이 진실(truth)인 경우에 잘못 기각을 하거나 또는 허위(falsity)인 경우에 잘못 채택을 하게 되는 과오는 다음과 같이 분류
  - **제1종의 오류(type Ⅰ error)** : 진실인 귀무가설을 기각하는 오류, 제1종 오류의 발생확률을 유의수준(significance level)이라고 하며 α 로 표시

(10.1) $$\alpha = P(H_0 \text{ 기각} \mid \text{올바른 } H_0) = P(\text{제1종 오류})$$

(10.1)식에 따르면 $1-\alpha$ 는 올바른 귀무가설을 채택할 확률인 신뢰수준

▸ **제2종의 오류**(type II error) : 허위인 귀무가설을 채택하는 오류, 제2종 오류의 발생확률을 β(beta)로 다음과 같이 표시

(10.2) $$\beta = P(H_0 \text{ 채택} \mid \text{잘못된 } H_0) = P(\text{제2종 오류})$$

허위인 귀무가설을 기각할 확률은 $1-\beta$로 표시되며, 이러한 올바른 결정의 확률인 $(1-\beta)$를 (통계적) 검정력[power of a (statistical) test]이라고 함.

〈표 10-2〉 귀무가설에 대한 상태와 의사결정

상 태		의사 결정	
		귀무가설 채택	귀무가설 기각
귀무가설 진실	결과	올바른 선택	제1종 오류
	확률	$1-\alpha$=신뢰수준	α=(검정)유의수준
귀무가설 허위	결과	제2종 오류	올바른 선택
	확률	β	$1-\beta$=(통계적) 검정력

Ⅱ 가설검정의 방법과 종류

1. 가설검정의 방법

가설검정에서 표본통계량을 기초로 기각역 접근법, Z값 접근법 또는 P값 접근법에 따라 귀무가설의 채택여부에 대한 의사결정을 할 수 있다.

- **기각역 접근법** : 설정된 유의수준에 따른 표본공간(sample space)의 채택역과 기각역 구분을 통한 검정
  - ▸ **채택역**(acceptance region) : 귀무가설 H_0을 채택하게 되는 검정통계량의 영역
  - ▸ **기각역**(rejection or critical region) : 귀무가설을 기각하게 되는 검정통계량 영역
  - ▸ **임계값**(critical value) : 가설검정의 확정범위를 제시하는 차단점(cutoff point)
  - ▸ **검정통계량**(test statistic) : 귀무가설과 대립가설 중 선택에 사용하는 통계량

- **Z값 접근법** : 유의수준의 Z 임계값과 표본 통계량의 Z값을 비교하는 방법
- **P-값 접근법** : 귀무가설을 기각할 수 있는 최소 유의수준인 P-값을 관찰치를 통해 계산하여, P-값이 설정된 유의수준보다 작으면 귀무가설을 기각하는 방법
  - **P-값(probability value)** : 설정된 귀무가설이 진실인 경우에 귀무가설이 기각될 수 있는 최대 유의수준이며, 관찰 유의수준(observed level of significance)이라고 함.
  - P-값은 표본통계량이 귀무가설로 예상되는 값으로부터 얼마나 크게 괴리되어 있는가를 반영하는 확률이며, 귀무가설이 진실인 경우에 획득되는 실제 값보다 더욱 극단적으로 검정통계량의 값이 나타날 확률
  - P-값이 설정된 유의수준 이하인 경우에는 귀무가설을 기각하고, P-값이 설정된 유의수준보다 높으면 귀무가설 기각은 불가능
- 가설검정을 위한 통계량 선택의 기준
  - 〈표 10-3〉과 같이 대부분의 경우에 Z값을 사용

TIP

- 0.3%의 낮은 P-값을 갖는 표본 통계량은 귀무가설 H_0가 참인 경우가 1,000번의 실험 중에서 단지 3번만 발생하는 확률을 반영
- 30%의 높은 P-값은 귀무가설이 참인 경우가 100번의 실험 중에서 30회나 발생할 확률을 반영하며, 그 표본통계량이 귀무가설로 예상되는 값에서 크게 괴리되지 않는다는 것을 의미

〈표 10-3〉 모집단 표준편차 σ의 인식 여부에 따른 검정통계량 선택

모집단 분포	표본크기	σ를 아는 경우	σ를 모르는 경우
정규분포인 경우	30 이상	$z=\dfrac{\overline{X}-\mu_0}{\sigma_{\overline{X}}}$	$z=\dfrac{\overline{X}-\mu_0}{s_{\overline{X}}}$
	30 미만	$z=\dfrac{\overline{X}-\mu_0}{\sigma_{\overline{X}}}$	$t=\dfrac{\overline{X}-\mu_0}{s_{\overline{X}}}$
정규분포가 아닌 경우	30 이상	$z=\dfrac{\overline{X}-\mu_0}{\sigma_{\overline{X}}}$	$z=\dfrac{\overline{X}-\mu_0}{s_{\overline{X}}}$
	30 미만	중위수에 대한 비모수검정 통계량	

▸ 정규분포를 갖지만 표준편차를 모르는 모집단에 대해 30 미만의 크기를 갖는 표본을 이용하는 경우에는 〈표 10-3〉의 t 값을 사용

▸ 정규분포를 갖지 않는 모집단에 대해 30 미만 크기의 표본을 이용한다면 모집단 표준편차의 인식 여부와는 무관하게 비모수검정법(nonparametric tests)을 사용

2. 가설검정의 종류

검정의 형태는 대립가설 H_1 이 귀무가설 H_0 의 모집단 모수 설정 값에 대해 전적으로 크거나 작은 범위에 포함되는 단측검정(one-sided test)과 귀무가설 H_0 의 설정 값 양쪽으로 포함될 수 있는 양측검정(two-sided test)으로 구분할 수 있다.

- **가설의 단측검정**(one-sided or one-tailed test) : 기각역이 추정하려는 모수의 한쪽에 있는 가설 검정이며, 기각역이 귀무가설의 설정 값의 좌측에 위치하는 좌측 검정과 우측에 위치하는 우측 검정으로 구분

  ▸ **좌측 또는 낮은 꼬리 검정**(left-sided, left-tailed ower-tailed test) : 대립가설에서 모수 값이 가설 설정한 값보다 작은 방식으로 기각역이 추정하려는 모수의 왼쪽에 있는 검정방법, 〈그림 10-1〉과 같이 좌측 검정은 유의수준 α 가 차지하는 면적인 기각역은 분포곡선의 좌측에 위치

  - 5% 유의수준의 기각역은 Z값이 -1.645 이하의 영역
  - 1% 유의수준의 기각역은 Z값이 -2.326 이하의 영역

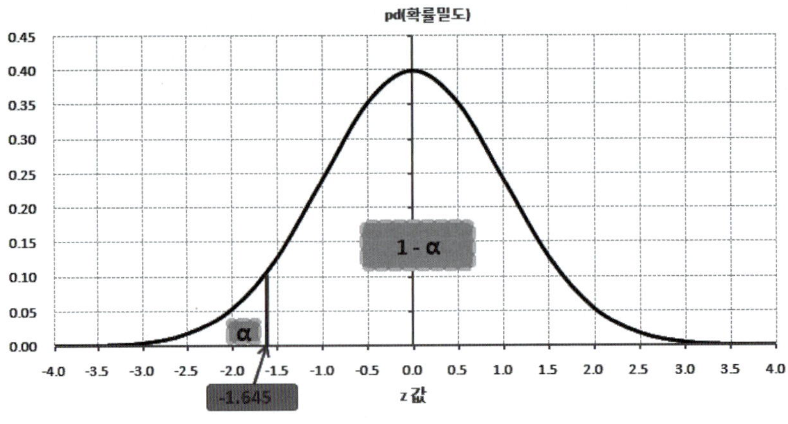

〈그림 10-1〉 유의수준 5%의 좌측 꼬리검정($\alpha = 5\%$)

〈그림 10-1〉과 같이 낮은 유의수준은 귀무가설 추정의 정확성 결여를 반영하므로, 표본통계량에 대해 유의수준이 낮아도 기각되는 귀무가설은 낮은 정확성을 반영

- 우측 또는 높은 꼬리 검정(right-sided, right-tailed or upper-tailed test) : 대립가설에서 모수 값이 가설 설정한 값보다 큰 방식으로 기각역이 추정하려는 모수의 오른쪽에 있는 검정방법, 〈그림 10-2〉와 같이 우측 검정은 유의수준 α가 차지하는 면적인 기각역이 우측 꼬리에 위치
  - 5% 유의수준의 기각역은 Z값이 1.645 이상의 영역
  - 1% 유의수준의 기각역은 Z값이 2.326 이상의 영역

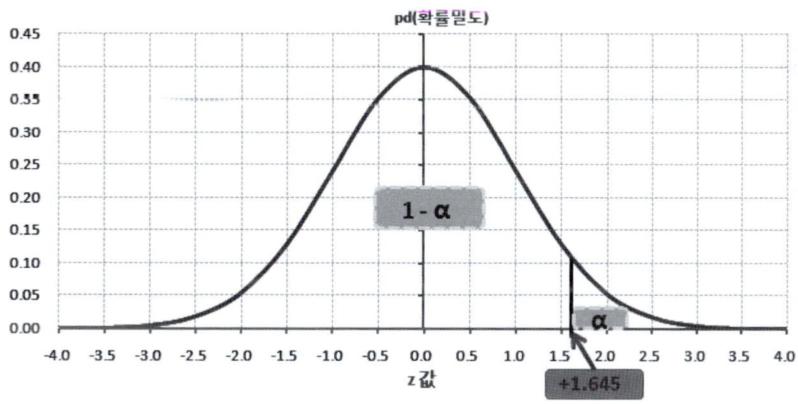

〈그림 10-2〉 유의수준 5%의 우측 꼬리검정($\alpha = 5\%$)

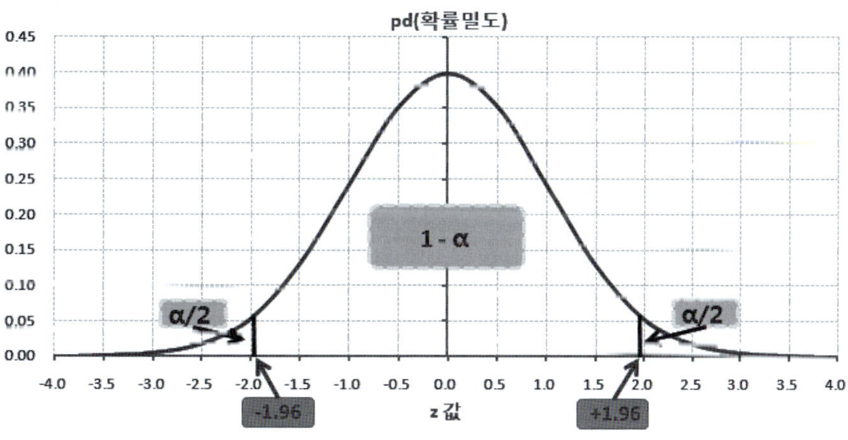

〈그림 10-3〉 유의수준 5%의 양측검정($\alpha = 5\%$)

- 가설의 양측검정(two-sided or two-tailed test)은 관찰치에 대한 귀무가설의 기각 영역(기각역)이 추정하려는 모수값의 각각 왼쪽과 오른쪽에 있는 두 부분으로 구성
  - 유의수준 5% 양측검정의 기각역은 〈그림 10-3〉과 같이 확률밀도곡선 아래 면적이 (5%/2)가 되는 -1.96 이하의 Z값 영역과 1.96 이상의 Z값의 영역에 위치
  - 유의수준 1% 양측검정의 기각역은 확률밀도곡선 아래의 면적이 (1%/2)가 되는 두 영역이 -2.576 이하의 Z값과 2.576 이상의 Z값의 영역에 위치

제 2 절 단일 모집단의 가설검정

I 모집단 평균의 가설검정

1. 모집단 평균 양측가설의 검정 절차

모집단 평균에 대한 양측가설의 검정은 다음과 같이 가설설정, 유의수준 설정, 검정통계량 및 그 기각역 결정, 통계량 계산 및 의사결정과정으로 수행된다.

- **모집단 평균에 대한 양측가설 설정** : 표본 통계량과 비교할 모수 μ 의 값을 귀무가설 H_0 로 설정하고, 귀무가설이 진실이더라도 표본 통계량이 귀무가설의 값으로 나타날 가능성이 없는 배반적인 값들을 대립가설 H_1 으로 설정
- **검정 유의수준의 설정** : 5%와 1%의 유의수준을 주로 많이 사용
- **검정통계량의 선정** : 검정할 모수의 불편추정량인 표본통계량이나 그 변형을 검정통계량으로 사용 → 평균의 표집분포가 정규분포이면 표본평균의 값을 Z값으로 전환하여 사용
- **검정통계량의 기각치 또는 기각역 결정** : 표본평균 $\overline{X}$ 의 기각역 임계값 $\overline{X}_{CR}$ 은 모집단 표준편차를 아는지 여부에 따라 귀무가설 설정 모집단 평균 μ_0 와 신뢰계수 $z_{\alpha/2}$ 및 평균의 표준오차 $\sigma_{\overline{X}}$ 의 곱 오차한계 $z_{\alpha/2}\sigma_{\overline{X}}$ 에 대해 다음과 같이 결정

(10.3.1) $\overline{X}_{CR} = \mu_0 \pm z_{\alpha/2}\sigma_{\overline{X}}$ [모집단 표준편차가 알려진 경우]

(10.3.2) $\overline{X}_{CR} = \mu_0 \pm z_{\alpha/2}s_{\overline{X}}$ [모집단 표준편차를 모르는 경우]

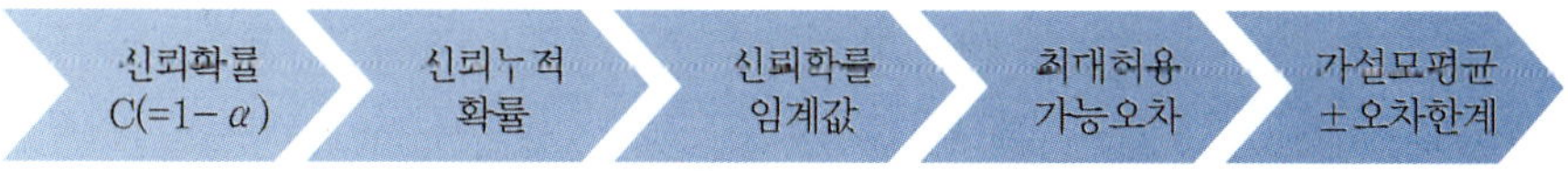

기각역 임계값들은 신뢰구간의 상한과 하한이며, 귀무가설로 설정한 모집단 평균에 대해 신뢰수준에 따른 오차한계(최대허용가능오차)를 가감한 값들로 구성

- 표집된 표본을 이용하여 실제 표본평균을 계산
- 유의수준 및 귀무가설로 구한 검정통계량 신뢰구간에 표본 통계량 관찰치가 포함되는지를 관찰하여 귀무가설 기각 여부를 결정
  - 표본평균이 신뢰구간을 벗어나 기각역에 포함되면 귀무가설을 기각
  - 표본평균이 신뢰구간에 포함되면 귀무가설을 채택
- 이상의 기각역 접근법 절차와는 달리, Z-값 접근법과 P-값 접근법을 이용하여 간단하게 귀무가설의 기각여부를 다음과 같이 결정
  - 표본 통계량 Z값의 절대값이 양측검정 Z 임계값의 절대값 이상이면 귀무가설을 기각
  - P-값 접근법에 따라 표본통계량 Z값의 발생확률이 유의수준 이하인 경우에는 귀무가설을 기각

〈표 10-4〉 양측검정 검정접근법의 귀무가설 기각 기준

검정접근법	H_0 기각 기준
기각역 접근법	"표본통계량 > 기각역 상한" 또는 "표본통계량 < 기각역 하한"
Z값 접근법	표본통계량 Z값 절대치 ≥ 양측검정 Z 임계값 절대치
P값 접근법	2× 표본통계량 Z값의 누적확률 ≤ 설정한 유의수준

예제 10-1 어떤 회사의 매출채권에 대한 표준편차가 43(억 원)으로 알려진 경우에, 그 매출채권의 평균이 260(억 원)이라는 가설을 검정하기 위해 표집한 크기 $n=36$의 표본에서 평균이 240(억 원)으로 계산되었다고 하자. 이에 대한 양측가설 검정을 5% 유의수준에서 다음과 같이 수행할 수 있다.

	A	B	C	D
1	귀무가설 설정 평균 μ0	260	표본크기	36
2	모집단 표준편차	43	표본평균	240
3	유의수준 α	5%	평균의 표준오차	7.167
4	신뢰계수 상한누적확률 C	97.5%	신뢰계수	1.960
5	최대허용가능오차(오차한계)	14.046	하부기각역 임계값	245.954
6	하한유의 확률 α/2 = (1-C)/2	2.50%	상부기각역 임계값	274.046
7	좌측 유의수준 Z임계값	-1.960	통계량 Z값의 P-값	0.53%
8	통계량 Z값	-2.791	통계량 Z값의 P-값	0.53%

① 가설 H_0 및 H_1 설정과 자료 입력

- $H_0 : \mu = 260$, $H_1 : \mu \neq 260$
- A1:D2구간 각 셀에 귀무가설로 설정한 평균, 표본크기, 모집단 표준편차, 표본평균을 각각 입력
- B3셀에 유의수준 5%를 입력, 유의수준 크기가 제시되지 않는 경우에는 가장 많이 사용하는 5%를 유의수준으로 사용

② 검정통계량 선정과 평균의 표준오차 계산

- 표본크기가 36이어서 30을 초과하므로 표준정규분포를 사용
- D3셀에 "=B2/SQRT(D1)"을 입력하여 평균의 표준오차를 계산

③ 기각역 접근법에 따른 가설검정 수행

- B4셀에 "=1-B3/2"를 입력, 5% 유의수준의 신뢰계수 누적확률 C를 97.5%로 계산
- D4셀에 "=NORM.S.INV(B4)"를 입력, 유의수준 5%에 대한 신뢰계수 $z_{\alpha/2}$를 계산
- B5셀에 "=D4*D3"을 입력하여 오차한계(최대허용가능오차)를 계산
- D5셀에 "=B1-B5"를, D6셀에 "=B1+D5"를 입력하여 (10.3.1)식에 따라 하부 기각역 임계값과 상부 기각역 임계값을 각각 계산
- D2셀의 표본평균 $\overline{X} = 240$ 은 하부 기각역 임계값보다 작아 $\overline{X} < 245.954$ 이므로, 표본 통계량이 기각역에 포함되어 귀무가설은 기각(대립가설을 채택)

④ Z값 접근법에 따른 가설검정 수행

- B6셀에 "=B3/2"를 입력, 유의수준의 양측검정 하부임계값 누적확률을 계산
- B7셀에 "=NORM.S.INV(B6)"을 입력, 유의수준의 양측검정 하부임계값을 계산
- B8셀에 "=(D2-B1)/D3"을 입력하여 표본 통계량의 Z값을 -2.7907로 계산, 이는 절대값이 유의수준의 Z 임계값인 B7셀의 -1.96보다 크므로 귀무가설 기각

⑤ P-값 접근법에 따른 가설검정 수행

- D7셀에 "=2*NORM.S.DIST(B8,1)"을 입력, 표본 통계량 Z값의 누적확률의 2배로 설정되는 양측검정의 P-값을 계산
- 표준정규분포의 대칭성을 이용하여 D8셀에 "=2*(1-NORM.S.DIST(ABS(B8),1))"을 입력하여 D7셀과 동일한 값을 계산
- D7셀의 P-값이 0.53%로 유의수준 5%보다 아주 낮아 귀무가설을 기각[대립가설을 채택] → 0.53%는 1%보다 낮아 1%의 유의수준에서도 평균이 260(억 원)이라는 귀무가설은 기각

2. 모집단 평균에 대한 단측가설의 검정

모집단 평균이 어떤 수준 이상 또는 이하인지의 여부를 검정하려면 단측검정을 수행해야 한다.

- 예컨대 모집단 평균이 260 이상인지의 여부를 단측가설로 검정하기 위한 가설의 설정 방법

$$H_0 : \mu = 260 \text{ [또는 } \mu \geq 260 \text{]} \quad \text{and} \quad H_1 : \mu < 260$$

- 단측검정의 임계값은 양측검정과 마찬가지로 평균이나 Z값으로 표시되지만, 기각역의 발생확률이 분포의 한쪽 꼬리에 모두 위치하기 때문에 임계값은 하나로 결정
- 단측검정에서 표본평균의 임계값 $\overline{X}_{CR}$은 모집단 표준편차를 아는지의 여부에 따라 다음과 같이 결정

(10.4.1) $$\overline{X}_{CR} = \mu_0 + z_{\alpha/2}\sigma_{\overline{X}}$$

(10.4.2) $$\overline{X}_{CR} = \begin{cases} \mu_0 + z_{\alpha/2}s_{\overline{X}} & \text{for} \quad n \geq 30 \\ \mu_0 + t_{\alpha/2}s_{\overline{X}} & \text{for} \quad n < 30 \end{cases}$$

3. 제2종 오류의 확률 계산

허위인 귀무가설을 채택할 제2종 오류의 확률은 β로 표시하며, β는 대립가설의 범위에 포함되는 특정 값(specific value)에 대해 계산할 수 있다.

- 실제 관찰된 평균값 μ_1이 수행하려는 가설검정의 좌측꼬리 대립가설의 범위에 있는 경우에, 제2종 오류의 확률 β의 계산방법

(10.5.1) $$z_1 = \frac{\overline{X}_{CR} - \mu_1}{\sigma_{\overline{X}}}$$

(10.5.2) $$\beta = P(Z \geq z_1 \mid \sigma_{\overline{X}})$$ [좌측꼬리 대립가설 영역의 경우]

  - (10.5.1)식의 검정 통계량 z_1은 유의수준에 따른 신뢰계수에 의해 설정된 기각역 임계값의 μ_1에 대한 격차를 평균의 표준오차 $\sigma_{\overline{X}}$로 나눈 값
  - $\sigma_{\overline{X}}$는 귀무가설에 따라 추출할 표본의 크기와 모집단 표준편차를 통해 계산
  - (10.5.2)식에서 검정 통계량 z_1보다 표본 통계량의 Z값이 더 클 확률로 β를 계산
  - (10.5.2)식은 양측 및 단측검정 모두에 대해 동일하게 적용
  - (10.5.2)식을 Excel에서는 "=1-NORM.S.DIST(z_1,1)"을 입력하여 계산

- 실제 관찰된 평균값 μ_1이 수행하려는 가설검정의 우측꼬리 대립가설의 범위에 있는 경우에, 제2종 오류의 확률 β는 (10.5.1)식의 검정 통계량 z_1보다 표본 통계량의 Z값이 더 작을 확률로 다음과 같이 계산

(10.5.3) $$\beta = P(Z \leq z_1 \mid \sigma_{\overline{X}})$$ [우측꼬리 대립가설 영역의 경우]

  - (10.5.3)식은 양측 및 단측검정 모두에 대해 동일하게 적용
  - (10.5.3)식을 Excel에서는 "=NORM.S.DIST(z_1,1)"을 입력하여 계산

예제 10-2 [예제 10-1]의 경우에 대해 억 원 단위의 매출채권의 평균이 260이라는 귀무가설을 260 미만이라는 (좌측 꼬리) 대립가설에 대해 1%와 5%의 유의수준에서 다음과 같이 각각 수행할 수 있다.
또한 모든 관찰치의 평균이 실제로 240으로 나타난 경우에, 1%와 5%의 유의수준(제1종 오류 확률)에 대해 계산된 임계값들을 사용할 경우에 발생할 수 있는 제1종 오류의 확률과 제2종 오류의 확률을 각각 구할 수 있다.

	A	B	C	D	E	F
1	설정 평균 μ_0	260	표본크기	36		
2	모집단 표준편차	43	표본평균	240		
3	평균의 표준오차	7.167	통계량 Z값	-2.790697674	P-값	0.26%
4	유의수준	유의수준 Z값	단측 오차한계	기각역 임계값	z_1	$\beta=P(Z\geq z_1)$
5	1%	-2.326	-16.67215976	243.328	0.464	32.12%
6	5%	-1.645	-11.78811766	248.212	1.146	12.59%

① 자료 입력과 단측가설 설정

- A1:D2구간 각 셀에 귀무가설의 평균, 표본크기, 모집단 표준편차, 표본평균을 입력
- 단측가설을 "H_0 : $\mu=260$ 과 H_1 : $\mu<260$"으로 설정, 여기서 H_0를 "$\mu=260$" 대신에 "$\mu\geq 260$"로 설정해도 동일한 의미임
- 일반적으로 많이 사용하는 1%와 5% 유의수준을 설정

② 검정통계량 선정과 평균의 표준오차 계산

- 표본크기가 36이어서 30을 초과하므로 표준정규분포를 사용
- D3셀에 "=B2/SQRT(D1)"을 입력하여 평균의 표준오차를 계산

③ 유의수준 입력, 유의수준(누적확률)의 Z값, 단측 오차한계, 기각역 임계값 계산

- A5:A6구간의 각 셀에 유의수준인 1%와 5%를 각각 입력
- B5:B6구간을 지정, 수식입력줄에 "=NORM.S.INV(A5)"를 입력 후 "Ctrl+Enter↵"를 클릭하여 각 유의수준을 누적확률로 하는 Z임계값들을 동시 계산
- C5:C6구간을 지정, 수식입력줄에 "=B5*$B$3"을 입력 후 "Ctrl+Enter↵"를 클릭하여 각 유의수준에 따른 오차한계(최대허용가능오차) $z_{\alpha/2}\sigma_{\overline{X}}$를 동시 계산
- D5:D6구간을 지정, 수식입력줄에 "=$B$1+C5"를 입력 후 "Ctrl+Enter↵"를 클릭하여 각 유의수준별로 표본평균에 대한 귀무가설의 기각역 임계값 $\overline{X}_{CR}$을 (10.4.2)식에 따라 동시 계산

④ 단측가설 검정의 의사결정

- 기각역 접근법에 따라 D2셀의 표본평균 240은 D6셀의 5% 유의수준 임계값과 D5셀의 1% 유의수준 임계값 모두에 비해 작아 "$\mu=260$"의 귀무가설 H_0는 5%와 1% 유의수준 모두에서 기각
- Z값 접근법에 따라 D3셀에 "=(D2-B1)/B3"을 입력, D3셀에 계산된 표본통계량 Z값의 절대치는 B6셀과 B5셀의 Z임계값의 절대치들 모두에 비해 크므로 귀무가설 H_0를 5%와 1% 유의수준 모두에서 기각

- P-값 접근법에 따라 F3셀에 "=NORM.S.DIST(D3,1)"을 입력하여 표본통계량 Z값의 누적확률인 단측검정의 P-값을 계산, 표본평균의 P-값은 0.26%로 1%보다 아주 작게 나타나 1%와 5% 유의수준 모두에서 귀무가설 H_0를 기각

⑤ 제1종 오류의 규명과 제2종 오류의 확률 계산

- P-값에 따라 제1종 오류의 최대확률(maximum probability)은 0.26%로 발생
- 좌측꼬리 단측검정에서 제2종 오류의 확률 β는 (10.5.2)식에 따라 무작위 표집된 확률표본의 평균이 설정된 유의수준의 기각역 임계값 이상이 될(허위인 귀무가설을 채택할) 확률로 계산
- E5:E6구간을 지정, 수식입력줄에 "=(D5-$D$2)/$B$3"을 입력 후 "Ctrl+Enter↵"를 클릭하여 (10.5.1)식에 따라 각 유의수준의 기각역 임계값들에 대한 표본평균의 검정통계량 z_1을 동시 계산
- F5:F6구간을 지정, 수식입력줄에 "=1-NORM.S.DIST(E5,1)"을 입력 후 "Ctrl+Enter↵"를 클릭하여 (10.5.2)식에 따라 1%와 5% 유의수준에서의 제2종 오류확률 β를 각각 32.12%와 12.59%로 동시 계산

예제 10-3 [예제 10-1]의 경우에 대해 억 원 단위의 매출채권 평균이 정규분포를 갖지만, 모집단 표준편차를 알지 못한다고 하자. 이러한 경우에 매출채권 평균이 260 이상이라는 가설을 검정하기 위해 크기 $n=20$의 표본에서 평균 240과 표준편차 43의 결과를 기초로 다음과 같이 Student t분포를 사용하여 수행할 수 있다.
또한 표본크기의 변화에 따른 민감도분석을 스크롤막대와 "데이터 표" 기능을 사용하여 수행할 수 있다.

	A	B	C	D	E	F
1	설정 평균	260	표본크기	20		
2	표본 표준편차	43	표본평균	240		
3	평균의 표준오차	9.615	관찰 t값	-2.080		
4	유의수준	유의수준 t값	단측 오차한계	기각역 임계값	단측 오차한계	
5	1%	-2.539	-24.417	235.583	-24.417	
6	5%	-1.729	-16.626	243.374	-16.626	
7	유의수준 t값의 표본크기에 대한 민감도 분석				유의수준별 의사결정	
8	표본크기	1%유의수준 t값	5%유의수준 t값	관찰치 t값	1%	5%
9	20	-2.539	-1.729	-2.080	채택	기각
10	2	-31.821	-6.314	-0.658	채택	채택
11	3	-6.965	-2.920	-0.806	채택	채택
12	5	-3.747	-2.132	-1.040	채택	채택
13	7	-3.143	-1.943	-1.231	채택	채택
14	9	-2.896	-1.860	-1.395	채택	채택
15	11	-2.764	-1.812	-1.543	채택	채택
16	12	-2.718	-1.796	-1.611	채택	채택
17	14	-2.650	-1.771	-1.740	채택	채택
18	15	-2.624	-1.761	-1.801	채택	기각
19	19	-2.552	-1.734	-2.027	채택	기각
20	23	-2.508	-1.717	-2.231	채택	기각
21	25	-2.492	-1.711	-2.326	채택	기각
22	27	-2.479	-1.706	-2.417	채택	기각
23	28	-2.473	-1.703	-2.461	채택	기각
24	29	-2.467	-1.701	-2.505	기각	기각

① 단측가설 및 유의수준의 설정과 검정통계량 선정

- H_0 : $\mu = 260$ (또는 $\mu \geq 260$), H_1 : $\mu < 260$
- 유의수준 설정 : 일반적으로 많이 사용하는 1%와 5% 유의수준을 설정
- 표본크기가 20이어서 30보다 작으므로, 검정통계량으로 Student t분포를 사용

② 자료입력과 유의수준 t값 및 표본평균의 기각역 임계값 설정

- A1:D2구간의 각 셀에 귀무가설로 설정된 평균, 표본크기, 표본표준편차, 표본평균을 각각 입력
- B3셀에 "=B2/SQRT(D1)"을 입력하여 무한모집단[표본크기 n 이 모집단 크기 N의 5% 미만]에 대한 평균의 표준오차를 계산
- D3셀에 "=(D2-B1)/B3"을 입력, (9.7)식에 따라 관찰된 표본평균의 t값을 계산
- B5:B6구간 지정, 수식입력줄에 "=-T.INV.2T(2*A5,$D$1-1)"을 입력 후 "Ctrl+Enter↵"를 클릭하여 (9.12.2)식을 기초로 t분포의 확률밀도곡선의 대칭성과 단측검정의 특성에 따라 각 유의수준에 대한 t값을 동시 계산
- C5:C6구간 지정, 수식입력줄에 "=B5*$B$3"을 입력 후 "Ctrl+Enter↵"를 클릭하여 각 유의수준에 대한 단측검정 오차한계(최대허용가능오차)를 동시 계산
- E5:E6구간 지정, 수식입력줄에 "=-CONFIDENCE.T(2*A5,$B$2,$D$1)"을 입력 후 "Ctrl+Enter↵"를 클릭하여 각 유의수준에 대한 좌측꼬리 단측검정 오차한계(최대허용가능오차)를 동시 계산
- D5:D6구간 지정, 수식입력줄에 "=$B$1+C5"를 입력 후 "Ctrl+Enter↵"를 클릭하여 (10.4.2)식에 따라 각 유의수준에 대한 단측검정 기각역 임계값을 동시 계산

③ 표본통계량과 검정통계량 비교를 통한 귀무가설 채택 의사결정

- 1%와 5% 유의수준 표본평균의 기각역 임계값들에 따르면, 1%와 5% 유의수준 표본평균의 기각역은 각각 235.583 미만과 243.374 미만으로 나타나 표본평균 $\overline{X} = 240$은 1% 유의수준에서는 채택역에, 5% 유의수준에서는 기각역에 포함 → 1% 유의수준에서는 귀무가설을 채택, 5% 유의수준에서는 귀무가설은 기각
- 관찰된 표본평균의 t값인 D3셀의 -2.080은 B5셀의 1% 유의수준 t값보다 절대값이 작고, B6셀의 5% 유의수준의 임계 t값보다 절대값으로 더 크게 발생 → 귀무가설을 1% 유의수준에서는 채택, 5% 유의수준에서는 기각

④ 표본크기에 대한 1% 및 5% 유의수준 t 값의 민감도분석

- 메뉴 탭에서 "개발도구 | 컨트롤 | 삽입 | 양식컨트롤 | 스크롤 막대"를 지정
  - E1셀에 구간 [2,29]과 현재값 20을 설정하고, D1셀에 연결하여 붙여 넣기
  - 스크롤 막대 화살표를 눌러 표본 크기 변화에 따른 유의수준별 임계값 변화 관측
- Excel의 데이터 표 기능을 이용한 표본크기 변화에 따른 신뢰한계 민감도분석
  - A9셀에 "=D1"을, B9셀에 "=B5"를, C9셀에 "=B6", D9셀에 "=D3"을 입력
  - A10:A24구간에 2, 3, 5에서 29까지 표본크기의 숫자들을 시트와 같이 입력
  - A9:D24구간을 지정, 메뉴 탭에서 "데이터 도구 | 가상분석 | 데이터 표"를 지정, 생성된 데이터 표 대화상자의 열 입력 셀에 "D1"을 입력 후 "확인"을 클릭

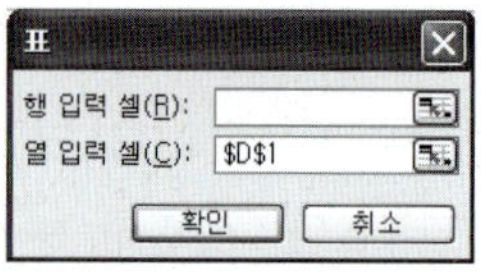

- E9:F24구간을 지정, 수식입력줄에 "=IF(ABS(B9)>=ABS($D9),"채택","기각")"을 입력 후 "Ctrl+Enter↵"를 클릭하여 귀무가설 채택 여부의 의사결정을 동시 수행
  - E9:F24구간을 지정, 메뉴 탭에서 "홈 | 스타일 | 조건부 서식 | 셀 강조 규칙 | 텍스트 포함"을 지정하여 생성된 텍스트 포함 대화상자를 다음과 같이 지정 후 "확인"을 클릭

  - 다시 메뉴 탭에서 "홈 | 스타일 | 조건부 서식 | 셀 강조 규칙 | 텍스트 포함"을 지정하여 생성된 텍스트 포함 대화상자를 다음과 같이 지정 후 "확인"을 클릭

  - 1% 유의수준에서는 표본크기가 29에서만 귀무가설이 기각되지만, 5% 유의수준에서는 귀무가설이 여러 표본크기에서 기각되는 것을 확인

4. 표본자료를 이용한 가설검정

Excel에서는 "=Z.TEST(자료구간, 가설 설정 평균, 표준편차)"함수로 주어진 자료에 대한 단측검정의 P-값을 계산할 수 있고, 변형을 통해 양측검정의 P-값을 계산할 수 있다.

- Z.TEST함수는 자료를 이용하여, 설정한 추정평균에 대한 표본의 Z값(t값)을 기초로 "1-NORM.S.DIST(Z,1)" 또는 "1-NORM.S.DIST(t,1)"의 확률 p_Z를 제공한다. 표준편차의 값을 입력하지 않는 경우에는 자료값들의 표본 표준편차를 이용하여 계산이 자동 수행
- Z.TEST함수를 이용하여 얻은 값인 누적확률 p_{Zt}를 양측검정과 단측검정에 각각 다음과 같이 적용하여 P-값을 계산하고, P-값 접근법으로 검정 의사결정 수행가능
- 양측검정의 경우 $2(1-p_Z)$와 $2p_Z$ 중에서 작은 값으로 P-값을 계산하도록 다음 수식을 사용

```
=2*MIN(Z.TEST(자료,가설설정평균,표준편차),1-Z.TEST(자료,가설설정평균,표준편차))
```

  - 이러한 계산 결과는 유의수준에 대한 신뢰계수를 통해 구한 Z값을 이용하여 "2*(1-NORM.S.DIST(ABS(Z값)))"으로 계산한 결과와 동일
  - 이는 기본 모집단 평균이 x일 때 표본 평균이 양쪽 방향에서 AVERAGE(자료)보다 x에서 괴리될 양측검정확률을 계산
- 단측검정의 경우에 p_Z로 P-값을 계산, 이러한 결과는 유의수준에 대한 Z값을 구하여 "1-NORM.S.DIST(ABS(Z값),1)"로 계산한 결과와 동일

예제 10-4 어떤 무역회사에서 해외의 20개 대리점에 대한 지난달의 월간 수출액이 A2:B21 구간과 같이 나타났다. 월간 수출액의 표준편차가 USD30천으로 알려진 상황에서 원활한 생산관리와 출하를 위해 원자재와 운선사금의 중분한 확보에 필요한 대리점별 평균 월간수출액이 USD125천이라고 추정한다고 하자. 이러한 추정치가 실제 평균 월간수출액에 대해 부족하거나 과다한 것이 아닌가를 다음과 같이 5% 유의수준에서의 가설검정으로 확인할 수 있다.

	A	B	C	D	E	F	G	H
1	시장구분	매출액(U$천)	이름상자	가=B2:B31	σ	30	평균 표준오차	6.7082
2	1	135.0	양측검정		관찰 Z값	-1.76757	Z.TEST 값	0.96143
3	2	80.0	귀무가설 모평균	125				
4	3	115.0	Z.TEST	0.96143	=Z.TEST(가,D3,F1)			
5	4	137.1	Z검정 P-값	7.71%	=MIN(2*(1-D4),2*D4)			
6	5	114.7	표본평균	113.1	=AVERAGE(가)			
7	6	140.8	표본크기	20	=COUNT(가)			
8	7	108.9	표본표준편차	28.412299	=STDEV.S(가)			
9	8	66.3	평균의 표준오차	6.3531833	=D8/SQRT(D7)			
10	9	119.6	관찰 t값	-1.8663412	=(D6-D3)/D9			
11	10	170.2	t검정 P-값	7.75%	=TDIST(ABS(D10),D7-1,2)			
12	11	157.6	단측검정					
13	12	77.0	Z검정 P-값	3.86%	=MIN(D4,1-D4)			
14	13	69.0	t검정 P-값	3.88%	=T.DIST.RT(ABS(D10),D7-1)			
15	14	105.0	가설모평균에 대한 양측 Z검정 및 t검정의 P-값 민감도					
16	15	98.0	가설모평균	Z검정	t검정			
17	16	127.0	125	7.71%	7.75%			
18	17	101.0	120	30.67%	29.40%			
19	18	135.6	115	78.19%	77.32%			
20	19	90.0	110	63.94%	62.65%			
21	20	115.0	105	22.48%	21.54%			

① 양측가설의 설정

- 가설을 H_0 : $\mu = 125$ 와 H_1 : $\mu \neq 125$ 로 설정

② 모집단 표준편차가 USD30천으로 알려진 경우의 Z검정

- A1:B21구간의 각 셀에 자료를 입력 후, B2:B21구간에 대해 "가"로 이름을 지정
- F1셀에 모집단 표준편차 "30"을, D3셀에 귀무가설로 설정된 평균값 "30"을 입력
- "Z.TEST"함수를 사용하여 P-값을 계산하고 가설검정 의사결정 수행
  - ▶ D4셀에 "=Z.TEST(가,D3,F1)"을 입력
  - ▶ D5셀에 "=MIN(2*(1-D4),2*D4)"를 입력, 양측가설 Z검정 P-값을 7.71%로 계산
  - ▶ P-값이 7.71%여서 5% 유의수준에서 귀무가설 $\mu = 125$ 를 채택
- "(표본평균-가설평균)/평균의 표준오차"로 귀무가설의 관찰 Z값을 계산, 그 계산 결과를 기초로 "=1-NORM.S.DIST(관찰 Z값,1)"을 통해 Z.TEST함수와 동일하게 P-값을 계산하는 과정을 비교
  - ▶ D6셀에 "=AVERAGE(가)"를 입력하여 자료의 표본평균을 계산
  - ▶ D7셀에 "=COUNT(가)"를 입력, 표본크기를 20으로 계산
  - ▶ H1셀에 "=F1/SQRT(D7)"을 입력, 평균의 표준오차를 계산
  - ▶ F2셀에 "=(D6-D3)/H1"을 입력, 가설 평균값의 검정통계량인 관찰 Z값을 계산

▸ H2셀에 "=1-NORM.S.DIST(F2,1)"을 입력, D2셀의 "Z.TEST함수"의 계산 결과와 비교

③ 모집단 표준편차를 모르는 경우의 t통계량 사용 가설검정

- D8셀에 "=STDEV.S(가)"를 입력, 표본 자료의 표준편차를 계산
- D9셀에 "=D8/SQRT(D7)"을 입력, 무한모집단[표본크기 n이 모집단 크기 N의 5% 미만]에 대한 평균의 표준오차를 계산
- D10셀에 "=(D6-D3)/D9"를 입력, (9.7)식에 따라 관찰된 표본평균의 검정통계량 t 값을 계산
- D11셀에 "=T.DIST.2T(ABS(D10),D7-1)"를 입력하여 t통계량에 대한 양측검정의 P-값을 7.75%로 계산
- 5% 유의수준보다 높은 P-값으로 인해 평균 월간매출액이 125라고 추정하는 귀무가설을 채태

④ Z통계량 및 t통계량을 통한 단측가설 검정

- H_0 : $\mu = 125$ 와 H_1 : $\mu < 125$ 의 좌측 단측가설과 5%의 유의수준을 설정
- D13셀에 "=MIN(D4,1-D4)"를 입력, Z검정의 P-값을 3.86%로 계산
- D14셀에 "=T.DIST.RT(ABS(D10),D7-1))"을 입력, t검정의 P-값을 3.88%로 계산
- 유의수준 5%보다 P-값이 작기 때문에 5% 유의수준에서 $\mu = 125$ 의 귀무가설을 기각, 이는 월간 평균수출액이 USD125천보다 낮게 발생한다는 것을 95% 신뢰수준으로 믿을 수 있다는 것을 반영

TIP

- T.DIST.RT(t통계량,자유도)함수는 단측(오른쪽) 스튜던트 t-분포 값을 제공, t통계량은 분포를 구하는 숫자

⑤ 가설 모집단평균 변화의 양측 Z검정 및 t검정 P-값 민감도분석과 저전 평균

- C17셀에 "=D3", D17셀에 "=D5", E18셀에 "=D11"을 입력
- C18:C21구간에 120부터 5간격으로 105까지 입력

- C17:E21구간을 지정하고, 메뉴 탭에서 "데이터 도구 | 가상분석 | 데이터 표"를 지정, 생성된 데이터 표 대화상자의 열 입력 셀에 "D3"을 입력 후 "확인"을 클릭

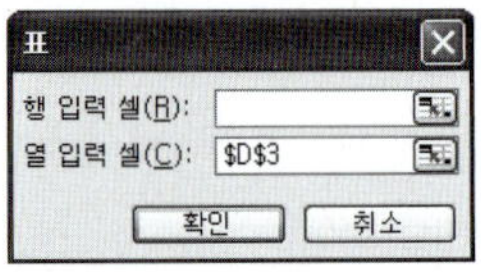

- C17:E21구간에서 출력된 표 분석결과에 따르면 가설 모평균이 115인 경우에 제1종 오류의 확률이 제일 높아, 115가 다른 수준보다 모집단 평균의 적절한 추정치가 되는 것으로 해석이 가능

Ⅱ 모집단 비율과 분산에 대한 가설검정

1. 이항분포를 사용한 모집단 비율의 가설검정

이항분포를 사용하는 비율에 대한 가설 검정은 주로 단측검정으로 수행되는 P-값 접근법이다. 따라서 추출된 확률표본이 베르누이과정(Bernoulli process)을 따르면 다음 절차를 통해 모집단 비율 가설검정에 이항분포를 사용할 수 있다.

- 모집단 비율에 대한 단측가설을 설정
- 유의수준의 설정과 기각역의 계산
- 검정통계량을 계산
- 관찰 통계량이 유의설정 통계량을 초과하면 기각역으로 간주하여 귀무가설을 기각
- 관찰 검정통계량의 P-값이 유의수준에 미달하면 귀무가설을 기각

예제 10-5 어떤 회사의 수출담당자가 현재 상담 중인 1,000건의 오퍼가 성사될 확률이 50%라고 주장한다고 가정하자.
상담 중인 오퍼 10건을 표본 추출한 결과, 단지 2건만이 수입회사로부터 수락을 받았다면, 그 담당자의 주장을 5% 유의수준에서 다음과 같이 검정할 수 있다.

	A	B	C	D
1	수락건수	확률	누적확률	성공확률
2	0	0.000977	0.10%	0.5
3	1	0.009766	1.07%	표본크기
4	2	0.043945	5.47%	10
5	3	0.117188	17.19%	
6	4	0.205078	37.70%	

① 가설의 설정과 자료입력

- $H_0 : \pi = 0.50$과 $H_1 : \pi < 0.50$을 설정
- A2:A6구간의 각 셀에 0부터 4까지 채워 넣기
- D2셀에 성공확률 0.5를, D4셀에 표본크기 10을 입력

② 기각역 확률의 계산과 귀무가설 기각 여부 의사결정 수행

- 이항분포를 사용하는 경우에 50%의 성공확률로 10번 시행에서 5건 미만이 수락될 확률은 아래와 같이 계산
  - B2:B6구간을 지정, 수식입력줄에 "=BINOM.DIST($A2,$D$4,$D$2,0)"을 입력한 후 "Ctrl+Enter↵"를 클릭하여 각 수락건수의 성공확률을 동시 계산
  - C2:C6구간을 지정, 수식입력줄에 "=BINOM.DIST($A2,$D$4,$D$2,1)"을 입력한 후 "Ctrl+Enter↵"를 클릭하여, 각 수락건수 성공의 누적확률을 동시 계산
- 표본크기 10에서 수락된 오퍼건수의 검정통계량 누적확률의 계산 결과에서 1건 수락까지의 누적확률은 1.07%이고, 2건 수락까지의 누적확률은 5.47% → 5% 유의수준에서 귀무가설 기각은 단지 0 또는 1건만 수락을 받은 결과에 대해서만 가능
- 10건 중 2건이 수락을 받은 것으로 관찰된 상황에서는 누적확률이 5%를 초과하므로, 5% 유의수준에서 수주 성공확률이 50% 이상이라는 수출담당자 주장을 채택
- 1% 유의수준을 사용한다면, 귀무가설은 표본추출에서 수락건수가 1건인 경우에도 채택되므로 수출담당자 주장의 설득력은 보다 강화됨
- 표본크기가 증가할수록, 유의수준으로 인한 기각역의 성공횟수가 증가하기 때문에 귀무가설의 기각 가능성은 증가되어, 수출담당자 주장의 설득력은 약화됨

2. 정규분포를 사용한 모집단 비율의 가설검정

표본크기 n, 성공확률 p에 대해 $n \geq 30$이며, $np \geq 5$ 및 $n(1-p) \geq 5$인 경우에 이항분포의 근사값 계산을 위해 정규분포를 사용할 수 있다는 9.2절에서 보았다. π_0로 설정된 가설의 검정에 사용되는 비율의 표준오차 $\sigma_{\hat{p}}$는 (9.25)식에 따라 다음과 같이 계산한다.

(10.6.1) $$\sigma_{\hat{p}} = \sqrt{\frac{\pi_0(1-\pi_0)}{n}} \quad \text{for} \quad n < 0.05N$$

(10.6.2) $$\sigma_{\hat{p}} = \sqrt{\frac{\pi_0(1-\pi_0)}{n}} \sqrt{\frac{N-n}{N-1}} \quad \text{for} \quad n \geq 0.05N$$

- 비율의 가설 검정에 대한 Z통계량의 계산 공식

(10.7) $$z = \frac{\hat{p} - \pi_0}{\sigma_{\hat{p}}}$$

예제 10-6 [예제 10-5]의 상황에서 상담 중인 오퍼 1,000건 중에서 30건을 표본 추출한 결과, 단지 10건의 오퍼만 수입회사로부터 수락을 받은 경우에 수출담당자의 주장을 5% 유의수준에서 다음과 같이 검정할 수 있다.

	A	B	C	D	E	F
1	표본 크기	30	성공확률	50%		
2	수락건수	10	관찰치 성공률	0.3333		
3	비율의 표준오차	0.0913	관찰 Z통계량	-1.826	귀무가설	귀무가설
4	유의수준	Z임계값 (단측)	Z좌측임계값 (양측)	Z우측임계값 (양측)	단측결정	양측결정
5	1%	-2.326	-2.576	2.576	채택	채택
6	5%	-1.645	-1.960	1.960	기각	채택

① 가설의 설정과 자료입력

- $H_0 : \pi = 0.50$과 $H_1 : \pi < 0.50$을 설정
- B1, D1, B2셀에 각각 표본크기 30, 성공확률 50%, 수락건수 10을 입력

② Z통계량 임계값과 비율의 표준오차 계산

- D2셀에 "=B2/B1"를 입력하여 관찰한 표본의 성공비율을 계산
- B3셀에 "=SQRT(D1*(1-D1)/B1)"을 입력, (10.6.1)식에 따라 비율의 표준오차 계산
- D3셀에 "=(D2-D1)/B3"을 입력, (10.7)식에 따라 관찰된 비율의 Z값을 계산

③ 유의수준에 따른 기각역 임계값과 검정 의사결정 수행

- A5:A6구간에 유의수준 1%와 2%를 입력
- B5:B6구간을 지정, 수식입력줄에 "=NORM.S.INV(A5)"를 입력 후 "Ctrl+Enter↵"를 클릭하여 1%와 5% 유의수준에서의 단측검정 Z임계값들을 동시 계산
- C5:C6구간을 지정, 수식입력줄에 "=NORM.S.INV(A5/2)"를 입력 후 "Ctrl+Enter↵"를 클릭하여 1%와 5% 유의수준에서의 양측검정 좌측꼬리 Z임계값들을 동시 계산
- D5:D6구간을 지정, 수식입력줄에 "=NORM.S.INV(1-(A5/2))"를 입력 후 "Ctrl+Enter↵"를 클릭, 1%와 5% 유의수준의 양측검정 우측꼬리 Z임계값들을 동시 계산
- E5:E6구간을 지정, 수식입력줄에 "=IF(ABS($D$3)>ABS(B5),"기각","채택")"을 입력 후 "Ctrl+Enter↵"를 클릭하여 단측검정의 1%와 5% 유의수준에서의 귀무가설 채택 결정들을 동시 수행
- F5:F6구간을 지정, 수식입력줄에 다음 식을 입력 후 "Ctrl+Enter↵"를 클릭하여 양측검정의 1% 및 5% 유의수준에서의 귀무가설 채택 의사결정을 동시 수행

```
=IF(OR(ABS($D$3)>ABS(C5),ABS($D$3)>ABS(D5)),"기각","채택")
```

TIP

- OR 또는 AND는 TRUE나 FALSE와 같은 논리값이나 조건식을 포함하여 사용하는 함수
- OR(조건1, 조건2,..)함수는 하나의 조건이라도 충족되면 가능한 것을 지정
- AND(조건1, 조건2,..)함수는 지정된 모든 조건들이 충족되어야 가능한 것을 지정

3. 모집단 분산의 가설검정

모집단 분산에 대한 가설검정은 정규분포모집단에서 추출된 확률표본에서 계산된 표준화 표본분산(standardized sample variance)의 분포가 카이자승분포를 갖는 것을 기초로 다음 절차에 따라 수행된다.

- 모집단 분산에 대한 가설 설정
  - 표본결과와 비교할 모수 σ^2 의 값을 귀무가설 H_0 로 설정

- 귀무가설의 값과는 배반적 값들을 대립가설 H_1 으로 설정

- 5%와 1%의 유의수준을 주로 사용
- 정규분포된 모집단 분산에 대해 가설로 설정된 값 σ_0^2 을 검정하기 위해 다음의 χ^2 분포 통계량을 검정통계량으로 선정

(10.8) $$\chi_\nu^2 = \frac{(n-1)s^2}{\sigma_0^2}$$

- (10.8)식에서 ν 는 자유도(=$n-1$), n 은 표본크기, s^2 은 표본분산을 표시

- 양측검정의 경우 실제 표본통계량의 계산으로 유의수준에 따른 통계량의 임계값과 비교를 통해 귀무가설의 기각 여부 결정
  - (10.8)식과 (9.33.1)식에 따라 자유도 ν 와 유의수준 α 에 대해 관찰통계량과 임계값 관계가 $\chi_\nu^2 \geq \chi_{\nu,\alpha/2}^2$ 또는 $\chi_\nu^2 \leq \chi_{\nu,1-\alpha/2}^2$ 로 나타나면, H_0 를 기각[예제 9-19의 그림을 참조]
  - $\chi_{\nu,\alpha/2}^2$: σ^2 의 신뢰구간 하한(카이자승분포의 우측꼬리) χ^2 임계값
  - $\chi_{1-\alpha/2,\nu}^2$: σ^2 의 신뢰구간 상한(카이자승분포의 좌측꼬리) χ^2 임계값
- 단측검정은 다음과 같이 좌측 및 우측꼬리 가설검정으로 구분하여 의사결정 수행
  - (9.33.1)식과 같이 모집단 분산의 신뢰하한은 카이자승 통계량의 상한 임계값이고, 분산의 신뢰상한은 카이자승 통계량의 하한 임계값인 것을 유의
  - 우측 꼬리 단측검정의 가설은 H_0 : $\sigma^2 = \sigma_0^2$ 과 H_1: $\sigma^2 > \sigma_0^2$ 으로 설정되며, 검정의 의사결정기준은 $\chi_\nu^2[=(n-1)s^2/\sigma_0^2] \geq \chi_{\nu,\alpha}^2$ 이면 H_0 을 기각
  - 좌측 꼬리 단측검정의 가설은 H_0 : $\sigma^2 = \sigma_0^2$ 과 H_1: $\sigma^2 < \sigma_0^2$ 으로 설정되며, 검정의 의사결정기준은 $\chi_\nu^2[=(n-1)s^2/\sigma_0^2] \leq \chi_{\nu,1-\alpha}^2$ 이면 H_0 을 기각
- 주어진 표본에 대해 계산한 카이자승 통계량 χ_ν^2 (관찰 통계량)에 대해 H_0 가 참인 경우에 카이자승 통계량 X_ν^2 가 그 값 χ_ν^2 이상 또는 이하의 극단적 값을 보일 조건부확률은 관찰통계량의 P-값으로 다음과 같이 표시

(10.9.1) $$P-값 = P(X_\nu^2 \geq \chi_\nu^2 | H_0 \ is \ true) \text{ [우측꼬리검정]}$$

(10.9.2) $$P-값 = P(X_\nu^2 \leq \chi_\nu^2 | H_0 \ is \ true) \text{ [좌측꼬리검정]}$$

▸ $H_0 : \sigma^2 = \sigma_0^2$와 $H_1 : \sigma^2 \neq \sigma_0^2$의 양측꼬리검정(two-tailed test)에서는 카이자승 분포 확률변수의 평균 $\mu(=\nu = n-1)$와 관찰통계량의 크기에 따라 P값을 결정

(10.9.3) $$P-값 = 2[P(X_\nu^2 \geq \chi_\nu^2 | H_0\ is\ true)] \quad \text{for} \quad \chi^{2^*} > \mu$$

(10.9.4) $$P-값 = 2[P(X_\nu^2 \leq \chi_\nu^2 | H_0\ is\ true)] \quad \text{for} \quad \chi^{2^*} < \mu$$

▸ 관찰통계량의 P-값이 설정된 유의수준 이하이면 H_0를 기각

예제 10-7 어떤 상품 구성물 길이들의 표준편차 σ가 0.15cm 이하라면 판매될 수 있다고 하자. 20개 상품 표본들을 추출한 결과 표본분산 s^2이 0.025cm²이라면, 그 상품이 판매가능한지를 다음과 같이 검정할 수 있다.

	A	B	C	D
1	가설 표준편차 σ_0	0.15	표본크기 n	20
2	표본 분산 s^2	0.025	관찰 $\chi^2(\nu)$	21.1111
3	P-값	0.3307	=CHISQ.DIST.RT(D2,D1-1)	

① 우측꼬리 단측검정의 가설설정과 자료입력

- $H_0 : \sigma^2 = 0.15^2 = 0.225$, $H_1 : \sigma^2 > 0.225$
  - ▸ **귀무가설** : 0.15의 자승인 0.225 이하의 모집단 분산을 갖는다면 판매 가능
  - ▸ **대립가설** : 0.225를 초과하는 모집단 분산을 가져 판매가 불가능
- B1:B2구간과 D1셀에 각각 가설로 설정된 표준편차, 표본 분산, 표본크기를 입력

② 관찰된 카이자승 통계량과 그에 대한 P-값 계산 및 의사결정 수행

- D2셀에 "=(D1-1)*B2/B1^2"를 입력하여 (10.8)식에 따라 관찰 χ^2 통계량 계산
- B3셀에 "=CHISQ.DIST.RT(D2,D1-1)"을 입력하여 D2셀의 관찰 χ^2의 P-값 계산

$$P(\chi_{19}^2 > 21.1111) = 0.3307$$

- P-값이 10%보다도 아주 크기 때문에 귀무가설[판매가 가능한 상품]을 채택

예제 10-8 $n=10$의 백열전구 무작위표본에서 평균수명 $\overline{X}$가 4,000시간이고, 그 표준편차 s는 235시간으로 나타났다. 백열전구를 켜는 시간은 정규분포를 갖는 것으로 간주되고 있다. 이러한 표본 결과를 이용하여 모집단 표준편차가 150시간이라는 귀무가설을 1%와 5% 유의수준에서 다음과 같이 양측가설 및 우측꼬리 단측가설을 사용하여 검정할 수 있다.

	A	B	C	D
1	표본크기	10	표본 표준편차 s	235
2	표본평균	4,000	가설 모표준편차 σ_0	150
3	자유도(v)	9	검정통계량	22.09
4	유의수준	$\chi^2(v,\alpha/2)$	$\chi^2(v,1-\alpha/2)$	H_0 결정
5	1%	23.589	1.735	채택
6	5%	19.023	2.700	기각
7	우측꼬리 단측검정		귀무가설	
8	유의수준	$\chi^2(v,\alpha)$	의사결정	
9	1%	21.67	기각	
10	5%	16.92	기각	

① 자료입력과 자유도 및 검정통계량 계산

- B1:B2구간과 D1:D2구간의 각 셀에 표본크기, 표본평균, 표본 표준편차, 가설로 설정한 모집단 표준편차를 입력
- B3셀에 "=B1-1"을 입력하여 자유도를 계산
- D3셀에 "=(B3*D1^2)/D2^2"를 입력, (10.8)식에 따라 χ^2 변수 관찰통계량을 22.09로 계산

② 양측가설검정의 수행

- 가설을 $H_0: \sigma = 150$과 $H_1: \sigma \neq 150$으로 설정
- A5:A6구간에 유의수준 1%와 5%를 각각 입력
- B5:B6구간 지정, 수식입력줄에 "=CHISQ.INV.RT(A5/2,$B$3)"을 입력 후 "Ctrl+Enter↵"를 클릭하여 1% 및 5% 유의수준의 σ의 하부 기각역에 대한 χ^2 분포에서 우측꼬리에 위치하는 χ^2 변수의 임계값들을 동시 계산
- C5:C6구간을 지정, 수식입력줄에 "=CHISQ.INV.RT(1-A5/2,$B$3)"을 입력 후 "Ctrl+Enter↵"를 클릭하여 1% 및 5% 유의수준의 σ의 상부 기각역에 대한 χ^2 분포에서 좌측꼬리에 위치하는 χ^2 변수의 임계값들을 동시 계산
- D5:D6구간을 지정, 수식입력줄에 "=IF(OR($D$3〉B5,$D$3〈C5),"기각","채택")"을 입력 후 "Ctrl+Enter↵"를 클릭하여 1% 및 5% 유의수준에서의 귀무가설에 대한 의사결정을 동시 수행

- 귀무가설은 양측검정의 경우에 5% 유의수준에서 기각, 1% 유의수준에서는 채택

③ 단측가설검정의 수행

- 가설을 $H_0: \sigma = 150$ 과 $H_1: \sigma > 150$ 으로 설정하여 우측꼬리 단측검정을 규정
- B9:B10구간 지정, 수식입력줄에 "=CHISQ.INV.RT(A9,$B$3)"을 입력 후 "Ctrl+Enter↵"를 클릭하여 (9.33.24)식에 따라 1% 및 5% 유의수준에서의 표준편차의 하부 기각역에 해당하는 χ^2 분포 우측꼬리의 임계값들을 동시 계산
- C9:C10구간을 지정, 수식입력줄에 "=IF($D$3>B9,"기각","채택")"을 입력한 후에 "Ctrl+Enter↵"를 클릭하여 1% 및 5% 유의수준에서의 귀무가설 기각 여부의 의사결정을 동시 수행
- 양측검정과는 달리 1% 유의수준에서도 귀무가설이 기각되는 것으로 판정

학 습 문 제

※ 맞으면 "○", 틀리면 "×"를 표시하시오.

01. 가설검정에서 모집단 모수에 대한 주장이나 진술은 귀무가설로 분류된다. ( )

02. 모집단에 대한 귀무가설의 주장을 반박하는 진술은 대립가설로 분류된다. ( )

03. 모집단모수는 어떤 규정된 값하고 다르고 주장하길 원한다면, 이러한 사항은 단측검정으로 고려될 수 있다 ( )

04. 귀무가설은 다르게 입증되기 전까지는 올바른 것으로 간주된다. ( )

05. 제1종 오류는 잘못된 귀무가설을 기각하지 못하여 초래되는 오류이다. ( )

06. 제1종 오류를 범할 확률과 유의수준은 동일하거나 같다. ( )

07. 제안된 모수 값과 표본통계량 값 사이에 현저한 격차가 있는 것을 표시하는 Z값들의 범위를 기각역(rejection region or critical region)이라고 한다. ( )

08. 표본크기 n이 30 미만인 경우에, 평균을 처리하는 어떤 가설에 대해 Z값을 항상 관련시킬 수 있다. ( )

09. 가설검정의 P접근법에서 P값이 설정된 유의수준 미만인 경우에 귀무가설을 기각할 수 없다. ( )

10. P접근법에서 0.1% 미만의 P값은 귀무가설 기각에 대한 아주 강력한 증거로 작용한다. ( )

11. 표본크기가 30 이상인 대표본들을 모집단 비율에 대한 가설검정에 사용하는 경우에, 관련 검정통계량은 Z값이다. ( )

12. 어떤 가설검정의 값은 귀무가설이 기각될 수 있는 최소 유의수준이다. ( )

13. 가설검정에서 귀무가설은 참이라고 가정된다. ( )

정답 1. ○ 2. ○ 3. × 4. ○ 5. × 6. ○ 7. ○ 8. × 9 × 10. ○ 11. ○ 12. ○ 13. ○

학 습 문 제

14. 가설검정에서 귀무가설이 기각되면, 대립가설이 반드시 채택되어야 한다. ( )

15. 단측검정에서 좌측꼬리검정은 가설로 설정된 모집단 모수의 값보다 실제로 모집단 모수 값이 더 작다는 것을 대립가설에서 주장한다. ( )

16. 가설검정에서 귀무가설은 항상 등호(=)를 포함한다. ( )

17. 제2종 오류의 확률은 귀무가설을 기초로 평균의 표준오차와 유의수준에 대한 신뢰계수로 설정된 기각역 임계값의 검정통계량보다 표본통계량의 Z값이 더 클 확률로 계산한다. ( )

18. Excel의 Z.TEST함수를 사용하면 평균의 표준오차를 계산할 필요가 없이 표본평균의 P-값은 계산할 수 있다. ( )

19. 단측검정에서 Z.TEST의 계산 값과 1에서 그 계산 값을 차감한 값들 중 작은 값으로 P-값을 계산한다. ( )

20. 모집단 비율의 가설검정은 이항분포로 수행하며, 30개 이상의 표본크기와 성공 및 실패의 평균횟수가 모두 5개 이상인 경우에 중심극한정리를 따라 표준정규변수를 사용하여 수행할 수 있다. ( )

21. 모집단 분산의 가설검정은 카이자승분포 통계량으로 수행하며, 주어진 자유도 및 유의수준에 대해 검정통계량이 카이자승분포곡선의 우측꼬리에 있는 임계값보다 크면 분산신뢰구간의 하한을 벗어나는 것으로, 카이자승분포곡선의 좌측꼬리에 있는 임계값보다 작으면 분산신뢰구간의 상한을 벗어나는 것으로 간주하여 귀무가설을 기각한다. ( )

정답 14. ○ 15. ○ 16. ○ 17. ○ 18. ○ 19. ○ 20. ○ 21. ○

CHAPTER 11

두 모집단의 가설검정과 분산분석

제 1 절 두 모집단의 평균, 비율 및 분산 격차의 검정

I 두 평균간 격차의 검정

1. 독립표본 사용 두 평균간 격차의 검정

두 모집단 평균들 격차의 검정은 표본관찰결과에 따른 검정통계량 결정에 대해 평균간 격차의 표준오차를 사용하는 것을 제외하고는 단일모집단 평균값의 가설검정과 같은 절차를 통해 수행할 수 있다.

- 두 확률변수의 모집단들에서 추출한 표본들을 사용하는 경우에, 한 표본의 특정값은 변수와 그에 대한 값을 표시하도록 2가지 첨자를 사용하여 X_{ij} 와 같이 표시
  - X_{12} 는 변수 X_1 에서 추출한 표본의 2번째 값을 표시
  - X_{25} 는 변수 X_2 에서 추출한 표본의 5번째 값을 표시
- 두 표본들이 독립적 또는 쌍별 자료의 여부에 따라 독립표본(independent samples)과 쌍(체)표본(종속표본, 대응표본)[paired samples(dependent samples or matched samples)]으로 구분
  - **독립표본들** : 한 표본의 관찰치들이 다른 표본의 관찰치들의 발생확률에 전혀 영향을 주지 않는 경우의 두 표본들
  - **쌍체표본들** : 관찰치들을 쌍별로 추출하므로, 한 표본의 어떤 관찰치는 다른 표본의 관찰치를 어떤 방식으로든 결정하는 상황의 두 표본들
- 두 모집단 표준편차 σ_1 과 σ_2 가 알려진 경우 평균간 격차의 귀무가설 값 $(\mu_1 - \mu_2)_0$ 의 검정에 대한 Z통계량(Z값) 결정의 공식과 신뢰구간

(11.1.1)
$$z = \frac{(\overline{X_1} - \overline{X_2}) - (\mu_1 - \mu_2)_0}{\sigma_{\overline{X_1} - \overline{X_2}}}$$

(11.1.2)
$$\sigma_{\overline{X_1} - \overline{X_2}} = \sqrt{\sigma^2_{\overline{X_1}} + \sigma^2_{\overline{X_2}}} = \sqrt{\frac{\sigma_1^2}{n_1} + \frac{\sigma_2^2}{n_2}}$$

- $\sigma_{\overline{X}_1 - \overline{X}_2}$ 는 두 모집단 표준편차들이 알려진 경우의 평균 격차의 표준오차(standard error of the difference between means)
- $\overline{X_1}$ 과 n_1 은 변수 X_1 의 표본평균 및 표본크기, $\overline{X_2}$ 와 n_2 는 변수 X_2 에 관련됨

(11.1.3) $$\mu_1 - \mu_2 \text{의 신뢰한계} = (\overline{X}_1 - \overline{X}_2) \pm z_{\alpha/2}\sqrt{\frac{\sigma_1^2}{n_1} + \frac{\sigma_2^2}{n_2}}$$

- 두 모집단 표준편차 σ_1 과 σ_2 를 모르는 경우에 귀무가설 값 $(\mu_1 - \mu_2)_0$ 에 대한 검정통계량의 Z값 결정공식

(11.2.1) $$z = \frac{(\overline{X}_1 - \overline{X}_2) - (\mu_1 - \mu_2)_0}{s_{\overline{X}_1 - \overline{X}_2}}$$

(11.2.2) $$s_{\overline{X}_1 - \overline{X}_2} = \sqrt{s_{\overline{X}_1}^2 + s_{\overline{X}_2}^2} = \sqrt{\frac{s_1^2}{n_1} + \frac{s_2^2}{n_2}}$$

- $s_{\overline{X}_1 - \overline{X}_2}$ 는 두 모집단의 표준편차들을 모르는 경우에 대한 평균 격차의 표준오차

(11.2.3) $$\mu_1 - \mu_2 \text{의 신뢰한계} = (\overline{X}_1 - \overline{X}_2) \pm z_{\alpha/2}\sqrt{\frac{s_1^2}{n_1} + \frac{s_2^2}{n_2}}$$

- 두 모집단에서 추출한 표본크기들이 모두 30 미만이며, 두 모집단들의 표준편차들도 모르는 경우에는 Z통계량을 사용하지 못하고, 등분산성이 성립한다는 가정하에서 t 통계량를 사용하여 신뢰구간을 규정할 수 있음.

(11.3.1) $$t = \frac{(\overline{X}_1 - \overline{X}_2) - (\mu_1 - \mu_2)_0}{\hat{\sigma}_{\overline{X}_1 - \overline{X}_2}}$$

- 두 모집단 표준편차가 동일한 등분산성(homoscedasticity)이 있는 경우 공통 모집단분산(common population variance) σ^2 은 공통모집단분산이 합동추정치(pooled estimate of the common population variance) $\hat{\sigma}^2$ 으로 추성

(11.3.2) $$\hat{\sigma}^2 = \frac{(n_1 - 1)s_1^2 + (n_2 - 1)s_2^2}{n_1 + n_2 - 2}$$

- (11.3.2)식의 합동분산추정치(pooled variance estimate) $\hat{\sigma^2}$ 를 이용하여 평균 격차의 표준오차를 다음과 같이 계산

(11.3.3) $$\hat{\sigma}_{\overline{X_1}-\overline{X_2}} = \sqrt{\frac{\hat{\sigma^2}}{n_1} + \frac{\hat{\sigma^2}}{n_2}}$$

- (11.3.3)식의 평균 격차의 표준오차와 자유도 $(n_1 + n_2 - 2)$ 의 t 검정통계량 곱으로 오차한계를 구성

(11.3.4) $\mu_1 - \mu_2$ 의 신뢰한계

$$= (\overline{X}_1 - \overline{X}_2) \pm t_{\nu,\alpha/2} \sqrt{\left[\frac{(n_1-1)s_1^2 + (n_2-1)s_2^2}{n_1+n_2-2}\right]\left(\frac{1}{n_1} + \frac{1}{n_2}\right)}$$

- Excel에서 "=T.TEST(첫째 자료집합, 둘째 자료집합, 꼬리분포, t-검정형태)"함수를 사용하여 크기가 모두 30개 미만인 두 표본들에 대해 단측 및 양측검정 수행 가능
  - T.Test함수에서 꼬리분포에 분포가 단측이면 1을, 양측이면 2를 입력
  - 실행 t-검정형태에서 쌍이면 1, 분산이 같은 두 표본은 2, 분산이 다른 두 표본은 3을 입력
- 검정할 두 모집단의 평균간 격차 $\mu_1 - \mu_2$ 에 대한 귀무가설은 양측검정, 우측꼬리검정, 좌측꼬리검정에 따라 다음과 같이 표시
  - **양측검정(two-tailed test)의 평균간 격차 가설설정**

    $H_0: \mu_1 - \mu_2 = 0$, $H_1: \mu_1 - \mu_2 \neq 0$ 또는

    $H_0: \mu_1 = \mu_2$, $H_1: \mu_1 \neq \mu_2$
  - **우측꼬리검정(right-tailed test)의 평균간 격차 가설설정**

    $H_0: \mu_1 - \mu_2 = 0$, $H_1: \mu_1 - \mu_2 > 0$ 또는

    $H_0: \mu_1 = \mu_2$, $H_1: \mu_1 > \mu_2$
  - **좌측꼬리검정(left-tailed test)의 평균간 격차 가설설정**

    $H_0: \mu_1 - \mu_2 = 0$, $H_1: \mu_1 - \mu_2 < 0$ 또는

    $H_0: \mu_1 = \mu_2$, $H_1: \mu_1 < \mu_2$

예제 11-1 어떤 회사에서 표집한 30명 종업원들 n_1 의 1인당 평균 주간생산량 $\overline{X}_1$ 은 280개이고, 그 표준편차 s_1 은 14개이다. 또 다른 회사에서 추출된 40명 종업원들 n_2 의 1인당 평균 주간생산량 $\overline{X}_2$ 는 270이고, 그 표준편차 s_2 는 10개이다.

이러한 경우에 두 회사의 1인당 평균 주당생산량간의 격차가 없다는 가설을 5%의 유의수준을 사용하여 검정할 수 있다.

	A	B	C	D
1	표본 1 평균	280	표본 2 평균	270
2	표본 1 표준편차	14	표본 2 표준편차	10
3	표본 1 크기	30	표본 2 크기	40
4	격차의 표준오차	3.0056	관찰 Z값	3.33
5	양측검정 P-값	0.088%	단측검정 P-값	0.044%

① 평균 격차의 표준오차와 관찰치 Z값 계산

- A1:D3구간에 표본 1과 2의 평균, 표본 표준편차, 표본크기의 자료를 입력
- B4셀에 "=SQRT(B2^2/B3+D2^2/D3)"을 입력하여, 두 모집단의 표준편차를 모르는 경우에 대한 (11.2.2)식에 따라 평균 격차의 표준오차를 계산
- D4셀에 "=(B1-D1)/B4"를 입력하여, (11.2.1)식에 따라 평균 격차 검정통계량의 Z값을 계산

② 양측가설의 설정 및 검정

- $H_0: (\mu_1 - \mu_2) = 0$ 과 $H_1: (\mu_1 - \mu_2) \neq 0$ 의 양측가설을 설정
- B5셀에 "=2*(1-NORM.S.DIST(ABS(D4),1))"을 입력하여 관찰 Z값에 대한 양측검정의 P-값을 0.088%로 계산
- 1%보다도 낮은 P-값으로 유의수준 5%에서 귀무가설 $H_0: (\mu_1 - \mu_2) = 0$ 은 기각

③ 단측가설의 설정 및 검정

- $H_0: (\mu_1 - \mu_2) = 0$ 과 $H_1: (\mu_1 - \mu_2) > 0$ 의 단측가설을 설정
- D5셀에 "=1-NORM.S.DIST(ABS(D4),1)"을 입력하여, 단측검정에서의 관찰 Z값의 P-값을 계산
- 1%보다 낮은 P-값으로 유의수준 5%에서 귀무가설 $H_0: (\mu_1 - \mu_2) = 0$ 은 기각

예제 11-2 A학교와 B학교에서 각각 30명과 40명의 학생들을 선발하여 시험을 친 결과는 A2:D21구간과 같다. 이러한 경우에 A와 B학교 평균성적이 5%의 유의수준에서 격차가 없다는 귀무가설을 (11.2.1)식부터 (11.2.3)식을 사용하거나 또는 Excel의 "데이터 | 분석 | 데이터 분석"을 지정하여 생성된 통계 데이터 분석 대화상자의 "t-검정 : 이분산 가정 두 집단"과 "z-검정 : 평균에 대한 두 집단"을 사용하여 다음과 같이 검정할 수 있다.

	A	B	C	D	E	F	G	H	I	J	K	L
1	A		B			A	B	A	B	z-검정: 평균에 대한 두 집단		
2	97	91	64	91	표본평균	82.5	78	97	64			
3	90	87	85	78	표분분산	64.051724	100.00000	90	85		A	B
4	94	73	72	87	표본크기	30	40	94	72	평균	82.5	78
5	79	92	64	93	표준오차	2.1529184		79	64	기지의 분산	64.051724	100
6	78	64	74	89	관찰 Z값	2.0901861		78	74	관측수	30	40
7	87	74	93	79	단측P값	0.0183005		87	93	가설 평균차	0	
8	83	88	70	84	우측 기각 z	1.6448536		83	70	z 통계량	2.0901861	
9	89	88	79	65	양측P값	0.0366011		89	79	P(Z<=z) 단측 검정	0.0183005	
10	76	74	79	78	양측 기각 z	1.9599640		76	79	z 기각치 단측 검정	1.6448536	
11	84	73	75	66				84	75	P(Z<=z) 양측 검정	0.0366011	
12	83		66	84				83	66	z 기각치 양측 검정	1.959964	
13	84		83	85				84	83			
14	76		74	85				76	74	t-검정: 이분산 가정 두 집단		
15	82		70	84				82	70			
16	85		82	59				85	82		A	B
17	85		82	62				85	82	평균	82.5	78
18	91		75	91				91	75	분산	64.051724	100
19	72		78	83				72	78	관측수	30	40
20	86		99	80				86	99	가설 평균차	0	
21	70		57	76				70	57	자유도	68	
31								73	66			
41									76			

(1) 수식활용을 통한 평균간 격차 가설의 검정

① 자료 입력과 표본 통계량 계산

- A1:D21구간과 같이 자료를 입력
- F2셀에 "=AVERAGE(A2:B21)", G2셀에 "=AVERAGE(C2:D21)"을 입력하여 표본평균을 계산
- F3셀에 "=VAR.S(A2:B21)", G3셀에 "=VAR.S(C2:D21)"을 입력 표본분산을 계산
- F4셀에 "=COUNT(A2:B21)", G4셀에 "=COUNT(C2:D21)"을 입력 표본크기를 계산

② 가설의 설정과 검정통계량 계산

- 단측가설[H0 : $\mu_A - \mu_B = 0$, H1 : $\mu_A - \mu_B > 0$] 설정
- 양측가설[H0 : $\mu_A - \mu_B = 0$, H1 : $\mu_A - \mu_B \neq 0$] 설정
- F5셀에 "=SQRT(F3/F4+G3/G4)"를 입력하여 평균 격차의 표준오차를 계산
- F6셀에 "=(F2-G2)/F5"를 입력하여 관찰 Z통계량을 계산

③ 5% 유의수준에서의 가설검정

- F7셀에 "=1-NORM.S.DIST(F6,1)"을 입력하여 관찰 Z값의 단측검정 P-값 계산
- F8셀에 "=NORM.S.INV(1-5%)"를 입력, 우측꼬리검정의 5% 유의수준 임계값 계산
- 단측검정에서 F7셀의 P값은 5%인 0.05보다 아주 작고, F8셀의 임계값은 관찰 Z값보다 아주 작아 평균들간 격차가 없다는 귀무가설은 기각되고, A의 평균이 B보다 높다는 대립가설을 채택
- F9셀에 "=2*(1-NORM.S.DIST(F6,1))"을 입력하여 관찰 Z값의 양측검정 P-값 계산
- F10셀에 "=NORM.S.INV(1-5%/2)"를 입력, 5% 유의수준 상부 임계값 계산
- 양측검정에서 F9셀의 P값은 5%인 0.05보다 작고, F10셀의 상부 임계값은 관찰 Z값보다 작아 평균들간 격차가 없다는 귀무가설은 기각되고, A의 평균이 B와는 다르다는 대립가설을 채택

(2) 통계 데이터 분석의 t-검정 및 z-검정 활용을 통한 평균간 격차 가설 검정

① 자료를 열로 재배열하고, 데이터 분석 추가기능 실행

- A2:A21구간과 B2:B11구간의 A학교 자료를 H1:H31구간과 같이 하나의 열로 배열
- C2:D21구간의 B학교 자료를 I1:I41구간과 같이 하나의 열로 배열
- 시트에서 행머리의 번호가 숨겨진 것은 마우스 커서로 행머리를 지정 후 마우스 오른쪽 단추를 눌러 생성된 대화상자에서 "숨기기(H)"를 지정하여 수행한 작업임
- 메뉴 탭에서 "파일 | 옵션"을 지정하고, 생성된 Excel 옵션 대화상자에서 좌측의 "추가기능"을 지정 후, 다시 생성된 추가기능 화면 아래의 "관리" 옆에 있는 "이동"단추를 누르고, 다시 생성된 추가기능 대화상자에서 "분석도구"를 지정 후 "확인"을 클릭

② "통계 데이터 분석 : t-검정 : 이분산 가정 두 집단"을 수행하여 표본통계량 획득

- 메뉴 탭에서 "데이터 | 분석 | 데이터 분석"을 지정, 생성된 통계 데이터 분석 대화상자에서 "t-검정 : 이분산 가정 두 집단"을 지정

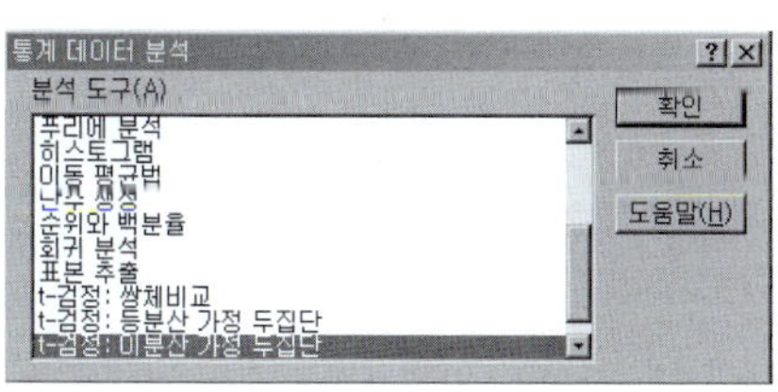

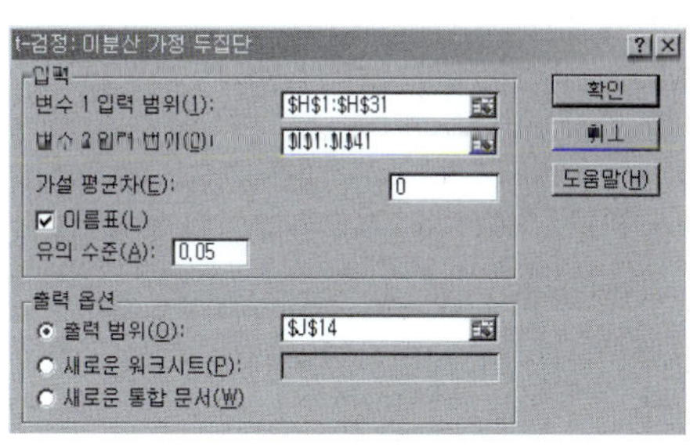

- **생성된 t-검정** : 이분산 가정 두 집단 대화상자를 다음과 같이 지정 후 “확인” 클릭
  - 변수 1 입력 범위 : H1:H31
  - 변수 2 입력 범위 : I1:I41
  - 가설 평균차 : 0
  - 이름표
  - 출력범위 : J14
- J16:L19구간과 같이 표본통계량 획득

TIP

• 크기가 30 미만인 두 표본들을 사용하여 “통계 데이터 분석 : t-검정 : 이분산 가정 두집단”을 수행하면 가설검정 결과를 제공하지만, 크기가 30 이상인 두 표본들에 대해서는 2개 표본의 통계량들을 제공

③ “통계 데이터 분석 : z-검정 : 평균에 대한 두 집단”을 수행

- 메뉴 탭에서 “데이터 | 분석 | 데이터 분석”을 지정, 생성된 통계 데이터 분석 대화상자에서 “z-검정 : 평균에 대한 두집단”을 지정
- **생성된 z-검정** : 평균에 대한 두집단 대화상자를 다음과 같이 지정 후 “확인” 클릭
  - 변수 1 입력 범위 : H1:H31
  - 변수 2 입력 범위 : I1:I41
  - 가설 평균차 : 0
  - 변수 1의 분산-기지값 : 64.051724
  - 변수 2의 분산-기지값 : 100
  - 이름표
  - 출력범위 : J1”
- E1:G10구간의 수식 기반 계산결과와 동일한 결과를 J3:L12구간에서 획득

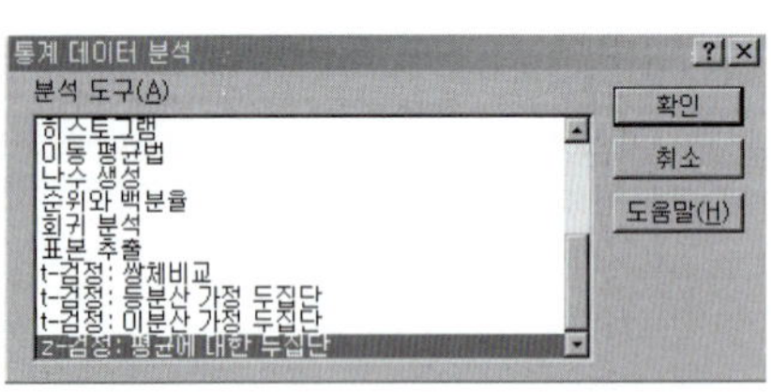

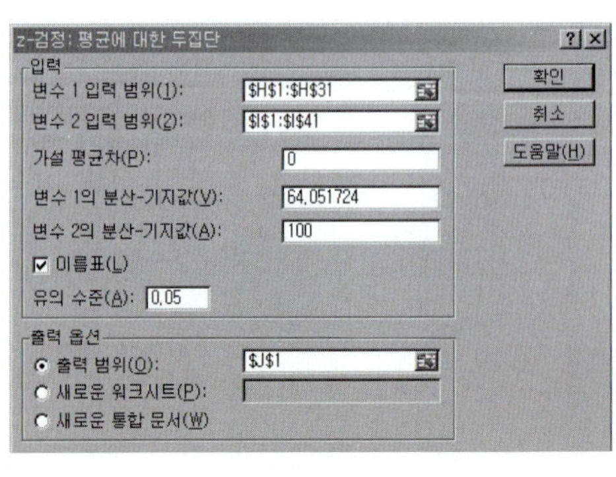

예제 11-3 동일한 제품을 생산하는 공장 C와 D의 일간 생산량들의 평균간 격차에 대한 가설검정을 (11.3.1)식부터 (11.3.4)식의 수식을 활용하거나 또는 "t-검정 : 등분산 가정 두 집단" 기능을 사용하여 수행할 수 있다.

	A	B	C	D	E	F	G
1	C	D	t-검정: 등분산 가정 두 집단				
2	300	276					
3	280	222		C	D		
4	344	310	평균	325	288		
5	385	338	분산	1599.636	1935.818		
6	372	200	관측수	12	12		
7	360	302	공동(Pooled) 분산	1767.727		1767.727	=((D6-1)*D5+(E6-1)*E5)/(D6+E6-2)
8	288	317	가설 평균차	0			
9	321	260	자유도	22			
10	376	320	t 통계량	2.155608		2.155608	=(D4-E4)/SQRT(F7/D6+F7/E6)
11	290	312	P(T<=t) 단측 검정	0.021158		0.021158	=T.DIST.RT(F10,D9)
12	301	334	t 기각치 단측 검정	1.717144		1.717144	=T.INV(1-5%,D9)
13	283	265	P(T<=t) 양측 검정	0.042317		0.042317	=T.DIST.2T(F10,D9)
14			t 기각치 양측 검정	2.073873		2.073873	=T.INV.2T(5%,D9)
15						0.021158	=T.TEST(A2:A13,B2:B13,1,2)
16						0.042317	=T.TEST(A2:A13,B2:B13,2,2)

① "t-검정 : 등분산 가정 두 집단" 기능을 이용한 가설검정

- A1:B13구간과 같이 자료 입력
- 단측가설[H0 : $\mu_C - \mu_D = 0$, H1 : $\mu_C - \mu_D > 0$] 설정
- 양측가설[H0 : $\mu_C - \mu_D = 0$, H1 : $\mu_C - \mu_D \neq 0$] 설정
- 메뉴 탭에서 "데이터 | 분석 | 데이터 분석"을 지정, 생성된 통계 데이터 분석 대화상자에서 "t-검정 : 등분산 가정 두 집단"을 지정
- **생성된 t-검정** : 등분산 가정 두 집단 대화상자를 다음과 같이 지정 후 "확인" 클릭
  - 변수 1 입력 범위 : A1:A13
  - 변수 2 입력 범위 : B1:B13
  - 가설 평균차 : 0
  - 이름표
  - 출력범위 : C1"

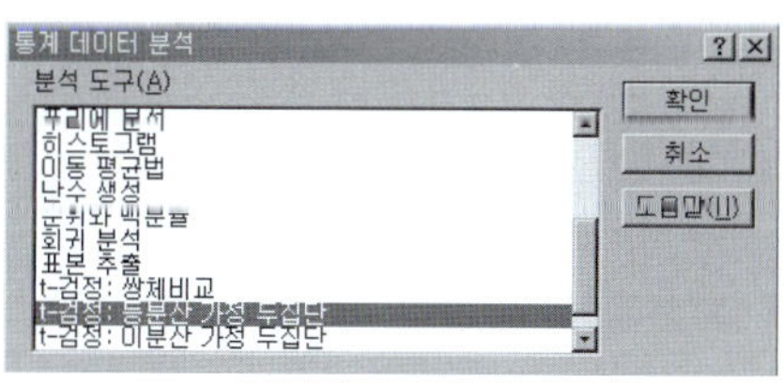

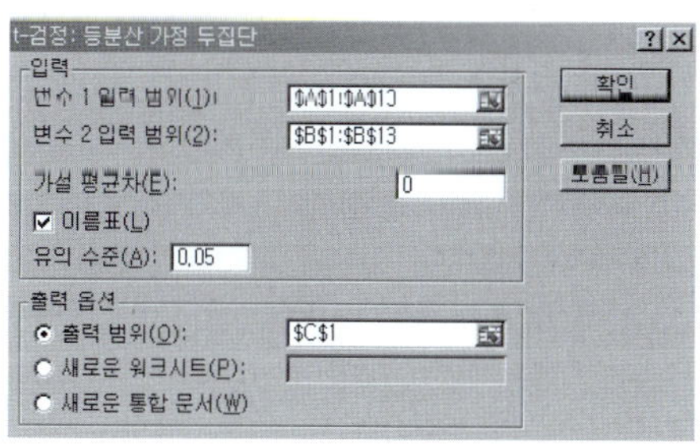

- D11셀이 유의수준 5%보다 아주 작아 단측검정에서 귀무가설을 기각하고, 대립가설 $\mu_C - \mu_D > 0$ 을 채택
- D13셀에 5%보다 작아 양측검정에서 귀무가설을 기각하고, 대립가설 $\mu_C - \mu_D \neq 0$ 을 채택

② (11.3.1)식부터 (11.3.4)식의 수식을 활용한 가설검정 수행

- F7셀에 "=((D6-1)*D5+(E6-1)*E5)/(D6+E6-2)"를 입력. (11.3.2)식에 따라 합동(공동)분산추정치 계산
- F10셀에 "=(D4-E4)/SQRT(F7/D6+F7/E6)"을 입력, (11.3.1)식에 따라 통계량 계산
- F11셀에 "=T.DIST.RT(F10,D9)"를 입력, t통계량의 단측검정 P-값 계산
- F12셀에 "=T.INV(1-5%,D9)"를 입력, 5% 유의수준의 단측검정 t분포 확률변수 임계값 계산
- F13셀에 "=T.DIST.2T(F10,D9)"를 입력, t통계량의 양측검정 P-값 계산
- F14셀에 "=T.INV.2T(5%,D9)"를 입력, 5% 유의수준의 단측검정 t분포 확률변수 임계값 계산

③ T.TEST함수를 이용한 가설검정의 간단한 수행

- F15셀에 "=T.TEST(A2:A13,B2:B13,1,2)"를 입력하여, 계산된 관찰 t통계량의 단측검정 P-값을 도출
- F16셀에 "=T.TEST(A2:A13,B2:B13,2,2)"를 입력하여, 계산된 관찰 t통계량의 양측검정 P-값을 도출
- F15셀 및 F16셀 모두 5% 미만이어서 단측검정 및 양측검정 모두에서 귀무가설 $\mu_C - \mu_D = 0$을 기각

예제 11-4 항구에서 컨테이너 하역장비의 교체를 위해 하역에 걸리는 시간을 기존 제품과 비교를 한다고 하자. 10개 장소에서는 기존 제품을 사용하고, 8개 장소에서는 신제품을 사용하여 동일한 조건에서 동일한 수량의 컨테이너를 하역하는데 소요된 시간이 A1:B11구간과 같다고 하자.

통계 데이터 분석의 "t-검정 : 이분산 가정 두 집단"을 사용하여 검정 신제품이 기존 제품에 비해 하역시간을 단축에 효과가 없다는 귀무가설을 5%의 유의수준에서 검정할 수 있다.

	A	B	C	D	E
1	기존제품	신제품	t-검정: 이분산 가정 두 집단		
2	3.5	3.3			
3	3.8	4		기존제품	신제품
4	4.8	5	평균	4.47	3.9375
5	5.1	4.5	분산	0.409	0.359821
6	4.2	3.4	관측수	10	8
7	3.9	3.5	가설 평균차	0	
8	4.7	3.6	자유도	16	
9	5.6	4.2	t 통계량	1.817103	
10	4.4		P(T<=t) 단측 검정	0.043989	
11	4.7		t 기각치 단측 검정	1.745884	
12			P(T<=t) 양측 검정	0.087979	
13			t 기각치 양측 검정	2.119905	

① 자료 입력과 통계 데이터 분석 대화상자의 생성

- A1:A11구간과 B1:B9구간에 각각 기존제품 및 신제품 사용의 소요 시간을 입력
- 메뉴 댑에서 "네이터 | 분석 | 데이터 분석"을 지정, 생성된 통계 데이터 분석 대화상자에서 "t-검정 : 이분산 가정 두집단"을 지정

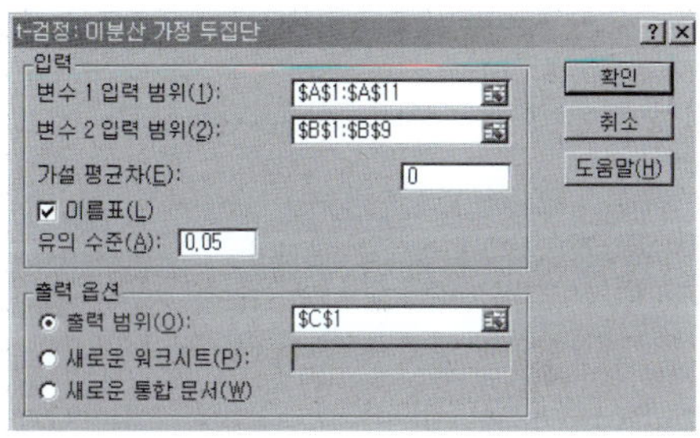

- 생성된 "t-검정:이분산 가정 두집단" 대화상자에서 "변수 1 입력범위(1) : A1:A11, 변수 2 입력 범위(2) : B1:B9, 가설평균차 : 0, 이름표, 출력 범위:C1"을 지정하고 "확인"을 클릭

② 가설설정과 t통계량 및 t기각치 비교를 통한 귀무가설의 채택여부 결정

- H_0 : $(\mu_1 - \mu_2) = 0$ 과 H_1 : $(\mu_1 - \mu_2) \neq 0$ 으로 양측검정가설을 설정
- D9셀의 t통계량이 D13셀의 유의수준 t 임계값보다 (절대치가) 작기 때문에, 기존제품과 신제품의 차이가 없다는 귀무가설을 5% 유의수준에서 채택
- H_0 : $(\mu_1 - \mu_2) = 0$ 과 H_1 : $(\mu_1 - \mu_2) > 0$ 으로 단측검정의 가설을 설정
- D9셀의 t통계량이 D11셀의 단측검정의 유의수준 임계값보다 (절대치가) 크기 때문에, 기존제품과 신제품의 차이가 없다는 귀무가설을 5% 유의수준에서 기각

2. 쌍체표본들의 두 평균간 격차 검정

다른 표본의 관찰치에 어떤 방식으로 영향을 주는 쌍체표본들(paired samples)을 사용하여 두 모집단 평균들간 격차에 대한 신뢰구간을 구성하는 경우에는 평균 $\bar{d}$를 갖는 n개 격차들의 확률표본, 평균 μ_d를 갖는 격차들의 모집단, 크기 n의 격차표본들에 대한 평균 격차의 표집분포를 갖는 쌍체표본모형을 사용한다.

- 쌍체 관찰치들의 격차들을 분석하는 종류의 실험을 쌍체격차실험(paired difference experiment)이라 하며, 독립표본실험보다 모집단 평균간 격차에 대해 더 많은 정보를 제공
  - 유사한 실험단위들 집단들 내부에서의 비교를 블록화(blocking)라고 하며, 쌍체격차실험은 일종의 확률화 블록계획법(randomized block design)
  - 대표본은 표준정규변수를, 소표본은 t분포변수를 사용
  - 두 종속표본들의 평균 격차의 검정은 각 쌍간의 격차 d를 $d_1 = X_{11} - X_{21}$, $d_2 = X_{12} - X_{22}$, ..., $d_n = X_{1n} - X_{2n}$과 같은 방식으로 결정하고, 이를 하나의 표본에 있는 값들로 처리하여 모집단 평균간 격차가 0이라는 귀무가설을 검정
  - d값 표본의 평균 $\bar{d}$, 표준편차 s_d, 쌍별 격차들의 수 n에 대해 쌍체 관찰치간의 평균 격차의 표준오차(standard error of the mean difference) $s_{\bar{d}}$를 계산

(11.4.1) $$\bar{d} = \frac{\sum_{j=1}^{n} d}{n}$$

(11.4.2) $$s_d = \sqrt{\frac{\sum_{j=1}^{n}(d - \bar{d})^2}{n-1}} = \sqrt{\frac{\sum_{j=1}^{n} d^2 - n\bar{d}^2}{n-1}}$$

(11.4.3) $$s_{\bar{d}} = \frac{s_d}{\sqrt{n}}$$

- 두 대응쌍 관찰치간 격차인 d의 값들은 정규분포되는 것으로 가정할 수 있기 때문에, $\mu_d = 0$의 귀무가설 검정은 대표본과 소표본으로 구분하여 수행
  - 대표본의 경우에는 Z 통계량을, 소표본의 경우에는 t 통계량이 적합

- E11셀에서 관찰 t통계량의 단측검정 P-값이 약 38.5%여서 5%를 아주 상회하고, 또한 관찰 t통계량이 t 기각치 단측검정(단측검정의 t임계값)보다 절대값으로 아주 작아 귀무가설을 채택
- E13셀에서 관찰 t통계량의 양측검정 P-값이 약 76.9%여서 5%를 아주 상회하고, 또한 관찰 t통계량이 t 기각치 양측검정(양측검정의 t임계값)보다 절대값으로 아주 작아 귀무가설을 채택

③ T.INV함수를 통한 우측검정 및 양측검정의 t통계량 임계값 계산

- H12셀을 "=T.INV(1-1%,E9)"를 입력하여 1% 유의수준에서의 우측꼬리검정 t 임계값을 계산
- H13셀을 "=T.INV.2T(1%,E9)"를 입력하여 1% 유의수준에서의 양측검정 t 임계값을 계산

Ⅱ 모집단 비율간 격차와 분산간 격차의 가설검정

1. 두 모집단 비율간 격차의 검정

X_1과 X_2가 각각 모수들 (n_1, p_1)과 (n_2, p_2)를 갖는 독립이항확률변수가 되도록 크기 n_1과 n_2의 두 독립표본들을 무한 모집단들로부터 추출한다면, $\hat{p}_1 = X_1/n_1$과 $\hat{p}_2 = X_2/n_2$는 각각 p_1과 p_2의 독립적 추정량들이 된다. 그리고 이항분포에 대한 정규근사법을 적용하면, 다음 통계량은 근사적으로 표준정규분포를 이룬다.

(11.7.1)
$$Z = \frac{\hat{p}_1 - \hat{p}_2 - (p_1 - p_2)}{\sqrt{\dfrac{p_1(1-p_1)}{n_1} + \dfrac{p_2(1-p_2)}{n_2}}}$$

- $p_1 - p_2$이 근사적 100(1-α)% 양측 신뢰구간[approximate 100(1-α)% two-sided confidence interval]의 공식

(11.7.2) $$\hat{p}_1 - \hat{p}_2 - Z_{\alpha/2}\sqrt{\frac{p_1(1-p_1)}{n_1}+\frac{p_2(1-p_2)}{n_2}} \le p_1 - p_2 \le \hat{p}_1 - \hat{p}_2 + Z_{\alpha/2}\sqrt{\frac{p_1(1-p_1)}{n_1}+\frac{p_2(1-p_2)}{n_2}}$$

- 두 모집단의 (성공)비율 p_1과 p_2가 일치한다는 가설을 검정할 경우에 그 비율들 격차 $p_1 - p_2$의 표준오차를 결정하기 위한 기준으로 두 표본비율을 통합하여 사용
  - 두 독립된 표본에서 얻은 표본비율 $\hat{p}_i$ 들을 사용하는 모집단 비율의 합동추정치 (pooled estimate of the population proportion) $\hat{\pi}$의 계산 공식

(11.7.3) $$\hat{\pi} = \frac{n_1\hat{p}_1 + n_2\hat{p}_2}{n_1 + n_2}$$

  - 모집단 비율 격차가 없다는 귀무가설 검정에 사용되는 비율들 격차의 표준오차 (standard error of the difference between proportions) $\hat{\sigma}_{\hat{p}_1 - \hat{p}_2}$

(11.7.4) $$\hat{\sigma}_{\hat{p}_1 - \hat{p}_2} = \sqrt{\frac{\hat{\pi}(1-\hat{\pi})}{n_1}+\frac{\hat{\pi}(1-\hat{\pi})}{n_2}}$$

- 두 비율 격차 $(p_1 - p_2) = 0$의 귀무가설 H_0 검정을 위한 Z 통계량 z의 공식

(11.8) $$z = \frac{\hat{p}_1 - \hat{p}_2}{\hat{\sigma}_{\hat{p}_1 - \hat{P}_2}}$$

예제 11-6 한 국가에서 추출한 50개 부품회사의 표본에서 10개 회사가 외국인 경영자를 고용했고, 다른 국가에서 표본 추출한 50개 부품회사에서 20개 회사가 외국인 경영자를 고용했다고 하자. 두 국가 부품회사들의 외국인 경영자 고용비율이 다르지 않다는 가설을 5% 및 1% 유의수준에서 다음과 같이 검정할 수 있다.

	A	B	C	D	E	F	G	H
1	n_1	50	n_2	50	비율 합동추정치	0.3	z의 P-값(양측)	2.91%
2	X_1	10	X_2	20	비율 격차 표준오차	0.092	z의 P-값(단측)	1.45%
3	$\hat{p}_1$	0.2	$\hat{p}_2$	0.4	관찰 Z값(z)	-2.18		

① 자료 입력과 표본비율 계산

- A1:D2구간의 각 셀에 국내 및 외국의 표본크기와 외국인 고용회사 비율(성공비율)을 입력
- B3셀과 D3셀을 동시 지정, 수식입력줄에 "=D2/D1"을 입력하여 각국의 성공비율을 동시 계산

② P-값 접근법을 통한 양측가설의 검정 수행

- $H_0: p_1 - p_2 = 0$ 과 $H_1: p_1 - p_2 \neq 0$ 의 양측가설을 설정
- F1셀에 "=(B1*B3+D1*D3)/(B1+D1)"을 입력, (11.7.3)식에 따라 비율의 합동추정치 $\hat{\pi}$를 계산
- F2셀에 "=SQRT((F1*(1-F1))/B1+(F1*(1-F1))/D1)"을 입력, (11.7.4)식에 따라 비율격차의 표준오차 $\hat{\sigma}_{\hat{p}_1 - \hat{p}_2}$를 계산
- F3셀에 "=(B3-D3)/F2"를 입력, (11.8)식에 따라 Z 통계량을 계산
- H1셀에 "=2*(1-NORM.S.DIST(ABS($F$3),1))"을 입력, 양측가설에 따른 Z 통계량의 P-값을 계산
- H1셀의 P-값이 5%보다는 낮고 1%보다는 높기 때문에, 5% 유의수준에서는 귀무가설을 기각하지만 1% 유의수준에서는 귀무가설을 채택

③ P-값 접근법을 통한 단측가설의 검정 수행

- $H_0: p_1 - p_2 = 0$ 과 $H_1: p_1 - p_2 < 0$ 의 단측가설을 설정
- H2셀에 "=1-NORM.S.DIST(ABS($F$3),1)"을 입력, 좌측꼬리 단측가설에 따른 Z 통계량의 P-값을 계산
- H2셀의 P-값이 5%보다는 낮고 1%보다는 높기 때문에, 5% 유의수준에서는 귀무가설을 기각하지만 1% 유의수준에서는 귀무가설을 채택

2. 두 모집단 분산간 격차의 검정

정규분포를 갖는 두 모집단에서 추출된 표본들의 분산 비율에 대한 확률분포인 F분포를 사용하여, 두 모집단 분산이 동일하다는 귀무가설 검정을 수행할 수 있다.

- 모집단 1과 2의 분산이 동일하여 $\sigma_1^2 = \sigma_2^2$가 된 상황에서의 가설검정
  - (9.18.12)식으로 규정된 F 확률변수 값 $(s_1^2/\sigma_1^2)/(s_2^2/\sigma_2^2)$는 (s_1^2/s_2^2) 으로 축소
  - $\sigma_1^2 = \sigma_2^2$ 의 두 모집단 분산 격차가 없다는 귀무가설의 검정을 위해 사용할 자유도 ν_1과 ν_2를 갖는 표본통계량

(11.9) $$F_{\nu_1, \nu_2} = \frac{s_1^2}{s_2^2}$$

  - 각 표본분산은 모집단 분산의 불편추정자이므로, (11.9)식의 장기적 기대치는 $\nu_2/(\nu_2 - 1)$로 거의 1에 수렴
  - **F검정의 역수특성(reciprocal property)** : F분포의 하부 꼬리(lower tail)의 특정 비율을 절단하는 F의 임계값(critical value of F)은 자유도 ν_1과 ν_2가 서로 바뀐 동일한 크기의 상부꼬리(upper tail)를 절단하는 F값의 역수와 동일

(11.10) $$F_{\nu_1, \nu_2, 1-\alpha} = \frac{1}{F_{\nu_2, \nu_1, \alpha}}$$

- 두 모집단 분산 비율의 일치에 대한 귀무가설을 표본통계량의 F값인 F통계량으로 대립가설 $H_1 : \sigma_1^2 > \sigma_2^2$을 갖는 단측검정과 $H_1 : \sigma_1^2 \neq \sigma_2^2$을 갖는 양측검정을 수행하는 경우에, F통계량을 기초로 하는 귀무가설 기각의 의사결정 기준

(11.11.1) $$F = \frac{s_1^2}{s_2^2} \geq F_{\nu_1, \nu_2, \alpha} = \frac{1}{F_{\nu_2, \nu_1, 1-\alpha}}$$ [단측검정]

(11.11.2) $$F = \frac{s_1^2}{s_2^2} \geq F_{\nu_1, \nu_2, \alpha/2} = \frac{1}{F_{\nu_2, \nu_1, 1-\alpha/2}}$$ 또는

$$F = \frac{s_1^2}{s_2^2} \leq F_{\nu_1, \nu_2, 1-\alpha/2} = \frac{1}{F_{\nu_2, \nu_1, \alpha/2}}$$ [양측검정]

- Excel에서 유의수준 α 에 대한 표본 1 자유도 $\nu_1 (= n_1 - 1)$과 표본 2 자유도 $\nu_2 (= n_2 - 1)$를 이용한 검정종류별 F통계량 계산 방법
  - **양측검정의 좌측기각역 임계값의 F값** : "=F.INV(α/2,ν_1,ν_2)"
  - **양측검정의 우측기각역 임계값의 F값** : "=F.INV.RT(α/2,ν_1,ν_2)"
  - **우측꼬리 단측검정의 기각역 임계값의 F값** : "=F.INV.RT(α,ν_1,ν_2)"

▸ **좌측꼬리 단측검정의 기각역 임계값의 F값** : "=F.INV(α ,ν_1 ,ν_2)"

- Excel에서 두 모집단 자료를 이용, F통계량의 양측검정 P값을 F.TEST함수로 계산

=F.TEST(자료 1의 배열,자료 2의 배열)

예제 11-7 정규분포를 갖는 모집단에서 추출된 크기 $n_1=90$, 표준편차 $s_1=16$시간인 표본 1과 또 다른 정규분포 모집단에서 추출된 크기 $n_2=70$, 표준편차 $s_2=13$시간인 표본 2가 있다고 하자.
이러한 경우에 표본 1과 표본 2의 두 모집단이 동일한 분산을 갖는다는 귀무가설을 F분포를 사용하여 P-값 검정법에 따라 검정하고, 양측검정의 좌우측 F임계값 F_C와 단측검정의 F임계값 F_C를 다음과 같이 계산할 수 있다.

	A	B	C	D	E	F	G	H	I	J
1	n_1	90	n_2	70	F	1.514793	유의수준	좌측 F_C	우측 F_C	단측 F_C
2	s_1	16	s_2	13	F의 P-값(양측	7.2927%	1%	0.5594	1.8221	1.7172
3	ν_1	89	ν_2	69	F의 P-값(단측	3.6463%	5%	0.6431	1.5751	1.4632

① 자료입력과 표본의 자유도 계산

- A1:D2구간에 표본 1과 표본 2의 크기와 표준편차에 대한 자료 입력
- B3셀과 D3셀을 "Ctrl"을 사용하여 동시 지정, 수식입력줄에 "=D1-1"을 입력 후 "Ctrl+Enter↵"를 클릭하여 각 표본의 자유도를 동시 계산

② 양측검정의 수행과 기각역들의 계산

- $H_0\ :\ \sigma_1^2=\sigma_2^2$과 $H_1\ :\ \sigma_1^2\neq\sigma_2^2$의 양측가설을 설정
- F1셀에 "=B2^2/D2^2"를 입력, (11.9)식에 따라 F통계량을 계산
- F2셀에 "=MIN(2*F.DIST.RT(F1,B3,D3),2*(1-F.DIST(F1,B3,D3,1)))"을 입력, F통계량에 대한 양측검정의 P-값을 계산
- F2셀로 계산된 F통계량의 양측검정 P-값은 5%보다 크기 때문에, 5% 유의수준에서 두 모집단 분산이 동일하다는 귀무가설을 채택
- G2셀과 G3셀에 각각 유의수준 1%와 5%를 입력
- H2:H3구간을 지정, 수식입력줄에 "=F.INV(G2/2,$B$3,$D$3)"을 입력 후 "Ctrl+Enter↵"를 클릭하여 (11.11.2)식의 둘째 기준에 따라 각 유의수준에 대해 좌측 F_C를 동시 계산

- I2:I3구간 지정, 수식입력줄에 "=F.INV.RT(G2/2,$B$3,$D$3)"을 입력 후 "Ctrl+Enter↵"를 클릭, (11.11.2)식의 첫째 기준에 따라 각 유의수준에 대해 우측 F_C를 동시 계산

③ 단측검정의 수행

- $H_0: \sigma_1^2 = \sigma_2^2$과 $H_1: \sigma_1^2 > \sigma_2^2$의 단측가설을 설정
- F3셀에 "=MIN(F.DIST.RT(F1,B3,D3),(1-F.DIST(F1,B3,D3,1)))"을 입력하여 F통계량의 우측꼬리 단측검정 P-값을 계산
- F3셀의 단측검정 P값은 5%보다 작고, 1%보다 크기 때문에 5% 유의수준에서만 귀무가설을 기각
- J2:J3구간 지정, 수식입력줄에 "=F.INV.RT(G2,$B$3,$D$3)"을 입력 후 "Ctrl+Enter↵"를 클릭, (11.11.1)식에 따라 각 유의수준에 대해 단측검정의 F임계값인 단측 F_C를 동시 계산

예제 11-8 다음 A1:B6구간으로 주어진 두 확률변수의 자료들을 기초로 두 변수들의 모집단 분산들이 일치한다는 양측가설을 주어진 유의수준에 대해 F.TEST함수를 사용하여 다음과 같이 검정할 수 있다.

	A	B	C	D	E	F	G	H	I
1	D1	D2		D1	D2				
2	6	20	표본크기 n	5	5				
3	7	28	표준편차 s	6.308724	8.049845				
4	9	31	자유도 v	4	4				
5	15	38	F 통계량	0.614198	=D3^2/E3^2				
6	21	40	F의 P-값	0.648318	=MIN(2*F.DIST(D5,D4,E4,1),F.DIST.RT(D5,D4,E4))				
7	F의 P-값	0.648318	=F.TEST(A2:A6,B2:B6)						

① 양측가설의 설정과 F.TEST함수를 이용한 검정수행

- A1:B6구간에 자료를 입력
- $H_0 : \sigma_1^2 = \sigma_2^2$과 $H_1 : \sigma_1^2 \neq \sigma_2^2$의 양측가설을 설정
- B7셀에 "=F.TEST(A2:A6,B2:B6)"을 입력
- 관찰된 F통계량의 양측검정 P-값이 64.8%에 도달하므로 5% 유의수준에서 귀무가설을 채택

② (11.9)식 및 F분포 밀도함수를 이용한 F통계량 양측검정 P-값 계산

- D2:E2구간 지정, 수식입력줄에 "=COUNT(A2:A6)"을 입력, "Ctrl+Enter↵"를 클릭하여 표본크기를 동시 계산
- D3:E3구간 지정, 수식입력줄에 "=STDEV.S(A2:A6)"을 입력, "Ctrl+Enter↵"를 클릭하여 표본 표준편차를 동시 계산
- D4:E4구간 지정, 수식입력줄에 "=D2-1"을 입력, "Ctrl+Enter↵"를 클릭하여 자유도를 동시 계산
- D5셀에 "=D3^2/E3^2"를 입력하여 (11.9)식에 따라 F통계량을 계산
- D6셀에 "=MIN(2*F.DIST(D5,D4,E4,1),F.DIST.RT(D5,D4,E4))"를 입력하여 F통계량의 양측검정 P-값을 계산하여 F.TEST함수와 동일한 결과를 획득

Ⅲ 적합도와 독립성의 카이자승검정

1. 적합도의 카이자승검정

적합도검정(goodness-of-fit test)은 도수분포를 통해 하나의 범주변수(categorical variable)에 대한 자료집합이 어떤 확률분포에서 발생했는가를 결정하기 위해 어떤 이론적 모형을 기초로 하는 예상도수분포와 표본에서 관찰된 도수분포를 비교하여 표집된 모집단의 분포를 추론하는 방법이다.

- 1900년대 초에 Karl Pearson이 개발한 적합도의 카이자승검정(chi-square test of goodness of fit) 방법의 특성
  - 단지 명목척도의 정보만을 가진 단일 표본의 자료를 사용하여 수행 가능
  - 카이자승 검정의 목적은 관찰된 자료집합이 예상되는 집합에 대해 얼마나 양호한 적합도를 보이는지를 결정
  - 어떤 표본의 관찰도수와 예상도수의 아주 큰 격차는 우연에 의한 것으로 보기 곤란하므로, 그러한 표본은 예상도수를 보여준 모집단에서 표집된 것이 아니라는 결론을 도출 → 관찰된 표본은 예상 모집단과는 다른 것을 반영

- 적합도검정의 귀무가설은 범주형 자료집합(set of categories)에서 각 범주의 확률이 동일하거나 또는 각 범주의 발생빈도 예상패턴이 동일하다는 주장으로 설정
  - 확률변수 X에서 표집한 크기 n의 표본이 갖는 표본공간 S를 분할하여 $C_1 \cup C_2 \cup \cdots \cup C_J = S$가 되게 하는 J개의 사상들 또는 부분집합인 $C_1, C_2, \cdots, C_J$가 존재하는 경우에 J번째 사상이 발생할 확률은 다음과 같이 표시

(11.12.1) $$p_j = P(X \in C_j) \quad \text{for} \quad j = 1, 2, \cdots, J$$

- (11.12.1)식에서 사상이 성공과 실패의 베르누이사상인 경우에 p_1은 성공확률, p_2는 실패확률
- 확률변수 X의 특정 표본 값은 표본의 성공비율 P_1과 표본크기 n의 곱인 nP_1으로 나타나며, 이는 사상 C_1의 관찰도수(observed frequency) f_{o1}라고 함
- (11.12.1)식의 C_j의 예상도수(expected frequency) f_{ej}의 계산 공식

(11.12.2) $$f_{ej} = np_j$$

- 관찰도수 f_{oj}와 예상도수 f_{ej}의 격차 자승 $(f_{oj} - f_{ej})^2$을 예상도수 f_{ej}에 대해 나눈 값들의 합을 보편적으로 관찰분포와 예상분포의 격차에 대한 측정치로 사용
- 이러한 합은 표본크기 n이 증가할수록 표본들의 수에서 1을 뺀 값을 자유도로 갖는 χ^2과 같은 분포를 근사적으로 갖기 때문에, 다음의 검정통계량을 도출

(11.13.1) $$\chi^2_{J-1} = \sum_{j=1}^{J} \frac{(f_{oj} - f_{ej})^2}{f_{ej}}$$

- 표본크기 n이 증가할수록 (11.13)식의 근사값은 보다 양호하게 되므로, f_{ej}가 5 이상이도록 $np_j \geq 5$가 달성될 수 있는 크기 n의 표본을 사용해야 함.
- $np_j \geq 5$에 미달하는 범주는 인접범주(adjacent categories)에 포함
- 표본공간의 분할사상들 C_j들의 관찰도수 합은 표본크기와 동일

(11.13.2) $$\sum_{j=1}^{J} f_{oj} = f_{o1} + \cdots + f_{oJ} = n$$

▸ (11.12.2)식과 (11.13.2)식을 (11.13.1)식에 대입

(11.13.3)
$$\chi^2_{J-1} = \sum_{j=1}^{J} \frac{f_{oj}^2}{np_j} - n$$

- (11.13.3)식의 카이자승 분포 통계량이 갖는 자유도는 다음과 같이 구분
  - ▸ $\nu = J-1$: 표본통계량을 통해 모집단모수를 추정할 필요가 없이 예상도수를 계산할 수 있는 경우, $J-1$ 개의 예상도수들을 알고 있다면 나머지 도수는 결정 가능하다는 것을 반영
  - ▸ $\nu = J-1-m$: 표본통계량에서 m개의 모집단 모수들을 추정해야만 예상도수를 구할 수 있는 경우
- 적합도검정은 항상 우측꼬리단측검정으로 예상도수를 계산하여 수행
  - ▸ 귀무가설에 의해 계산된 (11.13.1)식 또는 (11.13.3)식의 χ^2 값이 실정된 유의수준의 임계값 이상이면 관찰도수는 예상도수와 유의적으로 다른 것으로 간주하여 귀무가설을 기각
  - ▸ 위의 χ^2 값이 설정된 유의수준의 임계값 미만이면, 귀무가설을 채택

예제 11-9 어떤 도시의 컴퓨터 판매업자가 판매하는 시장을 4개 지역(A, B, C, D)으로 세분하고, 판매대리(독점)권(distributorship)을 가진 매수인에게 4개 지역에 컴퓨터를 균등하게 판매하도록 요청하였다.
판매대리권을 가진 매수인이 전년도 판매실적에 대한 회사자료에서 40개의 무작위표본을 추출한 결과, 4개 지역에 판매된 결과는 다음의 B3:E3구간과 같이 관찰도수 f_o로 나타났다.
지역별 판매량이 모두 일치한다면 지역별 판매량분포는 다음 B4:E4구간의 예상도수 f_e로 나타나야 한다. 이러한 자료를 이용하여 다음과 같은 가설검정을 수행할 수 있다.

	A	B	C	D	E	F	G	H	I
1		지역				계			
2		A	B	C	D				
3	관찰도수 f_o	6	12	14	8	40			
4	예상도수 f_e	10	10	10	10	40			
5	카이자승값 χ^2	1.6	0.4	1.6	0.4	4.0			
6	범주의 수 J	4	m	0	자유도 ν	3			
7	유의수준	1%	5%	10%	관찰 P-값	26.15%	=CHISQ.DIST.RT(F5,F6)		
8	χ^2 임계값	11.34	7.81	6.25	관찰 P-값	26.15%	=CHISQ.TEST(B3:E3,B4:E4)		
9	H_0 채택결정	채택	채택	채택					

① 가설설정

- H_0 : 4개 지역의 판매량은 균등분포를 이룬다.
- H_1 : 4개 지역의 판매량은 균등분포를 갖지 않는다.

② χ^2 검정통계량과 자유도 계산

- B3:E4구간에 지역별 관찰도수와 예상도수를 입력
- F3:F5구간을 지정, 수식입력줄에 "=SUM(B3:E3)"을 입력 후 "Ctrl+Enter↵"를 클릭
- B5:E5구간을 지정, 수식입력줄에 "=(B3-B4)^2/B4"를 입력 후 "Ctrl+Enter↵"를 클릭하여 (11.13.1)식에 따라 각 지역에 대한 χ^2 검정통계량을 동시 계산
- B6셀에 범주의 수 "4"를, D6셀에 추정한 모수 값들의 수 m 에 "0"을 입력
- F6셀에 "=B6-D6-1"을 입력하여 적합도검정의 χ^2 분포 자유도를 계산

③ 귀무가설 채택 여부의 의사결정

- B7:D7구간에 설정할 유의수준들을 입력
- B8:D8구간을 지정, 수식입력줄에 "=CHISQ.INV.RT(B7,$F$6)"을 입력 후 "Ctrl+Enter↵"를 클릭하여 각 유의수준에 대한 χ^2 임계값을 동시 계산
- B9:D9구간을 지정, 수식입력줄에 "=IF($F$5>B8,"기각","채택")"을 입력 후 "Ctrl+Enter↵"를 클릭하여 각 유의수준에 대한 귀무가설의 채택 여부를 동시 결정
- 1%, 5%, 10%의 유의수준 모두에서 지역별 판매량이 균등분포를 갖는다는 귀무가설을 채택

④ χ^2 검정통계량의 우측검정 P-값 계산

- F7셀에 "=CHISQ.DIST.RT(F5,F6)"을 입력하여 관찰된 χ^2 검정통계량의 우측꼬리검정 P-값을 계산
- F8셀에 "=CHISQ.TEST(B3:E3,B4:E4)"를 입력하여 관찰된 χ^2 검정통계량의 우측꼬리검정 P-값을 계산
- F7:F8구간의 우측꼬리가설 검정의 P-값이 10%보다도 아주 크기 때문에 10% 유의수준에서도 귀무가설을 채택

2. 독립성검정

독립성검정(tests for independence)은 한 변수의 어떤 관찰치가 특정 범주에 속한 결과가 다른 변수가 어떤 범주에 속할 확률에 아무런 영향도 주지 않는 특성인 두 범주변수의 통계적 독립성(statistical independence)을 검정하는 방법이다.

- 독립성검정은 분할표검정(contingency table tests)으로, 두 변수의 독립성검정은 이원분류표(분할표)[two-way classification table(contingency table)]를 사용
  - 적합성 검정은 하나의 차원에서 구분된 사상들로 분할하여 범주를 결정하고, 그에 대한 관찰도수와 예상도수를 비교하는 일원분류표(one-way classification table)
  - 일원분류표는 하나의 행에 J개의 칸으로 관찰도수를 표시하므로, $1 \times J$표(1 by J table)라고 함.
  - J개의 열과 H개의 행으로 2가지 차원으로 범주를 구분한 2원분류표(two-way classification tables) 또는 H×J표(H×J tables)를 분할표(contingency table)라 부름.
- 독립성검정은 두 변수간의 독립성을 귀무가설로 설정하여 다음 절차로 수행
  - 분할표의 각 셀에 대한 관찰도수와 예상도수 작성
  - 분할표의 각 셀에 대한 $(f_o - f_e)^2 / f_e$ 의 합계로 χ^2 검정통계량 계산
  - 분할표의 자유도 계산과 주어진 유의수준에 따른 χ^2 임계값 계산
  - χ^2 검정통계량이 χ^2 임계값보다 큰 경우에 주어진 유의수준에서 두 변수간의 독립성에 대한 귀무가설을 기각, 또는 분할표 자료를 이용한 χ^2 통계량의 P-값으로 최소유의수준을 설정
- 분할표에서 계산된 총도수 n, 주어진 행의 총도수 f_R, 주어진 열의 총도수 f_C가 주어진 경우에 분할표 행렬의 각 셀(cell)에 대한 예상도수(expected frequency) f_E와 자유도 ν는 다음과 같이 계산

(11.14)
$$f_E = \frac{f_R f_C}{n}$$

  - $\nu = (R-1)(C-1)$: 표본통계량을 통해 모집단모수를 추정할 필요가 없이 예상도수를 계산할 수 있는 경우

- $\nu = J-1-m$: 표본통계량에서 m개의 모집단 모수들을 추정해야만 예상도수를 구할 수 있는 경우, J는 범주들의 수

- 연속확률변수의 결과들을 이산확률변수자료에 적용할 경우에 베르누이실험과 같이 단지 2개의 사상들로 분할되어 $\nu = 1$ 의 자유도를 갖는 경우에만 ($n < 50$ 의 경우에 대해) (11.13.1)식 분자 대신 $(|f_o - f_e| - 0.5)^2$ 을 대입하여 Yates 연속성 수정(correction for continuity)을 수행

(11.15) $$\chi^2 = \sum_{j=1}^{J} \frac{(|f_{oj} - f_{ej}| - 0.5)^2}{f_{ej}} \quad \text{for} \quad \nu = 1 \ (\text{and } n < 50)$$

- 분할표에서 분류결과들의 관계, 결합 또는 종속성 정도 측정치는 유관계수(coefficient of contingency) C로 계산

(11.16) $$C = \sqrt{\frac{\chi^2}{\chi^2 + n}}$$

  - C의 값이 클수록 결합정도가 증가
  - 분할표의 행과 열의 수가 C의 최대값을 결정, C의 최대값은 항상 1 이하
  - $k \times k$ 표의 경우에 C의 최대값은 $\sqrt{(k-1)/k}$

- Excel에서는 "=CHISQ.TEST(실제도수구간, 예상도수구간)"으로 카이자승분포의 P-값을 계산하고, P-값보다 큰 유의수준에서는 귀무가설 기각을 결정

예제 11-10 150개 도시를 대상으로 범죄율과 기온이 관계가 있는지의 여부를 보기 위해 조사를 한 결과는 C3:E5구간의 분할표로 나타났다. 예상도수는 각 셀의 값이 5 이상이 되도록 기온 분할사상의 확률을 적용하여 계산을 수행할 수 있다.
2.5% 유의수준에서 범죄율과 기온의 관련 여부에 관한 독립성 가설검정을 다음과 같이 카이자승검정으로 수행할 수 있다.

	A	B	C	D	E	F	G	H	I	J	K	L	M	N
1			범죄율			행	예상도수(E)			$(O-E)^2/E$			R	3
2			낮음	정상	초과	합계	8.5	9.3	7.2	1.441	0.19	0.655	C	3
3	기온	낮음	12	8	5	25	34.0	37.3	28.7	0.029	0.36	0.76	ν	4
4		정상	35	41	24	100	8.5	9.3	7.2	2.382	0.583	6.516	χ^2	12.9171
5		초과	4	7	14	25							P-값	1.169%
6	열 합계		51	56	43	150							P-값	1.169%

① 자료 입력 및 가설설정

- C3:E5구간에 자료 입력
- C6:E6구간 지정, 수식입력줄에 "=SUM(C3:C5)"를 입력 후 "Ctrl+Enter↵"를 클릭하여 열 합계들을 동시 계산
- F3:F6구간 지정, 수식입력줄에 "=SUM(C3:E3)"을 입력 후 "Ctrl+Enter↵"를 클릭하여 행 합계들을 동시 계산
- 귀무가설 H_0와 대립가설 H_1을 설정
  - H_0 : 기온과 범죄율은 독립적이다.
  - H_1 : 기온과 범죄율은 독립적이 아니다.

〈표 11-1〉 Excel의 TEST함수와 적용 방법

Test함수	결과	함수 인수와 적용
Z.TEST	단측 P-값	"=Z.TEST(자료,가설 평균값,표준편차)", 표준편차 생략 가능(표본 표준편차 사용)
	양측 P-값	"=2*MIN(Z.TEST(자료,가설 평균값,표준편차),1-Z.TEST(자료,가설 평균값,표준편차))"
T.TEST	P-값	"=T.TEST(자료1,자료2,꼬리 표시, 2 표본들 형태)" • 꼬리 표시에서 단측가설은 1, 양측가설은 2 • 두 표본들 형태에서 쌍체표본 1, 등분산 표본들 2, 이분산 표본들 3
F.TEST	양측 P-값	"=F.TEST(자료1,자료2)"
CHISQ.TEST	우측꼬리 단측P-값	"=CHISQ.TEST(관찰도수범위, 예상도수범위)"

② 예상도수 계산과 χ^2 검정통계량 계산

- G2:I4구간 지정, 수식입력줄에 "=C$6*$F3/$F$6"을 입력 후 "Ctrl+Enter↵"를 클릭하여 행 합계의 비율에 따라 예상도수들을 동시 계산
- J2:L4구간 지정, 수식입력줄에 "=(C3-G2)^2/G2"를 입력 후 "Ctrl+Enter↵"를 클릭하여 각 셀에 대한 $(f_o - f_e)^2 / f_e$를 동시 계산
- N1셀에 "=COUNT(C3:C5)"를, N2셀에 "=COUNT(C3:E3)"을 입력하여 행과 열의 수를 계산, N3셀에 "=(N1-1)*(N2-1)"을 입력하여 자유도를 계산
- N4셀에 "=SUM(J2:L4)"를 입력하여 χ^2 검정통계량을 계산

③ P-값의 계산과 가설검정

- N5셀에 "=CHISQ.DIST.RT(N4,N3)"을, N6셀에 "=CHISQ.TEST(C3:E5,G2:I4)"를 입력하여 χ^2 통계량의 P-값을 1.169%로 계산, 5% 유의수준에서 귀무가설 기각

제 2 절 분산분석

I 분산분석 개념과 일원분산분석

1. 분산분석의 개념과 수행절차

분산분석(analysis of variance) ANOVA은 어떤 자료집합의 총변동이 어떤 변동요인에 의해 유발되었으며, 얼마나 많이 변동하게 되었는가를 추정하는 방법이다.

- ANOVA는 3개 이상의 모집단 평균 비교를 목적으로 전체 모집단 평균과 개별 모집단 평균의 추정량에 대한 관찰치의 편차 자승을 이용하여 F검정으로 분석하는 방법
- ANOVA는 J개 모집단에서 표집한 J개 표본들로 구성된 어떤 집합을 J개 표본들간의 변동[표본평균들간의 분산]과 J개 표본들 내부의 변동[표본들 내부의 분산]의 2개 부분으로 구분
- ANOVA는 표본들 내부의 분산은 단지 우연히 발생하는 것이고, 표본평균들간의 분산은 일부는 우연히 발생하지만 일부는 J개 모집단 평균들의 격차로 인하여 발생한다고 가정
  - ▸ **일원모형(one-factor or one-way model)** : 우연히 발생하지 않은 변동이 하나의 요인에 의해 발생하는 것을 분석하는 ANOVA모형
  - ▸ **이원모형(two-factor or two-way model)** : 2개의 요인 및 그들의 상호작용에 의해 발생하는 것을 분석하는 모형
- ANOVA는 F분포의 우측꼬리 검정(right-tail test)만을 사용하여 수행
  - ▸ 처리집단간 자승의 평균(between-treatments mean square : MST)[처리집단간 자승의 합(SST)을 표본집단의 수 K에서 1을 차감한 값을 나누어 구한 표본평균

들간의 분산]에서 모집단 분산을 추정

- 집단내부 자승의 평균(within-treatment mean square : MSW)[처리집단내 자승의 합(SSW)을 표본 전체 크기 N에서 K를 차감한 값으로 나누어 구한 표본들 내부의 분산]에서 모집단 분산을 추정
- F비율을 "MST/MSW"로 계산
- 계산된 F비율이 설정된 유의수준과 자유도에서의 F비율 임계값 이상이면 모집단 평균들이 동일하다는 귀무가설 H_0를 기각

TIP ANOVA의 주요용어

- **실험(experiment)** : 표본자료의 수집과정
- **실험설계(design of the experiment)** : 표본수집에 대한 계획
- **반응변수(response variable)** : 실험에서 측정되는 변수
- **실험단위(experimental unit)** : 반응변수를 얻기 위해 측정하는 대상
- **실험집단(experimental groups)** : (모집단 평균의) 비교를 위해 추출된 표본들
- **통제집단(control group)** : 여러 표본(집단) 중에서 어떤 처리(treatment)도 하지 않는 표본
- **인자(factor)** : 반응변수와 관련된 질적(정성) 변수 또는 양적(정량) 변수
- **인자수준(factor level)** : 실험에서 인자가 갖는 값인 설정강도(intensity setting)
- **처리(treatment)** : 실험에 포함된 인자들의 수준들로 구성된 특정 조합

2. 일원분산분석

일원분산분석(one-way ANOVA) 또는 일원ANOVA는 종속변수의 특성 파악을 위한 실험요인이 되는 하나의 인자(factor : 설명변수)를 사용하여, 여러 처리집단(treatment groups, 표본집단)의 각각에 대해 무작위로 실험대상(subjects)을 할당하여 얻은 표본평균간 격차를 분석하는 방법이다.

- 일원ANOVA는 여러 처리모집단 평균간 격차의 검정을 위해 각 처리집단에서 표본을 추출하여 전체 표본을 구성하며, K개 표본평균을 이용한 단일요인 완전무작위 설계법(one-factor completely randomized design)을 사용하는 선형모형(linear model)

(11.17) $$X_{ik} = \mu + \alpha_k + \epsilon_{ik}$$
$$= \mu + (\mu_k - \mu) + (X_{ik} - \mu_k) \quad \text{for} \quad i = 1, .., n \text{ and } k = 1, .., K$$

- X_{ik} 는 k 번째 표본(처리집단)의 i 번째 관찰치
- μ 는 K개 처리 모집단들의 총평균(grand mean)
- α_k 는 표본을 추출한 k 번째 모집단에 대한 처리효과(treatment effect)
- ϵ_{ik} 는 (표집과정에서) 관찰치 X_{ik} 에 관련된 무작위 오차(random error)를 표시

- 총평균 μ 는 다른 요인의 영향을 받지 않으며, 자체 요인에 의해 그 변동을 설명할 수 있는 자기설명적 요인(self-explanatory factor)
- 처리효과 α_k 는 총평균 μ 에 대한 k 번째 처리모집단 평균인 μ_k 의 격차

(11.18) $$\alpha_k = \mu_k - \mu$$

- 처리효과 α_k 로 인하여 실험에서 K개의 처리집단을 다루는 경우에 K개의 처리효과가 발생하며, K개 처리 모집단평균들의 평균이 총평균이어서 K개 처리효과들의 합은 0이 되어야 하는 것으로 가정하므로 다음이 성립

(11.19) $$\sum_{k=1}^{K} \alpha_k = \sum_{k=1}^{K} (\mu_k - \mu) = \sum_{k=1}^{K} \mu_k - K\mu = 0$$

- 무작위(표집)오차 ϵ_{ik} 는 처리모집단 내부의 변동성을 반영하며, 표집행위의 특성상 무작위성(비일관성) 과정(process of randomness)으로 인해 발생
- ϵ_{ik} 는 관찰치에서 처리모집단 평균을 차감한 잔차(residual)이며, 그 기대치는 0

(11.20.1) $$\epsilon_{ik} = X_{ik} - \mu_k$$
(11.20.2) $$E(\epsilon_{ik}) = 0$$

- 실험에 K개의 처리집단과 N의 전체 크기를 갖는 표본자료를 k 번째 처리집단을 C_k 로, k 번째 표본처리집단의 크기를 n_k 로, k 번째 표본 관찰치들의 합계를 T_k 로 표시하여 다음과 같이 구성

C_1	C_2	$\cdots$	C_K
X_{11} X_{21} $\vdots$ $X_{n_1 1}$	X_{12} X_{22} $\vdots$ $X_{n_2 2}$	$\cdots$ $\cdots$ $\cdots$ $\cdots$ $\cdots$	X_{1K} X_{2K} $\vdots$ $X_{n_K K}$
T_1	T_2	$\cdots$	T_K

- 표본자료의 모든 관찰치들의 총합(grand total) T와 총표본평균(grand sample mean) $\overline{X}$는 다음과 같이 계산

(11.21.1) $$T = T_1 + T_2 + \cdots + T_K$$

(11.21.2) $$\overline{X} = \frac{T}{N}$$

▸ i 행과 k 열에 있는 관찰치 값인 X_{ik}에 대한 총표본평균의 차의 자승을 모두 합하여 처리집단 편차 자승들의 총합 TSS(total sum of squares, 전체 자승합)을 계산

(11.22.1) $$TSS = \sum_{k=1}^{K}\sum_{i=1}^{n_k}(X_{ik} - \overline{X})^2 = \sum_{k=1}^{K}\sum_{i=1}^{n_k} X_{ik}^2 - N\overline{X}^2$$
$$= \sum_{k=1}^{K}\sum_{i=1}^{n_k} X_{ik}^2 - \frac{T^2}{N}$$

▸ 처리집단간 자승합 SST(between-treatments sum of squares)과 처리집단 내 자승합 SSW(within-treatment sum of squares)

(11.22.2) $$SST = \sum_{k=1}^{K} n_k(\overline{X}_k - \overline{X})^2 = \sum_{k=1}^{K}\frac{T_k^2}{n_k} - N\overline{X}^2 = \sum_{k=1}^{K}\frac{T_k^2}{n_k} - \frac{T^2}{N}$$

(11.22.3) $$SSW = TSS - SST = \sum_{k}^{K}\sum_{i=1}^{n_k}(x_{ik} - \overline{x}_k)^2 = \sum_{i=1}^{n_k}\sum_{k=1}^{K}\frac{T_k^2}{n_k} - \frac{T^2}{N}$$

전체표본 자승의 합(TSS)=처리집단내 자승의 합(SSW)
+처리집단간 자승의 합(SST)

- 일원ANOVA의 수행절차
  - K개의 표본집단들에 대해 $\mu_1 = \mu_2 = \cdots = \mu_K$의 귀무가설을 설정하여, 동일한 모집단 분산 σ^2의 불편독립 추정량을 관찰치의 집단평균에 대한 편차 자승의 평균으로 계산한 분산 추정치인 자승 평균(mean square)으로 사용
  - 개별처리집단 평균과 총편균간 편차 자승의 합의 평균을 이용하여 모집단 분산 추정치인 처리집단간 자승의 평균 MST를 다음과 같이 계산

(11.23.1)
$$MST = \frac{SST}{K-1}$$

  - 표본집단 내부 편차자승의 합의 평균을 통해 모집단 분산 추정치인 평균 자승오차(mean square error) 또는 집단내부 자승의 평균 MSW을 다음과 같이 계산

(11.23.2)
$$MSW = \frac{SSW}{N-K}$$

  - 모집단 평균들간의 격차는 MST를 증가시키지만, 집단 격차의 내부에서 계산되는 MSW에 어떤 영향도 주지 않으므로 귀무가설이 거짓인 경우에 MST의 기대치는 MSW보다 크게 발생하는 것을 F비율로 평가
  - 표본집단 내부자승의 평균들에 대한 표본집단간 자승 평균의 비율을 $\nu_1 = K-1$과 $\nu_2 = N-K$ 자유도의 F비율을 계산

(11.23.3)
$$F_{\nu_1, \nu_2} = \frac{MST}{MSW} = \frac{\text{설명된 분산}}{\text{설명되지 않은 분산}}$$

  - 여러 모집단 분산간 격차에 대해 F분포를 사용하여 단측검정을 수행하고, 계산된 F비율이 1보다 현저하게 큰 경우에 각 처리모집단들의 평균들이 일치한다는 귀무가설을 기각
  - 계산된 F비율이 1보다는 현저하게 크지 않다면, 처리효과가 존재하지 않아 추가 조사에 대해 어떤 결과도 도출할 수 없다는 결론에 도달
  - 계산된 F비율이 1보다 작게 나타나면, 이는 표본추출오차만을 나타내거나 또는 실험의 설계 또는 수행에서 잘못이 발생한 것으로 해석

〈표 11-2〉 일원분산분석의 요약표

변동의 요인	자승 합(SS)	자유도(ν)	자승 평균(MS)	F 비율
처리집단 간 (B)	SST	K-1	$MST=\dfrac{SST}{K-1}$	$F=\dfrac{MST}{MSW}$
표본추출오차(처리집단 내) (W)	SSW=TSS-SST	N-K	$MSW=\dfrac{SSW}{N-K}$	
총 변동 (T)	TSS	N-1		

- Excel의 메뉴 탭에서 "데이터 | 분석 | 데이터 분석"을 지정, 생성된 통계 데이터 분석 대화상자에서 "분산분석 : 일원 배치법"을 지정하여 일원ANOVA를 수행

예제 11-11 15명의 신입사원에게 디자인 설계기술 개발을 위해 고안된 3가지 종류의 교습방법(교수법) A, B, C를 무작위로 할당하였다.
그에 따른 시험성적이 아래 A2:F4구간과 같은 경우에, (11.18)식에 따라 모든 처리집단들에 대해 $\alpha_k=0$이어서, 이러한 3가지 교습방법의 모집단 평균들이 동일하다는 귀무가설을 5% 유의수준에서 분산분석으로 검정할 수 있다.

	A	B	C	D	E	F	G
1	교습방법	시험 성적					
2	A	86	79	81	70	84	
3	B	90	76	88	82	89	
4	C	82	68	73	71	81	
5	분산 분석: 일원 배치법						
7	요약표						
8	인자의 수준	관측수	합	평균	분산		
9	A	5	400	80	38.5		
10	B	5	425	85	35		
11	C	5	375	75	38.5		
14	분산 분석						
15	변동의 요인	제곱합	자유도	제곱 평균	F 비	P-값	F 기각치
16	처리	250	2	125	3.348214	0.069909	3.885294
17	잔차	448	12	37.33333			
19	계	698	14				

① 양측가설의 설정 및 자류 입력

- H_0 : $\mu_A=\mu_B=\mu_C$가 성립한다, H_1 : $\mu_A=\mu_B=\mu_C$이 성립하지 않는다.
- A2:F5구간과 같이 (행 방향의) 자료 입력(열 방향도 아무런 영향 없음)

② 분산분석 : 일원 배치법의 수행

- 메뉴 탭에서 "데이터 | 분석 | 데이터 분석"을 지정, 생성된 통계 데이터 분석 대화 상자에서 "분산분석 : 일원 배치법"을 지정
- 생성된 "분산 분석:일원 배치법" 대화상자에서 "입력범위 : A3:F5, 데이터 방향:행, 첫째 열 이름표 사용 체크, 유의수준 : 0.05(또는 5%), 출력옵션 : A5셀"로 지정 후에 "확인"을 클릭하여 분산분석을 수행

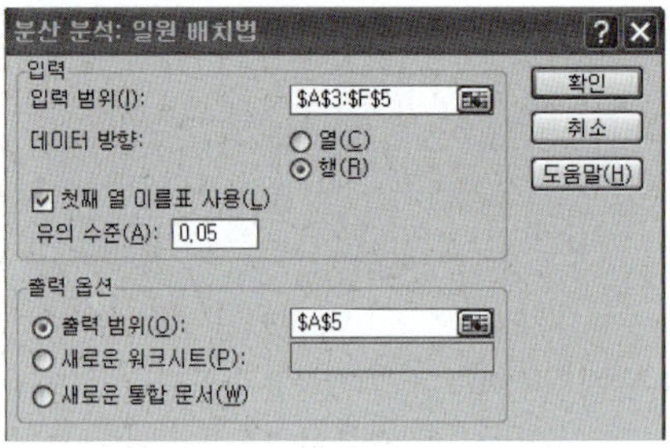

③ 자승합의 구성 및 측정

- E9:E11구간의 분산은 각 표본의 분산을 표시, "=VAR.S(자료구간)"으로 확인 가능
- A16셀의 "처리"는 처리집단간을, A17셀의 "제곱합"은 자승합을 의미
- B16셀은 SST(처리집단간 자승의 합)를, B17셀은 SSW(처리집단내부 자승의 합)을, B19셀은 TSS(총변동)를 표시

④ 자유도의 측정

- C16셀의 처리자유도인 MST자유도는 F비율의 분자 자유도[df(degree of freedom) of numerator]이며, 표본의 수 K에 대해 K-1로 계산, 처리표본집단이 3개여서 처리의 자유도는 2(=3-1=K-1)
- C17셀의 잔차자유도인 MSW자유도는 F비율의 분모 자유도(df of denominator)이며, 표본의 수 K와 각 표본 크기가 r로 일정하고 그 표본집합의 총크기가 N(=rK)인 경우에 $(r-1)K = rK - K = N - K$로 계산, 각 처리집단크기가 5이고 3개 집단이므로 잔차의 자유도는 12(=15-3=N-K)
- C19셀에서 전체표본의 크기가 15여서 총변동의 자유도는 14(=15-1=N-1)

⑤ 자승 평균 및 F비율을 이용한 귀무가설의 기각여부 결정

- "제곱 평균"은 자승의 평균을 표시하며, D16셀은 MST(처리집단간 자승 평균)를, D17셀은 MSW(처리집단내부 자승 평균)을 표시
- E16셀의 계산된 F비율은 "처리제곱평균/잔차제곱평균"인 "=D16/D17"로 계산
- F16셀의 P-값은 "=F.DIST.RT(E16,C16,C17)"으로 계산,
- G16셀에 "=F.INV.TR(α,처리자유도,잔차자유도)"를 입력하여 F비율 임계값을 계산

Ⅱ 이원분산분석

1. 이원분산분석의 개념

이원 또는 2요인 분산분석(two-way or two-factor ANOVA)는 종속변수의 특성 파악을 위해 실험요인을 2개의 인자(factor : 설명변수)로 구성하여, 2차원의 분류 또는 처리를 통해 요인간 독립성과 종속성을 규명하도록 무작위로 실험대상의 처리집단을 할당하여 얻은 표본평균간 격차를 분석하는 방법이다.

- **교호작용**(interaction) : 두 처리집단들이 독립적이 아니어서, 한 요인의 특정한 처리효과가 다른 요인의 수준에 따라 변화하는 효과
  - 교호작용의 검정을 위해 2개 이상의 관찰치 또는 표집된 측정치를 이원자료표의 각 셀에 포함
- Excel에서는 이원분할자료표의 행(row)으로 규명된 (행 이름표를 갖는) 처리집단을 A 처리집단인자(A treatments)로, 열(column)로 규명된 (열 이름표를 갖는) 처리집단을 B 처리집단인자(B treatments)로 표시

2. 반복 없는 이원 ANOVA

이원분할자료표의 하나의 셀에 하나의 관찰치를 갖는 이원분산분석모형(two-way analysis of variance model)을 무작위 블록 설계법(randomized block design)이라고 한다.

- 무작위 블록 설계법
  - 블록이라는 대응집단(matched groups)을 규명하고, 그 블록들에 개별 자료값들을 무작위로 선정·할당하는 방법
  - 두 표본평균의 비교를 위한 쌍체 관찰치들을 사용할 경우에 k개의 대응쌍들로 구성된 자료들이 필요한 원리를 이용
  - 블록 차원은 처리차원이 아니며, A처리 효과의 검정을 위해 사전 설정한 블록에 실험대상간 변동성의 일부를 할당하는 방법
- 반복 없는 이원 ANOVA(two-way analysis of variance model with no replication)의 선형모형

(11.24) $$X_{jk} = \mu + \beta_j + \alpha_k + \epsilon_{ik}$$

- X_{jk}는 j 번째 행(A처리집단) 또는 블록과 k 번째 열(B처리집단)의 셀의 관찰치
- μ는 어느 처리와도 관계없는 총평균(overall mean)
- $\beta_j(= \mu_j - \mu)$는 A(행) 차원의 분류에서 j번째 블록의 효과
- α_k는 B(열) 차원의 분류에서 k 번째 처리의 효과$(= \mu_k - \mu)$
- ϵ_{jk}는 X_{jk}가 갖는 표본추출과정과 관련된 무작위 오차를 표시

	C_1	C_2	$\cdots$	C_K	**행 합계**	**행 평균**
R_1	X_{11}	X_{12}	$\cdots$	X_{1K}	$T_1.$	$\overline{X_1.}$
R_2	X_{21}	X_{22}	$\cdots$	X_{2K}	$T_2.$	$\overline{X_2.}$
$\vdots$	$\vdots$	$\vdots$	$\cdots$	$\vdots$	$\vdots$	$\vdots$
R_J	X_{J1}	X_{J2}	$\cdots$	X_{JK}	$T_J.$	$\overline{X_J.}$
열 합계	T_1	T_2	$\cdots$	T_K		

- K개 처리집단(treatment groups) C_k와 J개 블록집단(block groups) R_j를 갖는 이원실험에서의 총평균 $\overline{X}$
  - $T_k(k = 1,\ldots, K)$는 k 번째 처리집단 표본 관찰치들의 합계
  - $T_j.\ (j = 1,\ldots, J)$는 j 번째 블록 표본 관찰치들의 합계를 표시

(11.25)
$$\overline{X} = \frac{\sum_{j=1}^{J}\sum_{k=1}^{K} X_{jk}}{N} = \frac{\sum_{k=1}^{K} \overline{X}_k}{K} = \frac{\sum_{j=1}^{J} \overline{X}_{j\cdot}}{J}$$

▸ (11.25)식에서 표본자료의 총크기 N은 JK로 계산

- 총변동 TSS(total sum of squares), 구성블록간 자승합 SSB(between-blocks sum of squares), 처리집단간 자승합 SST(between-treatments sum of squares), 오차자승합 SSE(error sum of squares)의 계산 공식

(11.26.1)
$$TSS = \sum_{k=1}^{K}\sum_{j=1}^{J}(X_{jk} - \overline{X})^2 = SSB + SST + SSE$$

(11.26.2)
$$SSB = K\sum_{j=1}^{J}(\overline{X}_{j\cdot} - \overline{X})^2$$

(11.26.3)
$$SST = J\sum_{k=1}^{K}(\overline{X}_k - \overline{X})^2$$

(11.26.4)
$$SSE = \sum_{k=1}^{K}\sum_{j=1}^{J}(X_{jk} - \overline{X}_k - \overline{X}_{j\cdot} + \overline{X})^2 = TSS - SSB - SST$$

〈표 10-3〉 반복 없는 이원분산분석(무작위 블록 설계법)의 요약표

변동의 요인	자승 합(SS)	자유도(ν)	자승 평균(MS)	F 비율
블록간 (A)	SSB	J-1	$MSB = \frac{SSB}{J-1}$	$F = \frac{MSB}{MSE}$
처리집단간 (B)	SST	K-1	$MST = \frac{SST}{K-1}$	$F = \frac{MST}{MSE}$
표본추출오차 (E)	SSE = TSS-SSB-SST	(J-1)(K-1)	$MSE = \frac{SSE}{(J-1)(K-1)}$	
총변동 (T)	TSS	N-1		

예제 11-12 B처리집단(열 이름표 집단)에 교수법 A, B, C를 표시하고, A처리집단(행 이름표 집단 또는 블록)에 능력수준 1, 2, 3, 4, 5를 표시한 상황에서 시험성적의 결과는 다음과 같다고 하자. 이러한 경우에 3가지 교수법간의 평균성과에는 어떤 격차도 없다는 귀무가설을 5% 유의수준에서 다음과 같이 검정할 수 있다.

	A	B	C	D	E	F	G
1	능력수준(블록)	교수법					
2		A	B	C			
3	1	86	90	82			
4	2	79	76	68			
5	3	81	88	73			
6	4	70	82	71			
7	5	84	89	81			
8	분산 분석: 반복 없는 이원 배치법						
10	요약표	관측수	합	평균	분산		
11	1	3	258	86	16		
12	2	3	223	74.33333	32.33333		
13	3	3	242	80.66667	56.33333		
14	4	3	223	74.33333	44.33333		
15	5	3	254	84.66667	16.33333		
17	A	5	400	80	38.5		
18	B	5	425	85	35		
19	C	5	375	75	38.5		
22	분산 분석						
23	변동의 요인	제곱합	자유도	제곱 평균	F 비	P-값	F 기각치
24	인자 A(행)	367.3333	4	91.83333	9.107438	0.004499	3.837853
25	인자 B(열)	250	2	125	12.39669	0.003542	4.45897
26	잔차	80.66667	8	10.08333			
28	계	698	14				

① (11.24)식에 따른 두 가지 양측가설의 설정

- 첫째 양측가설의 설정[A(행) 차원분류에서 j 번째 블록의 효과 $\beta_j (= \mu_j - \mu)$]
  - ▸ H_0 : 모든 행처리집단들에 대해 $\beta_j = 0$
  - ▸ H_1 : 일부 행처리집단에 대해 $\beta_j \neq 0$
- 둘째 양측가설의 설정[B(열) 차원분류에서 k 번째 처리 효과 $\alpha_k (= \mu_k - \mu)$]
  - ▸ H_0 : 모든 열처리집단들에 대해 $\alpha_k = 0$
  - ▸ H_1 : 일부 열처리집단들에 대해 $\alpha_k \neq 0$

② 자료 입력 및 반복 없는 이원배치법 수행

- A2:B7구간에 자료 입력
- 메뉴 탭에서 "데이터 | 분석 | 데이터 분석"을 지정, 생성된 통계 데이터 분석 대화상자에서 "분산분석 : 반복 없는 이원배치법"을 지정

- 생성된 "분산 분석 : 반복 없는 이원배치법" 대화상자에서 "입력범위 : A2:D7, 이름표, 유의수준 : 0.05(또는 5%), 출력옵션 : A8"로 지정 후에 "확인"을 클릭하여 분산분석을 수행

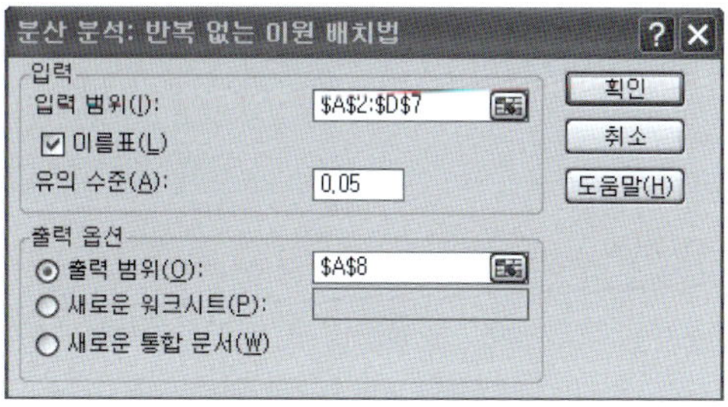

④ 〈표 10-3〉을 이용한 분석결과의 해석 및 귀무가설의 기각 여부 결정

- 행의 A인자에 대해 제곱합 SSB는 B24셀에서 367.33으로, 자유도는 C24셀에서 4(=5-1=J-1)로, 블록간(행인자간) 자승평균인 MSB는 D24셀에서 91.83으로 발생
  - 계산된 F비율은 MSB를 잔차(처리집단내부)의 자승 평균인 MSE로 나누어 계산한 값으로 E24셀에서 9.107로 제공
  - 계산된 F 비율에 대한 최소유의수준인 P-값은 F24셀에서 0.45%로 유의수준 5%보다 낮게 나타나고, 5% 유의수준에서의 F분포의 기각치 역시 G24셀에서 3.83으로 계산된 F 비율보다 아주 낮게 발생 → 귀무가설의 기각
  - 행처리집단의 경우에 특정 행(블록)의 효과인 능력수준의 차이가 현저하게 성적에 영향을 주는 것으로 해석
- 열 표시 B인자에 대해 제곱합 SST는 B26셀에서 250으로, 자유도는 C26셀에서 2(=3-1=K-1)로, 처리집단간(열인자간) 자승평균 MST는 D26셀에서 125으로 발생
  - 계산된 F비율은 처리집단간 자승평균 MST를 잔차(처리집단내부)의 자승 평균인 MSE로 나누어 계산한 값으로 E25셀에서 12.40으로 발생
  - 계산된 F 비율에 대한 최소유의수준인 P-값은 F25셀에서 0.35%로 유의수준 5%보다 낮게 발생
  - 5% 유의수준에서의 F분포의 기각치 역시 G25셀에서 4.46으로 계산된 F비율보다 아주 낮게 발생 → 귀무가설의 기각
  - 열 표시 처리집단의 경우 특정 열의 효과인 교수법 차이가 현저한 영향을 주는 것으로 해석

3. 반복 있는 이원 ANOVA

반복 있는 이원 ANOVA는 이원분할자료표의 하나의 셀에 다수의 관찰치를 갖는 이원분산분석모형으로 두 요인간의 교호작용을 검정하는데 사용하는 2요소 완전 무작위 설계법(two-factor completely randomized design)이다.

- 이원 ANOVA는 다음 3개의 다른 귀무가설들을 검정하는데 사용
  - 열 평균이 유의적으로 다르지 않아, 어떤 열 효과(column effect)도 없음.
  - 행 평균이 유의적으로 다르지 않아, 어떤 행 효과(row effect)도 없음.
  - 두 요인들이 독립적이어서 두 요인들간에 어떤 교호작용도 없음.
- 한 요인에 대한 처리집단들의 효과는 다른 요인의 수준에 따라 변동하는 것을 반영하여 유의적인 교호작용효과를 갖는 반복 있는 이원 ANOVA(two-way analysis of variance model with replication)의 선형모형

(11.27)
$$X_{ijk} = \mu + \beta_j + \alpha_k + \iota_{jk} + \epsilon_{ijk}$$

  - X_{ijk} 는 j 번째 행(A 처리집단) 또는 j 번째 블록의 i 번째 행과 k 번째 열(B 처리집단)의 셀에 있는 관찰치
  - μ 는 어느 처리와도 관계없는 총평균(overall mean)
  - β_j 는 A(행) 차원의 분류에서 j 번째 블록의 효과
  - α_k 는 B(열) 차원의 분류에서 k 번째 처리의 효과($= \mu_k - \mu$)
  - ι_{jk} 는 A요인의 j 번째 블록과 B요인의 k 번째 처리간의 교호작용 효과
  - ϵ_{ijk} 는 X_{ijk} 가 갖는 표본추출과정과 관련된 무작위 오차를 표시
- 각 블록이 L 개의 행으로 구성된 경우의 모든 표본 관찰치들의 총평균 $\overline{X}$

(11.28)
$$\overline{X} = \frac{\sum_{k=1}^{K}\sum_{j=1}^{J}\sum_{i=1}^{L} X_{ijk}}{N}$$

  - 표본자료의 총크기 N은 LJK, 처리집단 평균(treatment group means) $\overline{X}_k$, 블록평균(block means) $\overline{X}_{.j.}$, 블록과 처리집단의 교호작용을 측정하기 위한 셀평균(cell means) $\overline{X}_{ij.}$, 총변동 TSS(total sum of squares)의 공식

(11.28.1) $$\overline{X}_k = \frac{\sum_{j=1}^{J}\sum_{i=1}^{L} X_{ijk}}{JL}$$

(11.28.2) $$\overline{X}_{.j.} = \frac{\sum_{k=1}^{K}\sum_{i=1}^{L} X_{ijk}}{KL}$$

(11.28.3) $$\overline{X}_{ij.} = \frac{\sum_{i=1}^{L} X_{ijk}}{L}$$

(11.29.1) $$TSS = \sum_{k=1}^{K}\sum_{j=1}^{J}\sum_{i=1}^{L}(X_{ijk} - \overline{X})^2 = SSB + SST + SSI + SSE$$

〈표 10-4〉 반복 있는 이원분산분석의 요약표

변동의 요인	자승 합(SS)	자유도(ν)	자승 평균(MS)	F 비율
블록 간 (A)	SSB	J−1	$MSB = \frac{SSB}{J-1}$	$F = \frac{MSB}{MSE}$
처리집단 간 (B)	SST	K−1	$MST = \frac{SST}{K-1}$	$F = \frac{MST}{MSE}$
A와 B요인 간 교호작용(I)	SSI	(J−1)(K−1)	$MSI = \frac{SSI}{(J-1)(K-1)}$	$F = \frac{MSI}{MSE}$
표본추출오차 (처리집단 내) (E)	SSE	JK(L−1)	$MSE = \frac{SSE}{JK(L-1)}$	
총변동 (T)	TSS	N−1		

▸ 블록간 자승합 SSB(between-blocks sum of squares), 처리집단간 자승합 SST(between-treatments sum of squares), 교호작용 자승합 SSI(interaction sum of squares), 오차자승합 SSE(error sum of squares)의 계산 공식

(11.29.2) $$SSB = KL\sum_{j=1}^{J}(\overline{X}_{.j.} - \overline{X})^2$$

(11.29.3) $$SST = JL \sum_{k=1}^{K} (\overline{X}_k - \overline{X})^2$$

(11.29.4) $$SSI = L \sum_{k=1}^{K} \sum_{j=1}^{J} (\overline{X}_{ij.} - \overline{X}_k - \overline{X}_{.j.} + \overline{X})^2$$

(11.29.5) $$SSE = \sum_{k=1}^{K} \sum_{j=1}^{J} \sum_{i=1}^{L} (X_{ijk} - \overline{X}_{ij.})^2 = TSS - SSB - SST - SSI$$

예제 11-13 교수법 A, B, C의 효과를 능력수준에 따라 측정한다고 가정하자. 능력수준에 따른 관찰대상영역(subject area)을 4개로 나누고, 각 대상영역에 교수법 및 능력수준별로 각각 3명씩 총 9명의 학생을 할당하여 성적을 평가하였다.

각 대상 B처리집단(열 이름표 집단)에 교수법 A, B, C를 표시하고, A처리집단(행 이름표 집단 또는 블록)에 능력수준 1, 2, 3, 4을 표시한 상황에서 시험성적의 결과는 B3:D14구간과 같다고 하자. 이러한 경우에 3가지 교수법간의 평균성과에는 어떤 격차도 없고, 개인의 능력수준간의 평균성과에도 어떤 격차도 없으며, 교수법과 능력수준간의 교호작용도 없다는 귀무가설을 5% 유의수준에서 검정할 수 있다.

	A	B	C	D	E	F	G
1	능력수준(블록)	교수법					
2		A	B	C			
3	1	70	83	81			
4		79	89	86			
5		72	78	79			
6	2	77	77	74			
7		81	87	69			
8		79	88	77			
9	3	82	94	72			
10		78	83	79			
11		80	79	75			
12	4	85	84	68			
13		90	90	71			
14		87	88	69			
43	관측수	12	12	12			
44	합	960	1020	900			
45	평균	80	85	75			
46	분산	32.545	27.455	30.9091			
49	분산 분석						
50	변동의 요인	제곱합	자유도	제곱 평균	F 비	P-값	F 기각치
51	인자 A(행)	30.889	3	10.2963	0.567637	0.64167834	3.008787
52	인자 B(열)	600	2	300	16.53905	3.0542E-05	3.402826
53	교호작용	533.78	6	88.963	4.904543	0.00211126	2.508189
54	잔차	435.33	24	18.1389			
56	계	1600	35				

① (11.27)식에 따른 양측가설 설정

- 행처리집단들에 대한 가설의 설정
  - H_0 : 모든 행처리집단들에 대해 $\beta_j = 0$
  - H_1 : 일부 행처리집단에 대해 $\beta_j \neq 0$
- 열처리집단들에 대한 가설의 설정
  - H_0 : 모든 열처리집단들에 대해 $\alpha_k = 0$
  - H_1 : 일부 열처리집단들에 대해 $\alpha_k \neq 0$
- 모든 셀들의 교호작용효과에 대한 가설의 설정
  - H_0 : 모든 셀들에 대해 $\iota_{jk} = 0$
  - H_1 : 일부 셀들에 대해 $\iota_{jk} \neq 0$

② 자료 입력

- B2:D14구간의 각 셀에 자료 입력
- A3:A5구간을 지정하고, 도구표시줄에서 "병합하고 가운데 맞춤" 표시인 ""을 누르고 1을 입력
- A3:A5구간을 자동채우기 핸들로 A6:A14구간에 붙여 넣고, 병합된 구간들에 2, 3, 4를 입력

③ 분산분석 : 반복 있는 이원 배치법의 수행

- 메뉴 탭에서 "데이터 | 분석 | 데이터 분석"을 지정, 생성된 통계 데이터 분석 대화상자에서 "분산분석 : 반복 없는 이원배치법"을 지정
- 생성된 "분산 분석 : 반복 없는 이원배치법" 대화상자에서 "입력범위 : A2:D14, 표본당 행수 : 3, 유의수준 : 0.05(또는 5%), 출력옵션 : A15"로 지정 후에 "확인"을 클릭하여 분산분석을 수행

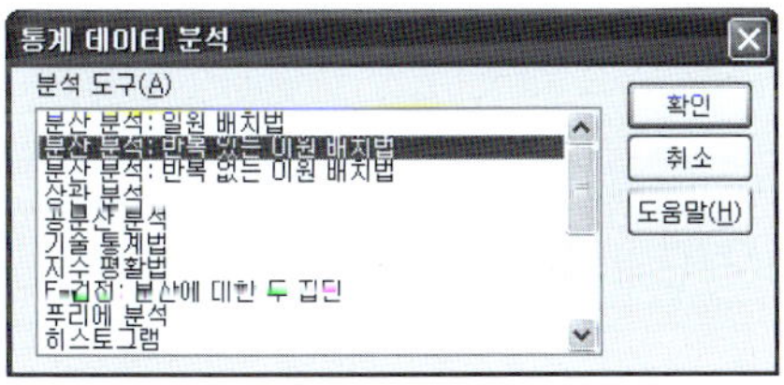

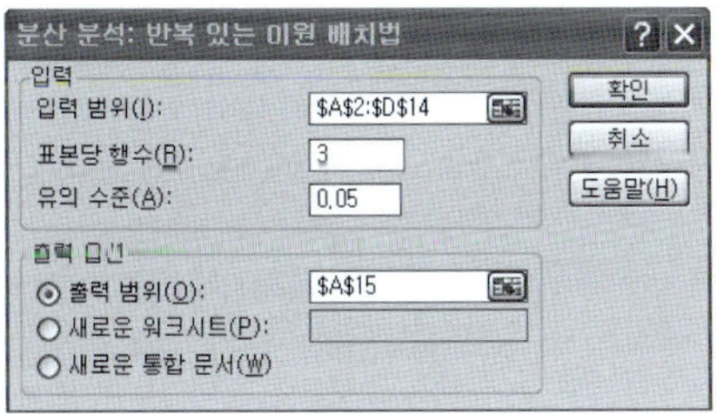

④ 〈표 11-3〉을 이용한 분석결과의 해석 및 귀무가설의 기각 여부 결정

- 첫째 양측가설인 행처리집단의 가설 검정
  - B51셀에서 블록간(행 인자간) 자승합 SSB는 30.89로, C51셀에서 3(=4-1=J-1)의 자유도를, D51셀에서 블록간(행인자간) 자승평균인 MSB를 10.3으로 계산
  - E51셀에서 F비율은 MSB를 잔차(처리집단내부)의 자승 평균인 MSE로 나누어 계산
  - F51셀은 계산된 F 비율에 대한 최소유의수준인 P-값을 64.17%로 계산
  - G51셀은 F분포 기각치를 계산 → F 비율이 F기각치보다 낮아 귀무가설 기각 불능
  - 행 처리집단의 경우에 특정 행(블록)의 효과가 나타나지 않아 성적에 능력수준이 영향을 주지 않는다는 귀무가설 채택
- 둘째 양측가설인 열처리집단의 가설 검정
  - B52셀에 열의 B인자에 대해 제곱합 SST, C52셀은 2(=3-1=K-1)의 자유도, D52셀은 열인자간 제곱평균인 MST를 계산
  - E52셀의 F비율은 MST를 잔차(처리집단내부) 자승 평균인 MSE로 나누어 계산
  - F52셀은 계산된 F 비율에 대한 최소유의수준인 P-값을 계산
  - G52셀의 F기각치는 E52셀의 계산된 F비율보다 아주 작아 귀무가설 기각
  - 열 처리집단의 경우에 특정 열의 효과인 교수법 격차가 나타나 성적에 현저한 영향을 주는 것으로 해석
- 셋째 양측가설인 셀들의 교호작용 양측가설의 검정
  - B53셀에 A인자(대상집단들)와 B인자(교습방법)간의 교호작용 제곱합 SSI, C53셀은 6(=3*2=(J-1)*(K-1))으로 자유도, D53셀은 교호작용자승평균 MSI를 계산
  - E53셀에서 F비율은 MSI를 잔차(처리집단내부)의 자승 평균인 MSE로 나누어 계산
  - F53셀에서 계산된 F 비율에 대한 최소유의수준인 P-값을 계산
  - G53셀에서 F분포의 기각치를 계산 → F비율이 5% 유의수준의 F 기각치를 크게 상회하므로 성적에 교호작용이 영향을 주지 않는다는 귀무가설을 기각
  - 대상집단인자와 교수법인자간에 유의적인 교호작용이 존재하므로, 교수법 격차와 교수법 및 능력수준 교호작용이 성적에 영향을 주는 것으로 해석

학 습 문 제

※ 맞으면 "○", 틀리면 "×"를 표시하시오.

01. 분산 σ_1^2 과 σ_2^2 을 갖는 두 모집단에서 추출한 표본들 크기가 n_1 과 n_2 이며 모두 30 이상인 경우에, 두 표본평균간 격차의 분포는 약 $\frac{\sigma_1^2}{n_1}+\frac{\sigma_2^2}{n_2}$ 을 분산으로 갖는 정규분포이다. ( )

02. 두 모집단 평균간 격차의 검정을 하는 경우에 모집단 분산을 모르고 모집단에서 추출한 표본 크기들이 30 이상이라면, 관련된 검정통계량은 거의 Z값이다. ( )

03. 모집단 1과 2에서 각 성공횟수들이 x_1 과 x_2 이고, 이들 모집단에서 n_1 과 n_2 의 크기로 표본들을 추출하여 두 모집단 비율 간 격차에 대한 추론을 하는 경우에 계산된 합동비율은 $\hat{\pi}=\frac{x_1+n_1}{x_2+n_2}$ 이다. ( )

04. 두 모집단 평균들에 대한 가설검정을 하는 경우에 모집단들이 정규분포되어 있다고 가정해야 한다. ( )

05. 어떤 귀무가설이 기각된다면, 이는 그 귀무가설이 참이 아닌 것을 의미한다. ( )

06. 가설검정의 P-값 접근법에서 P-값이 설정된 α 값보다 작다면, 귀무가설을 기각해야 한다. ( )

07. 두 모집단 평균간 격차에 대한 추론을 하는 경우에 두 모집단 분산들이 균등하다고 가정되고 n_1 이나 n_2 가 30 미만이라면, 표본평균간 격차의 분포는 n_1+n_2-2 의 자유도를 갖는 t분포를 따른다. ( )

08. 두 모집단 평균간 격차의 검정에서 합동 표준편차(분산)은 그 두 모집단들이 동일하지 않는 분산들을 갖는 경우에 사용한다. ( )

09. 두 모집단에서 추출된 두 표본들이 독립적이라면, 쌍체비교 t검정을 평균간 격차 검정에 사용한다. ( )

정답 1. ○ 2. ○ 3. × 4. ○ 5. × 6. ○ 7. ○ 8. × 9. ×

학 습 문 제

10. 소표본들을 사용하여 두 모집단 평균들에 대한 가설검정을 하는 경우에, 표본들을 추출할 모집단들이 정규분포되어 있다는 가정을 해야 한다. ( )

11. 가설검정에서 P-값은 검정통계량의 값이 없는 상황에서 계산할 수 있다. ( )

12. 모집단 표준편차를 모르고, 표본크기가 작으며, 표본추출 모집단이 정규분포를 갖는 경우에, 모집단 평균의 신뢰구간을 구성하는데 t분포를 사용한다. ( )

13. 자료들을 대응 쌍 또는 쌍 표본으로 입수하는 경우에는 자료의 추론을 위해 반드시 Z 분포를 사용해야 한다. ( )

14. Z분포와 t분포의 평균 및 분산은 동일하다. ( )

15. 적합도검정은 어떤 자료집합이 특정한 이론모형에 대해 양호하게 적합한지의 여부를 결정하는 절차이다. ( )

16. 적합도검정에서 자유도 크기는 도수측정범주들 수에서 1을 차감한 값이다. ( )

17. 분할표에서 관찰도수는 표의 각 셀에 표시된 실제 값들이다. ( )

18. 분할표에서 예상도수는 귀무가설이 참이라고 가정한 상황에서 이론적 예상결과들을 표시한다. ( )

19. 분할표에서 어떤 셀(cell)에 대한 예상도수는 "(행의 합+열의 합)/총합계"로 계산하여 구한다. ( )

20. r개의 행과 c개의 열로 구성된 r x c분할표에 대한 자유도는 (r-1)(c-1)이다. ( )

21. χ^2 확률변수의 값들은 가끔 음의 값들을 가질 수도 있다. ( )

22. 적합도검정의 표본추출분포는 χ^2 분포이다. ( )

정답 10. ○ 11. × 12. ○ 13. × 14. × 15. ○ 16. ○ 17. ○ 18. ○ 19. × 20. ○ 21. × 22. ○

학 습 문 제

23. χ^2 적합도검정은 항상 우측꼬리검정으로 증명된다. ( )

24. 12개 행과 12개 열을 갖는 분할표에 대한 자유도는 144이다. ( )

25. χ^2 적합도검정 수행에서 사용되는 기준들 중의 하나는 각 셀의 예상도수는 반드시 5 이상이어야 한다는 것이다. 그리고 5 미만의 예상도수를 갖는 범주나 계급은 다른 계급이나 범주와 통합하여 처리할 수 있다. ( )

26. χ^2 분포의 형태는 표본크기에 따라 다르게 나타난다. ( )

27. χ^2 분포는 모집단 평균에 대한 가설의 검정에 사용된다. ( )

28. 두 모집단 분산간 격차의 검정은 두 모집단에서 추출된 표본들의 분산비율에 대한 확률분포인 F분포를 사용하여 수행한다. ( )

29. 두 모집단 분산이 동일하다는 귀무가설의 검정을 위해 두 표본 분산들의 비율로 계산한 F통계량이 주어진 자유도 및 유의수준의 F 기각치를 초과하면 귀무가설을 채택해야 한다. ( )

30. 분할표에서 관찰도수와 예상도수의 격차를 χ^2 통계량을 사용하여 측정한다. ( )

31. 분산분석 ANOVA는 어떤 자료집합의 총변동이 어떤 변동요인에 의해 유발되고, 그 변동요인의 효과가 얼마나 큰가를 추정하는 방법이다. ( )

32. ANOVA는 보통 3개 이상의 모집단에서 표집한 표본들에서 표본평균들간의 분산 MST[설명된 분산인]를 표본들 내부의 분산 MSW[설명되지 않은 분산]로 나누어 계산한 F비율을 사용하여 F검정을 수행한다.

정답 23. ○ 24 × 25. ○ 26. ○ 27. × 28. ○ 29. × 30. ○ 31. ○ 32. ○

CHAPTER 12

회귀분석과 시계열모형분석

제 1 절 인과관계와 회귀분석

I 인과관계와 산점도

1. 인과관계

인과관계(causality)는 변수들간의 원인과 결과를 설명해주는 관계이며, 직접적 관계와 간접적 관계로 구분할 수 있다.

- **직접 또는 즉각적 인과관계**(direct or immediate causality) : 두 변수의 원인과 결과를 설명하는데 다른 변수를 개입시킬 필요가 없는 관계
  - 도시의 인구팽창으로 인해 도시 인근 주택단지 개발의 결과 발생
  - 무역자유화에 따른 관세와 수입제한 철폐로 인해 수입 증가의 결과 발생
- 간접 또는 근사적 인과관계(indirect or proximate causality) : 두 변수의 원인과 결과를 설명하는데 다른 변수를 개입시켜야 하는 관계
  - "피리소리 → 적막한 밤의 산속 → 공포감"과 "피리소리 → 활기찬 대낮의 휴게실 → 여유로움"과 같이 중간 개입 변수에 따라 동일한 원인에 대해 다른 결과 발생

2. 통계적 관계와 산점도

인과관계는 어떤 원인에 의해 발생할 결과를 확실하게 예측할 수 있는지의 여부에 따라 통계적 또는 확률적 관계(statistical or stochastic relationship)와 결정적 또는 정확 관계(deterministic or exact relationship)로 구분한다.

- **통계적 또는 확률적 관계** : 어떤 변수 Y의 평균값이 다른 변수 X의 값에 관련된 경향이 있어 확률적으로는 어떤 관계를 설명할 수 있지만, X의 값으로 Y의 값을 확실하게 예측할 수는 없는 관계
- 결**정적 또는 정확 관계** : 주어진 어떤 변수 X의 값으로 다른 변수 Y의 값을 정확히 추정하도록 사용할 수 있는 엄밀한(exact) X와 Y간의 관계

- **함수(function)** : 어떤 변수의 각 값에 대해 다른 변수의 값을 하나만 할당하는 변칙이며, 어떤 변수 X가 다른 변수 Y에 1대1 대응 또는 n대1 대응의 방식으로 영향을 주는 관계[변수 Y는 변수 X의 함수]
  - 변수들 X와 Y의 함수관계(functional relationship)가 정확하다면, X의 특정 값이 주어지는 경우에 Y의 값은 유일하게 결정
  - 변수 Y의 값이 변수 X의 특정한 값에 의해 유일하게 결정되지 않는다면, 변수 X와 Y는 정확하지 않아 결정적이 아닌 통계적 관계만을 가짐
- **산점도(scatter diagram or plot)** : 변수 X와 Y의 값들의 쌍별 자료(paired data)를 사용하여 작성한 그래프
  - 수평축은 독립변수의 값들을, 수직축은 종속변수의 값들을 표시
  - 독립변수와 종속변수의 관찰된 쌍별 값(순서쌍, 좌표)을 점으로 표시
  - 점들이 집중되는 위치들을 통과하는 선으로 관계선(line of relationship)을 작성하여 X와 Y간의 동세석 관계를 반영
- 산점도의 점들 집합이 갖는 타원(ellipse)의 각종 형태에 따른 두 변수 간 상관관계의 측정방법
  - 타원의 모양이 길고, 그 폭이 좁게 나타날수록, 상관계수 절댓값이 1에 근접
  - 타원의 모양이 동그라미(원)에 가까울수록 상관관계 감소
  - 타원의 긴축이 기울어진 방향에 따라 상관계수의 부호를 측정
  - 점들이 모두 한 직선에 있으면, 상관계수 절댓값이 1이 되는 완전상관관계 성립
  - 산점도에서 직선으로 표시되는 관계의 측정치는 표본상관계수 r 이며, 0인 r 의 값은 두 변수 사이에 어떤 관계도 없는 것이 아니라, 두 변수 사이에 어떤 "선형관계"도 없다는 것을 반영

예제 12-1 A1:K3구간의 표본자료를 이용하여 종속변수 Y가 인도일 수, 설명변수 X가 운송거리(㎞)인 경우에 운송거리가 갖는 인도일수의 관계에 대한 산점도를 작성하고, 그에 대한 해석을 다음과 같이 할 수 있다.

	A	B	C	D	E	F	G	H	I	J	K	L
1	회차	1	2	3	4	5	6	7	8	9	10	표본상관계수
2	운송거리	825	215	1,070	550	480	920	1,350	325	670	1,215	0.948942768
3	인도일수	3.5	1.0	4.0	2.0	1.0	3.0	4.5	1.5	3.0	5.0	

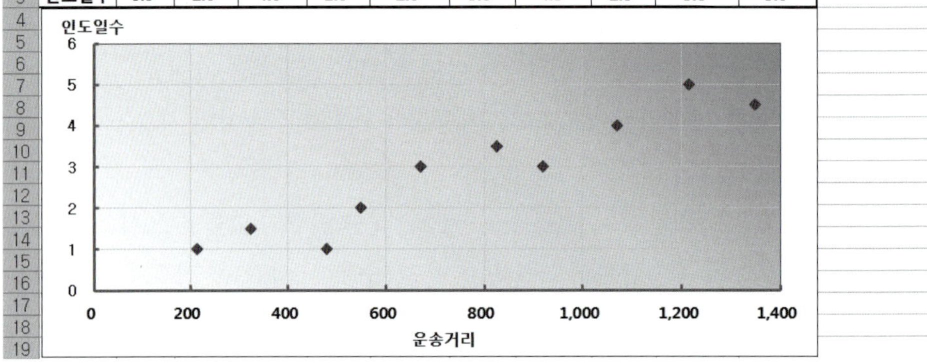

① 자료입력

- A1:K3구간에 해당 자료를 입력

② 산점도 작성과 추세선 추가 및 범례 작성

- A2:K3구간을 지정, 메뉴 탭에서 "삽입 ㅣ 차트 ㅣ 분산형 ㅣ 표식만 있는 분산형"을 지정하여 산점도를 작성
- 생성된 산점도 차트에서 하나의 관측치 점을 마우스 커서로 지정 후 오른쪽 단추를 눌러 생성된 대화상자에서 "추세선 추가"를 지정

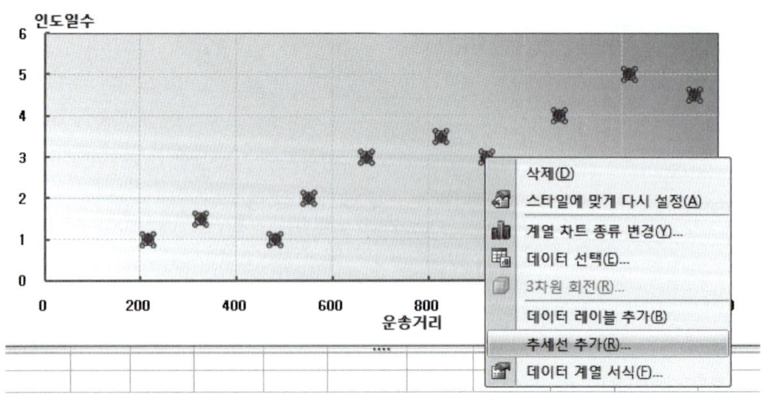

- 생성된 " 추세선 서식" 대화상자의 추세선 옵션에서 "추세/회귀 유형 : 선형, 수식을 차트에 표시, R-제곱 값을 차트에 표시"를 지정, 선 스타일을 점선으로 지정 후 "닫기"를 클릭
- 생성된 추세선을 마우스 커서로 지정 후 마우스 오른쪽 단추를 생성된 대화상자에서 추세선 서식을 지정, 다시 생성된 추세선 서식 대화상자에서 선 스타일을 지정하여 선 스타일 수정 후 "닫기"를 클릭

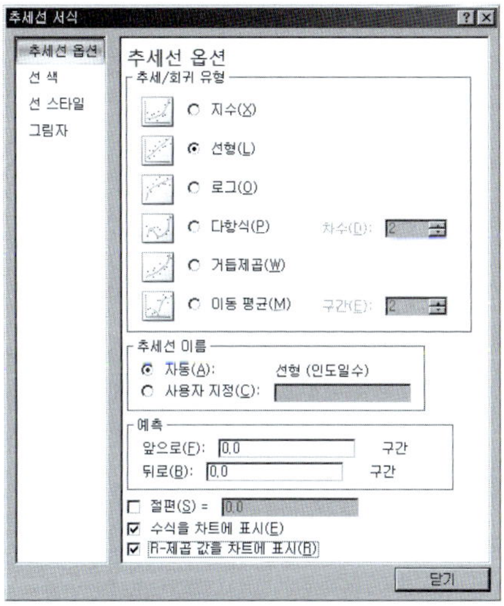

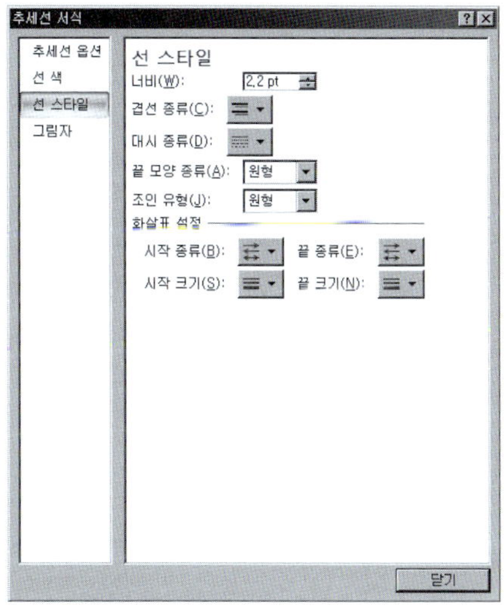

- 차트를 마우스 커서로 지정하고, 생성된 메뉴 탭의 차트도구에서 "레이아웃 | 레이블 | 범례"를 지정 후 다시 생성된 대화상자에서 "오른쪽에 범례 표시"를 지정하여 다음 차트를 완성

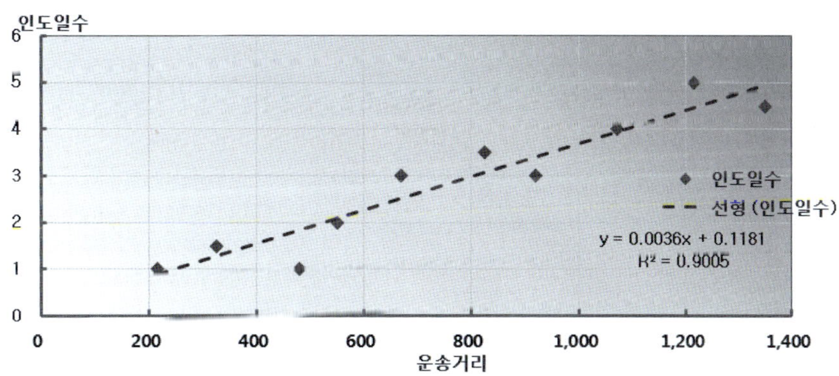

③ 산점도와 추세선의 해석

- 산점도에서 관계선인 추세선은 양의 선형상관으로 발생
- 점들이 추세선에 대해 갖는 괴리가 작아, 운송거리와 인도일수는 강력한 양의 상관관계를 갖는 것으로 해석
- L2셀에 "=CORREL(B2:K2,B3:K3)"을 입력, 표본상관계수가 약 0.949로 높게 발생하는 것을 확인

Ⅱ 회귀분석의 개념 및 가정과 최소자승법

1. 회귀분석의 개념과 종류

회귀분석(regression analysis)은 인과에 대한 어떤 정보도 포함하지 않는 상황에서 다른 변수의 알려진 값(사전 정보)을 기초로 한 변수의 모르는 값을 추정하는 방정식을 도출하여 사용하는 분석방법이다.

- 회귀분석 목적은 조사하려는 어떤 변수가 다른 변수에 관련된 방식인 함수관계를 조사하여, 그 다른 변수의 알려진 값에 대해 조사 대상의 확률변수 값을 추정
  - **추정관계식(estimation relation)** : 회귀분석에서 X와 Y의 관계를 표시하는 방정식
  - 추정의 기초가 되는 변수를 독립변수라 하고 X로 표시
  - 값을 추정하려는 변수를 종속변수라 하고 Y로 표시

〈표 12-1〉 회귀분석의 변수 이름

종속변수(Dependent variable)	독립변수(Independent variable)
피예측치(Predictand)	예측량변수(Predictors)
피회귀인자(Regressand)	회귀인자변수(Regressors)
결과변수(Outcome variable)	예측인자변수(Predictor variable)
피설명변수(Explained variables)	설명변수(Explanatory variables)
효과변수(Effect variables)	원인변수(Causal variables)
내생변수(Endogenous variables)	외생변수(Exogenous variables)
표적 또는 반응(Target or response)변수	통제변수(Control variables)
후결변수(Postdetermined variables)	선결변수(Predetermined variables)

- 1877년에 Sir Francis Galton(1822~1911)이 부모 신장(키)과 자녀 신장간의 관계에 대한 연구에서 최초로 "회귀(regression)"라는 용어를 도입
- 회귀분석은 보통 단순회귀와 다중회귀의 두 종류로 구분
  - **단순회귀(simple regression)** : 하나의 종속변수 Y에 대해 하나의 독립변수 X만을 포함하는 회귀
  - **다중회귀(multiple regression)** : 하나의 종속변수 Y에 대해 2개 이상의 독립변수들을 포함하는 회귀

2. 회귀분석의 가정

- 회귀분석에서 종속변수의 추정치를 결정하는 대수적 공식을 회귀관계식 또는 회귀방정식(regression equation)이라고 하며, p 개의 예측인자변수(predictor variable)를 갖는 회귀방정식은 다음과 같이 표시

(12.1)
$$Y = f(X_1, X_2, \ldots, X_p) + u$$

  - (12.1)식에서 u 는 근사치로 불일치(discrepancy in the approximation)를 표시하는 확률오차(random error)이며, 교란항(disturbance term) 또는 오차항(error term)으로 부름
- 회귀분석은 독립변수와 종속변수가 선형 관계를 갖는다는 선형성(linearity)을 가정
  - i 번째 시행 또는 관찰에서 나타난 종속변수 값 Y_i 가 i 번째 시행 또는 관찰에서의 독립변수의 특정한 값 X_i 에 대해 갖는 선형관계

(12.2)
$$Y_i = \alpha + \beta X_i + u_i = \text{결정적 구성요소} + \text{확률적 구성요소}$$

  - (12.2)식에서 α 는 독립변수 X가 0인 경우에 나타나는 Y의 값을 표시하는 회귀방정식의 첫째 모수인 절편
  - β는 회귀선의 기울기를 표시하는 회귀방정식의 둘째 모수
  - u_i는 i 번째 시행 또는 관찰에서의 무작위표본오차 또는 교란(random sampling error or disturbance)으로, 알려진 확률분포를 갖는 확률변수(random variable)이며 Y의 관찰되지 않은 확률적 구성요소(stochastic or random component)

- (12.2)식에서 $\alpha + \beta X_i$는 Y_i의 결정적 구성요소이며, $E(u_i \mid X_i) = 0$인 경우에 발생하는 주어진 X_i에 대한 Y_i의 조건부 평균(conditional mean)

(12.3) $$E(Y_i \mid X_i) = \alpha + \beta X_i$$

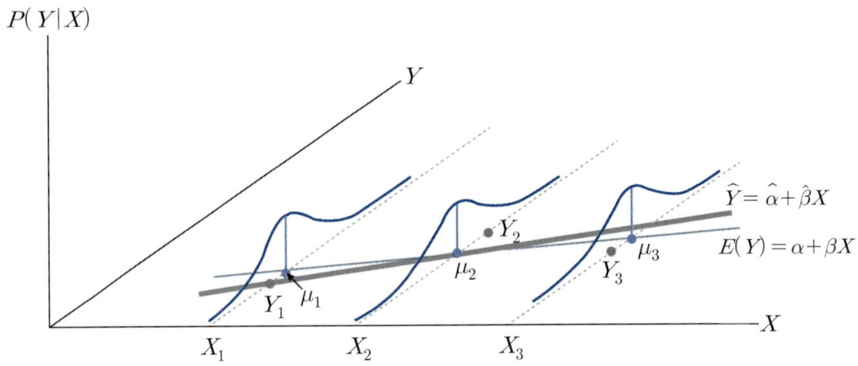

〈그림 12-1〉 모집단 회귀선 $E(Y)$와 표본회귀선 $\hat{Y}$

- (12.3)식에서 회귀계수 또는 모수(regression coefficients or parameters)는 Y 절편인 α와 회귀선 기울기 β
- (12.3)식에 따르면 회귀분석에서 Y의 평균값은 X의 값이 주어진 경우에 대한 X의 선형함수로 결정
- 〈그림 12-1〉에서 $E(Y)$ 선인 모집단회귀선(population regression line) 또는 진정회귀선(true regression line)의 직선에 위치하는 종속변수의 조건부확률분포 평균 $\mu_{Y \cdot X}$의 계산 공식

(12.4) $$\mu_{Y \cdot X} = \alpha + \beta X$$

- 회귀분석의 정규성(Normality)은 비확률적 관찰치인 독립변수 X의 어떤 특정 값에 대해서도 확률변수인 종속변수 Y의 조건부분포가 정규분포를 따르며, 이에 따라 오차 u도 정규분포를 갖는 특성
  - 정규성 가정에 따르면, 〈그림 12-1〉과 같이 X의 각 값 X_1, X_2, X_3 등에 대해 Y의 값이 발생할 조건부확률은 평균 μ_i와 분산 σ^2을 갖는 정규분포 $N(\mu_i, \sigma^2)$으로 발생

- 위의 특성에 따라 (12.2)식의 회귀계수 추정량들 $\hat{\alpha}$ 와 $\hat{\beta}$ 역시 정규분포를 따름

◎ 회귀분석에서 독립변수의 각 값에 따라 추정된 종속변수 값을 실제 값에서 차감한 $u_i(=Y_i-\hat{Y}_i)$ 인 교란항들은 통계적으로 독립이며, 0의 평균과 등분산을 보유

- 회귀분석 (12.2)식의 u_i 는 조건부 기대치(conditional expectation) $E(u_i|X_t)$ 를 0으로 갖는 확률변수이며, 그 무조건부 기대치 $E(u_i)$ 역시 0이라고 가정
- u_i 의 기대치가 0이라는 가정은 분석자료에서 이상점(outlier)이 없는 것을 의미
- 이상점은 특이한 어떤 요인들에 의해 발생하여, 다른 관찰치와는 아주 큰 격차를 갖는 관찰치이며, 표본에서 이상점이 있는 경우에는 이상점을 제외시킨 후에 회귀분석을 다시 수행
- 단순회귀에서는 자료의 산점도를 작성하여 용이하게 이상점을 식별할 수 있지만, 다중회귀에서는 자료의 산점도 작성이 곤란하므로 회귀분석 결과로 인한 "관측치-추정치"로 계산되는 잔차 e_i 분석을 통해 이상점을 검색
- 오차항 u 의 등분산성(homoscedasticity)이라는 용어 "homoscedasticity"는 균등(equal)인 "homo"와 퍼짐(spread)인 "scedasticity"의 합성어
- 회귀분석에서 종속변수 Y의 모든 값들과 오차의 모든 값들은 동일한 조건부 분산(conditional variance) σ^2 을 가지므로, 다음이 성립

(12.5) $$Var(Y_i|X_i)=Var(u_i|X_i)=E(u_i^2|X_i)=\sigma^2$$

- 〈그림 12-1〉과 같이 X 의 각 값에 대한 Y의 조건부확률은 동일한 분산의 정규분포이기 때문에, X 의 각 값에서 나타나는 Y값의 확률분포곡선들의 폭은 동일

◎ 회귀분석은 독립변수 X의 각 값들이 서로 독립적이어서 종속변수 Y의 각 값들은 서로 독립적이 되어, Y_i 에 대한 모집단의 무조건부분포(unconditional distribution)는 $Y_i \sim N(\alpha+\beta X_i, \sigma^2)$ 이 되도록 종속변수와 오차항의 계열 독립성(serial independence)을 가정

- 계열독립성으로 인해 종속변수인 확률변수 Y의 각 값은 통계적으로 독립이어서, 다른 값에 영향을 받지 않음
- 주어진 X_i 에 대해 모집단 회귀선으로 결정된 Y 의 조건부평균값 μ_i 와 실제값 Y_i 간의 격차인 교란항(오차) u_i 는 다른 X_j 에 대해 나타나는 오차 u_j 에 의해 영향을 받지 않음.

- 오차 u의 값들은 독립적으로 분포되어, 다른 값들에 대한 조건부 공분산은 0이어서 $Cov(u_i, u_s | X_i) = E(u_i u_s | X_i) = 0$ 이 모든 $i \neq s$ 에 대해 성립
- 독립변수 X가 비확률변수이므로, u_i 는 X의 모든 값에 독립적이어서 다음이 성립

(12.6) $$Cov(u_i, X_i) = E[u_i (X_i - \mu_X)] = 0$$

- 회귀분석에서 오차 u_i는 정규성, 독립성, 등분산성에 의해 0의 평균과 공통분산(균등분산) σ^2 을 갖고 균등 독립된 정규확률변수
  - 균등 독립된(independently identically distributed) 정규확률변수(normal random variables)인 오차 u_i를 "i.i.d. $\sim N(0, \sigma^2)$"으로 표시
  - (12.2)식에서 추정할 모수는 α 와 β 의 2개이므로, 회귀분석을 위한 표본크기 n 은 반드시 추정량의 수 m 보다 큰 3개 이상으로 결정
  - $s_X^2 = \sum_{i=1}^{n} (X_i - \overline{X}) / (n-1)$로 계산되는 X의 표본 분산이 0이 아닌 것은 계열독립성으로 인해 독립변수의 모든 값들이 다르기 때문임.

3. 최소자승법

최소자승법(method of least squares)은 종속변수 관찰값과 추정된 회귀선이 표시하는 값의 격차인 잔차(residuals)의 자승을 최소로 만드는 최우량 적합선을 도출하는 방법이다.

- 표본추출 자료를 사용하여 추정한 회귀방정식인 표본회귀함수(sample regression function)의 표시 방법

(12.7) $$\hat{Y}_i = \hat{\alpha} + \hat{\beta} X_i$$

  - (12.7)식은 표본추정치들(sample estimates)인 $\hat{\alpha}$ 와 $\hat{\beta}$를 이용하여 구한 표본회귀선(sample regression line)의 방정식
  - 잔차 e_i는 추정된 회귀선의 값이 종속변수 실제값에 대해 갖는 편차

(12.8) $$e_i = Y_i - \hat{\alpha} - \hat{\beta} X_i = Y_i - \hat{Y}_i = \text{실제 값} - \text{추정된 회귀선의 값}$$

▸ 추정된 회귀선을 적합선(fitting line)이라고 하며, 우량한 적합선일수록 잔차는 작은 폭으로 발생

▸ 우량한 적합선은 잔차 자승이 최소가 되는 경우에 획득

◎ 잔차들의 크기 측정을 위해 잔차자승합(sum of squared residuals : SSR) 또는 오차자승합(error sum of squares : ESS)을 규정

(12.9) $$SSR \equiv ESS = \sum_{i=1}^{N} e_i^2 = S_{yy} - \hat{\beta} S_{xy}$$

$$\begin{aligned} SSR &= \sum_{i=1}^{N} (Y_i - \hat{\alpha} - \hat{\beta} X_i)^2 = \sum_{i=1}^{n} [Y_i - \overline{Y} - \hat{\beta}(X_i - \overline{X})]^2 \\ &= \sum_{i=1}^{n} (Y_i - \overline{Y})^2 + \hat{\beta}^2 \sum_{i=1}^{n}\sum_{i=1}^{n} (X_i - \overline{X})^2 - 2\hat{\beta}\sum_{i=1}^{n} (Y_i - \overline{Y})(X_i - \overline{X}) \\ &= S_{yy} + \hat{\beta}^2 S_{xx} - 2\hat{\beta} S_{xy} = S_{yy} + \left(\frac{S_{xy}}{S_{xx}}\right)^2 S_{xx} - 2\left(\frac{S_{xy}}{S_{xx}}\right) S_{xy} \\ &= S_{yy} - \frac{S_{xy}^2}{S_{xx}} = S_{yy} - \hat{\beta} S_{xy} \end{aligned}$$

▸ 최우량 적합선은 (12.9)식으로 표시된 SSR을 최소화시키는 적합선

▸ 잔차자승합 SSR을 최소화시키는 방식으로 계산된 추정치를 최소자승추정치(least squares estimates : LSE) 또는 정규최소자승(ordinary least squares : OLS) 추정치라고 부름

▸ 회귀분석의 가정을 충족시키는 OLS 추정량들은 가장 효율적인 불편추정량이 되며, 독립변수 X가 확률변수인 경우에도 OLS절차는 최우량 선형불편 추정치(best linear unbiased estimates : BLUE)를 제공

◎ **정규방정식(normal equations)** : OLS추정치 계산에 사용하는 2개 방정식이며, SSR(잔차자승합)을 $\hat{\alpha}$와 $\hat{\beta}$에 대해 최소화시키는 조건을 제공

(12.10.1) $$\sum Y_i = n\hat{\alpha} + \hat{\beta}\sum X_i \quad \text{또는} \quad \overline{Y} = \hat{\alpha} + \hat{\beta}\overline{X}$$

(12.10.2) $$\sum Y_i X_i = \hat{\alpha}\sum X_i + \hat{\beta}\sum X_i^2$$

- 정규방정식은 정규분포와는 무관하며, SSR의 α와 β에 대한 1계 편도함수 $\partial SSR/\partial\alpha$와 $\partial SSR/\partial\beta$를 각각 0으로 설정하여 도출
- (12.10.2)식은 최소자승의 직교성조건(orthogonality condition of least squares)으로 사용
- 정규방정식을 이용한 모집단 모수 α(회귀식 절편)와 β(기울기 계수)에 대한 표본 추정량(sample estimators) $\hat{\alpha}$와 $\hat{\beta}$의 공식

(12.11.1) $$\hat{\alpha} = \overline{Y} - \hat{\beta}\overline{X}$$

(12.11.2) $$\hat{\beta} = \frac{\sum_{i=1}^{N}(Y_i - \overline{Y})(X_i - \overline{X})}{\sum_{i=1}^{N}(X_i - \overline{X})^2} = \frac{\sum_{i=1}^{N}X_iY_i - n\overline{X}\,\overline{Y}}{\sum_{i=1}^{N}X_i^2 - n\overline{X}}$$

- (2.11.2)식의 편차형 공식

(12.11.3) $$\hat{\beta} = \frac{\sum_{i=1}^{N}(Y_i - \overline{Y})(X_i - \overline{X})}{\sum_{i=1}^{N}(X_i - \overline{X})^2} = \frac{\sum x_i y_i}{\sum x_i^2} = \frac{S_{xy}}{S_{xx}}$$

4. Excel을 이용한 OLS의 적용과 회귀계수의 가설검정

Excel 데이터분석의 회귀분석을 다음과 같은 절차들에 따라 사용하여 OLS를 표본추출자료에 적용할 수 있다.

- 자료를 열 방향으로 입력하고, 메뉴 탭에서 "데이터 | 분석 | 데이터 분석"을 지정, 생성된 통계 데이터 분석 대화상자에서 회귀 분석을 지정 후 생성된 회귀 분석 대화상자에 자료와 신뢰수준, 표시 메뉴를 지정한 후에 "확인"을 클릭
  - 회귀분석 대화상자에서 "Y축 범위, X축 범위, 이름표, 상수의 0 여부, 신뢰수준, 출력범위, 잔차 메뉴, 정규확률도"에 대해 지정하고, "확인"을 눌러 회귀분석 수행
  - 표본 회귀방정식의 규명 및 적합성 우량도 측정
  - 계산된 검정통계량 및 P-값을 이용한 가설검정

- Y의 예측변수(predictor)로써 X의 적합성은 X에 대한 Y의 상관계수나 관련 산점도를 사용하는 것보다 회귀모수 β 에 대한 가설검정 수행을 통해 체계적으로 분석
  - $\beta = 0$ 의 귀무가설은 Y와 X 사이에 어떤 선형관계도 없다는 것을 의미
  - X 의 각 값에 대해 (12.2)식의 u 의 각 값들은 평균 0과 분산 σ^2 을 가진 독립정규분포확률변수라는 가정을 이용하면, 추정된 회귀계수 $\hat{\alpha}$ 와 $\hat{\beta}$ 는 각각 α 와 β 의 불편 추정치들(unbiased estimates)
  - 추정된 회귀계수 $\hat{\alpha}$ 와 $\hat{\beta}$ 의 분산과 공분산 공식

(12.12) $$s_{\hat{\alpha}}^2 \equiv Var(\hat{\alpha}) = \sigma^2\left(\frac{1}{n} + \frac{\overline{X}^2}{\sum x_i^2}\right) = \sigma^2\left(\frac{\sum X_i^2}{nS_{xx}}\right)$$

(12.13) $$s_{\hat{\beta}}^2 \equiv Var(\hat{\beta}) = V\left(\frac{\sum x_i y_i}{\sum x_i^2}\right)$$

$$= \left(\frac{1}{\sum x_i^2}\right)^2 V\left(\sum x_i y_i\right) = \left(\frac{1}{\sum x_i^2}\right)^2 V\left(\sum x_i Y_i\right)$$

$$= \frac{1}{(\sum x_i^2)^2}\sum x_i^2 V(Y_i) = \frac{1}{(\sum x_i^2)^2}\sigma^2 \sum x_i^2 = \frac{\sigma^2}{\sum x_i^2} = \frac{\sigma^2}{S_{xx}}$$

(12.14) $$s_{\hat{\alpha}\hat{\beta}} \equiv cov(\hat{\alpha}, \hat{\beta}) = -\sigma^2\frac{\overline{X}}{S_{xx}}$$

  - 최소자승 추정치 $\hat{\alpha}$ 와 $\hat{\beta}$ 의 표집분포는 각각 α 및 β 의 평균과 (12.12)식 및 (12.13)식의 분산을 갖는 정규분포
  - (12.12)식과 (12.13)식에서 $\hat{\alpha}$ 와 $\hat{\beta}$ 의 분산은 알려지지 않은 모수 σ^2 에 의해 영향을 받기 때문에, 자료에서 σ^2 의 불편추정치 $\hat{\sigma}^2$ 의 다음 계산이 필요

(12.15) $$\hat{\sigma}^2 = s_{Y \cdot X}^2 = \frac{SSR}{n-2}$$

$$= \frac{\sum_{i=1}^{n}(Y_i - \hat{\alpha} - \hat{\beta}X_i)^2}{n-2} = \frac{1}{n-2}\left(S_{yy} - \frac{S_{xy}^2}{S_{xx}}\right)$$

  - (12.15)식에서 분모 $n-2$ 는 표본크기에서 추정량의 수(추정된 회귀계수들의 수)를 차감한 자유도(degree of freedom)

▸ 회귀분석의 추정된 표준편차인 추정치 표준오차 $s_{Y \cdot X}$ 의 계산 공식

(12.16)
$$s_{Y \cdot X} = \sqrt{\frac{SSR}{n-2}} = \sqrt{\frac{\sum_{i=1}^{n}(Y_i - \hat{\alpha} - \hat{\beta}X_i)^2}{n-2}}$$
$$= \sqrt{\frac{1}{n-2}\left(S_{yy} - \frac{S_{xy}^2}{S_{xx}}\right)}$$

▸ (12.16)식의 추정된 분산의 자승근인 추정된 표준편차 $s_{Y \cdot X}$ 는 교란의 표준오차(standard error of the disturbance) 또는 회귀의 표준오차(standard error of the regression)

▸ 추정치 표준오차(standard error of the estimate) $s_{Y \cdot X}$ 는 표본회귀선에 의해 결정되며, 표본 추정치 $\hat{Y}_i$ 를 예측변수(predictor)로 사용할 경우에 발생하는 오차의 산포(dispersion)를 측정하는데 사용

▸ 추정치 표준오차는 종속변수의 측정단위에 따라 민감하게 변동하지만, 가설검정과 신뢰구간추정에 사용되는 표준오차의 역할을 수행

▸ 추정치 표준오차를 통해 OLS 추정량의 표준오차인 회귀계수의 표준오차들(standard error of the regression coefficients)인 $s_{\hat{\alpha}}$ 와 $s_{\hat{\beta}}$ 를 계산

- 회귀선의 기울기 추정치 $\hat{\beta}$ 와 절편 추정치 $\hat{\alpha}$ 의 표본분포를 이용하여 β 와 α 에 대한 신뢰구간의 결정과 가설검정을 다음과 같이 수행

▸ 기울기에 대한 일반 검정가설을 독립변수는 종속변수와 어떤 관계도 없어, 모집단 회귀선의 기울기가 0이라는 귀무가설과 독립변수는 종속변수와 어떤 유의적인 관계를 가져 모집단 회귀선의 기울기가 0이 아니라는 대립가설을 다음과 같이 설정

$$H_0 : \beta = 0, \; H_1 : \beta \neq 0$$

▸ **β 와 α 에 대한 검정통계량 분포의 규명**

(12.17.1)
$$\frac{\hat{\beta} - \beta}{s_{\hat{\beta}}} \sim t_{(n-2)}, \; s_{\hat{\beta}} = \frac{s_{X \cdot Y}}{\sqrt{S_{xx}}} = \frac{s_{X \cdot Y}}{\sigma}\frac{\sigma}{\sqrt{S_{xx}}} = s_{X \cdot Y}\frac{\sigma_{\hat{\beta}}}{\sigma}$$

(12.17.2)
$$\frac{\hat{\alpha} - \alpha}{s_{\hat{\alpha}}} \sim t_{(n-2)}, \; s_{\hat{\alpha}} = s_{X \cdot Y}\sqrt{\frac{\sum X_i^2}{n S_{xx}}}$$

(12.17.3) $$s^2 = \hat{\sigma}^2 = \frac{\sum e_i^2}{n-2} = \frac{SSR}{n-2}$$

- **유의수준에 따른 신뢰구간의 규명** : β와 α의 가설검정을 위한 t통계량의 채택범위와 β와 α의 신뢰구간을 유의수준에 따라 다음과 같이 결정

(12.18.1) $$P\left(-t_{a/2,(n-2)} < \frac{\hat{\beta}-\beta}{s_{\hat{\beta}}} < t_{a/2,(n-2)}\right) = 1-a$$

(12.18.2) $$P\left(\hat{\beta} - t_{a/2,(n-2)} s_{\hat{\beta}} < \beta < \hat{\beta} + t_{a/2,(n-2)} s_{\hat{\beta}}\right) = 1-a$$

(12.19.1) $$P\left(-t_{a/2,(n-2)} < \frac{\hat{\alpha}-\alpha}{s_{\hat{\alpha}}} < t_{a/2,(n-2)}\right) = 1-a$$

(12.19.2) $$P\left(\hat{\alpha} - t_{a/2,(n-2)} s_{\hat{\alpha}} < \alpha < \hat{\alpha} + t_{a/2,(n-2)} s_{\hat{\alpha}}\right) = 1-a$$

- **가설검정의 의사결정** : t 검정통계량이 유의수준으로 설정된 기각역의 t 임계값보다 크면 귀무가설을 기각하거나 또는 t 검정통계량의 최소유의수준인 P-값을 계산하여 설정된 유의수준보다 낮으면 귀무가설을 기각

5. 회귀모형의 결정계수와 적합성의 F검정

결정계수(coefficient of determination) R^2는 종속변수 총변동 중에서 독립(설명)변수에 의해 설명되는 비율로 측정한 회귀방정식의 설명력을 나타내는 값이다.

- (12.2)식의 회귀모형은 Y_i의 결정을 설명변수에 관련된 체계적 구성요소와 오차 u_i에 관련된 비체계적 구성요소로 구분
  - 표본회귀함수 (12.7)식에서 Y_i의 변동을 그 표본평균에 대한 변동으로 표시한 총자승합(total sum of squares) TSS의 공식

(12.20.1) $$TSS = \sum_{i=1}^{n} (Y_i - \overline{Y})^2 = \sum_{i=1}^{n} y_i^2 = S_{yy}$$

(12.21.1) $$TSS = \sum (Y_i - \overline{Y})^2 = RSS + SSR$$

$$
\begin{aligned}
TSS &= \sum(Y_i - \overline{Y})^2 = \sum[(Y_i - \hat{Y}_i) + (\hat{Y}_i - \overline{Y})]^2 \\
&= \sum[e_i + (\hat{Y}_i - \overline{Y})]^2 = \sum e_i^2 + 2\sum(\hat{Y}_i - \overline{Y})e_i + \sum(\hat{Y}_i - \overline{Y})^2 \\
&= SSR + 0 + RSS = RSS + SSR
\end{aligned}
$$

- 회귀자승합(Regression Sum of Squares) RSS는 회귀모형에 의해 제공되는 설명된 변동(explained variation)으로 다음과 같이 규정

(12.21)
$$
\begin{aligned}
RSS &= \sum(\hat{Y}_i - \overline{Y})^2 = \sum[(Y_i - \overline{Y}) - e_i]^2 \\
&= TSS - SSR = S_{yy} - (S_{yy} - \hat{\beta} S_{xy}) = \hat{\beta} S_{xy}
\end{aligned}
$$

- X에 의해 설명되는 Y의 총분산 비율을 측정하는 다중결정계수(coefficient of multiple determination) R^2의 계산 공식

(12.22.1)
$$R^2 = 1 - \frac{SSR}{TSS} = \frac{RSS}{TSS}$$

- (12.22.1)식에 (12.20.1)식과 (12.21)식을 대입하면

(12.22.2)
$$R^2 = \frac{\hat{\beta}^2 \sum_{i=1}^{n} x_i^2}{\sum_{i=1}^{n} y_i^2} = \frac{\hat{\beta}^2 S_{xx}}{S_{yy}}$$

- 결정계수를 통한 회귀모형의 적합 우량성 측정
  - 우량한 회귀모형일수록 설명되지 않은 변동(unexplained variation)인 잔차자승합 SSR이 작기 때문에, 회귀모형의 적합 우량성은 TSS에서 차지하는 SSR의 비율이 낮을수록 증가
  - TSS, SSR, RSS는 모두 자승 값이어서 0 이상이며, $TSS \geq RSS$와 $TSS \geq SSR$이므로 $0 \leq R^2 \leq 1$이 항상 성립
  - 표본 회귀선에서 어떤 오차도 없다면 $SSR=0$과 $R^2=1$이 성립하므로, $R^2=1$은 완전 적합(perfect fit)을 의미
  - $R^2=0$이라면, X는 Y에 대해 어떤 설명력도 갖지 않아 $\beta=0$을 의미
  - R^2의 값이 크다면 표본회귀선의 우량한 적합을, 작다면 불량한 적합을 반영

▸ (12.22.2)식의 결정계수 R^2와 (5.14.2)식의 표본상관계수 r_{XY}의 관계

(12.23) $$R^2 = \frac{\hat{\beta}^2 S_{xx}}{S_{yy}} = \left(\frac{S_{xy}}{S_{xx}}\right)^2 \frac{S_{xx}}{S_{yy}} = \frac{S_{xy}^2}{S_{xy} S_{yy}} = r_{XY}^2 = r_{Y\hat{Y}}^2$$

- 적합도를 나타내는 결정계수 R^2가 올바른 것인지의 여부는 ρ_{XY}가 0이라는 귀무가설을 각 자유도로 나눈 RSS로 측정되는 체계적 구성요소가 SSR로 측정된 비체계적 구성요소에 대한 비율로 계산된 F통계량을 이용하여 검정
  - ▸ X와 Y 사이의 모집단 상관계수 ρ_{XY}의 자승 값 추정치는 표본상관계수의 자승 r_{XY}^2으로 주어지며, r_{XY}^2은 $S_{xy}^2 / (S_{xx} S_{yy})$로 나타나는 결정계수 R^2와 동일
  - ▸ (12.21)식의 $RSS = \hat{\beta} S_{xy} = S_{xy}^2 / S_{xx}$와 (12.22.2)식의 $R^2 = \hat{\beta}^2 S_{xx} / S_{yy}$를 (12.9)식에 대입한 결과인 $SSR = S_{yy} - S_{yy} R^2 = S_{yy}(1 - R^2)$에서 F검정 통계량을 도출

(12.24) $$F = \frac{RSS/1}{SSR/(n-2)} = \frac{(n-2)R^2}{1-R^2}$$

▸ 회귀모형 검정을 위한 귀무가설 $H_0: \beta = 0$의 t검정통계량

(12.25) $$t = \frac{\hat{\beta}}{s_{\hat{\beta}}} = \frac{S_{xy} / S_{xx}}{\sqrt{s^2 / S_{xx}}} = \frac{S_{xy}}{\sqrt{S_{xx} SSR/(n-2)}}$$

(12.26) $$t^2 = \frac{S_{xy}^2 / S_{xx}}{SSR/(n-2)} = \frac{RSS}{SSR/(n-2)} = F$$

▸ (12.24)식과 (12.26)식을 통한 귀무가설의 t 검정통계량과 R^2 간의 관계

(12.27.1) $$R^2 = \frac{t^2}{t^2 + (n-2)}$$

(12.27.2) $$t = \sqrt{\frac{(n-2)R^2}{1-R^2}} = \frac{R}{\sqrt{\frac{1-R^2}{n-2}}}$$

▸ (12.27.2)식은 n이 크거나 또는 R^2가 클수록 t 검정통계량의 증가를 반영

- 검정통계량 F가 설정된 유의수준에 따른 F임계값 F_C보다 큰 경우에 $H_0: \beta = 0$은 기각되고, 독립변수 변동이 종속변수 변동을 설명하는 상황인 $R^2 > 0$을 의미하여 회귀모형 타당성이 인정됨
- F통계량의 P-값은 "$P(F > F_C)$"로 계산되며, 유의수준보다 낮게 계산된 P-값은 귀무가설의 기각을 의미
- Excel의 추가기능을 이용한 회귀분석 결과에서는 P-값을 "유의한 F"(Significance F)로 표시하여 제공

〈표 12-2〉 단순회귀모형(표본 크기 n)에 대한 분산분석

변동 원천	자유도(ν)	자승 합(SS)	자승 평균(MS)	F 비율
회귀변동	1(=2-1)	RSS	RSS/1	$\dfrac{RSS}{SSR/(n-2)}$
잔차변동	n-2	SSR	SSR/(n-2)	
총변동	n-1	TSS		

예제 12-2 다음 A1:B11구간에 있는 X(예측량변수)와 Y(반응변수)의 값들에 대한 자료를 기초로 회귀분석으로 표본 회귀방정식을 도출하고, 그에 따른 가설검정을 다음과 같이 수행할 수 있다.

	A	B	C	D	E	F	G	H	I	J	K
1	X	Y	요약 출력								
2	825	3.5									
3	215	1.0	회귀분석 통계량								
4	1,070	4.0	다중 상관계수	0.9489	0.9489	=CORREL(A2:A11,B2:B11)					
5	550	2.0	결정계수	0.9005	0.9005	=E12/E14					
6	480	1.0	조정된 결정계수	0.8881	0.8881	=1-(1-D5)*(D14/D13)					
7	920	3.0	표준 오차	0.48	0.4800	=SQRT(E13/D13)					
8	1,350	4.5	관측수	10	10	=COUNT(A2:A11)					
9	325	1.5									
10	670	3.0	분산 분석								
11	1,215	5.0		자유도	제곱합	제곱 평균	F 비	유의한 F			
12			회귀	1	16.6816	16.6816	72.3959	2.79E-05	2.79E-05	=F.DIST.RT(G12,D12,D13)	
13			잔차	8	1.84338	0.23042					
14			계	9	18.525						
16				계수	표준 오차	t 통계량	P-값	하위 95%	상위 95%	하위 95.0%	상위 95.0%
17			Y 절편	0.1181	0.35515	0.33262	0.74797	-0.70084	0.937101	-0.700843	0.9371012
18			X	0.0036	0.00042	8.50858	2.8E-05	0.002613	0.004557	0.0026135	0.0045568
22			잔차 출력								
24			관측수	예측치 Y	잔차						
25			1	3.0759	0.42414						
33			9	2.5202	0.47983						
34			10	4.4741	0.52594						

① 자료 입력과 회귀분석 수행

- A1:B11구간에 수집한 자료를 입력
- 메뉴 탭에서 "데이터 | 분석 | 데이터 분석"을 지정, 생성된 통계 데이터 분석 대화상자에서 회귀 분석을 지정
- 생성된 회귀 분석 대화상자에서 "Y축 입력범위 : B1:B11, X축 입력범위 : A1:A11, 이름표, 신뢰수준 : 95%, 출력범위 : C1, 잔차"를 지정 후 "확인"을 클릭

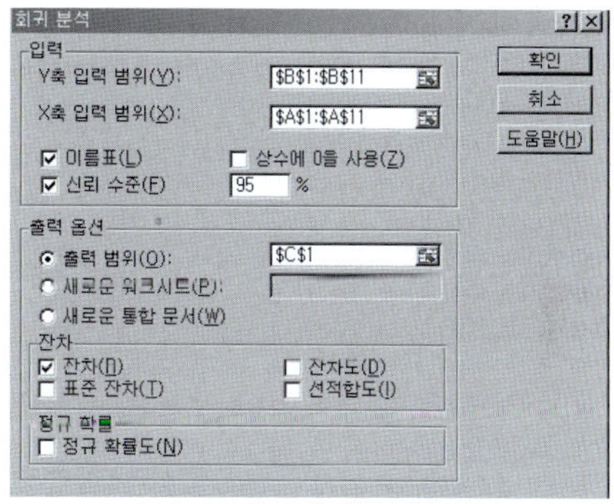

② 회귀분석결과의 표현과 해석

- 회귀분석결과는 계수 추정량 $\hat{\alpha}$와 $\hat{\beta}$, 그 추정량 값 아래의 ( )안에 t 검정통계량(또는 표준오차), 결정계수 R^2, 관찰치의 수 n을 표시하도록 다음과 같이 작성

$$\begin{aligned}\hat{Y}_i = \ &0.118 + \ 0.004\,X_i, \qquad R^2 = 0.90,\ n = 10 \\ &(0.333)\ \ (8.509)\end{aligned}$$

- D4셀의 다중상관계수는 X와 Y간의 표본상관계수에 대한 값을 표시하며, 이는 E4셀에 "=CORREL(A2:A11,B2:B11)"을 입력하여 확인 가능
- D5셀의 결정계수는 종속변수 변동 중에서 회귀방정식으로 설명하는 비율을 표시하며 90%로 높게 발생, 이는 RSS/TSS의 비율의 계산결과로 E5셀에 "=E12/E14"를 입력하여 확인 가능
- D6셀의 조정된 결정계수는 다중회귀분석에서 주로 사용
  - ▸ 조정결정계수 R_a^2의 계산방식은 표본크기 n, 표본 추정량의 수 k, 결정계수 R^2에 대한 계산 공식

$$R_a^2 = 1 - (1 - R^2)\,\frac{n-1}{n-k}$$

- ▸ D6셀의 값을 E6셀에 "=1-(1-D5)*(D14/D13)"을 입력하여 확인 가능
- D7셀의 표준오차는 회귀분석의 추정된 표준편차인 추정치 표준오차이며, (12.16) 식을 이용하여 E7셀에 "=SQRT(E13/D13)"을 입력하여 "SSR/(n-k)"로 계산 가능
- D8셀은 관찰치의 수인 표본크기이며, E8셀에 "=COUNT(A2:A11)"을 입력하여 관찰치 수를 계산 가능

③ 분산분석 결과의 해석

- 양측검정의 귀무가설과 대립가설 설정
  - ▸ $H_0: \rho_{XY} = 0$ 또는 $H_0: \beta = 0$
  - ▸ $H_1: \rho_{XY} \neq 0$ (또는 $H_1: \beta \neq 0$)
- C11:G14구간은 〈표 12-2〉와 동일한 방식으로 회귀변동·잔차변동·총변동의 자유도, 자승 합계, (자승합계를 해당 자유도로 나눈) 자승평균, F검정통계량을 제공
- H12셀의 유의한 F는 계산된 F 비율의 최소유의수준인 P-값
  - ▸ H12셀의 2.79E-05는 $2.79 \times 10^{(-5)}$를 표시, 이는 0.00279%
  - ▸ I3셀에 "=F.DIST.RT(G12,D12,D13)"을 입력하여 계산 가능
- F검정의 P-값 접근법에 따르면, F비율의 P-값이 0.1%보다 작기 때문에 X가 Y에 아무런 영향을 주지 않는다는 귀무가설 $H_0: \rho_{XY} = 0$ (또는 $H_0: \beta = 0$)는 0.1%의 유의수준에서도 기각되어야 한다는 것을 의미 → $R^2 > 0$ 이라는 것을 반영

④ α 와 β 의 신뢰구간 계산과 β 의 가설검정

- 절편 α 의 95% 신뢰구간의 계산방식

$$\hat{\alpha} - t(2.5\%,8)\text{ 임계값} \times \hat{\alpha}\text{ 표준오차} \leq \alpha \leq \hat{\alpha} + t(2.5\%,8)\text{ 임계값} \times \hat{\alpha}\text{ 표준오차}$$

  - ▸ 엑셀을 이용할 경우 "=T.INV.2T(유의수준,자유도)"로 양측검정의 기각역 임계치에 대한 $\pm t(\nu, \text{유의수준}/2)$ 를 계산, 자유도는 "표본크기-2"로 계산
  - ▸ "=T.INV.2T(5%,8)"을 입력하여 2.306006(=$t_{(2.5\%,8)}$)을 구하고, 절편 α 의 하위 95% 신뢰한계와 상위 95% 신뢰한계를 계산한 결과가 H17셀과 I17셀로 제공

$$\begin{aligned}\text{하위 95\% 신뢰한계} &= Y\text{절편계수} - t_{(2.5\%,8)} \times Y\text{절편 표준오차} \\ &= 0.1181 - 2.306006 \times 0.35515 = -0.70084\end{aligned}$$

$$\text{상위 95\% 신뢰한계} = Y\text{절편 계수} + t_{(2.5\%,8)} \times Y\text{절편 표준오차}$$
$$= 0.118 + 2.306006 \times 0.35515 = 0.9317101$$

- Y축 절편 α 의 95% 신뢰한계구간(confidence limits)은 (-0.701, 0.937)로 발생
- 점 추정치 0.118에 비해 신뢰구간의 폭이 1.6을 초과하여 16배나 되어 너무 넓어 표본크기가 너무 작아 정밀도가 아주 결여된 것을 의미
- t통계량이 너무 작아 P-값이 무려 75%나 되는 것은 독립변수와 종속변수간의 측정단위가 너무 다른 현상에 원인을 둘 수 있음.

- **β 의 95% 신뢰구간의 계산방식**

$$\hat{\beta} - t(2.5\%,8)\,\text{임계값} \times \hat{\beta}\,\text{표준오차} \le \beta \le \hat{\beta} + t(2.5\%,8)\,\text{임계값} \times \hat{\beta}\,\text{표준오차}$$

$$\text{하위 95\% 신뢰한계} = X\text{계수} - t_{(2.5\%,8)} \times X\text{계수 표준오차}$$
$$= 0.004 - (2.306006 \times 0.0004) = 0.002613$$

$$\text{상위 95\% 신뢰한계} = X\text{계수} + t_{(2.5\%,8)} \times X\text{계수 표준오차}$$
$$= 0.004 + (2.306006 \times 0.0004) = 0.004557$$

- 기울기 계수 β 의 95% 신뢰한계구간은 (0.0026, 0.0046)로 발생
- 점 추정치 0.0036에 비해 신뢰구간의 폭이 0.002로, 점 추정치의 약 56%여서 정밀도가 충분한 것을 의미

- β 의 t검정통계량(t 값)에 대한 P-값이 0.00279%로 1%보다 아주 작게 나타나 β 가 0이라는 귀무가설은 1% 유의수준에서도 기각됨

⑤ 예측치와 잔차

- D24:D34구간의 예측치 $\hat{Y}_i$는 회귀계수를 표본회귀함수 (12.7)식에 대입하여 계산하여 구한 값
- E24:E34구간의 잔차 e_i는 실제치-예측치($= Y_i - \hat{Y}_i$)로 계산한 값

Ⅲ 다중회귀모형의 원리와 분산 및 회귀계수 추정치 계산

1. 다중회귀모형의 원리

다중회귀분석(multiple regression analysis)은 종속변수의 값을 추정하기 위해 2개 이상의 설명변수를 포함한 단순회귀분석을 확장시킨 방식이다.

- 다중회귀분석은 K개의 독립변수 $X_1, X_2, \cdots, X_K$에 대해 다음의 선형회귀모형을 기초로 수행

(12.28) $$Y_t = \alpha + \beta_1 X_{1i} + \beta_2 X_{2i} + \cdots + \beta_K X_{Ki} + u_i, \quad i = 1, 2, \cdots, n$$

(12.29) $$E(Y_i) = \alpha + \beta_1 X_{1i} + \cdots + \beta_K X_{Ki}$$

- **다중회귀모형의 가정**
  - 종속변수 정규성 $Y_i \sim N(\alpha + \beta_1 X_{1i} + \cdots + \beta_K X_{Ki}, \sigma^2)$ 과 오차항에 u_i에 대해 단순회귀와 동일한 가정을 전제로 설정
  - 여러 독립변수를 사용하기 때문에 어떤 회귀인자(regressor)도 다른 회귀인자에 대해 엄격한 선형함수를 갖지 않는 완전 다중공선성의 부재(absence of perfect multicollinearity)를 가정
  - $X_{2i} = a + bX_{1i}$ 형식의 선형관계가 성립한다면, 변수 X_1의 정보는 변수 X_2에 복제되어 두 변수는 동일한 영향을 종속변수에 주어 각 설명변수의 별도 효과에 대한 측정이 불가능
  - 2개의 독립변수를 갖는 단중회귀모형의 표본 회귀방정식에 따른 잔차 e_i

(12.30) $$e_i = Y_i - \hat{\alpha} - \hat{\beta}_1 X_{1i} - \hat{\beta}_2 X_{2i}$$

- (12.30)식의 자승합인 잔차자승합 SSR 최소화시키도록 SSR의 $\hat{\alpha}, \hat{\beta}_1, \hat{\beta}_2$에 대한 1계 도함수를 0으로 설정하여, 다음의 정규방정식 도출

(12.31.1) $$\sum Y_i = n\alpha + \beta_1 \sum X_{1i} + \beta_2 \sum X_{2i} \Leftarrow \frac{\partial SSR}{\partial \hat{\alpha}} = 0$$

(12.31.2) $\sum X_{1i} Y_i = n\alpha \sum X_{1i} + \beta_1 \sum X_{1i}^2 + \beta_2 \sum X_{1i} X_{2i} \Leftarrow \dfrac{\partial SSR}{\partial \hat{\beta}_1} = 0$

(12.31.3) $\sum X_{2i} Y_i = n\alpha \sum X_{2i} + \beta_1 \sum X_{1i} X_{2i} + \beta_2 \sum X_{1i}^2 \Leftarrow \dfrac{\partial SSR}{\partial \hat{\beta}_2} = 0$

- $\sum_{i=1}^{n} e_i = \sum_{i=1}^{n} e_i X_{1i} = \sum_{i=1}^{n} e_i X_{2i} = 0$ 을 의미하는 (12.31.1)~(12.31.3)식의 정규 방정식을 이용한 표본 추정량의 계산 공식

(12.32.1) $$\hat{\beta}_1 = \frac{S_{22} S_{1y} - S_{12} S_{2y}}{S_{11} S_{22} - S_{12}^2}$$

(12.32.2) $$\hat{\beta}_2 = \frac{S_{11} S_{2y} - S_{12} S_{1y}}{S_{11} S_{22} - S_{12}^2}$$

(12.32.3) $$\hat{\alpha} = \overline{Y} - \hat{\beta}_1 \overline{X}_1 - \hat{\beta}_2 \overline{X}_2$$

- $S_{jj} = \sum (X_{ji} - \overline{X}_j)^2 = \sum_{i=1}^{n} X_{ji}^2 - n\overline{X}_j^2$ for $j = 1,2$
- $S_{jy} = \sum (X_{ji} - \overline{X})(Y_i - \overline{Y}) = \sum X_{ji} Y_i - n \overline{X}_j \overline{Y}$
- $S_{12} = \sum (X_{1i} - \overline{X}_1)(X_{2i} - \overline{X}_2) = \sum X_{1i} X_{2i} - n \overline{X}_1 \overline{X}_2$
- $S_{yy} \equiv TSS = \sum (Y_i - \overline{Y})^2 = \sum Y_i^2 - n\overline{Y}^2$

- (12.32.1)~(12.32.3)식에 따라 SSR, RSS, R^2 및 조정된 R^2 인 R_a^2[또는 $\overline{R}^2$]를 다음과 같이 계산

(12.33) $SSR = S_{yy} - \hat{\beta}_1 S_{1y} - \hat{\beta}_2 S_{2y}$

(12.34) $RSS = \hat{\beta}_1 S_{1y} + \hat{\beta}_2 S_{2y}$

(12.35) $$R_{y \cdot 12}^2 = \frac{\hat{\beta}_1 S_{1y} + \hat{\beta}_2 S_{2y}}{S_{yy}} = \frac{RSS}{S_{yy}} = \frac{RSS}{TSS} = \frac{(1 - SSR)}{TSS}$$

(12.36) $$R_a^2 = 1 - \frac{SSR/(n-k)}{TSS/(n-1)} = 1 - \frac{SSR(n-1)}{TSS(n-k)} = 1 - \frac{\hat{\sigma}^2 (n-1)}{TSS}$$
$$= 1 - \frac{n-1}{n-k}(1 - R^2)$$

2. 다중회귀모형의 분산 및 회귀계수 추정치 계산

- 다중회귀모형에서 가설검정 수행을 위해 정규모집단분포의 가정에 따른 효율적 최소자승 추정량들의 분산을 다음과 같이 계산

(12.36.1) $$Var(\hat{\beta}_1) = \frac{\sigma^2}{S_{11}(1 - r_{12}^2)}$$

(12.36.2) $$Var(\hat{\beta}_2) = \frac{\sigma^2}{S_{22}(1 - r_{12}^2)}$$

(12.36.3) $$Cov(\hat{\beta}_1, \hat{\beta}_2) = \frac{-\sigma^2 r_{12}^2}{S_{12}(1 - r_{12}^2)}$$

(12.36.4) $$r_{12} = \frac{S_{12}}{\sqrt{S_{11} S_{22}}}$$

(12.36.5) $$Var(\hat{\alpha}) = \frac{\sigma^2}{n} + \overline{X}_1^2 \, Var(\hat{\beta}_1) + 2\overline{X}_1 \overline{X}_2 \, Cov(\hat{\beta}_1, \hat{\beta}_2) + \overline{X}^2_{Var(\hat{\beta}_2)\,2}$$

(12.36.6) $$Cov(\hat{\alpha}, \hat{\beta}_1) = -[\overline{X}_1 \, Var(\hat{\beta}_1) + \overline{X}_2 \, Cov(\hat{\beta}_1, \hat{\beta}_2)]$$

(12.36.7) $$Cov(\hat{\alpha}, \hat{\beta}_2) = -[\overline{X}_1 \, Cov(\hat{\beta}_1, \hat{\beta}_2) + \overline{X}_2 \, Var(\hat{\beta}_2)]$$

- r_{12}가 증가할수록 $\hat{\beta}_1$과 $\hat{\beta}_2$의 분산이 증가하므로, r_{12}가 아주 높은 경우에 추정치의 분산이 높은 β_1과 β_2의 정확한 추정이 곤란
- $S_{11}(1 - r_{12}^2)$은 X_1의 X_2에 대한 회귀식에서의 SSR이며, $S_{22}(1 - r_{12}^2)$은 X_2의 X_1에 대한 회귀식에서의 SSR
- SSR이 잔차자승합인 경우에 SSR/σ^2은 자유도 n-3(=n-K)의 χ^2 분포를 따르며, 그 결과는 σ^2의 신뢰구간 추정에 사용 가능
- $s_{y \cdot 12}^2 = s^2 = \hat{\sigma}^2 = SSR/(n-K)$에서 $E(\hat{\sigma}^2) = \sigma^2$에 따라 σ^2의 불편추정량으로 나타나는 추정치 표준오차(standard error of estimate) $\hat{\sigma}^2$의 계산 공식

(12.37) $$s_{y \cdot 12} = \sqrt{\frac{SSR}{n-K}}$$

- Excel의 추가기능을 사용하지 않을 경우 다중회귀모형의 수행 절차
  - Y, X_1, X_2의 표본평균 $\overline{Y}$, $\overline{X}_1$, $\overline{X}_2$을 AVERAGE함수로 사용하여 계산
  - 표본크기는 COUNTA함수로, 변수의 자승합은 SUMSQ함수로, 변수 값의 해당 평균에 대한 편차의 자승합은 DEVSQ함수로, 변수들 곱의 합은 SUMPRODUCT 함수로 계산하여 S_{yy}, S_{11}, S_{22}, S_{12}, S_{1y}, S_{2y}를 계산
  - (12.32.1)식과 (12.32.2)식을 사용하여 $\hat{\beta}_1$과 $\hat{\beta}_2$를 계산
  - $\overline{Y}$, $\overline{X}_1$, $\overline{X}_2$와 추정치 $\hat{\beta}_1$, $\hat{\beta}_2$를 (12.32.3)식에 대입하여 $\hat{\alpha}$를 계산
  - (12.33)~(12.35)식에 따라 잔차자승합 SSR, 회귀자승합 RSS, 다중결정계수 $R^2_{y\cdot 12}$를 계산
- Excel의 추가기능을 이용하여 메뉴 탭에서 "데이터 | 분석 | 데이터 분석"을 지정, 생성된 통계 데이터 분석 대화상자에서 회귀 분석을 지정 후 생성된 회귀 분석 대화상자에 입력변수 등을 지정하여 다중회귀분석을 수행

예제 12-3 영업사원별 월간 매출액(천 원) Y, 근무연수 X_1, 보습교육연수 X_2에 대한 다음 자료를 이용하여, 사원별 월간 매출액이 근무연수와 보습교육 연수에 어떤 영향을 받는가를 2개의 설명변수를 가진 회귀모형으로 분석할 수 있다.

	A	B	C	D	E	F	G	H	I	J	K	L
1	월간 매출액	근무 연수	보습교육 연수	요약 출력								
2	34,900	5.5	4.0									
3	40,500	9.0	4.0	회귀분석 통계량								
4	38,900	4.0	5.0	다중 상관계수	0.8198421	0.819842	=SQRT(E5)					
5	39,000	8.0	4.0	결정계수	0.67214107	0.672141	=F12/F14					
6	37,500	9.5	5.0	조정된 결정계수	0.61253035	0.61253	=1-(1-E5)*(E14/E13)					
7	35,500	3.0	4.0	표준 오차	2156.38534	2156.385	=SQRT(F13/E13)					
8	36,000	7.0	3.0	관측수	14	14	=COUNT(A2:A15)					
9	32,700	1.5	4.5									
10	45,000	8.5	5.0	분산 분석								
11	40,000	7.5	6.0		자유도	제곱합	제곱 평균	F 비	유의한 F			
12	36,000	9.5	2.0	회귀	2	1.05E+08	52451084	11.2755	0.002169	0.002169	=F.DIST.RT(H12,E12,E13)	
13	33,600	6.0	2.0	잔차	11	51149975	4649998					
14	35,000	2.5	4.0	계	13	1.56E+08						
15	32,500	1.5	4.5									
16					계수	표준 오차	t 통계량	P-값	하위 95%	상위 95%	하위 95.0%	상위 95.0%
17				Y 절편	25511.3366	2690.32	9.48264	1.3E-06	19589.98	31432.69	19589.982	31432.691
18				근무 연수	825.66801	204.5509	4.036492	0.00196	375.4545	1275.881	375.45454	1275.8815
19				보습교육 연수	1603.69899	536.2046	2.990852	0.01229	423.3226	2784.075	423.32265	2784.0753
23				잔차 출력								
25				관측수	예측치 월간 매출액	잔차						
26				1	36467.3066	-1567.31						
38				13	33990.3026	1009.697						
39				14	33966.4841	-1466.48						

① 자료 입력과 회귀분석 수행

- A1:C15구간에 월간매출액(천 원 단위), 근무연수, 보습교육 연수의 자료 입력
- 근무연수 X_1과 보습교육 연수 X_2의 월간 매출액 Y에 대한 영향력을 규명할 수 있도록 회귀방정식 $Y_i = \alpha + \beta_1 X_1 + \beta_2 X_2 + u_i$를 설정
- 메뉴 탭에서 "데이터 | 분석 | 데이터 분석"을 지정, 생성된 통계 데이터 분석 대화상자에서 회귀 분석을 지정 후 "확인"을 클릭
- 생성된 회귀분석 대화상자에서 "Y축 범위 : A1:A15, X축 범위 : B1:C15, 이름표 지정, 신뢰수준 : 95%, 출력범위 : D1, 잔차"를 지정하고, "확인"을 클릭
  - ▸ 독립변수들 자료를 지정하는 X축의 범위는 반드시 연속적 구간으로 지정되어야 하며, 선택적 구간으로 지정하면 오류 발생에 주의!

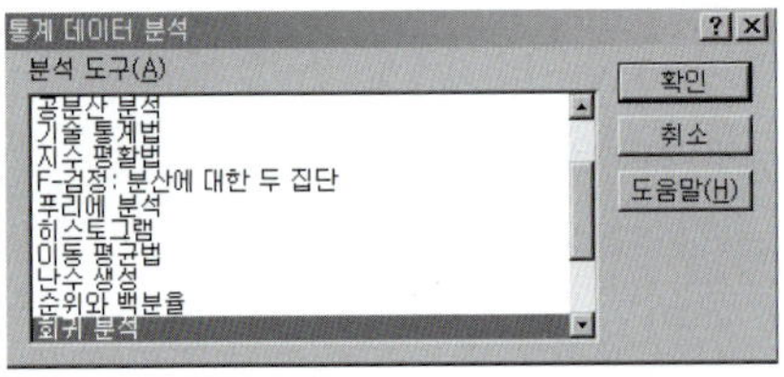

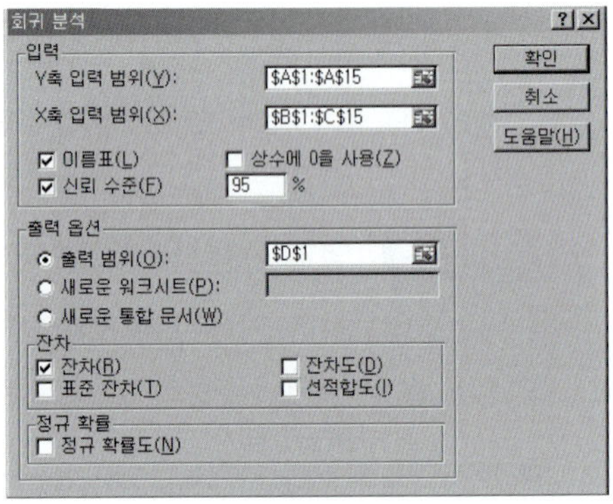

③ 회귀분석결과의 추정방정식 작성

- 회귀분석결과는 계수 추정량 $\hat{\alpha}$, $\hat{\beta_1}$, $\hat{\beta_2}$와 그 추정량 값 아래의 ( )안에 t검정통계량(또는 표준오차), 결정계수 R^2, 조정결정계수 R_a^2, 관찰치의 수 n을 표시하는 형태로 표현

$$\hat{Y_i} = \underset{(9.48264)}{25{,}511.3} + \underset{(4.03649)}{825.668} * X_{1i} + \underset{(2.99033)}{1{,}603.7} * X_{2i}$$

$$R^2 = 0.67214, \quad R_a^2 = 0.61253, \quad n = 14$$

④ 회귀분석통계량의 해석

- E4셀의 다중상관계수는 $S_{Y \cdot 12}$를 표시하며, 이는 결정계수의 자승근으로 F4셀에 "=SQRT(E5)"를 입력하여 다중결정계수의 자승근으로 계산

- E4셀은 X_1 과 X_2 가 공동으로 종속변수 Y 에 대해 0.81984로 높은 상관관계를 갖는다는 것을 반영

- E5셀의 결정계수는 종속변수 변동 중에서 회귀방정식으로 설명하는 비율이 67.2%임을 표시
  - (12.35)식에 따라 F5셀에 "=F12/F14"를 입력, RSS/TSS의 비율 결과와 동일
- 조정결정계수 E6셀은 종속변수 변동의 61.25%에 대한 회귀방정식 설명력을 반영
  - E6셀의 값은 (12.36)식에 따라 F6셀에 "=1-(1-E5)*(E14/E13)"을 입력하여 계산
- E7셀의 표준오차는 $\hat{\sigma}^2 = SSR/(n-K) = SSR/(n-3)$ 의 자승근으로 계산된 회귀분석의 추정된 표준편차인 추정치 표준오차(교란 또는 회귀의 표준오차) $s_{Y \cdot 12}$
  - (12.37)식에 따라 F7셀에 "=SQRT(F13/E13)"을 입력하여 계산 결과를 확인
- E8셀은 관찰치의 수인 표본크기
  - F8셀에 "=COUNT(A2:A15)"를 입력하여 관찰치 수를 계산

⑤ 분산분석 결과의 해석

- **양측검정가설을 설정**
  - $H_0: \beta_1 = \beta_2 = 0$, H_1 : β_1 과 β_2 중에서 적어도 하나는 0이 아니다.
- D11:I14구간은 회귀변동·잔차변동·총변동의 자유도, 자승 합계, (자승합계를 해당 자유도로 나눈) 자승평균, F검정통계량을 제공
- I12셀의 유의한 F는 계산된 F 비율의 최소유의수준인 P-값을 표시
  - J12셀에 "=F.DIST.RT(H12,E12,E13)"을 입력하여 0.217%로 확인 가능
  - 1%의 유의수준에서도 귀무가설 H_0 는 기각되어 X_1 또는 X_2 가 Y 에 유의적으로 영향을 주는 것을 의미하며, $R^2 > 0$ 이어야 함을 반영

⑥ α , β_1 , β_2 의 신뢰구간

- α 의 95% 신뢰구간의 계산방식

$$\hat{\alpha} - t(2.5\%,11) \text{ 임계값} \times \hat{\alpha} \text{ 표준오차} < \alpha < \hat{\alpha} + t(2.5\%,11) \text{ 임계값} \times \hat{\alpha} \text{ 표준오차}$$

$$\text{하위 95\% 신뢰한계} = Y\text{절편 계수} - t_{(2.5\%,11)} \times Y\text{절편 표준오차}$$

$$\text{상위 95\% 신뢰한계} = Y\text{절편 계수} + t_{(2.5\%,11)} \times Y\text{절편 표준오차}$$

- I17:J17구간과 같이 Y축 절편 α 의 95% 신뢰한계들(confidence limits) 구간은 (19590, 31432.7)로 발생, 점 추정치인 E17셀의 25511.3에 비해 신뢰구간 폭이 약 46%에 불과하여 정밀도가 높은 것을 의미

- I18:J18구간과 같이 β_1 의 95% 신뢰구간 (375.45, 1275.88) 폭이 E18셀의 점 추정치 825.668의 약 1.1배로 정확성이 낮게 발생
- I19:J19구간과 같이 β_2 의 95% 신뢰구간 (423.32, 2784.08)로 폭이 E19셀의 점 추정치 1603.7의 약 1.4배로 정확성이 낮게 발생

⑦ 가설검정

- β_1 과 β_2 는 t 통계량들의 P-값들이 각각 0.2%와 1.2%여서 5% 유의수준에서 X_1 과 X_2 는 모두 Y 의 변동에 영향을 주는 것을 의미하므로 귀무가설 H_0 를 기각
- β_1 은 최소유의수준인 P-값이 0.2% 정도여서 1%의 유의수준에서도 귀무가설 기각되는 반면에, β_2 는 P-값이 1.2% 정도여서 1% 유의수준에서는 귀무가설을 채택
- β_1 과 β_2 에 대한 가설 검정을 종합하면, 1% 유의수준에서도 $\beta_1 = \beta_2 = 0$ 이라는 귀무가설 H_0 를 기각하고, β_1 과 β_2 중에서 적어도 하나는 0이 아니라는 대립가설 H_1 을 채택

제 2 절 시계열모형을 이용한 변동분석과 예측

I 시계열모형의 특성과 추세 및 순환분석

1. 시계열모형의 특성

시계열(time series)은 순서대로 배열된 연속적 시기들에 대한 특정 자료의 관찰치 집합이며, 시계열분석(time series analysis)은 시계열의 관찰치에 영향을 주는 시간관련요인을 규명하고, 분리하는 절차이다.

- **시계열 결정의 4대 요인**
  - **추세(trend, T)** : 일정한 기간에 대한 시계열 값의 전반적인 장기이동방향
  - **순환변동(cyclical fluctuations, C)** : 여러 해 동안의 지속기간을 갖는 추세에 대해 반복적으로 발생하는 상승 및 하락 변동
  - **계절변동(seasonal variation, S)** : 1년 이내에 완료되는 추세에 대한 상승 및 하락 변동, 주로 월별 또는 사분기별 자료를 기초로 규명
  - **불규칙 변동(irregular variation, I)** : 순환변동 또는 계절변동의 영향으로 볼 수 없는 추세로 인한 엉뚱한 변동(erratic variations)
- 시계열모형은 어떤 지정된 기간에 대해 시계열 변수들의 값이 위 4가지 요인들의 영향력에 의해 결정되고, 이러한 4대 요인들은 다음 곱셈 관계(multiplicative relationship)를 갖고 시계열 Y에 영향력을 행사

(12.38) $$Y = T \times C \times S \times I$$

- (12.38)식은 시계열 값에 영향을 주는 각종 구성요소의 영향력 분리에 대한 기초적 수단으로 사용

2. 추세분석

추세분석(trend analysis)은 시계열의 장기 변동방향을 연도별 자료를 사용하여 규명하는 방법이며, 주로 15년 또는 20년 이상의 자료를 사용한다.

- 수년간에 발생하는 순환변동은 전반적 추세분석에 대해 영향을 주지 못하는 반면에, 전반적 추세는 순환변동의 방향에 영향을 끼침.
- 최소자승법은 최우량 적합 추세선(best fitting trend line)의 방정식을 결정하므로, 시계열의 추세구성요소를 규명하는데 가장 많이 사용됨.
- 종속변수 Y는 확률변수가 아니라 누적된 과거 관찰치들이므로, 추세선은 회귀선이 아니지만 최소자승법은 다음과 같이 시계열의 추세구성요소 결정에 대해 편리한 수단으로 사용

(12.39) $$Y_T = b_0 + b_1 X$$

- (12.39)식에서 Y_T는 시계열의 추세요인이며, X는 연도를 표시
- 비선형추세의 경우 지수추세곡선(exponential trend curve)과 (Gompertz곡선이라는) 포물선추세곡선(parabolic trend curve)을 주로 사용

(12.40) $$Y_T = b_0 b_1^X \text{ : 지수추세곡선}$$

(12.41) $$Y_T = b_0 b_1^{b_2^X} \text{ : Gompertz곡선}$$

- 비선형추세의 OLS 사용을 위해 (12.40)식과 (12.41)식을 다음과 같이 더블로그 방정식으로 전환

(12.40.1) $$\ln Y_T = \ln b_0 + X \ln b_1$$

(12.41.1) $$\ln Y_T = \ln b_0 + b_2^X \ln b_1$$

- 추세곡선을 형성하는 값들은 (12.40.1)식과 (12.41.1)식에 대해 진수(antilogarithm)를 취하여 계산

예제 12-4 1997년에 설립하여 11년의 업력을 가진 기업의 매출액에 대한 A1:C12구간의 자료를 기초로 Excel의 회귀분석(최소자승법)을 이용하여 선형추세방정식을 구하고, 추세선을 작성할 수 있다.

	A	B	C	D	E	F	G	H	I	J	K
1	연도	업력 연수	매출액	매출액 (추세)	요약 출력						
2	1997	0	0.2	0.23							
3	1998	1	0.4	0.42	회귀분석 통계량						
4	1999	2	0.5	0.61	다중 상관계수	0.953805653					
5	2000	3	0.9	0.80	결정계수	0.909745223					
6	2001	4	1.1	0.98	조정된 결정계수	0.899716914					
7	2002	5	1.5	1.17	표준 오차	0.207218228					
8	2003	6	1.3	1.36	관측수	11					
9	2004	7	1.1	1.55							
10	2005	8	1.7	1.74	분산 분석						
11	2006	9	1.9	1.93		자유도	제곱합	제곱 평균	F 비	유의한 F	
12	2007	10	2.3	2.11	회귀	1	3.89536	3.8954	90.71771	5.4E-06	
13					잔차	9	0.38645	0.0429			
14					계	10	4.28182				
16						계수	표준 오차	t 통계량	P-값	하위 95%	상위 95%
17					Y 절편	0.232	0.117	1.983	7.8644%	-0.0326	0.49623
18					업력연수	0.188	0.020	9.525	0.0005%	0.14349	0.23288
22					잔차 출력						
24					관측수	예측치매출액 (10억 원)	잔차 e				
25					1	0.231818182	-0.0318				
34					10	1.925454545	-0.0255				
35					11	2.113636364	0.18636				

① 자료 입력과 회귀분석의 수행

- A1:C12구간에 연도, 업력연수, 매출액(10억 원 단위)의 자료를 입력
- 메뉴 탭에서 "데이터 | 분석 | 데이터 분석"을 지정, 생성된 통계 데이터 분석 대화상자에서 회귀 분석을 지정 후 "확인"을 클릭
- 생성된 회귀분석 대화상자에서 "Y축 범위 : C1:C12, X축 범위 : B1:B12, 이름표 지정, 신뢰수준 : 95%, 출력범위 : E1, 잔차"를 지정하고, "확인"을 클릭
- 추세선의 회귀방정시 작성

$$Y_{Tt} = \underset{(1.983)}{0.232} + \underset{(9.525)}{0.188}\, X_t \ , \quad R^2 = 0.91\ , \quad n = 11$$

- ()안은 t 통계량을, Y_{Tt} 는 t 년의 업력을 가진 연도의 매출액 추세요소를, X_t 는 업력연수를 표시
- 추정된 회귀방정식을 이용하여, 햇수가 지날수록 매년 1.88억 원의 매출액 증가가 발생하는 것으로 예측 가능

② 추세선의 작성

- D2:D12구간을 지정, 수식입력줄에 "=F25"를 입력 후 "Ctrl+Enter↵"를 클릭하여 예측치 동시 입력
- A1:A12구간과 C1:D12구간을 동시 지정, 메뉴 탭에서 "삽입 | 차트 | 분산형 | 곡선 및 표식이 있는 분산형"을 지정하여 차트를 생성
- 차트를 마우스 커서로 지정하고, 생성된 메뉴 탭의 차트도구에서 "레이아웃"의 레이블, 축 등을 조정하여 다음의 차트를 완성

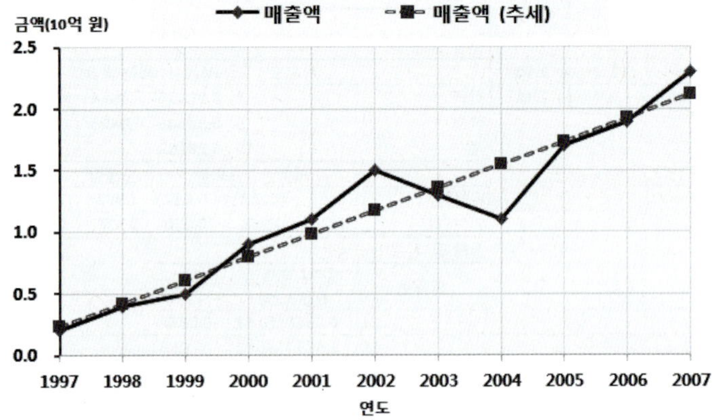

3. 순환변동분석

계절 및 불규칙 구성요소는 1년 이내의 단기간에 대해 규정되므로, 연도별 시계열자료는 추세 및 순환 구성요소의 효과들만을 표시한다. 이러한 연도별자료에서 순환구성요소는 관련 추세 값 Y_T로 관찰치 Y를 나누어 도출할 수 있다.

(12.42) $$C= \frac{T\times C}{T} = \frac{Y}{Y_T}$$

- (12.42)식에 100을 곱하여 순환상대치(cyclical relatives)로 변환시켜 순환차트(cycle chart)를 작성하고, 그에 따른 정점과 저점을 비교하면 순환구성요소의 해석을 용이하게 수행 가능

예제 12-5 시트 [예제 12-4]의 자료와 추세방정식을 기초로 시계열의 각 값에 대한 순환구성요소의 상대치를 계산하고, 각 연도에 대한 순환상대치를 표시한 순환차트를 다음과 같이 작성할 수 있다.

	A	B	C	D	E
1	연도	입력 연수	매출액	매출액 (추세)	순환상대치
2	1997	0	0.2	0.23	86.27
3	1998	1	0.4	0.42	95.24
4	1999	2	0.5	0.61	82.21
5	2000	3	0.9	0.80	113.01
6	2001	4	1.1	0.98	111.73
7	2002	5	1.5	1.17	127.91
8	2003	6	1.3	1.36	95.52
9	2004	7	1.1	1.55	71.01
10	2005	8	1.7	1.74	97.85
11	2006	9	1.9	1.93	98.68
12	2007	10	2.3	2.11	108.82

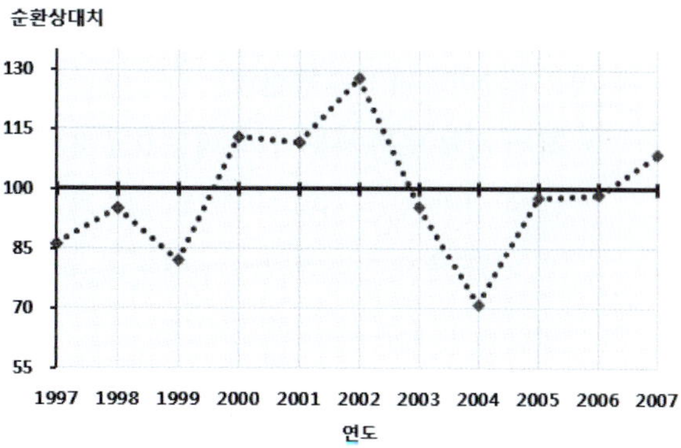

① 자료 입력 및 순환상대치 계산

- [예제 12-4]의 A1:D12구간을 복사 후, 새로운 시트의 A1셀에 "값"으로 선택하여 붙여 넣기
- E2:E12구간을 지정, 수식입력줄에 "=(C2/D2)*100"을 입력 후 "Ctrl+Enter↵"를 클릭하여 (12.42)식에 따라 순환상대치를 각 연도에 대해 동시 계산

② 순환차트 작성

- A1:A12구간과 E1:E12구간을 동시 지정, 메뉴 탭에서 "삽입 | 차트 | 분산형 | 곡선 및 표식이 있는 분산형"을 지정하여 차트를 생성
- 차트를 마우스 커서로 지정하고, 생성된 메뉴 탭의 차트도구에서 "레이아웃"의 레이블, 축 등을 조정하여 순환차트를 완성

Ⅱ 계절변동분석

1. 계절변동의 분석원리

시계열의 값들에 대한 계절구성요소의 영향력은 해당 연도의 각 개월(또는 사분기)에 관련된 계절지수(seasonal index number)를 결정하여 규명할 수 있다.

- 계절지수는 이동평균비율법(ratio-to-moving average method)을 이용하여 계산하고, 모두 12개월인 지수들의 산술평균은 100으로 결정
  - 특정 개월에 대한 120의 지수는 여타 개월들에 비해 평균 20% 더 높은 시계열 값을 가진 것을 의미
- **이동평균비율법의 수행절차**
  - **특정 개월(또는 사분기)의 이동평균에 대한 실제 관찰치의 비율 계산** : 1개 연도에 대해 월별(또는 사분기별) 자료를 기초로 하는 이동평균은 계절 및 불규칙변동을 평균 계산으로 제거하기 때문에, 이동평균 MA 에 대한 월별(또는 사분기별) 관찰치 비율은 다음과 같이 표시

$$\frac{Y}{MA} = \frac{T \times C \times S \times I}{T \times C} = S \times I \tag{12.43}$$

  - 평균 계산을 통한 불규칙 구성요소의 제거
    - 여러 연도의 특정 개월(또는 사분기)에 대해 가능한 여러 비율들을 열거
    - 가장 높은 값과 가장 낮은 값을 제거
    - 나머지 비율들의 평균을 계산하여 불규칙 구성요소를 제거
  - 12개월 비율들의 합계가 1,200(4사분기 비율들의 합계가 400)이 되도록, 수정요인(correction factor)으로 변경된 평균비율들을 조정

2. 계절조정의 적용

계절구성요소의 영향력을 제거하여 계절조정자료(seasonally adjusted data) 또는 탈계절화자료(deseasonalized data)를 작성하는 시계열 관찰치 조정에는 계절지수를 주로 사용한다.

- 계절별 기대치로 인하여 관찰대상의 수준이 상대적인 증감 여부를 결정하기 위해 여러 개월의 자료들을 비교하려는 경우에는 계절조정이 특히 필요
- 12월의 계절지수가 11월에 비해 30% 이상 높게 나타날 경우에 12월 매출액이 전월대비 증가율 20%를 기록하더라도 12월 매출액은 상대적으로 감소된 것을 반영
- 계절변동 영향력을 제거한 계절조정자료를 획득 공식

$$\frac{Y}{S} = \frac{T\times C\times S\times I}{S} = T\times C\times I \qquad (12.44)$$

예제 12-6 사분기별 자료에 대해 이동평균비율법을 사용하여 계절지수를 다음과 같이 구할 수 있다.

	A	B	C	D	E	F	G
1	연도	사분기	매출액	4 사분기 합계	2개년 집중합계	4 사분기 집중MA	MA 비율
2	1999	1	500				
3		2	350	1,500			
4		3	250	1,450	2,950	368.8	67.8
5		4	400	1,450	2,900	362.5	110.3
6	2000	1	450	1,400	2,850	356.3	126.3
7		2	350	1,300	2,700	337.5	103.7
8		3	200	1,200	2,500	312.5	64.0
9		4	300	1,050	2,250	281.3	106.7
10	2001	1	350	1,000	2,050	256.3	136.6
11		2	200	1,100	2,100	262.5	76.2
12		3	150	1,300	2,400	300.0	50.0
13		4	400	1,450	2,750	343.8	116.4
14	2002	1	550	1,550	3,000	375.0	146.7
15		2	350	1,700	3,250	406.3	86.2
16		3	250	1,700	3,400	425.0	58.8
17		4	550	1,750	3,450	431.3	127.5
18	2003	1	550	1,850	3,600	450.0	122.2
19		2	400	1,900	3,750	468.8	85.3
20		3	350	2,100	4,000	500.0	70.0
21		4	600	2,200	4,300	537.5	111.6
22	2004	1	750	2,250	4,450	556.3	134.8
23		2	500	2,300	4,550	568.8	87.9
24		3	400				
25		4	650				

(1) 이동평균비율 계산

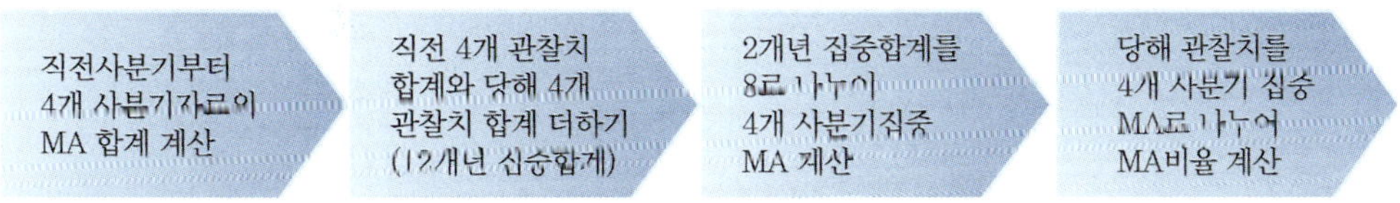

〈그림 12-2〉 사분기자료의 이동평균비율 계산절차

① 자료입력과 4 사분기 매출액 합계의 계산

- A1:C25구간에 연도 및 사분기 표시와 매출액 자료를 입력
- D3:D23구간을 지정, 수식입력줄에 "=SUM(C2:C5)"를 입력 후 "Ctrl+Enter↵"를 클릭하여 해당 사분기가 4개 사분기의 둘째 사분기로 하여 4개 사분기 자료의 합인 4개 사분기 이동평균 합계(4-quarter moving total)를 각 사분기별로 동시 계산

② 2개년 집중 이동평균합계와 4 사분기 집중이동평균 계산

- E4:E23구간을 지정, 수식입력줄에 "=D3+D4"를 입력 후 "Ctrl+Enter↵"를 클릭하여 해당 사분기의 4개 사분기 합계와 직전 사분기의 4개 사분기 합계를 더하는 방식으로 2개년 집중 이동평균합계(2-year ced moving total)를 동시 계산
- F4:F23구간을 지정, 수식입력줄에 "=E4/8"을 입력 후 "Ctrl+Enter↵"를 클릭하여 해당 사분기의 2개년 집중합계를 사용된 8개 사분기에 대한 평균으로 분할하여 4 사분기 집중이동평균(4-quarter ced moving average)을 동시 계산

③ 이동평균비율의 계산

- G4:G23구간을 지정, 수식입력줄에 "=(C4/F4)*100"을 입력 후 "Ctrl+Enter↵"를 클릭하여 매출액이 그 자체의 이동평균에 대해 갖는 비율로 %표시 이동평균비율(ratio-to-moving average)을 각 사분기별로 동시 계산

(2) 계절지수 도출

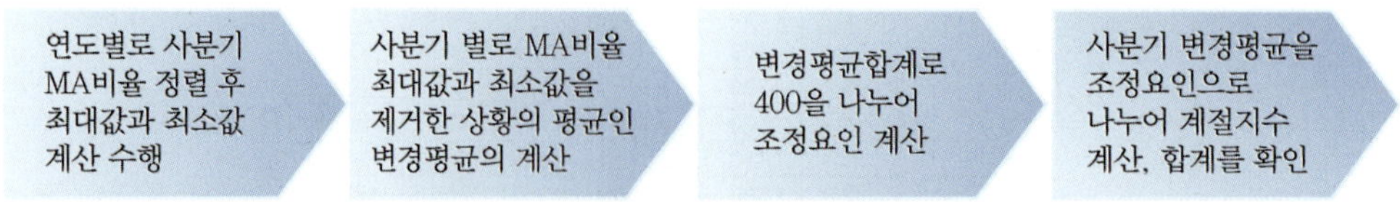

〈그림 12-3〉 계절지수의 계산절차

	A	B	G	H	I	J	K	L	M	N	O	P
1	연도	사분기	MA 비율	사분기	1999	2000	2001	2002	2003	2004	최대값	최소값
2	1999	1		1		126.3	136.6	146.7	122.2	134.8	146.7	122.2
3		2		2		103.7	76.2	86.2	85.3	87.9	103.7	76.2
4		3	67.8	3	67.8	64.0	50.0	58.8	70.0		70.0	50.0
5		4	110.3	4	110.3	106.7	116.4	127.5	111.6		127.5	106.7
6	2000	1	126.3	사분기별 이동평균비율의 최대값과 최소값 제거								
7		2	103.7	사분기	1999	2000	2001	2002	2003	2004	변경평균	계절지수
8		3	64.0	1		126.3	136.6			134.8	132.6	134.1
9		4	106.7	2				86.2	85.3	87.9	86.5	87.5
10	2001	1	136.6	3	67.8	64.0		58.8			63.5	64.3
11		2	76.2	4	110.3		116.4		111.6		112.8	114.1
12		3	50.0	계							395.4	400.0
13		4	116.4	조정요인							1.012	
14	2002	1	146.7									
15		2	86.2									
16		3	58.8									
17		4	127.5									
18	2003	1	122.2									
19		2	85.3									
20		3	70.0									
21		4	111.6									
22	2004	1	134.8									
23		2	87.9									
24		3										
25		4										

① 사분기별 최대값과 최소값의 계산과 제거

- C1셀을 지정 후 "보기 | 창 | 틀 고정"을 지정하고, 생성된 대화상자에서 틀 고정을 지정하여 A와 B열을 고정
- G열의 이동평균비율을 I1:N4구간에 이동시키도록 각 구간을 지정하고, 수식입력줄에 다음 식들을 입력 후 "Ctrl+Enter↵"를 클릭
  - I1:I4 : =IF($G2="","",$G2)
  - J1:J4 : =IF($G6="","",$G6)
  - K1:K4 : =IF($G10="","",$G10)
  - L1:L4 : =IF($G14="","",$G14)
  - M1:M4 : =IF($G18="","",$G18)
  - N1:N4 : =IF($G22="","",$G22)
- O2:O5구간을 지정, 수식입력줄에 "=MAX(I2:N2)"를 입력 후 "Ctrl+Enter↵"를 클릭하여 각 사분기에 대한 이동평균비율의 최대값을 동시 계산
- P2:P5구간을 지정, 수식입력줄에 "=MIN(I2:N2)"를 입력 후 "Ctrl+Enter↵"를 클릭하여 각 사분기에 대한 이동평균비율의 최소값을 동시 계산
- H2:N5구간을 지정, "Ctrl+C"로 구간의 입력내용을 복사하여 H7셀에 붙이기
- I8:N12셀을 지정, 수식입력줄에 "=IF(OR(I2=$O2,I2=$P2),"",I2)"를 입력 후 "Ctrl + Enter↵"를 클릭하여 각 사분기의 이동평균비율 최대값과 최소값을 동시에 제거

② 변경평균(modified mean)과 조정요인(adjustment factor) 계산

- O8:O11구간을 지정, 수식입력줄에 "=AVERAGE(I8:N8)"을 입력 후 "Ctrl+Enter↵"를 클릭하여 각 사분기에 대한 변경평균을 동시 계산
- O12:P12구간을 지정, 수식입력줄에 "=SUM(O8:O11)"을 입력 후 "Ctrl+Enter↵"를 클릭하여 O12셀에서 변경평균의 합계를 계산
- O13셀에 "=400/O12"를 입력하여 조정요인을 계산

③ 계절지수(seasonal index)의 계산

- P8:P11구간을 지정, 수식입력줄에 "=O8*$O$13"을 입력 후 "Ctrl+Enter↵"를 클릭하여 각 사분기에 대한 계절지수를 동시 계산
- P12셀에서 계절지수의 4 사분기 합계가 400인지를 확인

예제 12-7 [예제 12-6]의 자료와 계절지수를 이용하여 (12.44)식에 따라 계절변동 영향력을 제거한 계절조정 자료를 작성하고, 실제 매출액과 계절조정 매출액을 차트로 비교할 수 있다.

	A	B	C	H	I	J	K	L	M	N	O	P	Q	R	S	T	U
1	연도	사분기	매출액	사분기	1999	2000	2001	2002	2003	2004	최대값	최소값	계절지수	계절조정 매출액	사분기 (연/월)	매출액	계절조정 매출액
2	1999	1	500	1		126.3	136.6	146.7	122.2	134.8	146.7	122.2	134.1	372.8	99/02	500	372.8
3		2	350	2		103.7	76.2	86.2	85.3	87.9	103.7	76.2	87.5	400.1	99/05	350	400.1
4		3	250	3	67.8	64.0	50.0	58.8	70.0		70.0	50.0	64.3	388.9	99/08	250	388.9
5		4	400	4	110.3	106.7	116.4	127.5	111.6		127.5	106.7	114.1	350.6	99/11	400	350.6
6	2000	1	450	사분기별 이동평균비율의 최대값과 최소값 제거									134.1	335.5	00/02	450	335.5
7		2	350	사분기	1999	2000	2001	2002	2003	2004	변경평균	계절지수	87.5	400.1	00/05	350	400.1
8		3	200	1		126.3	136.6			134.8	132.6	134.1	64.3	311.1	00/08	200	311.1
9		4	300	2				86.2	85.3	87.9	86.5	87.5	114.1	262.9	00/11	300	262.9
10	2001	1	350	3	67.8	64.0		58.8			63.5	64.3	134.1	260.9	01/02	350	260.9
11		2	200	4	110.3		116.4		111.6		112.8	114.1	87.5	228.6	01/05	200	228.6
12		3	150	계							395.4	400.0	64.3	233.3	01/08	150	233.3
13		4	400	조정요인							1.012		114.1	350.6	01/11	400	350.6
14	2002	1	550										134.1	410.0	02/02	550	410.0
15		2	350										87.5	400.1	02/05	350	400.1
16		3	250										64.3	388.9	02/08	250	388.9
17		4	550										114.1	482.0	02/11	550	482.0
18	2003	1	550										134.1	410.0	03/02	550	410.0
19		2	400										87.5	457.2	03/05	400	457.2
20		3	350										64.3	544.4	03/08	350	544.4
21		4	600										114.1	525.8	03/11	600	525.8
22	2004	1	750										134.1	559.1	04/02	750	559.1
23		2	500										87.5	571.6	04/05	500	571.6
24		3	400										64.3	622.2	04/08	400	622.2
25		4	650										114.1	569.7	04/11	650	569.7

① 계절지수의 배열과 계절조정 매출액 계산

- 메뉴 탭에서 "보기 | 창 | 틀 고정"을 지정하고, 생성된 대화상자에서 틀 고정 취소를 지정하여 A와 B열의 고정을 해제
- 다시 D1셀을 지정 후 메뉴 탭에서 "보기 | 창 | 틀 고정"을 지정하고, 생성된 대화상자에서 틀 고정을 지정하여 A:C열들을 고정시키기
- Q2:Q25구간을 지정, 수식입력줄에 "=VLOOKUP(B2,$H$8:$P$11,9)"를 입력 후 "Ctrl+Enter↵"를 클릭하여 B열의 각 사분기에 해당하는 계절지수를 동시 입력
- R2:R25구간을 지정, 수식입력줄에 "=(C2/Q2)*100"을 입력 후 "Ctrl+Enter↵"를 클릭하여 계절조정 매출액들을 동시 계산

② 실제 매출액과 계절조정 매출액의 비교 차트 작성

- S1셀에 "사분기(연/월)"을 입력
- S2:S25구간을 지정한 후 마우스 오른쪽 단추를 눌러 생성된 대화상자에서 "셀 서식"을 지정하여 생성된 대화상자에서 "표시 형식 : 사용자 지정"을 누른 다음, "형식"란에 "yy/mm"을 입력 후 "확인"을 클릭

- S2셀에 "1999-02-15"를, S2셀에 "1999-05-15"를 입력 후, S2:S3구간을 동시에 지정한 후에 S25셀까지 자동채우기로 복사
- T1:T25구간을 지정, 수식입력줄에 "=C1"을 입력 후 "Ctrl+Enter↵"를 클릭
- U1:U25구간을 지정, 수식입력줄에 "=R1"을 입력 후 "Ctrl+Enter↵"를 클릭
- S1:U25구간을 지정, 메뉴 탭에서 "삽입 | 차트 | 분산형 | 곡선 및 표식이 있는 분산형"을 지정하여 차트를 생성

	S	T	U
1	사분기 (연/월)	매출액	계절조정 매출액
2	99/02	500	372.8
3	99/05	350	400.1
4	99/08	250	388.9
5	99/11	400	350.6
6	00/02	450	335.5
7	00/05	350	400.1
8	00/08	200	311.1
9	00/11	300	262.9
10	01/02	350	260.9
11	01/05	200	228.6
12	01/08	150	233.3
13	01/11	400	350.6
14	02/02	550	410.0
15	02/05	350	400.1
16	02/08	250	388.9
17	02/11	550	482.0
18	03/02	550	410.0
19	03/05	400	457.2
20	03/08	350	544.4
21	03/11	600	525.8
22	04/02	750	559.1
23	04/05	500	571.6
24	04/08	400	622.2
25	04/11	650	569.7

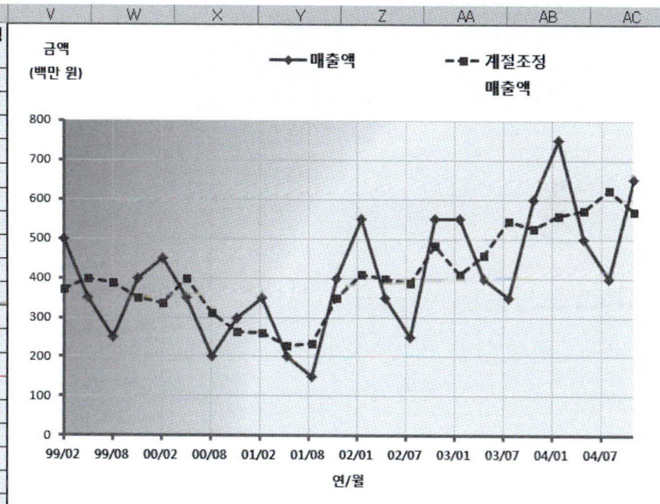

	V	W	X
21		연월	숫자
22	시작	99/02	36,206
23	종료	04/11	38,306
24	격차	23	2100
25	주눈금		90

- S1셀을 복사하여 W22셀 및 X22셀에 붙여 넣기
- S25셀을 복사하여 W23셀 및 X23셀에 붙여 넣기
- X22:X23구간을 지정, 마우스 우측단추를 클릭하여 생성된 대화상자에서 "셀 서식"을 지정 후, 생성된 셀 서식 대화상자에서 "표시 형식 | 숫자"를 지정 후 "확인"을 클릭하여 시작 사분기와 종료 사분기를 숫자로 전환
- 차트의 수평축을 지정하여 생성된 대화상자에서 축 서식을 지정하고, 생성된 축 서식 대화상자에서 "축 옵션"에서 "최소값 : 36206, 최대값 : 38306, 주단위 : 180"을 지정 후 "닫기"를 클릭

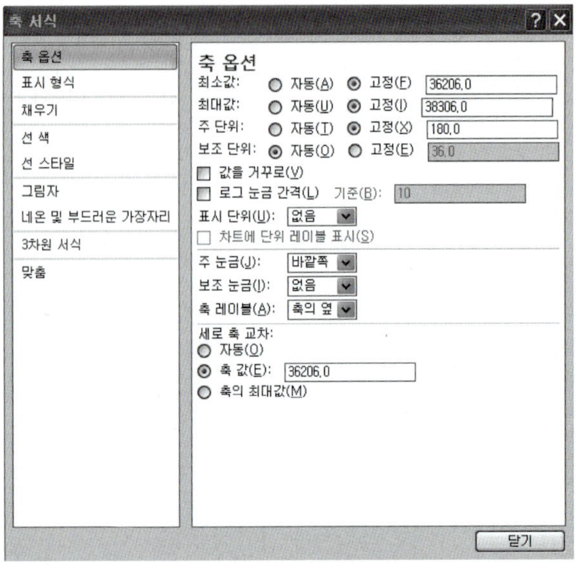

- 차트를 지정하여 메뉴 탭의 "차트도구 | 레이아웃"을 지정하여 수평축과 수직축의 제목, 범례 등을 표시하여 차트를 완성

학 습 문 제

※ 맞으면 "○", 틀리면 "×"를 표시하시오.

01. 두 변수만을 사용하여 원인과 결과를 설명할 수 있다면, 이들 두 변수들은 직접 또는 즉각적 인과관계를 갖는다. ( )

02. 낮에 피리소리를 들으면 여유로운 기분이 드는데, 숲 속에서 한 밤중에 들리는 피리 소리는 공포에 쌓이게 한다면, 피리소리와 느낌은 간접 또는 근사적 인과관계를 갖는다. ( )

03. 산점도에서 수평축은 종속변수의 값을, 수직축은 설명변수 값을 표시한다. ( )

04. 산점도를 구성하는 타원이 거의 동그라미(원)에 근접하면 상관관계는 아주 강력한 것을 반영한다. ( )

05. 회귀분석은 인과의 어떤 정보를 확보한 상황에서 다른 변수의 알려진 값을 기초로 어떤 변수의 모르는 값을 추정하는 방정식을 도출 및 사용하는 방법이다. ( )

06. 회귀방정식에서 실제치와 추정치의 불일치를 표시하는 확률오차는 교란항 또는 오차항이라고 한다. ( )

07. 회귀분석에서 오차항은 무작위표본오차 또는 교란으로 종속변수의 관찰되지 않은 확률적 구성요소이다. ( )

08. 회귀분석에서 종속변수는 결정적 구성요소와 확률적 구성요소로 구분되며, 결정적 구성요소는 주어진 설명변수에 대한 종속변수의 조건부 평균이다. ( )

09. 회귀분석에서 오차항은 균등 독립된 정규분포를 이루며, 각 독립변수의 관찰치에 대한 분산들은 다르게 나타난다는 가정을 기초로 한다. ( )

10. 최소자승법은 잔차의 자승을 최소로 만드는 최우량 적합선을 도출하는 방법이며, 어떤 표본을 사용하더라도 잔차들의 합은 항상 0이다. ( )

정답 1. ○ 2. ○ 3. × 4. × 5. × 6. ○ 7. ○ 8. ○ 9 × 10. ○

학 습 문 제

OX

11. 종속변수 분산의 불편추정량은 잔차자승합을 오차자유도로 나누어 계산하며, 이러한 값의 자승근을 회귀오차의 표준편차, 추정치 표준오차 또는 회귀의 표준오차라고 한다. ( )

12. 회귀분석에서 오차자유도는 t검정 통계량을 구하는데 자유도로 사용되며, 표본크기에서 설명변수의 수를 차감하여 계산한다. ( )

13. 회귀방정식의 설명력을 측정하는 결정계수는 종속변수의 전체 변동에서 회귀방정식으로 설명되는 비율이며, 회귀자승합의 총자승합에 대한 비율로 측정한다. ( )

14. 총자승합은 실제치에서 표본평균을 차감한 값들의 자승 합이고, 회귀자승합은 추정치에서 표본평균을 차감한 값들의 자승합이며, 잔차자승합은 실제치에서 추정치를 차감한 값들의 자승합이다.

15. 회귀방정식이 종속변수를 설명하는가의 여부에 대한 귀무가설의 검정은 F비율을 이용하여 수행된다. ( )

16. 회귀모형의 분산분석에서 F비율은 회귀변동 자승평균을 잔차변동 자승평균으로 나눈 값이다. 또한 F 비율의 P-값은 회귀변동의 자유도를 분자자유도, 잔차변동의 자유도를 분모자유도로 처리하여 계산한다. ( )

17. 시계열분석에서 여러 해 지속되는 추세에 대해 반복적으로 발생하는 상승이나 하락 변동을 순환변동이라고 한다. ( )

18. 추세분석에는 주로 15-20년 이상의 자료를 사용한다.

19. 비선형추세의 OLS 사용을 위해서는 더블로그 방정식으로 전환하는 것이 편리하다. ( )

20. 추세선은 직선과 곡선으로 구분하며, 비선형의 곡선 추세선은 지수추세곡선과 Gompertz곡선으로 구분하여 분석할 수 있다. ( )

21. 계절지수는 이동평균비율법을 이용하여 계절변동과 불규칙변동 요인들을 규명하고, 다시 최대값과 최소값을 제거로 불규칙 구성요소를 제거하여 도출한다. ( )

정답 11. ○ 12. ○ 13. ○ 14. ○ 15. ○ 16. ○ 17. ○ 18. ○ 19. ○ 20. ○ 21. ○

APPENDIX

A 비모수통계학

I 비모수통계학의 개념과 특성

비모수검정법(nonparametric tests)은 모수들의 특정한 값들에 대한 어떤 가정도 없거나, 자료가 구간척도나 비율척도 대신에 명목척도나 순위척도를 갖는 경우에 평균, 중위수, 신뢰구간 등의 추정이나 가설검정에 사용되는 방법이다.

- 척도별 상이한 수행 기능으로 인해 관찰대상들의 정확한 비교를 위해서는 구간척도나 비율척도를 사용한 자료가 필요
  - 기수척도(cardinal scale)인 구간척도(interval scale)는 관찰대상의 수량 격차를 정확히 표시
  - 비율척도(ratio scale)는 구간척도의 특성 외에도 절대원점을 가져 관찰대상의 효과적 비교를 가능하는 역할을 수행
  - 명목척도(nominal scale)는 대상을 약간 구분하도록 범주 분류의 역할을 수행
  - 순위척도(ordinal scale)는 순서관계만을 표시
- **비분포방법(distribution-free methods)** : 모집단의 기초적 특성에 따르지 않으면서 가설검정이나 신뢰구간 추정을 수행하는 방법으로 비분포방법이라고 함
  - 비모수검정법은 정규분포를 가정하지 않기 때문에 계산이 용이
  - 표본크기가 증가할수록 주어진 유의수준에서 검정력은 증가
  - 비모수검정은 모집단의 형식, 산포(dispersion) 또는 위치에 대한 가설들에 대해 직접 수행이 가능
- 소표본에는 중심극한정리가 성립할 수 없기 때문에, 비모수접근법이 많이 사용

II 부호검정

부호검정(sign test)은 연속분포를 갖는 모집단 중위수에 관한 귀무가설의 검정에 사용되며, 모집단 평균의 값에 대한 가설을 검정하는 것과 동등한 비모수검정방법이다.

- 하나의 표본에 대한 중위수의 가설검정에 대한 부호검정 적용
  - 모집단 중위수 Med와 가설로 설정된 중위수 값 Med_0 에 대한 양측 검정의 귀무가설과 대립가설을 설정
    - H_0 : Med = $Med_0 = m_0$
    - H_1 : Med $\neq Med_0 = m_0$
  - 중위수의 가설 설정치보다 큰 각 관찰된 표본 값에 대해 양(plus) 부호를 할당
  - 중위수의 가설 설정치보다 작은 각 관찰된 표본 값에 대해 음(minus) 부호를 할당
  - 표본 값이 가설로 설정된 중위수와 정확히 일치한다면, 어떤 부호도 기록되지 않아 그에 따라 유효 표본크기(effective sample size)가 축소
  - 분포의 중위수는 확률변수 X의 관찰된 값이 중위수 이하일 확률이 0.5이고, 또한 중위수 이상일 확률이 0.5인 X의 값이므로, $P(X \leq m_0) = P(X \geq m_0)$ 이 성립
  - 귀무가설은 양의 부호들의 모집단 비율 π 를 이용하여 다음과 같이 표시 가능
    - $H_0 : \pi = 0.5$
  - 부호검정의 수행
    - 표본 관측치에서 가설설정 값을 차감한 격차를 계산
    - +와 - 부호를 갖는 관찰치 수들을 조사
    - 부호를 가진 유효 표본크기와 귀무가설 성공비율 0.5를 기초로 +부호를 갖는 관찰치들 수 이상이 발생할 누적확률인 P-값이 유의수준보다 낮으면 귀무가설을 기각
    - 단측검정은 $P(R^+ \leq r^+ | p = 0.5)$ 를 양의 부호 확률이 0.5인 상황에서 발생한 양의 부호들 R^+ 이 관찰된 양의 부호들의 수 r^+ 이하로 발생한 누적확률을 이항분포로 계산하여 P-값으로 사용
    - 양측검정은 표본크기 n 에 대해 $r^+ < n/2$ 이면 $2P(R^+ \leq r^+ | p = 0.5)$ 를, $r^+ > n/2$ 이면 $2P(R^+ \geq r^+ | p = 0.5)$ 를 P-값으로 사용하여 α 와 비교
- 쌍체표본의 중위수 격자 검정의 특성
  - 쌍체 관측치(paired observations)는 대응 쌍(matched pairs)이라고 하며, 값들의 쌍들로 수집하여 구성한 표본들의 관측치
  - 쌍체 관측치의 두 표본들에 대해, 두 모집단 중위수들이 일치한다는 귀무가설의

검정을 위해 부호검정 사용이 가능

- 부호검정을 하기 위해서는 표본 값들을 순위척도로 구성해야 하지만, 두 모집단 분포 형식들에 대한 제약은 없음

쌍체표본의 중위수 격차 검정의 수행절차

- 짝 관측치 중에서 첫째 표본 측정치가 둘째 표본 측정치보다 큰 값들의 쌍들에 대해 "+" 부호를, 첫째 표본 측정치가 둘째 표본 측정치보다 작은 값들의 쌍들에 대해 "-" 부호를 할당
- 첫째 및 둘째 표본 측정치들이 동일하다면, 이러한 동점 값들은 분석에서 생략하여 그에 따라 유효 표본크기는 감소
- 부호검정은 양측 또는 단측 검정 중 하나로 귀무가설과 대립가설을 지정 가능
- 두 모집단이 동일한 중위수를 갖는다는 가설이 진실이라면, "+" 부호들의 수는 거의 "-" 부호들의 수와 일치
- 검정될 귀무가설은 π가 "+" 부호의 확률이라면 $H_0: \pi = 0.50$로 간주
- 크기가 30개 이상인 대표본의 경우에는 정규분포를 사용하며, 측정치 쌍들을 비교하여 나타나는 "+"와 "-" 부호들의 한 집합에 대해 검정을 수행
- 성공확률 p=0.50인 경우에는 표본크기 n이 10 이상이면 이항분포는 정규분포에 충분히 근사하므로, 표준정규변수 $Z_0 = \dfrac{R^+ - 0.5n}{0.5\sqrt{n}}$을 사용

예제 A-1 제품조립 신형 시스템으로 조립되는 수량들은 모집단 중위수가 시간 당 80단위인 이전 시스템보다 더 클 것이라고 주장된다고 하자.
신형 시스템이 생산에 어떤 이익도 주지 않는다는 귀무가설을 다음 A1:B13구간의 자료를 기초로 5% 유의수준에서 검정하기로 하자.

	A	B	C	D	E	F	G	H	I
1	시간별 작업표본	조립수량 (X)	격차(X-80)의 부호	+ 부호의 수 a	9	=COUNTIF($C$2:$C$13,"+")			
2	1	75	-	- 부호의 수 b	2	=COUNTIF($C$2:$C$13,"-")			
3	2	85	+	유효 표본크기	11	=E1+E2			
4	3	92	+	P(X≥a | n=11, π=0.50)		3.27%	=1-BINOM.DIST(E1-1,E3,0.5,1)		
5	4	80							
6	5	94	+						
7	6	90	+						
8	7	91	+						
9	8	76	-						
10	9	88	+						
11	10	82	+						
12	11	96	+						
13	12	83	+						

① 귀무가설과 대립가설의 설정

- 신형 시스템이 구형 시스템과 생산성이 같다는 귀무가설 H_0: $Med = 80$ 과 신형 시스템 생산성이 높다는 대립가설 H_1: $Med > 80$ 의 단측검정 가설을 설정
- 모집단 분포의 형식에 대해서는 어떤 가정도 없기 때문에, 비모수검정이 적합하므로 부호검정을 사용
  - ▸ 생산량 격차 $d = X - 80$ 의 양의 부호들이 모집단에서 차지하는 비율 π 를 조건으로 귀무가설과 대립가설을 다음과 같이 규정
    - H_0: $\pi = 0.50$
    - H_1: $\pi > 0.50$

② 자료 입력과 부호들의 수 및 유효 표본크기의 계산

- A1:B13구간에 자료를 입력
- C2:C13구간을 지정, 수식입력줄에 "=IF(B2<80,"-",IF(B2>80, "+",""))"를 입력 후 "Ctrl+Enter↵"를 클릭하여 각 관찰치에 대한 격차의 부호를 동시 계산
- E1셀에 "=COUNTIF($C$2:$C$13,"+")"를, E2셀에 "=COUNTIF($C$2:$C$13,"-")"를 입력하여 각각 "+"와 "-"의 수를 계산
- E3셀에 "=E1+E2"를 입력하여 유효 표본크기를 11로 계산

③ P-값 계산과 가설검정 의사결정

- F4셀에 "=1-BINOM.DIST(E1-1,E3,0.5,1)"을 입력하여, "+"부호의 수가 E1셀의 숫자인 9 이상으로 나타날 누적확률을 계산하여, 통계량의 P-값으로 규정
- F4셀의 "+"의 수가 9개 이상으로 나타날 누적확률이 3.271%이어서 5%보다 작기 때문에, 단측검정의 귀무가설은 기각
  - ▸ 귀무가설이 사실인 경우에 "+"가 9개 이상일 확률은 5%보다 작은 3.27%이라는 것을 반영
  - ▸ 대립가설을 채택하여 신형 시스템 중위수 생산량이 80개보다 크다는 결론 획득

예제 A-2 여러 기준을 기초로 하는 점수평가시스템에 따라 두 브랜드의 콜라를 평가하도록 부탁받은 소비자 심사원단(consumer panel)은 14명으로 구성된다고 하자.
평점이 구간 A1:C16과 같은 브랜드 1과 2의 콜라에 대해 이러한 평점 수준에는 어떤 격차도 없다는 귀무가설을 5% 유의수준에서 검정하기 위해 부호검정을 사용할 수 있다.

	A	B	C	D	E	F	G	H
1	심사단	각 브랜드의 점수		점수격차				
2	구성위원	브랜드 1	브랜드 2	부호				
3	1	20	16	+				
4	2	24	26	-				
5	3	28	18	+				
6	4	24	17	+				
7	5	20	20					
8	6	29	21	+				
9	7	19	23	-				
10	8	27	22	+				
11	9	20	23	-				
12	10	30	20	+				
13	11	18	18					
14	12	28	21	+				
15	13	26	17	+				
16	14	24	26	-				
17	"+" 의 수	8	유효표본크기	12				
18	"-" 의 수	4	n					
19	가설 설정된 "+" 확률 π			0.5				
20	P(X≥8| n=12, π=0.50)			="P(X≥"&B17&"| n="&D17&", π="&TEXT(D19,"0.00")&")"				
21	0.193847656			=1-BINOM.DIST(B17-1,D17,D19,1)				
22	양측검정 P값			0.387695	=2*A21			

① 자료 입력과 가설 설정

- A1:C16구간에 자료를 입력
- 귀무가설 H_0 : $\pi = 0.50$ 과 대립가설 H_1 : $\pi \neq 0.50$ 을 설정

② 격차 부호규명과 유효 표본크기 계산

- D3:D16구간 지정, 수식입력줄에 "=IF(B3〉C3,"+",IF(B3〈C3,"-",""))" 입력, "Ctrl+Enter↵"를 클릭하여 브랜드 1이 2보다 높은 점수이면 "+", 낮은 점수이면 "-", 동점을 갖는다면 공란이 되도록 동시 설정
- B17셀에 "=COUNTIF($D$3:$D$16,"+")"을 입력하여 "+" 부호 개수를 계산
- B18셀에 "=COUNTIF($D$3:$D$16,"-")"를 입력하여 "-" 부호 개수를 계산
- D17셀에 "=B17+B18"을 입력하여 유효 표본크기 n을 계산

③ 가설검정

- 유효 관측치 쌍들의 수 $n(=12) < 30$ 이므로, 검정을 위해서는 이항분포가 적합
- 가설검정의 P값 접근법(P-value approach to hypothesis testing)을 사용하여 유효 표본크기 12개 중에서 8개 이상의 "+" 부호가 발생할 확률이 5%에 미달하면 귀무가설 기각이 가능
- D19셀에 "0.50"을 입력
- A20셀에 "="P(X≥"&B17&"ㅣ n="&D17&", π="&TEXT(D19,"0.00")&")""을 입력하여 B17셀, D17셀, D19셀 값들의 변동에 따라 자동 연동되는 P값 조건을 설정
- A21셀에 "=1-BINOM.DIST(B17-1,D17,D19,1)"을 입력, 단측검정의 P값을 19.38%로 계산, 이는 5% 이상의 값이어서 귀무가설을 기각할 수 없음
- 양측검정으로 첫째 브랜드의 콜라가 둘째 브랜드 콜라보다 점수가 높아 "+" 부호가 그 기대치 6(=12×0.50)을 초과하거나 또는 그 기대치 6을 미달할 확률은 단측검정 P값에 2를 곱하여 0.3877로 다음과 같이 계산
  - D22셀에 "=2*A21"을 입력하여, 양측검정의 P값을 0.3877로 계산
  - D22셀의 값이 5% 확률수준보다 아주 크기 때문에 선호 일치의 귀무가설이 기각되지 않는다는 것을 반영

Ⅲ Mann-Whitney U 검정

Mann-Whitney U 검정(U test)은 Wilcoxon 순위합검정(rank-sum test)이라고도 하며, 두 독립표본들이 동일한 상대도수분포를 갖는 두 모집단들로부터 표집되었는지의 여부를 검정한다. 부호검정과는 달리, Mann-Whitney U 검정은 각 표본의 관찰치 순위들을 직접 고려한다.

- Mann-Whitney U 검정은 두 모집단들이 동일한 형식과 산포를 갖는다고 가정하여, 순위척도로 구성된 두 독립적인 무작위 표본들의 값들을 사용
  - 두 표본들을 하나의 순서 배열에 통합하고, 각 표본 값은 원래 표본그룹에 따라 규명

- 가장 낮은 표본 값에 순위 1을 할당하여 가장 높은 순위부터 가장 낮은 순위까지 순위를 설정
- 대등하거나 또는 동일한 값들에 대해 평균 순위를 할당하여, 순위들 합계를 계산
- U 통계량(statistic)과 그 평균 및 표준편차를 계산하여 각 표본그룹에 대한 순위들의 평균이 일치한다는 귀무가설을 검정
  - 첫째 및 둘째 표본들의 크기를 각각 n_1 과 n_2 로, 첫째 및 둘째 표본의 순위들의 합을 각각 R_1 과 R_2 로 표시
  - 검정을 수행하도록 계산된 통계량은 다음과 같이 U로 지정하여, 두 무작위표본들 중 하나에서의 순위들 합을 기초로 검정을 수행

(A.1.1) $$U_1 = n_1 n_2 + \frac{n_1(n_1+1)}{2} - R_1$$

(A.1.2) $$U_2 = n_1 n_2 + \frac{n_2(n_2+1)}{2} - R_2$$

  - $n_1 > 10$ 과 $n_2 > 10$ 이며 귀무가설이 진실인 경우에, U의 표집분포는 거의 정규분포를 따르며 그 모수들은 다음과 같이 계산

(A.2) $$\mu_U = \frac{n_1 n_2}{2}$$

(A.3) $$\sigma_U = \sqrt{\frac{n_1 n_2 (n_1 + n_2 + 1)}{12}}$$

- $U = U_1 = U_2$ 과 같이 두 모집단들의 분포가 일치한다는 귀무가설에 대한 검정통계량의 Z값을 U_1 과 U_2 중에서 더 큰 값을 사용하여 다음과 같이 계산

(A.4) $$z = \frac{U - \mu_U}{\sigma_U}$$

- $n_1 < 10$, $n_2 < 10$, 또는 n_1 , $n_2 < 0$ 인 경우의 자료를 사용한 검정에는 정규확률분포 사용이 불가능

예제 A-3 견습공 교육을 위한 두 방법을 평가 및 비교하기 위해, 훈련감독이 15명의 무작위로 선정된 훈련생들에게 두 방법 중 하나를 할당한다고 하자. 중도 탈락으로 인해 14명의 견습생이 방법 1로 교육된 과정을 완성하고, 12명의 견습생들이 방법 2로 교육된 과정을 이수했다. 동일한 달성도 검정(achievement test)을 두 훈련생그룹들에 대해 수행한 결과는 다음 A1:O2구간과 같다. 검정성과의 중위수 수준이 두 교육방법에 대해 동일하다는 양측검정의 귀무가설을 5% 유의수준에 대해 다음과 같이 검정할 수 있다.

	A	B	C	D	E	F	G	H	I	J	K	L	M	N	O
1	방법 1	70	90	82	64	86	77	84	79	82	89	73	81	83	66
2	방법 2	86	78	90	82	65	87	80	88	95	85	76	94		
3	점수	방법	전체 순위	실순위	방법 1 순위	방법 2 순위	n_1	14	=COUNT(B1:O1)						
4	64	1	1	1	1		n_2	12	=COUNT(B2:O2)						
5	65	2	2	2		2	U_1	112	=H3*H4+H3*(H3+1)/2-E30						
6	66	1	3	3	3		U_2	56	=H3*H4+H4*(H4+1)/2-F30						
7	70	1	4	4	4		μ_U	84	=H3*H4/2			H_0로 지정			
8	73	1	5	5	5		σ_U	19.442	=SQRT(H3*H4*(H3+H4+1)/12)						
9	76	2	6	6		6	z	1.4402	=(H5-H7)/H8						
10	77	1	7	7	7		P(z)	92.51%	=NORM.S.DIST(H9,1)						
11	78	2	8	8		8	$z_{2.5\%}^C$	-1.96	=NORM.S.INV(2.5%)						
12	79	1	9	9	9		$z_{97.5\%}^C$	1.96	=NORM.S.INV(1-2.5%)						
26	90	1	23	23.5	23.5										
27	90	2	23	23.5		23.5									
28	94	2	25	25		25									
29	95	2	26	26		26									
30	합계				161.0	190.0									

① 자료입력과 점수 오름차순 정렬

- A1:O2구간에 자료 입력
- B1:O1구간을 지정, "Ctrl+C"로 복사한 후에 A4셀을 커서로 지정하고, 마우스 오른쪽 단추를 눌러 생성된 대화상자에서 "선택하여 붙여 넣기 → 행/렬 바꿈 → 확인"을 클릭, 다시 B4:B17구간을 지정 수식입력줄에 "1"을 입력 후 "Ctrl+Enter↵"를 클릭
- B2:M2구간을 지정, "Ctrl+C"로 복사한 후에 A18셀을 커서로 지정하고, 마우스 오른쪽 단추를 눌러 생성된 대화상자에서 "선택하여 붙여 넣기 → 행/렬 바꿈 → 확인"을 클릭, 다시 B18:B29구간을 지정 수식입력줄에 "2"를 입력 후 "Ctrl+Enter↵"를 클릭
- A4:B29구간을 지정, 도구모음줄에서 오름차순 정렬 도구 "↓"를 클릭하여, 낮은 값에서 높은 값으로 점수를 정렬
- C4:C29구간을 지정, 수식입력줄에 "=RANK(A4,$A$4:$A$29,1)"을 입력, "Ctrl+Enter↵"를 클릭하여 오름차순 순위를 결정

- D4:D29구간을 지정, 수식입력줄에 "=C4"를 입력, "Ctrl+Enter↵"를 클릭하고, 순위가 동일한 자료값들에는 평균 순위를 적용
- E4:E29구간을 지정, 수식입력줄에 "=IF(B4=1,D4,"")"를 입력, "Ctrl+Enter↵"를 클릭하여 방법 1의 순위들을 표시
- F4:F29구간을 지정, 수식입력줄에 "=IF(B4=2,D4,"")"를 입력, "Ctrl+Enter↵"를 클릭하여 방법 2의 순위들을 표시

② 양측가설 검정

- E30:F30구간을 지정, 수식입력줄에 "=SUM(E4:E29)"를 입력, "Ctrl+Enter↵"를 클릭하여 R_1과 R_2를 동시 계산
- H3셀에 "=COUNT(B1:O1)"을, H4셀에 "=COUNT(B2:O2)"를 입력하여 n_1과 n_2를 각각 계산
- H5셀에 "=H3*H4+H3*(H3+1)/2-E30"을, H6셀에 "=H3*H4+H4*(H4+1)/2-F30"을 입력하여 (A.1.1)식과 (A.1.2)식에 따라 검정통계량 U_1과 U_2를 계산
- H7셀에 "=H3*H4/2"를, H8셀에 "=SQRT(H3*H4*(H3+H4+1)/12)"를 입력하여 (A.2)식과 (A.3)식에 따라 μ_U와 σ_U를 계산
- 하나의 검정통계량만 사용하므로, H5>H6이므로 H9셀에 "=(H5-H7)/H8"입력하여 (A.4)식에 따라 검정통계량의 Z값을 계산
- H10셀에 "=NORM.S.DIST(H9,1)"를 입력하여, 검정통계량 Z값의 누적확률이 2.5%를 초과하고, 97.5%에 미달하는 것을 확인, 이는 귀무가설 채택을 반영
- H11셀에 "=NORM.S.INV(2.5%)"를, H12셀에 "=NORM.S.INV(1-2.5%)"를 입력하여 5% 유의수준에서의 양측검정에 대한 채택구간의 좌측 및 우측 임계치들을 계산, H9셀의 Z값이 채택역에 속하므로, 귀무가설은 기각될 수 없음

예제 A-4 바다낚시 방법 1과 방법 2로 잡는 참치 중량(Kg)에 대한 자료 A1:K2를 이용하여, 두 방법들로 잡는 참치 중량분포가 일치한다는 귀무가설을 다음과 같이 1% 유의수준에서도 기각되는 것을 볼 수 있다.

	A	B	C	D	E	F	G	H	I	J	K	L	M
1	방법 1	18.3	16.4	22.7	17.8	18.9	25.3	16.1	24.2				
2	방법 2	12.6	14.1	20.5	10.7	15.9	19.6	12.9	15.2	11.8	14.7		
3	점수	방법	전체 순위	방법 1 순위	방법 2 순위	R_1	R_2	n_1	8	=COUNT(B1:I1)			
4	10.7	2	1		1	106	65	n_2	10	=COUNT(B2:K2)			
5	11.8	2	2		2			U_1	10	=I3*I4+I3*(I3+1)/2-F4			
6	12.6	2	3		3			U_2	70	=I3*I4+I4*(I4+1)/2-G4			
7	12.9	2	4		4			μ_U	40	=I3*I4/2			
8	14.1	2	5		5			σ_U	11.25	=SQRT(I3*I4*(I3+I4+1)/12)			
9	14.7	2	6		6			z	-2.67	=(I5-I7)/I8			
10	15.2	2	7		7			P(z)	0.38%	=NORM.S.DIST(I9,1)			
11	15.9	2	8		8			$z_{2.5\%}^C$	-1.96	=NORM.S.INV(2.5%)			
12	16.1	1	9	9				$z_{97.5\%}^C$	1.96	=NORM.S.INV(1-2.5%)			
13	16.4	1	10	10				$z_{0.5\%}^C$	-2.58	=NORM.S.INV(0.5%)			
14	17.8	1	11	11				$z_{99.5\%}^C$	2.576	=NORM.S.INV(1-0.5%)			
15	18.3	1	12	12									
16	18.9	1	13	13									
17	19.6	2	14		14								
18	20.5	2	15		15								
19	22.7	1	16	16									
20	24.2	1	17	17									
21	25.3	1	18	18									

Ⅳ Wilcoxon 검정

쌍체 관찰치들을 갖는 두 모집단들의 비교는 Wilcoxon 부호순위검정(signed-rank test)으로 수행할 수 있다. Wilcoxon 부호순위검정은 단일 모집단의 관찰치와 중위수간 격차의 부호와 정도를 처리하고, 또한 쌍체 표본들에서 관찰치들간의 격차의 부호뿐만 아니라 정도를 사용하여 검정을 수행한다.

- Wilcoxon 부호순위검정은 중위수와 평균이 일치하는 대칭연속분포의 경우에 적용되며, 모집단 중위수에 대해 설정한 어떤 값 m_0 에 대해 "$\mu = m_0$"의 H_0 를 검정
  - 평균(과 중위수) μ 를 갖는 어떤 연속대칭분포에서 추출한 무작위 표본들을 X_i 로 표시, $i = 1, \ldots, n$
  - 격차들 $d_i = X_i - m_0$ 을 계산하고, 그 절대치들 $|d_i|$ 의 순위를 오름차순으로 설정
  - 양과 음으로 나타나는 해당 격차들의 부호들에 대한 순위를 설정
  - 양의 순위들 합 w^+ 와 음의 순위들 합의 절대치 w^- 에서 $w = \min(w^+, w^-)$ 를 계산 후 유의수준 α 에 따른 w의 기각치 w_α^* 와 비교

- w의 기각치 w_α^*는 〈표 A-1〉과 같고, 약간 대표본이어서 20을 초과하는 부호를 갖는 유효 표본크기 n에 대해 평균 n(n+1)/4와 분산 n(n+1)(2n+1)/24를 갖는 정규분포를 사용하여 계산
- 양측검정에서 w 의 값 w 가 w_α^* 이하이면, 귀무가설 $H_0: \mu = m_0$ 의 기각과 대립가설 $H_1: \mu \neq m_0$ 의 채택
- 우측꼬리 단측검정 $H_1: \mu > m_0$ 의 경우에 $w^- \leq w_\alpha^*$ 이면 귀무가설 $H_0: \mu = m_0$ 의 기각
- 좌측꼬리 단측검정 $H_1: \mu < m_0$ 의 경우에 $w^+ \leq w_\alpha^*$ 이면 귀무가설 $H_0: \mu = m_0$ 의 기각

- 대응 쌍의 표본들에 대해 Wilcoxon 검정은 두 모집단간 중위수 격차가 0이라는 귀무가설에 대한 검정을 다음 절차들을 통해 수행
  - (X_{1j}, X_{2j}), $j=1,2,\cdots$, n이 단지 평균들이 다른 2개의 연속분포들로부터 추출한 쌍체 관찰치들의 집합인 경우에 격차들 $D_j = X_{1j} - X_{2j}$는 연속대칭분포를 이룸.
  - 귀무가설 $H_0: \mu_D = \mu_1 - \mu_2 = 0$을 격차들 절대치의 오름차순 정렬을 수행한 결과를 이용하여, 양의 순위들 합 w^+와 음의 순위들 합의 절대치 w^-에서 $w = \min(w^+, w^-)$를 계산 후 유의수준 α에 따른 w의 기각치 w_α^*와 비교
  - 양측검정에서 w 의 값 w 가 w_α^* 이하이면, 귀무가설 $H_0: \mu_D = 0$ 의 기각과 대립가설 $H_1: \mu_D \neq 0$ 의 채택
  - 우측꼬리 단측검정 $H_1: \mu_D = \mu_1 - \mu_2 > 0$ 의 경우에 $w^- \leq w_\alpha^*$ 이면 귀무가설 $H_0: \mu_D = 0$ 의 기각
  - 좌측꼬리 단측검정 $H_1: \mu_D = \mu_1 - \mu_2 < 0$ 의 경우에 $w^+ \leq w_\alpha^*$ 이면 귀무가설 $H_0: \mu_D = 0$ 의 기각

〈표 A-1〉 Wilcoxon 통계량 w의 유의수준별 기각치

단측 검정 α		5%	2.50%	1%	0.50%
양측 검정 α		10%	5.00%	2%	1.00%
유효 표본 크기	4				
	5	0			
	6	2	0		
	7	3	2	0	
	8	5	3	1	0
	9	8	5	3	1
	10	10	8	5	3
	11	13	10	7	5
	12	17	13	9	7
	13	21	17	12	9
	14	25	21	15	12
	15	30	25	19	15
	16	35	29	23	19
	17	41	34	27	23
	18	47	40	32	27
	19	53	46	37	32
	20	60	52	43	37
	21	67	58	49	42
	22	75	65	55	48
	23	83	73	62	54
	24	91	81	69	61
	25	100	89	76	68

예제 A-5 [예제 A-1]의 자료를 사용하여 시간당 평균 작업량이 80이라는 귀무가설 에 대해 Wilcoxon검정을 수행하고, Wilcoxon 통계량 w가 5% 유의수준의 기각치보다 작아 5%에서는 귀무가설이 기각되는 것을 볼 수 있다.

	A	B	C	D	E	F	G	H	I	J	K	L	M
1	시간별	조립단위	격차 d	|d|	|d|	|d|	부호 순위		w	7.5	=MIN(G15:H15)		
2	작업표본	수량(X)	(X-80)		실 순위	순위	+	-	α	5%			
3	1	75	-5	5	4	4.5		4.5	유효표본크기 n	11			
4	2	85	5	5	4	4.5	4.5		평균	33	=J3*(J3+1)/4		
5	3	92	12	12	9	9	9		표준편차	11.25	=SQRT(J3*(J3+1)*(2*J3+1)/24)		
6	4	80	0	0					w_α^*	10	=INT(NORM.INV(J2/2,J4,J5))		
7	5	94	14	14	10	10	10						
8	6	90	10	10	7	7	7						
9	7	91	11	11	8	8	8						
10	8	76	-4	4	3	3		3					
11	9	88	8	8	6	6	6						
12	10	82	2	2	1	1	1						
13	11	96	16	16	11	11	11						
14	12	83	3	3	2	2	2						
15	계						58.5	7.5					

① 가설 설정과 격차 및 부호 순위 합계 작성

- H_0 : $Med = 80$ 과 H_1 : $Med \neq 80$ 의 가설을 설정
- C3:C14구간을 지정, 수식입력줄에 "=B3-80"을 입력, "Ctrl+Enter↵"를 클릭
- D3:D14구간을 지정, 수식입력줄에 "=ABS(C3)"을 입력, "Ctrl+Enter↵"를 클릭
- E3:E14구간을 지정, 수식입력줄에 다음 식을 입력한 후에 "Ctrl+Enter↵"를 클릭하여 절대값 기준으로 오름차순 순위를 각 관찰치 쌍들에 대해 동시 계산

```
=IF(D3=0,"",RANK(D3,($D$3:$D$5,$D$7:$D$14),1))
```

- F3:F4구간을 지정, 수식입력줄에 "=AVERAGE(4,5)"를 입력 후 "Ctrl+Enter↵"를 클릭하여 동일한 순위를 전체 순위에 맞도록 전환
- F5:F14구간 지정, 수식입력줄에 "=IF(E5="","",E5)"를 입력 후 "Ctrl+Enter↵"를 클릭하여 전체 순위에 맞도록 전환
- G3:G14구간을 지정, 수식입력줄에 "=IF(C3〉0,F3,IF(C3=0,"",""))"을 입력 후 "Ctrl+Enter↵"를 클릭
- H3:H14구간을 지정, 수식입력줄에 "=IF(C3〈0,F3,IF(C3=0,"",""))"을 입력 후 "Ctrl+Enter↵"를 클릭

② Wilcoxon 통계량 w와 기각치 및 검정 수행

- J1셀에 "=MIN(G15:H15)"를 입력하여 w를 계산

- J2셀에 유의수준 5%를 입력
- J3셀에 "=COUNT(F3:F14)"를 입력하여 유효 표본크기를 계산
- J4셀에 "=J3*(J3+1)/4"를, J5셀에 "=SQRT(J3*(J3+1)*(2*J3+1)/24)"를 입력하여 w의 평균과 표준편차를 각각 계산
- J6셀에 "=INT(NORM.INV(J2/2,J4,J5))"를 입력하여 w의 기각치 계산, $w < w_{\alpha}^{*}$로 나타나 귀무가설 기각, 중위수가 80과는 다르다는 대립가설을 채택

예제 A-6 [예제 A-2]의 자료에 대해 5% 유의수준에서 Wilcoxon 검정을 다음과 같이 수행할 수 있다.

	A	B	C	D	E	F	G	H	I	J	K	L
1	심사단 구성원	각 브랜드 점수		격차 d	|d|	|d|	|d|	부호 순위		w	10.5	=COUNTIF(E3:E16,">0")
2		1 (X_1)	2 (X_2)	(X_1-X_2)		실순위	순위	+	−	유효표본크기 n	12	=COUNTIF(E3:E16,">0")
3	1	20	16	4	4	4	4.5	4.5		평균	39	=K2*(K2+1)/4
4	2	24	26	-2	2	1	1.5		1.5	표준편차	12.748	=SQRT(K2*(K2+1)*(2*K2+1)/24)
5	3	28	18	10	10	11	11.5	11.5		α	5%	
6	4	24	17	7	7	7	7.5	7.5		w_{α}^{*}	14	=INT(NORM.INV(K5/2,K3,K4))
7	5	20	20	0	0					$w_{2\%}^{*}$	9	=INT(NORM.INV(2%/2,K3,K4))
8	6	29	21	8	8	9	9	9				
9	7	19	23	-4	4	4	4.5		4.5			
10	8	27	22	5	5	6	6	6				
11	9	20	23	-3	3	3	3		3			
12	10	30	20	10	10	11	11.5	11.5				
13	11	18	18	0	0							
14	12	28	21	7	7	7	7.5	7.5				
15	13	26	17	9	9	10	10	10				
16	14	24	26	-2	2	1	1.5		1.5			
17	합계							67.5	10.5			

① 자료 입력과 부호순위 계산

- A1:C16구간에 자료 입력
- D3:D16구간을 지정, 수식입력줄에 "=B3-C3"을 입력, "Ctrl+Enter↵"를 클릭
- E3:E16구간을 지정, 수식입력줄에 "=ABS(D3)"을 입력, "Ctrl+Enter↵"를 클릭
- F3:F16구간을 지정, 수식입력줄에 다음 식을 입력한 후에 "Ctrl+Enter↵"를 클릭

```
=IF(E3=0,"",RANK(E3,($E$3:$E$6,$E$8:$E$12,$E$14:$E$16),1))
```

- G3:G16구간을 지정, "=F3"을 입력한 후에 "Ctrl+Enter↵"를 클릭
- G3셀과 G9셀을 "Ctrl"을 이용하여 동시 지정 후에 "=AVERAGE(4,5)"를 입력 후 "Ctrl+Enter↵"를 클릭

- G4셀과 G16셀을 "Ctrl"을 이용하여 동시 지정 후에 "=AVERAGE(1,2)"를 입력 후 "Ctrl+Enter↵"를 클릭
- G5셀과 G12셀을 "Ctrl"을 이용하여 동시 지정 후에 "=AVERAGE(11,12)"를 입력 후 "Ctrl+Enter↵"를 클릭
- G6셀과 G14셀을 "Ctrl"을 이용하여 동시 지정 후에 "=AVERAGE(7,8)"을 입력 후 "Ctrl+Enter↵"를 클릭
- H3:H16구간 지정, "=IF(D3>0,G3,IF(D3=0,"",""))" 입력 후 "Ctrl+Enter↵"를 클릭하여 "+" 부호 순위를 결정
- I3:I16구간 지정, "=IF(D3<0,G3,IF(D3=0,"",""))" 입력 후 "Ctrl+Enter↵"를 클릭하여 "-" 부호 순위를 결정
- H17:I17구간 지정, "=SUM(H3:H16)" 입력 후 "Ctrl+Enter↵"를 클릭하여 각 부호별 순위 합계 계산

② Wilcoxon 통계량 w계산과 유효 표본크기 결정 및 가설검정

- K1셀에 "=MIN(H17:I17)"을 입력하여 w를 10.5로 계산
- K2셀에 "=COUNTIF(E3:E16,">0")"을 입력하여 유효 표본크기를 계산
- K3셀에 "=K2*(K2+1)/4"을 입력, w의 평균을 계산
- K4셀에 "=SQRT(K2*(K2+1)*(2*K2+1)/24)"를 입력하여 w의 표준편차를 계산
- K5셀에 "5%"를 입력, K6셀에 "=INT(NORM.INV(K5/2,K3,K4))"를 입력하여 w의 기각치를 계산
- K1셀의 값이 그 기각치 K6셀보다 작아 5% 유의수준의 양측검정에서 귀무가설은 기각
- K7셀에 "=INT(NORM.INV(2%/2,K3,K4))"를 입력하여 구한 2% 유의수준에서의 양측검정의 w 기각치에 비해 K1셀이 크기 때문에, 두 모집단의 평균이 일치한다는 귀무가설은 채택

V Kruskal-Wallis 검정

Kruskal-Wallis 검정은 순위를 이용한 분산분석의 일원 완전 무작위설계와 동등한 비모수검정으로, 여러 모집단들이 동일한 중위수들을 갖는다는 귀무가설을 검정하는데 사용하는 F검정의 대안적 방법이다.

- K관찰치의 총합계가 $N=\sum_{i=1}^{a} n_i$ 이고, 모든 N개 관찰치들을 작은 것을 1위로 하여 오름차순으로 N위까지 정렬을 한 상황을 가정
  - a개 표본들인 1부터 a집단들의 평균들이 동일하다는 귀무가설이 참인 경우에, a개 표본들에 대해 N개 순위들의 모든 가능한 할당이 거의 균등하게 발생
  - $H_0: \mu_1=\mu_2=\cdots=\mu_a$ 가 참이 아닌 경우에 일부 표본들은 압도적으로 작은 순위를 갖는 관찰치들로 구성되고, 다른 표본들은 큰 순위들을 주로 갖는 관찰치들로 구성
  - R_{ij} 가 관찰치 Y_{ij} 의 순위, i 번째 처리가 갖는 n_i 순위들의 합계 및 평균을 각각 R_i 와 $\overline{R}_i$ 로 표시할 경우에 귀무가설이 참이면 $E(R_{ij})$ 와 $E(\overline{R}_{i\cdot})$ 는 동일하게 $E(\overline{R}_{i\cdot})=\sum_{j=1}^{n_i} E(R_{ij})/n_i=E(R_{ij})=(N+1)/2$ 로 발생
  - Kruskal-Wallis 검정은 실제 관찰된 평균순위들 $\overline{R}_i$ 가 그들의 기대치 (N+1)/2로부터 괴리된 정도를 다음 검정통계량으로 측정하여, 그 격차가 크면 H_0를 기각

(A.5)

$$H=\frac{12}{N(N+1)}\sum_{i=1}^{a} n_i\left(\overline{R}_{i\cdot}-\frac{N+1}{2}\right)^2$$

$$=\frac{12}{N(N+1)}\sum_{i=1}^{a} n_i\frac{\overline{R}_{i\cdot}^2}{n_i}-3(N+1)$$

  - $a=3$ 인 경우에 $n_i\geq 6$ 이거나 $a>3$ 인 경우에 $n_i\geq 5$ 이면서, H_0가 참이라면, 검정통계량 H는 거의 $a-1$ 의 자유도를 갖는 카이자승 분포를 따름 → 관찰된 H 검정통계량의 값 h 가 $h\geq\chi^2_{a-1,\alpha}$ 가 되면 H_0를 기각
- 쌍체 관찰치들의 경우에 검정통계량은 순위들의 분산 S^2 과 i 번째 처리에서 관찰치들의 수 n_i , 관찰치들의 총합계 N을 사용하여 다음과 같이 전환

(A.6.1) $$H = \frac{1}{S^2}\left[\sum_{i=1}^{a}\frac{\overline{R}_{i}^{2}\boldsymbol{\cdot}}{n_i} - \frac{N(N+1)^2}{4}\right]$$

(4.6.2) $$S^2 = \frac{1}{N-1}\left[\sum_{i=1}^{a}\sum_{j=1}^{n_i}R_{ij}^{2} - \frac{N(N+1)^2}{4}\right]$$

- 순위가 다른 표본들의 값과 대등하게 발생하는 관찰치들에 대해 (A.5)의 H는 j번째 표본의 대등점수들의 수를 t_j로 표시하여 수정치(corrected value)를 H_C로 다음과 같이 전환

(A.7) $$H_C = \frac{H}{1 - \dfrac{\sum(t_j^3 - t_j)}{N^3 - N}}$$

  - (A.7)식을 적용하면 H 통계량이 증가되어야 하고, (A.6)식에 따른 미수정된 H에 의해 귀무가설이 기각된다면 수정은 불필요

예제 A-7 A1:F4구간의 자료와 같이 교수법에 따라 할당된 견습생들로 구성된 표본크기 n=5의 각 무작위 표본에 대한 성취도 점수가 주어진다고 하자.
3개의 다른 교수법에 대한 평균 성취도 수준이 다르지 않다는 귀무가설을 검정한다고 하자. 그런데 크기가 작은 표본들이어서 3개 모집단들이 정규분포되어 있다는 가정이 필요하지만, 정규분포 가정을 할 수 없는 경우에 5% 유의수준에서 귀무가설을 Kruskal-Wallis검정법으로 검정할 수 있다.

	A	B	C	D	E	F	G	H	I	J	K	L	M	N	O	P
1	교수법			검정 점수			총점수	평균 점수	그룹	크기						
2	1	86	79	81	70	84	400	80	n_1	5	=COUNT(B2:F2)					
3	2	90	76	88	82	89	425	85	n_2	5						
4	3	82	68	73	71	81	375	75	n_3	5						
5	점수	방법	총순위	실 순위	방법 1	방법 2	방법 3	N	15	=COUNT(B2:F4)						
6	68	3	1	1			1	H	4.995	=(12/(I5*(I5+1)))*(E21^2/J2+F21^2/J3+G21^2/J4)-3*(I5+1)						
7	70	1	2	2	2			K	3	=COUNT(A2:A4)						
8	71	3	3	3			3	df	2	=I7-1						
9	73	3	4	4			4	$\chi_{5\%}^{2}$	5.991	=CHISQ.INV.RT(5%,I8)						
10	76	2	5	5		5		H_C	5.004	=I6/(1-((1^3-1)+(1^3-1)+(2^3-2))/(I5^3-I5))						
11	79	1	6	6	6											
12	81	1	7	7.5	7.5											
13	81	3	7	7.5			7.5									
14	82	2	9	9.5		9.5										
15	82	3	9	9.5			9.5									
16	84	1	11	11	11											
17	86	1	12	12	12											
18	88	2	13	13		13										
19	89	2	14	14		14										
20	90	2	15	15		15										
21				R_j	38.5	56.5	25.0									

① 자료 입력과 오름차순 정렬

- A2:F3구간에 자료 입력
- G2:G4구간 지정, 수식입력줄에 "=SUM(B2:F2)" 입력 후 "Ctrl+Enter↵"를 클릭
- H2:H4구간 지정, 수식입력줄에 "=AVERAGE(B2:F2)" 입력 후 "Ctrl+Enter↵" 클릭
- J2:J4구간 지정, 수식입력줄에 "=COUNT(B2:F2)" 입력 후 "Ctrl+Enter↵"를 클릭하여 n_1, n_2, n_3을 동시 계산
- B2:F2구간 지정, "Ctrl+C"로 복사 후 A6셀을 커서로 지정하고, 마우스 오른쪽 단추를 눌러 생성된 대화상자에서 "선택하여 붙여 넣기 → 행/렬 바꿈 → 확인"을 클릭, 다시 B6:B10구간을 지정, 수식입력줄에 "1"을 입력 후 "Ctrl+Enter↵"를 클릭
- B3:F3구간 지정, "Ctrl+C"로 복사 후 A11셀을 커서로 지정하고, 마우스 오른쪽 단추를 눌러 생성된 대화상자에서 "선택하여 붙여 넣기 → 행/렬 바꿈 → 확인"을 클릭, 다시 B11:B15구간을 지정 후 수식입력줄에 "2"를 입력 후 "Ctrl+Enter↵" 클릭
- B3:F3구간을 지정, "Ctrl+C"로 복사 후 A18셀을 커서로 지정하고, 마우스 오른쪽 단추를 눌러 생성된 대화상자에서 "선택하여 붙여 넣기→행/렬 바꿈→확인"을 클릭, 다시 B16:B20구간을 지정 수식입력줄에 "3"을 입력 후 "Ctrl+Enter↵"를 클릭
- A6:B20구간을 지정, 도구모음줄에서 오름차순 정렬 도구 "↓"를 클릭하여, 낮은 값에서 높은 값으로 점수를 정렬
- C6:C20구간을 지정, 수식입력줄에 "=RANK(A6,$A$6:$A$20,1)"을 입력, "Ctrl+Enter↵"를 클릭하여 순위를 결정
- D6:D20구간을 지정, 수식입력줄에 "=C6"을 입력, "Ctrl+Enter↵"를 클릭
- 순위가 동일한 자료값들에는 평균 순위를 적용하도록, 다음 구간들을 지정하여 각 수식을 수식입력줄에 입력한 후에 "Ctrl+Enter↵"를 클릭
  - D12:D13구간 : "=AVERAGE($C$12,$C$12+1)"
  - D14:D15구간 : "=AVERAGE($C$14,$C$14+1)"
- E6:E20구간을 지정, 수식입력줄에 "=IF(B6=1,D6,"")"를 입력, "Ctrl+Enter↵"를 클릭하여 방법 1의 순위들을 표시
- F6:F20구간을 지정, 수식입력줄에 "=IF(B6=2,D6,"")"를 입력, "Ctrl+Enter↵"를 클릭하여 방법 2의 순위들을 표시
- G6:G20구간을 지정, 수식입력줄에 "=IF(B6=3,D6,"")"를 입력, "Ctrl+Enter↵"를 클릭하여 방법 3의 순위들을 표시

② 우측꼬리 단측가설 검정

- 귀무가설 $H_0: Med_1 = Med_2 = Med_3$ 와 대립가설 $H_1: H_0$는 거짓을 설정
- E21:G21구간을 지정, 수식입력줄에 "=SUM(E6:E20)"를 입력, "Ctrl+Enter↵"를 클릭하여 R_1, R_2, R_3을 동시 계산
- I5셀에 "=COUNT(B2:F4)"을 입력하여 전체 자료의 크기를 계산
- I6셀에 "=(12/(I5*(I5+1)))*(E21^2/J2+F21^2/J3+G21^2/J4)-3*(I5+1)"을 입력하여 (A.5)식에 따라 검정통계량 H를 계산
- I7셀에 "=COUNT(A2:A4)"를 입력하여 표본들의 수를 3으로 계산
- I8셀에 "=I7-1"을 입력하여 검정통계량 H의 자유도를 계산
- I9셀에 "=CHISQ.INV.RT(5%,I8)"을 입력, 자유도 2에서의 5% 유의수준에 대한 우측단측검정의 χ^2 임계값을 5.991로 계산, 이는 검정통계량 H=4.995보다 크기 때문에 귀무가설을 5% 유의수준에서 기각하는 것이 불가능한 것을 반영
- 표본 1은 표본 3과 81이 7위로 대응되고, 표본 2는 표본 3과 82가 9위로 대응되므로, $t_1 = t_2 = 1$과 $t_3 = 2$가 되므로, (a.7)식과 같이 H 검정통계량의 값이 증가하도록 I10셀에 "=I6/(1-((1^3-1)+(1^3-1)+(2^3-2))/(I5^3-I5))"를 입력하여 수정 검정통계량 H_C를 5.004로 계산
- 수정 검정통계량 역시 카이자승 임계값인 5.991보다 작아, 각 교수법 모집단이 동일한 중위수를 갖는다는 귀무가설은 5% 유의수준에서 기각될 수 없음.

Ⅵ Wald-Wolfowitz의 연 검정

Wald-Wolfowitz의 연 검정(run test)은 관측치 등으로 구성된 수열(數列)인 연(run)에 대하여, 각 관측치가 두 범주 중 한 범주에 대해 할당될 수 있는 어떤 수열의 무작위성을 검정하는데 사용된다. 특히 두 표본이 동일 모집단에서 표집되었는가의 여부를 검정하는 Mann-Whitney U검정(U-test)이 적절하지 않은 경우에 사용할 수 있다.

- 너무 적거나 또는 너무 많은 연들은 관측치들의 수열이 확률적 수열(random sequence)이라는 귀무가설을 우연히 기각할 것이라는 예상을 제공

- 유사 항목들로 구성된 연들의 수는 관찰된 연들의 수를 나타내도록(지명하도록) 사용된 기호 R을 갖는 표본자료에 대해 결정이 가능
- 표집된 한 형태의 항목들의 수 n_1 과 표집된 둘째 형태의 항목들의 수를 n_2 를 갖는 경우에 수열이 확률적인 R검정 통계량의 표집분포에 관련된 평균과 표준편차의 계산 공식

(A.8.1)
$$\mu_R = \frac{2n_1 n_2}{n_1 + n_2} + 1$$

(A.8.2)
$$\sigma_R = \sqrt{\frac{2n_1 n_2 (2n_1 n_2 - n_1 - n_2)}{(n_1 + n_2)^2 (n_1 + n_2 - 1)}}$$

- $n_1 > 20$ 또는 $n_2 > 20$ 이라면, r 의 표집분포는 정규분포에 근접하므로 R통계량은 다음의 Z검정 통계량으로 변환 가능

(A.9)
$$z = \frac{R - \mu_R}{\sigma_R}$$

- $n_1 \leq 20$ 과 $n_2 \leq 20$ 인 경우에, R 검정통계량의 임계치들의 표를 사용

예제 A-8 10명의 개인들로 구성된 어떤 확률표본(random sample)에 대해, 개인들을 남(M)과 여(F)로 구분한 관측치들의 수열(sequence)이 다음과 같다고 하자.

M, M, M, M, F, F, F, F, M, M

이러한 자료들에 대해 3개 연들 또는 3개의 유사항목들의 수열(series of like items)이 존재한다.

예제 A-9 36명의 개인들의 표본을 시장조사에서 면담하였다. 그 표본은 22명의 여성(W)과 14명의 남성(M)으로 구성된다. 그리고 표본 추출된 개인들은 다음 표의 좌에서 우의 순서로 확보되었다.

M	W	W	W	W	M	M	M	W
M	W	W	W	M	M	W	W	W
W	M	W	W	W	M	M	W	W
W	M	W	M	M	W	W	W	M

이러한 관측치 집합의 무작위성 검정을 위해 5% 유의수준을 사용하여 연의 검정을 다음과 같이 사용할 수 있다. 위의 표본에서 (동일성별로 구성된 수열인) 연의 수 R은 17이다. n_1 은 남자의 수이고, n_2 는 여자의 수인데 $n_1 > 20$ 이므로, 표본추출과정이 확률적이라는 귀무가설을 검정하기 위해 정규분포를 사용할 수 있다.

	A	B	C	D	E	F	G	H	I
1	성별	가변수	연의 수	연 누적수	z 통계량	-0.396	$z_{5\%/2}$ (양측)	1.960	=NORM.S.INV((1+95%)/2)
2	M	0	1	1			임계치	-1.960	=NORM.S.INV(1-(1+95%)/2)
3	W	1	1	2	n_1	22	=COUNTIF($A$2:$A$37,"W")		
4	W	1	0	2	n_2	14	=COUNTIF($A$2:$A$37,"M")		
5	W	1	0	2	n	36	=COUNTA(A2:A37)		
6	W	1	0	2	R	17	=D37		
7	M	0	1	3	μ_R	18.111	=2*F2*F3/(F2+F3)+1		
8	M	0	0	3	σ_R	2.807	=SQRT(2*F2*F3*(2*F2*F3-F2-F3)/((F2+F3)^2*(F2+F3-1)))		
36	W	1	0	16					
37	M	0	1	17					

① 자료 정렬과 각 구간의 이름 설정 및 연의 수 계산

- 표의 자료를 A2:A37구간에 정리
- B2:B37구간 지정, 수식입력줄에 “=IF(A2="M",0,1)”을 입력, “Ctrl+Enter↵”를 클릭하여 M에는 0을, W에는 1의 가변수를 부여
- C2셀에 “1”을 입력
- C3:C37구간 지정, 수식입력줄에 “=IF(A3=A2,0,1)”을 입력, “Ctrl+Enter↵”를 클릭하여 위와 다른 성별이 발생하면 연의 수를 1만큼 추가하도록 설정
- D2:D37구간 지정, 수식입력줄에 “=SUM($C$2:C2)”를 입력, “Ctrl+Enter↵”를 클릭

② 범주별 표본크기 결정

- F3셀에 “=COUNTIF($A$2:$A$37,"W")”를 입력하여, 여성의 수 n_1 을 계산
- F4셀에 “=COUNTIF($A$2:$A$37,"M")”을 입력하여, 남성의 수 n_2 를 계산
- F5셀에 “=COUNTA(A2:A37)”을 입력하여, 표본의 총크기를 계산

③ 연 표본분포의 평균 및 표준오차를 계산

- F6셀에 “=D37”을 입력하여 연의 수가 17로 나타나도록 조정
- F7셀에 “=2*F3*F4/(F3+F4)+1”을 입력하여 연 표집분포의 평균을 (A.8.1)식에 따라 18.111로 계산
- F8셀에 “=SQRT(2*F3*F4*(2*F3*F4-F3-F4)/((F3+F4)^2*(F3+F4-1)))”을 입력, 연의 표준편차를 (A.8.2)식에 따라 2.807로 계산

④ Z검정 통계량 및 신뢰구간 계산과 5% 수준의 가설검정

- (A.9)식에 따라 F1셀에 "=(F6-F7)/F8"을 입력, Z검정 통계량을 -0.396으로 계산
- H1셀에 "=NORM.S.INV((1+95%)/2)"와 H2셀에 "=NORM.S.INV(1-(1+95%)/2)"를 입력하여 양측검정의 5% 유의수준 우측 및 좌측 임계값들을 계산
- $n_1 > 20$ 이므로 z검정을 이용하면, F1셀의 값이 H1:H2구간의 절대치보다 작으므로, 이러한 관측치 집합의 무작위성이 성립한다는 귀무가설을 채택

Ⅶ 스피어먼 순위상관검정

Spearman 순위상관검정(rank correlation test)은 순위자료들로 된 두 집합의 관련 상도를 측정하기 위해 고안된 비모수 상관검정방법(nonparametric method of correlation)이다.

- 스피어먼 순위상관검정은 수치가 없는 (직업, 교육수준, 성별, 주거지 등의) 범주변수들간의 상관정도를 측정하는데 적합하며, 변수들의 정확한 값을 모르는 경우에도 사용 가능
- 관찰치의 수가 아주 많은 경우에 상관계수 대신에, 다음의 순위상관계수 r_S의 간단한 공식을 이용하여 편리하게 사용

(A.10)
$$r_S = 1 - \frac{6\sum D^2}{n(n^2-1)}$$

- (A.10)식에서 D는 두 변수로 구성된 관찰치 쌍의 순위 격차이며, n은 관찰치의 수를 표시
- 순위상관의 비모수검정 수행절차
  - 적귀무가설 H_0 (순위쌍들간에 상관이 없음)을 설정
  - 자유도 $n-2$ 의 t 분포를 갖는 순위상관의 유의성검정 통계량 계산

(A.11)
$$t = \frac{r_S}{\sqrt{\frac{(1-r_S^2)}{n-2}}}$$

- ▸ 설정된 유의수준 및 관련자유도에 대한 t (분포변수) 임계값 t_α 을 기준으로 귀무가설 H_0 의 기각 여부를 결정
- 단측검정의 경우, EXCEL에서 임계값 계산은 "=T.INV(**유의확률, 자유도**)"를 사용
  - ▸ 대립가설 H_1 : 순위쌍들은 양(음)으로 상관되어 있음
  - ▸ 우측(상부꼬리)검정에서 $t \geq t_\alpha$ 이면, 귀무가설 기각
  - ▸ 좌측(하부꼬리)검정에서 $-t \leq -t_\alpha$ 이면, 귀무가설 기각
- EXCEL에서 양측검정의 임계값 계산은 "=T.INV.2T(**유의확률,자유도**)"를 사용
  - ▸ 대립가설 H_1 : 순위쌍들은 상관되어 있음
  - ▸ $t \geq t_{\alpha/2}$ 또는 $-t \leq -t_{\alpha/2}$ 이면, 귀무가설 기각

예제 A-10 어떤 회사에서 3년째 근무하고 있는 종업원들의 연간 결근시간과 연봉에 대한 자료가 A1:C16구간과 같이 주어졌다고 가정하자. 이러한 자료를 이용하여 연간 결근시간과 연봉이 통계적으로 유의적인 관계를 갖는지의 여부를 스피어먼 상관계수를 계산하여 설정한 유의수준에 대해 다음과 같이 검정을 수행할 수 있다.

	A	B	C	D	E	F	G
1	종업원 번호	연간 결근시간	연봉 (백만원)	결근시간 오름차순	내림차순 연봉순위	순위격차 D	D^2
2	1	49	15.8	6	5	1	1
3	2	36	17.5	4	4	0	0
4	3	127	11.3	13	14	-1	1
5	4	91	13.2	12	10	2	4
6	5	72	13	9	11	-2	4
7	6	34	14.5	3	7	-4	16
8	7	155	11.8	14	13	1	1
9	8	11	20.2	2	2	0	0
10	9	191	10.8	15	15	0	0
11	10	6	18.8	1	3	-2	4
12	11	63	13.8	8	9	-1	1
13	12	79	12.7	10	12	-2	4
14	13	43	15.1	5	6	-1	1
15	14	57	24.2	7	1	6	36
16	15	82	13.9	11	8	3	9
17	ΣD^2	82	n	15	$n(n^2-1)$	3,360	t 통계량
18	$6\Sigma D^2$	492	r_S	0.854	n-2	13	5.9074
19	검정	유의수준별 t 임계값					
20	구분	1%	5%	10%			
21	단측	-2.6503	-1.7709	-1.3502			
22	양측	3.01228	2.1604	1.77093			

① 자료입력과 자료구간의 이름 지정

- A1:C16구간에 연간 결근시간과 연봉에 대한 자료를 사원별로 입력
- B2:B16구간을 지정 후 이름을 "결"로, C2:C16구간의 이름을 "연"으로 지정

② 연간 결근시간 오름차순 및 연봉의 내림차순 순위결정

- D2:D16구간을 지정한 후에 수식입력줄에 "=RANK(B2,결,1)"을 입력, "Ctrl"을 누른 채로 "Enter↵"을 클릭, 각 사원에 대한 연간 결근시간의 오름차순 순위를 결정
- E2:E16구간을 지정한 후에 수식입력줄에 "=RANK(C2,연,0)"을 입력하고, "Ctrl+Enter↵"를 클릭하여 연봉의 내림차순 순위를 결정

③ 순위상관계수의 계산

- F2:F16구간을 지정하고 수식입력줄에 "=D2-E2"를 입력 후 "Ctrl+Enter↵"를 클릭하여, 연간 결근시간 오름차순 순위와 연봉 내림차순 순위 격차 D를 계산
- G2:G16구간을 지정하고 수식입력줄에 "=F2^2"를 입력 후 "Ctrl+Enter↵"를 클릭하여, 연간 결근시간 오름차순 순위(성실성 내림차순순위)와 연봉 내림차순 순위의 격차 자승 D^2을 계산
- B17셀에 "=SUMXMY2(D2:D16,E2:E16)", B18셀에 "=6*B17", D17셀에 "15", F17셀에 "=D17*((D17^2)-1)"을 입력한 후에 D18셀에 "=1-B18/F17"을 입력하여 스피어먼 순위상관계수를 (A.10)식에 따라 0.854로 계산

④ 유의수준에 대한 가설검정

- B20:D20구간에 검정에 사용할 유의수준들인 1%, 5%, 10%를 입력
- B21:D21구간 지정, 수식입력줄에 "=T.INV(B20,$F$18)"을 입력 후 "Ctrl+Enter↵"를 클릭하여 단측검정의 유의수준별 임계값을 동시 계산
- t 검정통계량이 단측검정의 1% 유의수준의 t 임계값보다 크기 때문에 1% 유의수준에서도 귀무가설은 기각
- 순위 쌍들은 1% 유의수준에서도 양으로 상관되어 있다는 대립가설을 채택
- B22:D22구간 지정, 수식입력줄에 "=T.INV.2T(C20,$F$18)"을 입력 후 "Ctrl+Enter↵"를 클릭하여 양측검정의 유의수준별 임계값을 동시 계산
- t 검정통계량이 양측검정의 1% 유의수준의 t 임계값보다 크기 때문에 1% 유의수준에서도 귀무가설은 기각 → 순위쌍들은 1% 유의수준에서도 서로 상관되어 있다는 대립가설을 채택

B 지수의 계산과 활용

I 지수의 개념과 특성

지수는 특정 기간 동안 관찰치가 변화된 크기를 측정하기 위해 100을 기준으로 사용하는 비율이다.

- 각 지수(index number)는 기준지수(base number)를 주로 100으로 사용하지만, 1 또는 10 등의 다른 숫자의 기준지수 역시 사용 가능
- 기준이 되는 관찰치와 비교 대상의 관찰치를 포함하여 2개 이상의 관찰치들을 이용
- 분수로 계산한 결과를 정수 또는 소수점(decimal point) 1자리로 표시

II 지수의 계산방식

가장 보편적인 지수들은 수량 및 가격지수들이고, 단순한 형식은 주어진 기준 값(base value)에 대해 상대적 시간변화를 측정하는 것이다.

- **상대수량지수(relative quantity index)** : 기준기간의 수량 Q_0 를 고정된 값으로 설정하고, 비교기간의 수량 Q_n 이 갖는 비율에 100을 곱하여 환산한 지수 값(Index value)

(B.1) $$I_Q = (Q_n / Q_0) \times 100$$

- 상대가격지수(relative quantity index) : 기준기간 가격 P_0 를 고정 값으로 설정하고, 비교기간 가격 P_n 이 갖는 비율에 100을 곱하여 환산한 지수 값(Index value)

(B.2) $$I_P = (P_n / P_0) \times 100$$

- 라스파이레스 가중가격지수(Laspeyres weighted price index) : 기준년도에 구입된 각 상품의 수량에 비례하는 가중치를 기초로 하는 가중평균을 계산하여 측정된 평균가격지수, 기준기간 0과 비교기간 t의 가격 P 및 소비량 Q에 대한 계산 공식

(B.3)

$$LPI_t = \frac{\sum_{i=1}^{N} P_{it} Q_{i0}}{\sum_{i=1}^{N} P_{i0} Q_{i0}} \times 100$$

- 파쉐 가중가격지수(Paasche weighted price index) : 비교년도에 구입된 각 상품의 수량에 비례하는 가중치를 갖는 가중평균을 사용하여 측정된 평균가격지수

(B.4)

$$PPI_t = \frac{\sum_{i=1}^{n} P_{it} Q_{it}}{\sum_{i}^{n} P_{i0} Q_{it}} \times 100$$

INDEX

1

2

4

A

B

D

E

F

G

J

K

L

M

N

O

P

Q

R

S

T

U

V

W

Y

Z

ㄱ

ㄴ

ㄷ

ㄹ

ㅁ

ㅅ

ㅎ

■ **저자 약력**

건국대학교 대학원 무역과(경제학박사)
한국수출입은행, 대한무역진흥공사 근무
한국과학기술대학교, 한국 담배인삼공사 강사
(현) 배재대학교 무역학과 교수

[저서]

무역정책, 삼영사(1991)
외환론, 삼영사(1992)
국제금융론, 진영사(1994)
글로벌투자금융, 도서출판 대경(2001)
외환시장 : 거래전략과 위험관리, 도서출판 두남(2002)
가격차트입문, 도서출판 대경(2004)
국제재무관리, 도서출판 탐진(2005)
실무환위험관리 : 재미있는 엑셀풀이, 생능출판사(2006)
술술 비즈니스엑셀 2010, 도서출판 탐진(2010) 외 다수

[논문]

환위험에 대한 경제적 노출(1990)
환위험에 대한 거래적 노출(1991)
무역자유화와 해외직접투자(1999)
신상품개발과 조직학습 : 학습요인과 확산모형(2000)
수출기업의 환위험관리와 통화선물계약(2001)
환위험관리와 통화옵션계약 (2002)
실물옵션접근법의 실용적 적용(2005)
환위험의 계약노출관리 : GARCH모형과 델타헤징의 적용(2006)
경제적 환율노출관리와 송장통화결정(2007)
환율 변동성 측정과 GARCH모형의 적용 : 실용정보처리접근법(2010)
수출상품 다양화 전략 : 포트폴리오균형모형과 GARCH(1,1)모형의 적용(2010) 외 다수

통계 – 엑셀 2010 초보부터 도사까지

발 행 일 • 2012년 2월 10일

저 자 • 문창권
표지삽화 • 신동헌
발 행 자 • 최봉조
발 행 처 • 진샘미디어
주 소 • 서울시 은평구 역촌동 58-9
부호아파트 102동 상가 5호
전 화 • 02)353-4421
F A X • 02)353-4431

Home-page • www.jinsaem.co.kr
신고번호 • 제311-2005-000025호

I S B N • 978-89-92887-49-6 (93310)

정가 26,000원